Albrecht Beutelspacher

Zahlen, Formeln, Gleichungen

Algebra für Studium und Unterricht

Mit 43 Abbildungen

Albrecht Beutelspacher
Mathematisches Institut
Justus-Liebig-Universität Gießen
Gießen, Deutschland

ISBN 978-3-658-16105-7   ISBN 978-3-658-16106-4 (eBook)
https://doi.org/10.1007/978-3-658-16106-4

Die Deutsche Nationalbibliothek verzeichnet diese Publikation in der Deutschen Nationalbibliografie; detaillierte bibliografische Daten sind im Internet über http://dnb.d-nb.de abrufbar.

Springer Spektrum

Planung: Ulrike Schmickler-Hirzeburch

Gedruckt auf säurefreiem und chlorfrei gebleichtem Papier

Springer Spektrum ist Teil von Springer Nature
Die eingetragene Gesellschaft ist Springer Fachmedien Wiesbaden GmbH
Die Anschrift der Gesellschaft ist: Abraham-Lincoln-Str. 46, 65189 Wiesbaden, Germany

Vorwort

Ich erinnere mich gut: Die Studentin hatte einen Termin mit mir vereinbart, um ihre Klausur einzusehen. Da an dieser aber fast nichts auszusetzen war, hatten wir noch Zeit und so fragte ich sie, wie sie mit dem Studium zurechtkomme. Auch das war problemlos.

Aber dann holte sie Luft, wartete einen Augenblick und fragte: „Darf ich Sie mal was fragen?" „Klar." Offenbar hatte sie etwas auf dem Herzen. „Also, es geht um die Algebra. In der Schule mochte ich das – obwohl viele meiner Mitschülerinnen und Mitschüler der Algebra hilflos und ohnmächtig gegenüberstanden. Mir gefiel es. Das Rechnen mit Zahlen, der Umgang mit Variablen, das Lösen von Gleichungen, das alles konnte ich und mochte ich. Aber jetzt kommt die Vorlesung Algebra und da hatte ich, ehrlich gesagt, gedacht, dass das etwas echt Schönes sein würde. Aber alle Studierenden machen mir Angst und warnen mich. Sie sagen, Algebra sei unfassbar abstrakt, furchtbar schwierig und hätte mit dem Schulstoff gar nichts zu tun. Viele ältere Lehramtsstudierende erzählen mir, dass sie alles Mögliche auf sich genommen haben, nur um der Algebra zu entgehen."

Zum Glück musste die Studentin Luft holen und gab mir dadurch Gelegenheit ihr zu erwidern: „Das stimmt überhaupt nicht! Algebra ist nicht nur eines der ältesten, sondern auch eines der modernsten Gebiete der Mathematik. Schon zu Beginn der Mathematik waren algebraische Themen von Bedeutung, und in der modernen Mathematik spielt die Algebra eine unverzichtbare Rolle. Sie zeigt in eindrucksvoller Weise, zu welchen Höchstleistungen der menschliche Geist fähig ist und welche geistigen Abenteuer ... "

Nun musste ich Luft holen und die Studentin nutzte diese Chance. Dass ich auf ihre Vorwürfe mit keinem Wort eingegangen war, störte sie nicht. Sie musste etwas loswerden: „Das stimmt vielleicht für Sie – aber die Studierenden erleben das ganz anders. Angeblich ist das alles nur toter Formelkram, und sinnloses Herum-ixen, das nichts mit unserer Welt zu tun hat."

Sie machte eine Pause und ich war drauf und dran zu erwidern, dass sich in der Algebra die Schönheit der mathematischen Sprache besonders deutlich zeige, dass die Formeln keineswegs inhaltsleer seien und dass die Algebra spektakuläre Anwendungen habe. Das tat ich aber nicht. Sondern ich fragte sie: „Wie würden Sie sich denn eine Algebra-Vorlesung vorstellen? Was würden Sie sich wünschen? Was würden Sie weglassen?"

„Keine Ahnung! Das ist doch Ihr Job", gab sie ein bisschen patzig zur Antwort. Aber dann machte auch sie eine Wende: „Ich würde zunächst einfach gerne verstehen, um was es geht und welche Ideen dahinter stecken. Außerdem interessiert mich, warum die Menschen sich das ausgedacht haben. Warum die Algebra immer wichtig war. Und auch, warum zum Beispiel Sie begeistert davon sind."

Ich versuchte den Faden aufzunehmen und laut zu denken: „Grundlegende Idee. Einbettung der Algebra in die Kultur. Verstehen, Aufgreifen der Schulmathematik? Aber dann müsste sich auch die Methode ändern; ich könnte mir vorstellen, dass die Studierenden ganz anders mitarbeiten als in einer klassischen Vorlesung." Nun bekam ich aber Angst vor meiner eigenen Courage: „Das wäre ein Programm für eine neue Art Vorlesung."

Die Studentin war um eine Antwort nicht verlegen: „Na und? Machen Sie es doch!" Und fügte verschwörerisch hinzu, „Ich glaube, Sie können das …"

Dieses Gespräch wirkte in mir nach, ich nahm den Impuls auf und hielt mehrfach Vorlesungen für Lehramtsstudierende über Algebra, in denen ich versuchte, möglichst viel von den Visionen umzusetzen. Dieses Buch ist in gewissem Sinne die Antwort auf die Frage der Studentin.

Warum Algebra?

Bei der Arbeit an diesem Buch haben mich unter anderem folgende Fragen und Aspekte begleitet.

Algebra bietet Orientierung.

Mit Hilfe von Zahlen haben sich Menschen die Welt erschlossen und gestaltet, und wir tun das heute mehr denn je. Mit Gleichungen werden Beziehungen zwischen Zahlen hergestellt und damit die entsprechenden Beziehungen in der realen Welt aufgenommen.

Eine erste große Herausforderung war, einen Kalender zu machen. Dazu musste man Tage, Monate und Jahre in eine zahlenmäßige Beziehung bringen und dafür musste man sehr genau rechnen können; diese Notwendigkeit stimulierte die Entwicklung von guten Zahlendarstellungen. Heute stehen verschiedenartige Anwendungen der Algebra im Fokus, besonders spektakulär sind die Anwendungen in der Kryptographie.

Schon zu Beginn der Mathematik kam aber auch die Frage nach einer Orientierung innerhalb der Welt der Zahlen auf. Dazu hat man zunächst bestimmte Zahlensorten betrachtet, zum Beispiel Quadratzahlen, Dreieckszahlen oder Primzahlen. Dann hat man neue Zahlen entdeckt, wie etwa irrationale Zahlen, später negative und imaginäre Zahlen. Dabei konnte man von Anfang an eine Erfahrung machen, nämlich, dass in scheinbar einfachen Zahlen oft tiefe Geheimnisse verborgen sind.

Algebra ist ein Präzisionsinstrument des Denkens.

In allen Bereichen der Algebra, sei es beim Rechnen, sei es beim Lösen von Gleichungen, sei es bei der Erforschung der Geheimnisse der Zahlen, hat sich eines gezeigt: Um die Phänomene angemessen zu erfassen und um überhaupt irgendetwas „rauszukriegen", muss man sich präzise ausdrücken, man muss die Sachverhalte „auf den Punkt bringen", man braucht treffende Formulierungen. Das heißt: Die Entwicklung der mathematischen

Sprache ist ein wesentlicher Teil der Algebra. Heute zeigt sich die mathematische Sprache in der Algebra in Reinkultur!

Mit dem Instrument der Algebra kann man wahre Edelsteine entdecken, die zum unauslöschlichen Kulturgut der Menschheit gehören, zum Beispiel: Die Unendlichkeit der Primzahlen, die Irrationalität von $\sqrt{2}$, das Dezimalsystem, der Nachweis der Unlösbarkeit der antiken Probleme, die Transzendenz von Zahlen, Cantors Diagonalverfahren, der Fundamentalsatz der Algebra, die Auflösbarkeit von Gleichungen.

Algebra bietet Weitblick durch Theorie.

Zum Beispiel führt der Versuch, irrationale Zahlen zu verstehen, fast zwangsläufig auf Gleichungen, damit auf algebraische Zahlen, und dann liegen auch Körpererweiterungen nahe. Mit diesem Instrument kann man vergleichsweise einfach die Unlösbarkeit der antiken Probleme zeigen.

Auch von Menschen erfundene Konstrukte wie das Stellenwertsystem und die Null haben eine Auswirkung, die sicher für Ihre Erfinder vor Tausenden von Jahren in Babylonien und Indien nicht vorhersehbar war.

Für wen ist dieses Buch?

Dieses Buch soll zukünftigen (und gegenwärtigen) Lehrerinnen und Lehrern dazu dienen, sich wertschätzend mit der Algebra auseinanderzusetzen – in der Hoffnung, dass dies Auswirkungen auf die inhaltliche Ausprägung und didaktische Gestaltung des zukünftigen Unterrichts hat. In dem Buch haben Sie als Leserin oder Leser einen verlässlichen Partner. Sie werden ernst genommen, und zwar sowohl in Ihrem Lernwillen als auch bei Ihren Lernschwierigkeiten.

Stellen Sie sich vor, dass wir eine gemeinsame Wanderung machen. Wir beginnen auf mäßiger Höhe und gehen zunächst auf ebenen und gut ausgebauten Wegen voran. Schon da können wir faszinierende Entdeckungen machen und Ausblicke auf unerreichbare Gegenden genießen. Später geht es mitunter etwas steiler bergan, manchmal muss man einen großen Schritt machen oder sich der Erfahrung eines Bergführers anvertrauen. Auf dieser größeren Höhe eröffnen sich uns noch faszinierendere Ausblicke, wir können aber auch zurückblicken und unsere anfänglichen Schritte von der höheren Warte aus einordnen.

Etwas nüchterner gesagt: Das Buch beginnt mit Einfachem und Elementarem und schreitet dann, ganz automatisch, zu Komplexerem und Schwierigerem voran. Aber Achtung! Sie werden nicht die strenge logische Abhandlung in Reinkultur finden, bei der eines aus dem anderen folgt und bei der man B nicht verstehen kann, wenn man A nicht verstanden hat. Der Grund ist einfach: Dieser Aufbau (den die Mathematiker ausgesprochen lieben) entspricht nicht dem Weg des Lernens.

Sie wissen und können nämlich schon viel. An zahlreichen Stellen werden Sie an Ihr Wissen und Ihre Fähigkeiten erinnert. Ihr Wissen und Ihre Fähigkeiten werden erweitert und vertieft. Zum Beispiel werden Sie häufig die Gelegenheit haben, ein Beispiel zu durchdenken, *bevor* die Definition oder der Satz eingeführt wurde. Dem Mathematiker sträuben sich dabei die Haare und er wird einwenden: Wenn wir noch nicht definiert haben, worüber wir sprechen, wie können wir denn dann überhaupt darüber sprechen? Sie werden aber merken, dass die sich anschließende formale Definition, der Satz oder der Beweis durch das Beispiel gedanklich schon auf den Weg gebracht wurde. In jedem Fall ist das Buch durchgängig verständlich und zugänglich.

Zu diesem Ansatz gehört auch, dass die *Aufgaben* im Text stehen und nicht separat am Ende eines Kapitels. Denn die Arbeit mit diesem Buch besteht darin, dass Lesen und Lösen, Aufnahme von Information und ihre Verarbeitung, Verstehen und Weiterdenken ineinandergreifen. Die Aufgaben („Zur Festigung des Gelernten" oder „zur Vorbereitung des Folgenden") stehen genau an den Stellen, an denen sie bearbeitet werden sollen. Sie haben die Gelegenheit, mit insgesamt über 250 Aufgaben selbständig die Welt der Algebra zu ergründen! Lösungshinweise finden Sie am Ende des Buches.

Inhaltlich setzt dieses Buch bei der Schulalgebra an, insbesondere auch bei der Algebra in der Sekundarstufe 1. Denn in der Schule findet Algebra hauptsächlich in der Sekundarstufe 1 statt. Insofern ist dieses Buch auch – in großen Teilen – zur Ausbildung von Realschullehrerinnen und -lehrern geeignet, ja man könnte auf Grundlage des Buches sogar einen gemeinsamen Algebra-Kurs für Sek 1- und Sek 2-Studierende gestalten.

Das Buch beginnt mit der Erkundung der natürlichen und ganzen Zahlen. An die Untersuchung der Teilbarkeit schließt sich das Rechnen mit Resten an. In der Schule spielen Bruchzahlen eine große Rolle; daher werden wir diese gründlich behandeln. Ein historisch und sachlich entscheidender Schritt der Algebra war die die Entdeckung der irrationalen Zahlen. Diese führen uns zu Gleichungen und ihrer Lösbarkeit und damit zu den algebraischen Zahlen. Auf dieser Ebene kann man die Frage nach der Lösbarkeit der antiken Probleme, zum Beispiel die Fragen nach der Verdoppelung eines Würfels oder der Quadratur des Kreises beantworten. Gegen Ende des Buches werden wir uns mit der Lösung von Gleichungen im Allgemeinen beschäftigen. Dabei wird sowohl der Fundamentalsatz der Algebra thematisiert, der sagt, dass jede Gleichung jedenfalls mit komplexen Zahlen lösbar ist, als auch die Erkenntnis, dass längst nicht jede Gleichung durch einen „Wurzelausdruck" (wie wir ihn beispielsweise von der p,q-Formel kennen) gelöst werden kann.

Bei diesem Aufbau werden auch strukturmathematische Überlegungen relevant werden. Sie sind unvermeidlich, ergeben sich natürlich und sind außerordentlich hilfreich. Wir werden sowohl Gruppen als auch Körpererweiterungen behandeln.

Dazu kommen Abschnitte über Kryptographie und Codes, die zeigen, dass Algebra in sehr konkreter Weise mit unserem modernen Leben verbunden ist.

Dieser Aufbau der Algebra impliziert eine neue Akzentuierung des Stoffes. Wir behandeln die Arithmetik sehr ausführlich. Das bezieht sich einerseits auf die Zahlentheorie, andererseits auf die Behandlung der Stellenwertsysteme. Auch die rationalen und irrationalen Zahlen werden eingehend dargestellt. Dafür wird die Galois-Theorie, ein Höhepunkt der üblichen Algebra-Vorlesungen, nur kursorisch behandelt; dadurch wird auch der Anteil der Gruppentheorie im Vergleich zum Üblichen reduziert.

In diesem Buch finden Sie häufig Bezüge zur *Geschichte* der Mathematik und zur *Didaktik*. Es ist natürlich kein Buch über Geschichte der Mathematik oder Didaktik der

Algebra, es ist aber anschlussfähig an beide Gebiete. Die zahlreichen geschichtlichen Verweise zeigen außerordentlich deutlich, dass Algebra eine Wissenschaft ist, die weltweit entstanden ist und weltweit entwickelt wurde.

Kaum ein anderes Gebiet der Mathematik hat eine so spannende *Geschichte*: Die Entdeckung der Irrationalität bei den Griechen, die Lösung von quadratischen Gleichungen in Mesopotamien, die Erfindung der Null in Indien, der Kampf um die Gleichung 3. Grades in Italien, die Unauflösbarkeit der Gleichung 5. Grades in Norwegen und Frankreich: Jedes einzelne Thema ist Stoff für einen Roman!

Dieses Buch ist für Sie, die *Studierenden*, geschrieben, und ich habe mir Mühe gegeben, es so zu schreiben, dass es einfach zu lesen ist. Aber *lesen müssen Sie!*

In der Mathematik heißt *lesen* nicht überfliegen, es heißt auch nicht: mal reinschauen, und es heißt schon gar nicht: nur durchblättern. In der Mathematik heißt lesen zunächst mal: Tempo rausnehmen, langsam lesen, manchmal Buchstabe für Buchstabe, Zeichen für Zeichen. Zum zweiten heißt Lesen in der Mathematik: aufmerksam sein: was bleibt bei einer Umformung gleich, was ändert sich?

Zusammenfassend kann man folgendes sagen (vgl. hierzu Beutelspacher et al. 2011, insbesondere Abschn. 7.2):

Dieses Buch behandelt die Schulalgebra von einem höheren Standpunkt, der den Studierenden Einsicht vermittelt. Es bietet Breite und Tiefe und stellt eine inhaltliche Neuorientierung dar.

Durch die Elementarität des Vorgehens haben Sie die Möglichkeit, sich den Stoff und die Methoden anzueignen und – auf entsprechendem Niveau – selbst zu erarbeiten und so den Prozess des Mathematikmachens zu erleben.

An zahlreichen Stellen bietet das Buch Ausblicke zu Anwendungen und gewährt Ihnen Eindrücke von der Tiefe der Mathematik.

Dank

Mein Dank gilt vielen Menschen: Zunächst den Studierenden, die mir immer wieder Impulse gegeben haben und meine Versuche, neue Ideen in der Lehre auszuprobieren, stets mit Geduld mitgetragen haben.

Ich danke Laila Samuel für viele Gespräche und die wunderbaren Zeichnungen. Ebenso danke ich Nina Stein, die das Manuskript außerordentlich sorgfältig gelesen und damit die Leserinnen und Leser vor vielen Unklarheiten und Fehlern bewahrt hat.

Schließlich gilt ein großer Dank meiner Lektorin, Frau Schmickler-Hirzebruch, die mich nun ein wissenschaftliches Leben lang begleitet hat und stets eine inspirierende und zuverlässige Partnerin bei der Planung und Realisierung von Büchern war.

Ein besonderer Dank gilt drei weiteren Frauen, die mir immer vor Augen stehen, wenn ich über Mathematik schreibe (und die davon übrigens nichts ahnen). Deren unausgesprochene, aber warmherzige Ermutigung, verbunden mit einem ebenso unausgesprochenen, aber außerordentlich klaren Qualitätsanspruch waren und sind mir stets ein Ansporn.

Literatur

Beutelspacher, A., Danckwerts, R., Nickel, G., Spies, S., Wickel, G.: Mathematik neu denken. Impulse für die Gymnasiallehrerbildung an Universitäten. Vieweg & Teubner, Wiesbaden (2011)

Inhaltsverzeichnis

Die natürlichen und die ganzen Zahlen 1

Zählen und damit die Entdeckung der Zahlenreihe gehört zu den frühesten Kulturleistungen der Menschheit. Auch Tiere, jedenfalls manche Tiere (zum Beispiel Schimpansen oder Krähen) haben ein Zahlenverständnis: Sie können sich Zahlen merken und verschiedene Zahlen unterschieden. Aber wirklich zählen können nur Menschen. Denn zum Zählen gehört Sprache und die Fähigkeit, Zahlen systematisch, das heißt regelartig zu erfassen.

Vermutlich haben die Menschen zunächst mit Hilfe ihrer Finger gezählt. Da sie keine Möglichkeit hatten, Zahlen schriftlich zu fixieren, wurden nicht nur die Finger, sondern alle möglichen Körperteile zum Zählen benutzt. Solche „Körperzahlen" findet man in vielen Kulturen (siehe Abb. 1.1). Daran wird deutlich, dass die Zahlen Individuen waren, jede Zahl war etwas Besonders, etwas Eigenes, sie wurde nicht aus anderen Zahlen abgeleitet oder aus anderen zusammengesetzt.

Die ersten schriftlichen Zahlendarstellungen sind bis zu 30.000 Jahre alt (siehe die Abschn. 1.6 und 2.1). Zahlendarstellungen werden wir in Kap. 2 behandeln.

1.1 Die Pythagoreer

Die frühesten wissenschaftlichen Untersuchungen von Zahlen gehen auf Pythagoras (ca. 570–510 v. Chr.) und seine Schule, die Pythagoreer, zurück.

Die damalige „erwachende Wissenschaft" beschäftigte sich nicht nur mit Einzelfragen, sondern stellte ganz grundsätzlich die Frage: Wie kann man die Welt erklären? Was liegt allen Phänomenen, dem Werden und Vergehen zu Grunde? Was ist der „Urgrund", der erste Anfang des Seins? Die allgemeine Überzeugung war, dass es *eine* Ursache für alles geben müsse, *ein* Prinzip, das die Welt im Innersten zusammenhält. Aber bei der Frage, welcher Art dieses Prinzip sein könnte, gingen die Antworten weit auseinander. Für Thales von Milet (ca. 624–547 v. Chr.), einen der ersten Mathematiker, war es das Wasser. Sein Schüler Anaximander (ca. 610–547 v. Chr.) glaubte, dass das Unbegrenzte,

© Springer Fachmedien Wiesbaden GmbH 2018
A. Beutelspacher, *Zahlen, Formeln, Gleichungen*,
https://doi.org/10.1007/978-3-658-16106-4_1

Abb. 1.1 Körperzahlen der Ureinwohner der Torresstraße (zwischen Australien und Papua-Neuguinea). (Dehaene 1999)

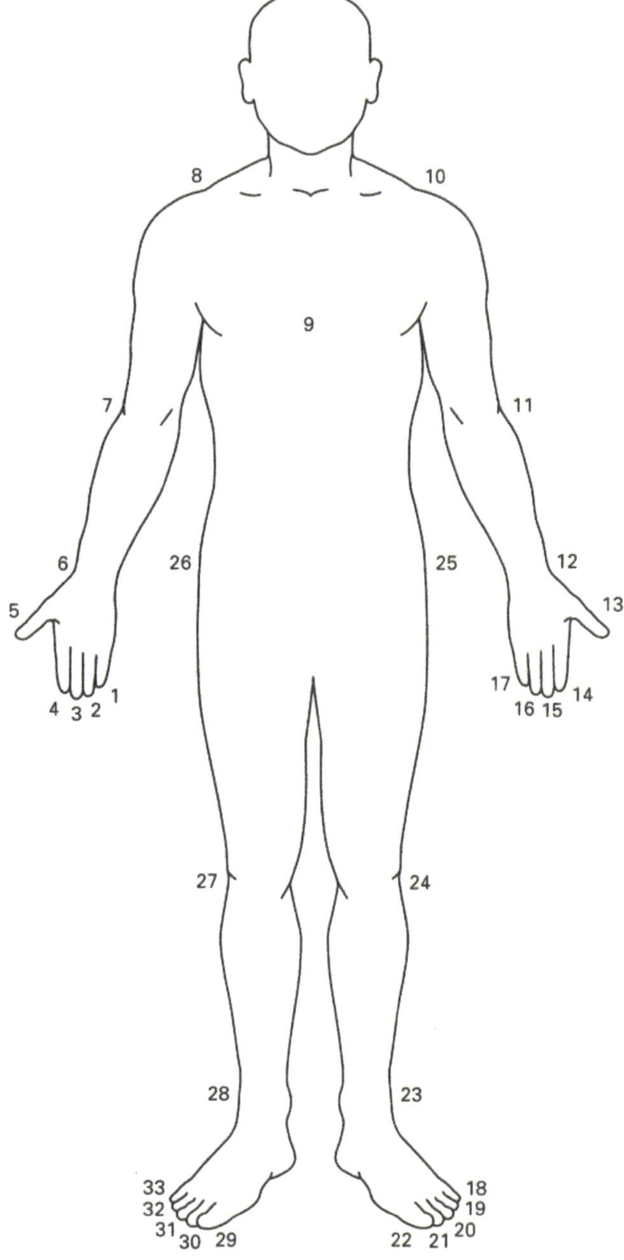

die Unendlichkeit das Prinzip ist, das die Welt erst möglich macht. Heraklit (ca. 520–460 v. Chr.) war der Überzeugung, dass der „Logos", also ein geistiges Ordnungsprinzip, alles durchwebt, und das seinen sinnlichen Ausdruck im Feuer findet. Schließlich postulierte

Demokrit (ca. 460–371 v. Chr.), dass alles auf kleinsten unteilbaren materiellen Objekten, den so genannten Atomen, aufgebaut ist.

Die Antwort der Pythagoreer war: Die Zahlen. Sie glaubten, dass die Zahlen der Schlüssel zum Verständnis der Welt sind. Zahlen waren für die Pythagoreer nicht nur ein Mittel, das wir Menschen nutzen, um die Welt zu verstehen; Pythagoras und seine Schüler waren davon überzeugt, dass die ganze Welt auf Zahlen beruht. Ihrer Meinung nach sind Zahlen nicht von Menschen ausgedacht und erfunden, weil sie nützlich sind. Vielmehr stecken die Zahlen in den Dingen, sie sind untrennbar mit den Phänomenen der Welt verbunden. Daher war es nur konsequent, dass das Motto der Pythagoreer lautete „Alles ist Zahl!".

Die Pythagoreer suchten – und fanden – auch Bedeutungen von Zahlen, die wir heute, jedenfalls aus mathematischer Sicht, für unwesentlich oder bedeutungslos halten. So war 2 für sie weiblich und 3 männlich. Sie erzielten aber auch wichtige mathematische Erkenntnisse. Zum Beispiel war für die Pythagoreer nicht nur die Größe einer Zahl wichtig, sondern sie interessierten sich auch für Eigenschaften von Zahlen, zum Beispiel, ob diese gerade oder ungerade sind. Aber auch dabei blieben sie nicht stehen, sondern sie versuchten, diese Eigenschaften in Beziehung zueinander zu setzen und entdeckten dann Gesetze (das heißt mathematische Sätze), zum Beispiel die Erkenntnis „gerade plus gerade gleich gerade". Diese Gesetze sind in dem Sinne mathematische Sätze, als dass die Pythagoreer diese nicht nur an Beispielen verifiziert, sondern in gewissem Sinne allgemein bewiesen haben.

Wie ging das? Die Pythagoreer hatten keinerlei mathematische Symbolik: keine vernünftige Zahlschreibweise, kein Pluszeichen, kein Gleichheitszeichen, keine Variablen! Ihre Idee war, die Geometrie für die Zahlentheorie zu Hilfe zu nehmen.

Die Pythagoreer haben, wie viele vor und nach ihnen, sicherlich Zahlen zunächst ganz naiv mit Steinchen gelegt: Die Zahl 6 mit sechs Steinchen, die Zahl 9 mit neun Steinchen. Dabei stellten sie – wie ebenfalls viele vor und nach ihnen – fest, dass diese Zahlendarstellung schnell unübersichtlich wird. Dieses Problem kann man auf verschieden Weise lösen. An vielen Stellen der Welt entstand unabhängig voneinander die Idee der Bündelung, also das Zusammenfassen von jeweils fünf oder zehn Steinchen oder Kerben zu einer Einheit höherer Ordnung. Dies führt dann zur den verschiedenen Zahlendarstellungen, und letztlich zu den Stellenwertsystemen.

Die Pythagoreer beschränkten sich nun nicht auf eine lineare Anordnung, sondern nutzten die zweidimensionale Ebene und legten „schöne Muster": Rechtecke, Quadrate, Dreiecke und so weiter. Solche Muster knüpfen an vorwissenschaftliches Legen von Mustern und magische Formen an, haben aber das Potential von weitergehenden mathematischen Erkenntnissen.

Dabei machten die Pythagoreer noch einen entscheidenden Schritt. Es war klar, dass man nicht jede Zahl als Quadrat legen kann, aber auch nicht nur eine. Man kann vier Steinchen als Quadrat legen, aber auch neun oder 16. Alle diese Zahlen haben also etwas Gemeinsames, sie sind „Quadratzahlen". Und deren Geheimnisse galt es zu entdecken und zu erforschen. Wir sprechen bei solchen Darstellungen von Zahlen allgemein von figurierten Zahlen, also Zahlen, die als Figuren gelegt sind. (In der Literatur wird der Begriff „figurierte Zahl" manchmal nur für Zahlen benutzt, die in Form eines regulären Vielecks gelegt werden können; wir benutzen einen etwas allgemeineren Begriff.)

Eine profunde Darstellung von Pythagoras und seiner Lehre findet man in Riedweg (2002).

1.2   Figurierte Zahlen

Wir folgen nun der Idee der figurierten Zahlen eine Zeit lang. Wir werden sehen, wie man durch Betrachten dieser Zahlen Erkenntnisse erhalten und beweisen kann. Wir werden diese Erkenntnisse und Beweise dann auch in unserer modernen mathematischen Sprache darstellen.

Zunächst betrachten wir gerade und ungerade Zahlen. Die Vorstellung, die vermutlich die Pythagoreer als erste bewusst formuliert haben, ist die folgende. Manche Anzahlen von Steinchen kann man vollständig in „Zweierpäckchen" aufteilen, bei anderen Anzahlen bleibt ein Steinchen übrig.

In den heutigen Schulbüchern werden nicht Steinchen gelegt, sondern zum Beispiel Bonbons verteilt. Manche Anzahlen von Bonbons kann man unter zwei Kinder so aufteilen, dass jedes Kind gleich viele bekommt; bei andere Anzahlen bleibt ein Bonbon übrig. Die erste Sorte von Zahlen nennt man gerade, die zweite ungerade.

Zur Vorbereitung des Folgenden 1.2.1

Ist 0 eine gerade Zahl? Überlegen Sie sich die Antwort anhand einer figurierten Zahl und mit Hilfe des Bonbonverteilen.

▶ **Definition: gerade Zahl, ungerade Zahl** Eine ganze Zahl wird *gerade* genannt, wenn man sie ohne Rest durch 2 teilen kann. Wenn eine ganze Zahl nicht gerade ist, heißt sie *ungerade* ($=$ nicht gerade).

Gerade natürliche Zahlen sind zum *Beispiel* 0, 2, 4, 6, ..., ungerade natürliche Zahlen sind 1, 3, 5, ...

Die Pythagoreer haben nicht nur definiert, was gerade und ungerade bedeuten soll, sondern sie haben Beziehungen zwischen diesen Eigenschaften festgestellt und diese auch – mit ihren Mitteln – bewiesen. Zum Beispiel kannten sie die Regeln „gerade plus 1 ist ungerade" und „ungerade plus 1 ist gerade". Allgemeiner konnten sie folgende Aussagen beweisen.

Satz 1.2.2 (Gerade plus gerade)

(a) „Gerade plus gerade ist gerade". Das heißt: Die Summer zweier gerader Zahlen
   ist stets gerade.
(b) „ungerade plus ungerade ist gerade". Das bedeutet: Die Summe zweier ungerader Zahlen ist stets eine gerade Zahl.

Beweis.

(a) Die Pythagoreer haben solche Aussagen mit figurierten Zahlen bewiesen. Dazu haben
   sie zwei gerade Zahlen dargestellt und diese addiert, indem sie die Steinchen zusam-
   mengeschoben haben.

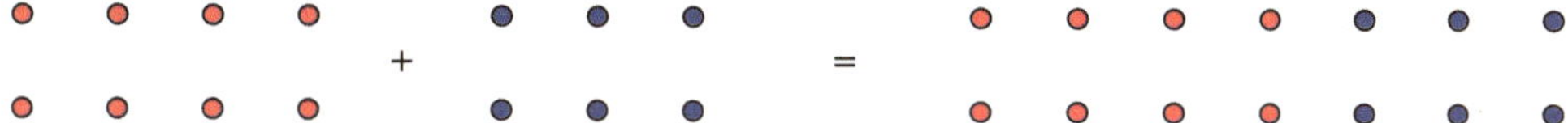

In moderner mathematischer Sprache können wir das wie folgt formulieren. Wir betrachten eine beliebige gerade Zahl; sei diese gleich 2m wobei m eine natürliche Zahl
ist. („2m", also 2-mal eine beliebige natürliche Zahl „m" ist das Symbol für eine (positive) gerade Zahl). Sei 2n eine weitere gerade Zahl.
Die Summe dieser beiden Zahlen ist $2m + 2n$, und diese können wir ausrechnen:
$2m + 2n = 2(m + n)$. Daran sehen wir, dass das Ergebnis eine gerade Zahl ist, denn
$2(m + n)$ ist 2-mal die natürliche Zahl $m + n$.

(b) Auch hier haben sich die Pythagoreer die Tatsache und gleichzeitig die Einsicht in die
   Tatsache mit figurierten Zahlen klar gemacht:

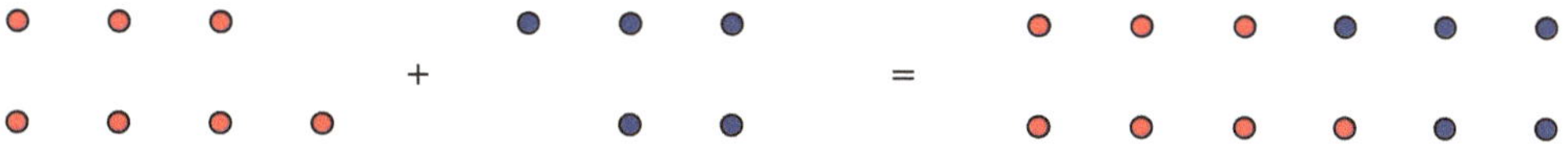

In der modernen Sprache der Mathematik bezeichnen wir eine ungerade Zahl mit
$2m + 1$ oder $2m - 1$, weil sie aus einer geraden Zahl $(2m)$ entsteht, indem 1 hinzugefügt oder abgezogen wird. Die Summe der ungeraden Zahlen $2m + 1$ und $2n + 1$
ist $(2m + 1) + (2n + 1)$, und diese berechnet sich als $2m + 1 + 2n + 1$, was zusammengefasst $2m + 2n + 2$, also $2(m + n + 1)$ ergibt. Diese Zahl ist das Doppelte der
natürlichen Zahl $m + n + 1$, also eine gerade Zahl. $\square$

Zur Festigung des Gelernten 1.2.3
Formulieren Sie den Ausdruck „gerade plus ungerade ist ungerade" so, dass klar ist,
was er bedeutet. Beweisen Sie diesen Satz mit Hilfe von figurierten Zahlen und in
moderner mathematischer Sprache.

Mit der Methode der figurierten Zahlen kann man eine ganze Reihe von Erkenntnissen gewinnen, zum Beispiel.

Satz 1.2.4 (Summe aufeinanderfolgender Zahlen)

(a) Die Summe von zwei aufeinander folgenden Zahlen ist stets ungerade.
(b) Die Summe von je drei aufeinander folgenden Zahlen ist stets durch 3 teilbar.

Beweis.

(a) Eine beliebige natürliche Zahl wird einfach durch eine Reihe von Steinchen dargestellt. Die darauf folgende Zahl ist die gleiche Reihe – allerdings mit einem Steinchen mehr. Wenn man die beiden Zahlen untereinander aufträgt, dann „sieht" man unmittelbar, dass die Summe eine ungerade Zahl ist.

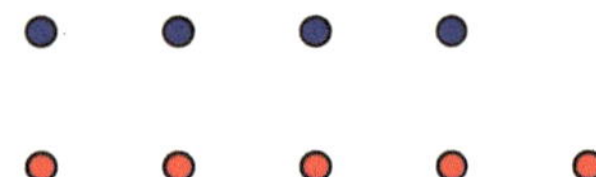

Heute können wir das wie folgt formulieren: Sei m eine beliebige natürliche Zahl. Dann ist m + 1 die darauf folgende Zahl. Die Summe dieser beiden Zahlen ist m + (m + 1) = m + m + 1 = 2m + 1. Also ist die Summe ungerade.
(b) Drei aufeinander folgende Zahlen kann man so darstellen.

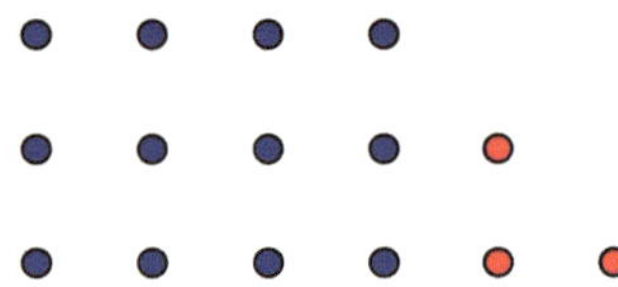

Man sieht unmittelbar, dass sich die Summe ohne Rest in Dreierpäckchen aufteilen lässt. □

Zur Festigung des Gelernten 1.2.5

(a) Formulieren Sie das Argument aus dem Beweis Teil (b) in moderner mathematischer Sprache
(b) Betrachten Sie die Summe von vier aufeinander folgenden Zahlen. Kann diese Summe durch 4 teilbar sein?
(c) Betrachten Sie die gleiche Fragestellung für fünf aufeinander folgende Zahlen.

Eine wichtige Sorte von Zahlen, die den Pythagoreern aufgefallen ist, sind die Quadratzahlen. Das sind die Anzahlen von Steinchen, die man in Form eines Quadrats legen kann.

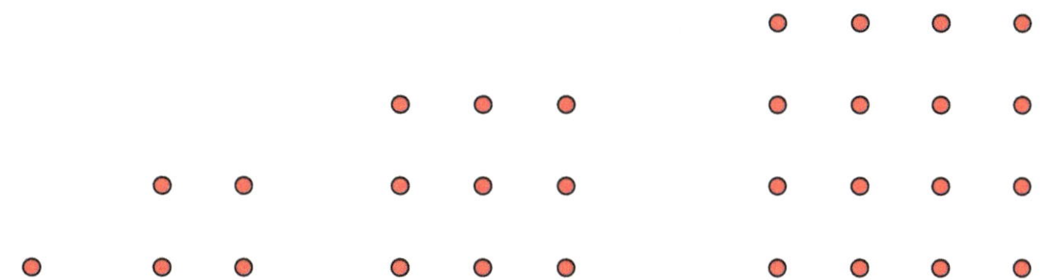

▶ **Definition: Quadratzahl** Eine Zahl heißt Quadratzahl, wenn man mit dieser Zahl von Steinchen ein Quadrat auslegen kann. Genauer gesagt, wenn man diese Zahl von Steinchen in n Reihen zu je n Steinen legen kann. In heutiger mathematischer Sprache gesagt: Eine Zahl m heißt *Quadratzahl*, wenn es eine natürliche Zahl n gibt mit $m = n \cdot n$, oder, anders geschrieben: $m = n^2$.

Die ersten Quadratzahlen sind $1, 4, 9, 16, 25, \ldots$

Man kann eine Quadratzahl auf vielerlei Arten legen. Wenn man von der Ecke links unten aus startet, entdeckt man einen überraschenden Zusammenhang zwischen Quadratzahlen und ungeraden Zahlen.

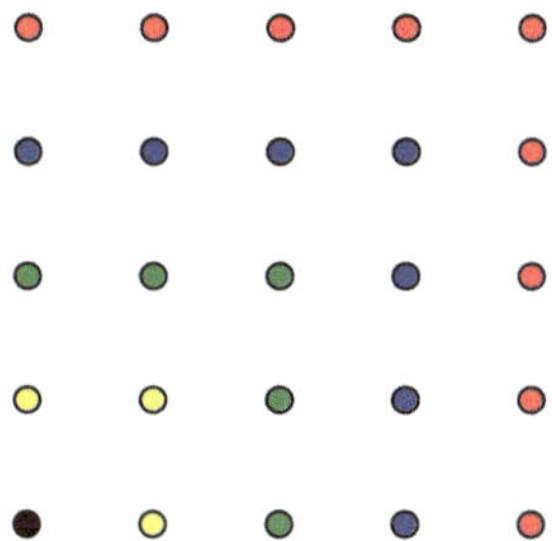

Man kommt von einer Quadratzahl zur nächsten, indem man einen „Haken" hinzufügt. Ein solcher Haken besteht jeweils aus einer ungeraden Anzahl von Steinchen (oben und rechts gleich viele, und noch ein Eckstein oben rechts). Man startet mit einem Steinchen, fügt einen Haken aus 3 Steinchen hinzu und erhält die Quadratzahl 4. Wenn man diese durch einen Haken aus 5 Steinchen ergänzt, kommt man zu 9. Wir sehen $4 = 1 + 3$, $9 = 1 + 3 + 5$, $16 = 1 + 3 + 5 + 7$. Allgemein ist die Summe der ersten ungeraden Zahlen eine Quadratzahl.

Um diese Beziehung noch präziser formulieren, und damit einer mathematischen Behandlung zugänglich machen zu können, müssen wir wissen, wie viele ungerade Zahlen man addieren muss, um eine bestimmte Quadratzahl zu erhalten. Die folgende Tabelle wird uns auf die richtige Spur führen:

Nummer n	1	2	3	4	...	n
n-te ungerade Zahl	1 $(=2\cdot 1-1)$	3 $(=2\cdot 2-1)$	5 $(=2\cdot 3-1)$	7 $(=2\cdot 4-1)$	...	$2n-1$
Summe der ersten n ungeraden Zahlen	1	4	9	16	...	n^2

Wir sehen zum einen: Die n-te ungerade Zahl ist $2n-1$. ($2n+1$ ist die auf $2n-1$ folgende ungerade Zahl, also die $(n+1)$-te ungerade Zahl.) Zum andern zeigt uns die Tabelle: Die Summe der ersten n ungeraden Zahlen ist gleich der n-ten Quadratzahl.

Satz 1.2.6 (Summe ungerader Zahlen)
Die Summe der ersten n ungeraden Zahlen ist gleich der n-ten Quadratzahl. In Formeln: $1+3+5+\ldots+(2n-1)=n^2$.

Beweis.

(a) Mit figurierten Zahlen. Diesen Beweis kann man aus der Darstellung mit den „Haken" ablesen: Wenn man links unten startet und das Feld so „aufrollt", dass man nach rechts oben von Haken zu Haken voranschreitet, sieht man $1+3+5+\ldots=n^2$.

(b) Durch Induktion nach n.

Induktionsbasis. Sei $n=1$. Dann besteht die linke Seite der Gleichung $1+3+5+\ldots+(2n-1)=n^2$ aus dem Summanden 1, und die rechte Seite ist gleich $1^2=1$. Also gilt die Aussage in diesem Fall.

Induktionsschritt. Sei $n\geq 1$, und sei die Aussage richtig für n. Das bedeutet, dass die n-te Quadratzahl n^2 als Summe der ersten n ungeraden Zahlen dargestellt ist: $n^2=1+3+5+\ldots+(2n-1)$.

Nun berechnen wir die Summe der ersten $n+1$ ungeraden Zahlen. Dabei ist die $(n+1)$-te ungerade Zahl gleich $2\cdot(n+1)-1=2n+1$. Die Summe lautet also

$$1+3+5+\ldots+(2n-1)+(2n+1).$$

Es gilt:

$$
\begin{aligned}
&1+3+5+\ldots+(2n-1)+(2n+1) \\
&= [1+3+5+\ldots+(2n-1)]+(2n+1) \\
&= n^2+(2n+1) \quad \text{(die Summe der ersten n ungeraden Zahlen ist gleich } n^2) \\
&= n^2+2n+1 \\
&= (n+1)^2 \quad \text{(erste binomische Formel)}
\end{aligned}
$$

Also ist die Summe der ersten $n+1$ ungeraden Zahlen gleich der $(n+1)$-ten Quadratzahl.

Somit gilt die Aussage allgemein. $\qquad\square$

Den obigen Satz kann man auch wie folgt ausdrücken:

Satz 1.2.7
Man erhält die $(n+1)$-te Quadratzahl, indem man zur n-ten Quadratzahl die $(n+1)$-te ungerade Zahl addiert. In mathematischer Kurzform: $n^2 + (2n+1) = (n+1)^2$.

$\square$

Die folgende Tabelle macht diese Aussage anschaulich:

Nummer n	1	2	3	4	5	...	n
n-te Quadratzahl	1	4	9	16	25	...	n^2
$(n+1)$-te Quadratzahl	4	9	16	25	36	...	$(n+1)^2$
Differenz	3	5	7	9	11	...	$2n+1$

Zur Festigung des Gelernten 1.2.8
Betrachten Sie „Rechteckzahlen", bei denen Sie nur darauf achten, ob die Anzahlen der Steinchen pro Zeile oder Spalte gerade oder ungerade ist. Machen Sie sich daran die Multiplikationsgesetze „gerade mal gerade gleich gerade", „gerade mal ungerade gleich gerade" und „ungerade mal ungerade gleich ungerade" klar. Formulieren Sie die Argumente auch in moderner mathematischer Sprache.

1.3 Dreieckszahlen

Man kann mit Steinchen Quadrate legen und erhält die Quadratzahlen. Entsprechend kann man Dreiecke legen und erhält die *Dreieckszahlen*.

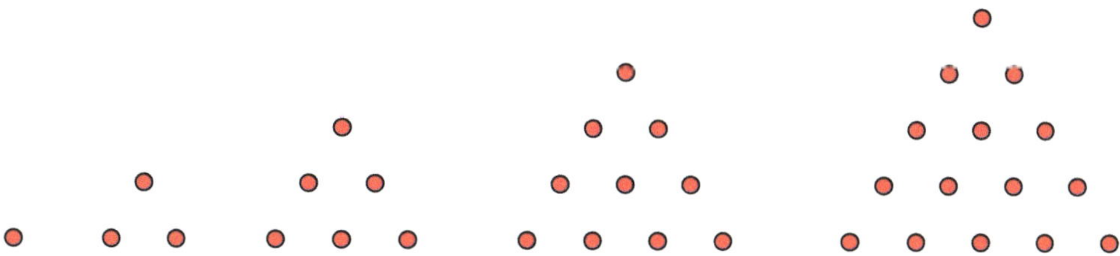

Die ersten Dreieckszahlen sind 1, 3, 6, 10, 15, 21, ... Wenn man sich vorstellt, dass man zuerst die Spitze legt, und sich dann Zeile für Zeile nach unten arbeitet, dann sieht man, dass eine Dreieckszahl die Summe der ersten natürlichen Zahlen ist.

Tatsächlich gilt

$$1 = 1,$$
$$3 = 1 + 2,$$
$$6 = 1 + 2 + 3,$$
$$10 = 1 + 2 + 3 + 4$$

und so weiter. Die n-te Dreieckszahl d_n ist $d_n = 1 + 2 + 3 + \ldots + n$.

Ganz natürlich stellt sich die Frage, ob es eine Formel gibt, mit der man die Dreieckszahlen leicht ausrechnen kann. Eine solche Formel gibt es tatsächlich, und wir werden sie mit drei unterschiedlichen Methoden beweisen. Zunächst mit einem Trick, der auf Carl Friedrich Gauß zurückgeführt wird, dann mit Hilfe von figurierten Zahlen und schließlich mit Induktion.

Satz 1.3.1 (Summe von Dreieckszahlen)
Für jede natürliche Zahl n gilt: $1 + 2 + \ldots + n = n(n + 1)/2$.
Mit anderen Worten: Für die n-te Dreieckszahl d_n gilt: $d_n = n(n + 1)/2$.

Anmerkung. Dieser Satz zeigt sehr schön den Nutzen, den ein mathematischer Satz haben kann: Er führt ein prinzipiell schwieriges Problem, nämlich die Addition von n Zahlen, auf ein einfaches Problem zurück, nämlich auf eine Multiplikation und eine Division durch 2.

Wenn wir zum *Beispiel* die Summe der ersten 1000 positiven ganzen Zahlen berechnen wollen, führt der Satz die 999 Additionen zurück auf die einfache Rechnung $1000 \cdot 1001 / 2 = 500.500$.

Erster Beweis. Wir schreiben die Summe $1 + 2 + \ldots + (n - 1) + n$ zweimal auf, einmal in der natürlichen Reihenfolge der Summanden und einmal in umgekehrter Reihenfolge:

$$1 + 2 \quad + \ldots + n - 1 + n$$
$$+ n + n - 1 + \ldots + 2 \quad + 1.$$

Wenn man jetzt jeweils den oberen Summanden zu der Zahl addiert, die direkt darunter steht, erhält man n mal die Zahl $n + 1$. Die Gesamtsumme der Zahlen in den beiden Zeilen ist also $n(n + 1)$. Da in dieser Summe jede Zahl zwischen 1 und n doppelt vorkommt, folgt

$$1 + 2 + \ldots + (n - 1) + n = n(n + 1)/2.$$

Zweiter Beweis. Wir stellen die n-te Dreieckszahl zwei Mal dar, wobei sie einmal entlang einer waagerechten Geraden gespiegelt ist:

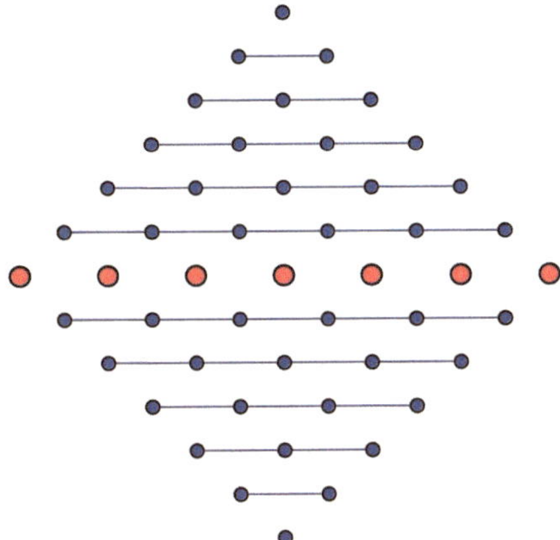

An der Spiegelachse fügen wir $n + 1$ Punkte ein, so dass wir insgesamt die Quadratzahl $(n + 1)^2$ erhalten. In Formeln bedeutet dies $2d_n + (n + 1) = (n + 1)^2$. Daraus ergibt sich $2d_n = (n + 1)^2 - (n + 1) = n^2 + n = n(n + 1)$, und damit die Behauptung.

Die beiden bisher präsentierten Beweise haben den Vorteil, dass man durch die Argumentation auch die Aussage erhalten kann. Beim dritten, jetzt folgenden Beweis ist das nicht so; denn wie bei jedem Induktionsbeweis muss man vorher schon wissen, was man beweisen möchte.

Dritter Beweis. Durch Induktion nach n.

Induktionsbasis. Für $n = 1$ steht auf beiden Seiten der Gleichung die Zahl 1.

Induktionsschritt. Sei nun $n > 1$, und sei die Behauptung richtig für $n - 1$. Dann folgt

$$
\begin{aligned}
&1 + 2 + \ldots + (n - 1) + n \\
&= [1 + 2 + \ldots + (n - 1)] + n \\
&= (n - 1)n/2 + n \qquad \text{(nach Induktion)} \\
&= [(n - 1)n + 2n]/2 \\
&= (n^2 + n)/2 \\
&= n(n + 1)/2.
\end{aligned}
$$

$\square$

Carl Friedrich Gauß (1777–1855) war einer der größten Mathematiker aller Zeiten, dessen Genie sich schon in jungen Jahren zeigte. Bereits als siebenjähriger Schüler verblüffte er seinen Lehrer. Dieser hatte der gesamten einklassigen Schule in Braunschweig die Aufgabe gestellt, die Zahlen 1 bis 100 zu addieren. Alle rechneten auf ihren Schiefertafeln. Wer mit der Rechnung fertig war, sollte seine Tafel umgedreht vor sich auf den Tisch legen. Zur Überraschung aller knallte Carl Friedrich, der jüngste Schüler, nach wenigen Augenblicken seine Tafel auf den Tisch und rief dabei voller Zufriedenheit mit sich und seinem Ergebnis in Braunschweiger Dialekt aus: „Ligget se", was bedeutet „Da liegt sie". Als nach geraumer Zeit alle Tafeln umgedreht wurden, hatte der kleine Carl Friedrich als einer der wenigen das richtige Ergebnis.

Drei Bemerkungen dazu: 1. Der erste Biograph von Gauß, Wolfgang Sartorius von Waltershausen, spricht nicht von der Aufgabe „$1 + 2 + \ldots + 100$", sondern ganz allgemein von der „Summation einer arithmetischen Reihe". 2. Man geht davon aus, dass Gauß intuitiv die im ersten Beweis von 1.3.1 geschilderte Methode benutzt hat. 3. Gauß selbst erinnerte sich offenbar gerne und gut an dieses Erlebnis und hat davon „in seinem hohen Alter mit großer Freude und Lebhaftigkeit öfter erzählt".

Die Dreieckszahlen waren auch der Inhalt eines der ersten bedeutenden Sätze von Gauß. Am 10. Juli 1796 schreibt er voller Begeisterung in sein Tagebuch:

$$\text{EYPEKA num} = \Delta + \Delta + \Delta.$$

Was für uns wie ein Geheimcode anmutet, hatte für Gauß eine präzise mathematische Bedeutung.

Das erste Wort ist einfach: EYPEKA ist griechisch, wird „Heureka" ausgesprochen und heißt „Ich hab's gefunden". Mit diesem Ausruf soll Archimedes (287–212 v. Chr.) nackt durch die Straßen von Syrakus gerannt sein, als er beim Baden das Gesetz vom Auftrieb entdeckt hatte. Diesen Ausruf zitiert Gauß und bringt damit zum Ausdruck, dass auch er blitzartig eine großartige Erkenntnis hatte.

Die Erkenntnis ist in dem ausgedrückt, was nach dem „EYPEKA" steht, also „num $=$ $\Delta + \Delta + \Delta$". Die Abkürzung „num" bedeutet numerus, das lateinische Wort für Zahl; hier ist eine beliebige natürliche Zahl gemeint. Das Symbol Δ („delta") steht für eine Dreieckszahl, und $\Delta + \Delta + \Delta$ soll eine Summe aus drei Dreieckszahlen bedeuten. Der Ausdruck „num $= \Delta + \Delta + \Delta$" heißt also, dass sich jede natürliche Zahl als Summe von (höchstens) drei Dreieckszahlen schreiben lässt. Diesen Satz hat Gauß am 10. Juli 1796, im Alter von nur 19 Jahren bewiesen.

Eine umfangreiche und gut lesbare Darstellung des Lebens und des Werkes von Carl Friedrich Gauß ist Wußing (2011).

Zur Festigung des Gelernten 1.3.2

Stellen Sie die Zahlen 15, 16, $\ldots$, 23 jeweils als Summe von höchsten drei Dreieckszahlen dar.

Der Satz „num $= \Delta + \Delta + \Delta$" hat eine lange Tradition. Der große Mathematiker Pierre de Fermat (1607–1665), der eine unglaubliche Begabung dafür hatte, mathematische Sätze zu finden (nicht so sehr, diese zu beweisen), hat dies bereits 1638 behauptet. Er behauptete noch viel mehr: „Ich war der erste, der den sehr schönen und vollkommen allgemeinen Satz entdeckt hat, dass jede Zahl entweder eine Dreieckszahl oder die Summe von zwei oder drei Dreieckszahlen ist; jede Zahl eine Quadratzahl oder die Summe von zwei, drei oder vier Quadratzahlen ist; entweder eine Fünfeckszahl oder die Summe von zwei, drei, vier oder fünf Fünfeckszahlen; und so weiter bis ins Unendliche $\ldots$ Ich kann den Beweis, der von vielen und abstrusen Mysterien der Zahlen abhängt, hier nicht angeben; deswegen beabsichtige ich diesem Subjekt ein ganzes Buch zu widmen." Dieses Buch ist jedoch nie erschienen und es ist zweifelhaft, ob Fermat einen Beweis hatte.

Der italienische Mathematiker Joseph-Louis Lagrange (Giuseppe Lodovico Lagrangia, 1736–1813) hat 1772 – über 120 Jahre nach Fermats Vermutung – den Fall $n = 4$ gelöst, also bewiesen, dass jede natürliche Zahl eine Summe von höchsten vier Quadratzahlen ist. Gauß konnte 1796 den Fall der Dreieckszahlen lösen, und erst 1813 ist es Augustin-Louis Cauchy (1789–1857) gelungen, den allgemeinen Satz beweisen.

Zur Festigung des Gelernten 1.3.3

(a) Welche Zahlen zwischen 1 und 50 kann man als Summe von höchstens zwei Quadratzahlen schreiben?

(b) Für welche Zahlen zwischen 1 und 50 braucht man vier Quadratzahlen? Gesucht sind also die Zahlen, die man nicht als Summe von drei oder weniger Quadratzahlen schreiben kann.

1.4 Teilbarkeit

Wir nehmen die Vorstellung des Zählens auf und definieren die *natürlichen Zahlen* als die unendliche Zahlenreihe 0, 1, 2, 3, ... Diese Definition hat den Mathematikern jahrtausendlang genügt; erst im 19. Jahrhundert kam das Bedürfnis nach eine verlässlicheren Grundlegung auf (siehe Abschn. 1.7).

► **Definition** Die Menge aller *natürlichen Zahlen* wird mit **N** bezeichnet, das heißt: $\mathbf{N} = \{0, 1, 2, 3, \ldots\}$.

Bis vor einigen Jahrzehnten hat man die Null nicht zu den natürlichen Zahlen gezählt. Heute sagen wir, dass die Null eine natürliche Zahl ist; das steht sogar in einer Norm, der DIN 5473. Aus struktur-mathematischer Sicht ist das völlig irrelevant; es kommt nur darauf an, dass die natürlichen Zahlen einen Anfang haben und sich dann schrittweise in eine Richtung ausbreiten.

Die „ganzen Zahlen" erweitern die natürlichen Zahlen durch die negativen Zahlen.

► **Definition: ganze Zahlen** Die Menge der ganzen Zahlen wird mit **Z** bezeichnet.

$$\mathbf{Z} = \{\ldots, -3, -2, -1, 0, 1, 2, 3, \ldots\}.$$

In der Menge der natürlichen Zahlen kann man unbeschränkt addieren, das heißt die Summe je zweier natürlicher Zahlen ist auch eine natürliche Zahl. In **Z** kann man zusätzlich unbeschränkt subtrahieren: auch die Differenz von je zwei ganzen Zahlen ist eine ganze Zahl. Man drückt das auch so aus, dass man sagt, **N** ist bezüglich der Addition *abgeschlossen*, beziehungsweise **Z** ist bezüglich der Subtraktion *abgeschlossen*.

Sicher haben Menschen schon vor zigtausend Jahren versucht, Dinge gerecht zu verteilen: 6 Stücke auf 2 Personen, 8 Stücke auf 4 Personen und so weiter. Dabei hat es sich herausgestellt, dass dieser Teilungsprozess meistens nicht aufgeht, manchmal aber doch. Die Mathematik hat dieses bemerkenswerte Phänomen früh aufgegriffen und dafür den Begriff der Teilbarkeit entwickelt.

Wir haben eine gute Vorstellung davon, was es bedeutet, dass 3 ein Teiler von 12 ist: Die Division $12 : 3$ geht auf. Man könnte auch sagen, man kann 12 Stücke in 3 gleichgroße Teile aufteilen. Oder: Man kann 12 Stücke unter 3 Personen gerecht verteilen.

Zur Vorbereitung des Folgenden 1.4.1

Stellen Sie fest, welche Teilerbeziehungen unter den Zahlen $0, 1, 2, 3, \ldots, 12$ herrschen. Geben Sie jeweils an, welche Zahl welche andere Zahl teilt.

► **Definition: Teiler** Seien a und b ganze Zahlen. Wir sagen, dass a ein *Teiler* von b ist, wenn es eine ganze Zahl q gibt mit $a \cdot q = b$. Wenn a ein Teiler von b ist, schreiben wir $a|b$ („a *teilt* b"). Wir sagen in diesem Fall auch, dass b ein *Vielfaches* von a ist, oder, präziser, dass b ein *ganzzahliges Vielfaches* von a ist.

Beispiele:

(a) $6|18$, $6|-24$, $-6|30$.
(b) Für jede ganze Zahl a gilt $a|0$. Denn es ist $a \cdot 0 = 0$ $(q = 0)$. Man kann sich das so vorstellen, dass die Division $0 : a$ sinnvoll ist (das Ergebnis ist 0). Umgekehrt ist „$0|a$" ein sinnloser Ausdruck, denn die Gleichung $0 \cdot q = a$ ist für $a \neq 0$ nicht lösbar. Man sagt daher „durch Null darf man nicht teilen".

Zur Festigung des Gelernten 1.4.2

Welche der folgenden Aussagen sind richtig?

- $0|5$
- $5|0$
- 0 ist ein Vielfaches von 5
- 5 ist ein Vielfaches von 0.

Die folgenden Hilfssätze erlauben, von gewissen Teilbarkeitsaussagen auf andere zu schließen.

Hilfssatz 1.4.3

Seien a und b ganze Zahlen. Dann gelten die folgenden Aussagen:

(a) $a|a$, $a|-a$, $-a|a$, $-a|-a$.
(b) Für jede ganze Zahl gilt: $a|b \Rightarrow a|bc$.
(c) Die einzigen ganzen Zahlen, die 1 teilen, sind 1 und -1.

Beweis.

(a) Die Koeffizienten q sind $1, -1, -1, 1$.
(b) Sei q die ganze Zahl mit $b = qa$. Dann ist $bc = qa \cdot c = qc \cdot a$. Da $qc \in \mathbf{Z}$ ist, gilt $a|bc$.
(c) Sei a eine ganze Zahl, die 1 teilt. Dann gibt es eine ganze Zahl q mit $aq = 1$.
   Sei a positiv. Dann muss auch q positiv sein. Wäre $a \geq 2$, dann folgte $1 = aq \geq a \geq 2$: ein Widerspruch. Also ist $a = 1$. $\qquad\square$

Zur Festigung des Gelernten 1.4.4

Zeigen Sie: Ist a eine negative ganze Zahl, die 1 teilt, dann ist $a = -1$.

Während der erste Hilfssatz im Grunde nur banale Eigenschaften auflistet, ist der folgende Hilfssatz außerordentlich nützlich, da er die Teilbarkeit von großen Zahlen auf die Teilbarkeit von kleinen Zahlen zurückführt. Er ist das wichtigste Werkzeug zur Untersuchung der Teilbarkeit von ganzen Zahlen.

Beispiel. Wenn die Anzahl der Mädchen einer Schulklasse ein Vielfaches von 3 ist und die Anzahl der Jungen auch ein Vielfaches von 3 ist, dann ist auch die Gesamtzahl aller Schülerinnen und Schüler durch 3 teilbar.

Hilfssatz 1.4.5 (Teilbarkeit von Summe und Differenz)

Seien a, b und b' ganze Zahlen.

(a) $a|b$ und $a|b' \Rightarrow a|b + b'$.
   In Worten: Wenn a zwei ganze Zahlen teilt, dann teilt a auch ihre Summe.
(b) $a|b$ und $a|b' \Rightarrow a|b - b'$.
   In Worten: Wenn a zwei ganze Zahlen teilt, dann teilt a auch ihre Differenz.

   Zusatz: Man kann diese Aussagen auch so ausdrücken: Wenn eine Summe ganzer Zahlen durch a teilbar ist, dann sind entweder beide Summanden durch a teilbar oder keiner. Wenn eine Differenz $b - b'$ durch a teilbar ist, dann sind entweder beide Zahlen b, b' durch a teilbar oder keine.

Beispiel. Wir machen uns die Stärke dieser Aussage zunächst an einem Beispiel klar. Sei a eine natürliche Zahl, die sowohl 100 als auch 101 teilt. Was ist a?

Wenn wir $b = 101$ und $b' = 100$ setzen, dann teilt a die Differenz $b - b' = 101 - 100 = 1$. Also ist $a = 1$.

Zur Festigung des Gelernten 1.4.6

Angenommen, Sie wissen von einer natürlichen Zahl nur, dass sie sowohl 1111 als auch 4567 teilt. Können Sie die Zahl bestimmen?

Beweis.

(a) Aus den Voraussetzungen folgt die Existenz von ganzen Zahlen q und q' mit $b = aq$ und $b' = aq'$. Daraus ergibt sich

$$b + b' = aq + aq' = a(q + q').$$

Da $q + q' \in \mathbf{Z}$ ist, folgt $a|b + b'$. □

Zur Festigung des Gelernten 1.4.7

Beweisen Sie Teil (b) von 1.4.5.

Beweisen Sie den Zusatz zu 1.4.5.

1.5　Der ggT

Beispiel. Was ist der größte gemeinsame Teiler von 12 und 30? Wenn man sich dazu an den Begriffen „gemeinsame Teiler" und „größter" orientiert, wird man zunächst die gemeinsamen Teiler von 12 und 30 bestimmen also diejenigen positiven Zahlen, die sowohl 12 als auch 30 teilen. Dies sind die Zahlen 1, 2, 3 und 6. Unter diesen gemeinsamen Teilern sucht man nun die größte Zahl, diese ist der größte gemeinsame Teiler. Der größte gemeinsame Teiler von 12 und 30 ist also die Zahl 6.

▶ **Definition: größter gemeinsamer Teiler** Seien a und b ganze Zahlen, die nicht beide gleich Null sind. Dann ist der *größte gemeinsame Teiler* von a und b die größte Zahl unter allen Teilern von a und b. Wir bezeichnen den größten gemeinsamen Teiler von a und b mit ggT(a, b).

Beispiele. $\mathrm{ggT}(12, 27) = 3$.

$\mathrm{ggT}(a, 0) = a$ für jede natürliche Zahl $a > 0$.

Zur Festigung des Gelernten 1.5.1

(a) Bestimmen Sie die ggT der Zahlen in einer Spalte und einer Zeile

	3	4	5	6
8				
9				
10				
12				

(b) Berechnen Sie den ggT Ihres Geburtsjahres und Ihrer Handynummer.

▶ **Definition: teilerfremd** Wir nennen zwei ganze Zahlen *teilerfremd*, falls ihr größter gemeinsamer Teiler gleich 1 ist.

Zwei Zahlen sind also dann teilerfremd, wenn ihr größter gemeinsamer Teiler so klein wie möglich ist.

Zum *Beispiel* sind 3 und 5, 3 und 10, sowie 1000 und 2001 Paare teilerfremder Zahlen.

Zur Festigung des Gelernten 1.5.2

(a) Bestimmen Sie unter den folgenden Zahlen die Paare teilerfremder Zahlen: 2, 3, 6, 8, 9.
(b) Zeigen Sie, dass für jede natürliche Zahl n die folgenden Zahlenpaare teilerfremd sind: n und $n+1$, n und n^2+n+1, n^2 und n^2+n+1, n^2+n und n^2+n+1, $n+1$ und n^2+n+1.

Wie kann man den ggT berechnen?

Wenn man sich an die Definition hält, würde man zunächst alle Teiler der beiden Zahlen bestimmen und dann den größten auswählen. Dies ist nur für sehr kleine Zahlen effizient durchführbar.

Es liegt nahe, die Primfaktorzerlegungen der Zahlen a und b zu nutzen. So macht man es häufig im Mathematikunterricht. Dabei erfährt man viel über diese Zahlen. Das Verfahren, das wir im Abschn. 1.5 behandeln werden, ist aber nicht sehr effizient.

Wenn man den ggT auch großer Zahlen effizient berechnen möchte, ist der so genannte euklidische Algorithmus das Verfahren der Wahl. Dieser ist tatsächlich von Euklid (ca. 300 v. Chr.) beschrieben worden. Bei der so genannten „Wechselwegnahme" konstruiert man das „gemeinsame Maß" zweier Strecken. Das ist die Berechnung des ggT in geometrischem Gewand. Das Verfahren ist allerdings noch älter, es wurde schon von den Pythagoreern benutzt, zum Beispiel um die Irrationalität einer Zahl nachzuweisen (siehe Kap. 5.)

Ein Beispiel macht klar, was gemeint ist. Es seien zwei Strecken gegeben, eine der Länge 15, die andere der Länge 9. Das Ziel ist es eine Strecke zu konstruieren, die in jede der beiden gegebenen Strecken „passt" (diese ist dann das „gemeinsame Maß"). Wir sagen, dass eine Strecke AB in eine Strecke CD *passt*, wenn man AB eine bestimmte Anzahl mal hintereinander anlegen kann und so die gesamte Strecke CD entsteht, mit anderen Worten, wenn die Länge von CD ein ganzzahliges Vielfaches der Länge von AB ist.

Nun zu unseren Strecken der Längen 9 und 15. Die kleine Strecke passt nicht in große Strecke, daher ziehen wir diese von der großen Strecke ab.

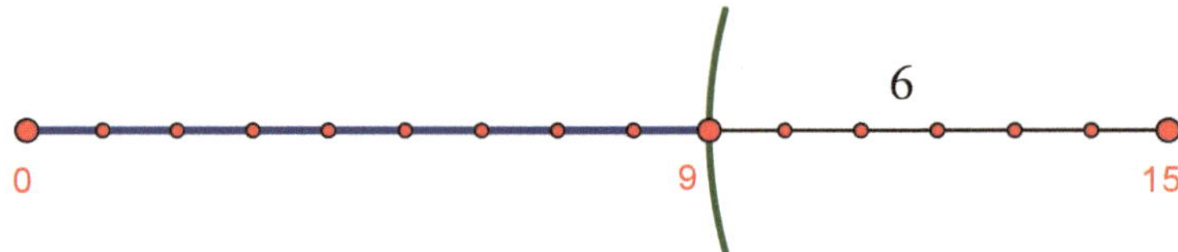

Es ergeben sich zwei Strecken der Längen 9 und 6. Auch die Strecke der Länge 6 passt nicht in die Strecke der Länge 9. Daher wird auch von der Strecke der Länge 9 die Strecke der Länge 6 weggenommen.

Es ergibt sich eine Strecke der Länge 3, die wir von der Strecke der Länge 6 abziehen.

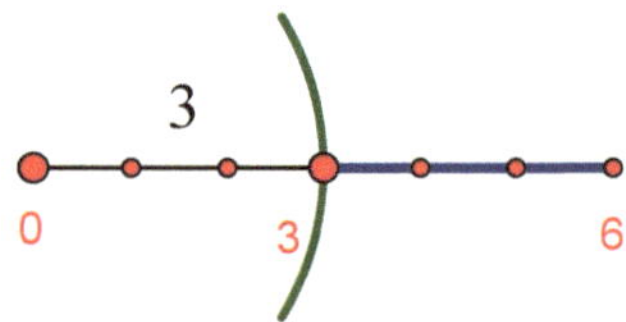

Schließlich zeihen wir die Strecke der Länge 3 von der erhaltenen Strecke ab, die ebenfalls die Länge 3 hat. Dies geht auf, es bleibt keine Strecke übrig. Die Strecke der Länge 3 ist das gemeinsame Maß.

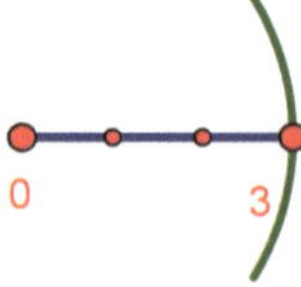

In der Sprache der Zahlen kann man das so formulieren: Der ggT$(15, 9)$ ist gleich dem ggT von 9 und $15 - 9$, das heißt von 9 und 6. Weiter ist ggT$(9, 6)$ = ggT$(9 - 6, 6)$ = ggT$(3, 6)$ = ggT$(3,3)$ = 3.

Der folgende Satz nimmt eine Schlüsselrolle bei der Untersuchung der ganzen Zahlen ein. Er spielt bei der Bestimmung des ggT eine wichtige Rolle, aber seine Bedeutung geht weit darüber hinaus.

Es geht um die Division mit Rest. Wir wissen, dass bei der Division von 7 durch 3 der Rest 1 bleibt und dass bei der Division von 17 durch 5 der Rest 2 entsteht. Dies kann man auch durch die folgenden Gleichungen ausdrücken: $7 = 2 \cdot 3 + 1$ und $17 = 3 \cdot 5 + 2$.

Zur Vorbereitung des Folgenden 1.5.3

(a) Welcher Rest bleibt bei Division von 28 durch 5? Drücken Sie das in einer Gleichung aus.

(b) Welche Reste bleiben bei der Division von 28 durch 6 beziehungsweise durch 7? Drücken Sie auch das jeweils in einer Gleichung aus.

Satz („Division mit Rest") 1.5.4

Seien a und b ganze Zahlen mit $b \neq 0$. Dann gibt es eindeutig bestimmte ganze Zahlen q und r mit folgenden Eigenschaften

$$a = q \cdot b + r \quad \text{und} \quad 0 \leq r < b.$$

Beispiele. Wir können uns die Bestimmung des Restes einer natürlichen Zahl a bei Division durch eine natürliche Zahl b so vorstellen, dass man versucht, a Teile (zum Beispiel Steinchen) so gut es geht in „Päckchen" zu je b Stück aufzuteilen. Die Anzahl der übrig gebliebenen Teile ist der Rest.

Angenommen, wir haben 17 Objekte und wollen den Rest bei Division durch 5 bestimmen. Dann teilen wir die 17 Objekte in drei Haufen zu je 5 Teilen ein. Es bleiben 2 Objekte übrig. Dann ist $q = 3$ und $r = 2$.

Beweis. Wir müssen zwei Aussagen zeigen, nämlich, dass Zahlen q und r mit den gewünschten Eigenschaften *existieren*, und dass diese Zahlen *eindeutig* sind.

Zunächst beweisen wir die *Existenz* von q und r. Dazu können wir voraussetzen, dass a und b natürliche Zahlen sind.

Der Beweis erfolgt durch Induktion nach a.

Das Grundprinzip wird schon an einem Beispiel klar. Angenommen wir wollen 17 durch 5 dividieren. Wenn uns das zu schwierig ist, vermindern wir die Zahl 17 um 5. Wir erhalten 12 und dividieren nun 12 durch 5. Das gelingt: $12 = 2 \cdot 5 + 2$. Nun schreiben wir $17 = 5 + 12 = 5 + 2 \cdot 5 + 2 = 3 \cdot 5 + 2$.

Nun zum Beweis im allgemeinen Fall.

Induktionsbasis. Sei $a < b$. Dann können wir schreiben $a = 0 \cdot b + a$. Da $a < b$ ist, gilt die Gleichung mit $q = 0$ und $r = a$.

Induktionsschritt. Sei nun $a \geq b$, und sei die Behauptung richtig für alle natürlichen Zahlen $a' < a$.

Wir definieren die Hilfszahl $a^* := a - b$. Da $a^* = a - b \geq 0$ und $a^* < a$ ist, können wir die Induktionsvoraussetzung anwenden und erhalten Zahlen q^* und r mit

$$a^* = q^* \cdot b + r \quad \text{und} \quad 0 \leq r < b.$$

In unserem Beispiel mit $a = 17$ und $b = 5$ ist $a^* = 17 - 5 = 12$ und $12 = 2 \cdot 5 + 2$, also $q^* = 2$ und $r = 2$. Damit können wir schließen:

$$17 = 5 + 12 = 5 + 2 \cdot 5 + 2 = 3 \cdot 5 + 2.$$

Entsprechend können wir auch allgemein schließen:

$$a = b + a^* = b + q^* \cdot b + r = (1 + q^*) \cdot b + r \quad \text{und} \quad 0 \leq r < b.$$

Damit gilt die Behauptung mit

$$q := 1 + q^*.$$

Nun zeigen wir die *Eindeutigkeit* von q und r. Seien q und r sowie q' und r' Zahlen mit

$$a = q \cdot b + r \text{ und } 0 \leq r < b, \text{ sowie } a = q' \cdot b + r' \text{ und } 0 \leq r' < b.$$

Indem wir die beiden Gleichungen gleichsetzen, ergibt sich $q \cdot b + r = q' \cdot b + r'$, also $(q - q') \cdot b = r' - r$.

Nun ist die linke Seite dieser Gleichung ein Vielfaches von b, also muss auch die rechte Seite durch b teilbar sein. Da r' und r aber Zahlen zwischen 0 und $b - 1$ sind, gilt $-(b - 1) = 0 - (b - 1) \leq r' - r \leq (b - 1) - 0 = b - 1$.

In dem Intervall zwischen $-(b - 1)$ und $(b - 1)$ gibt es aber nur eine durch b teilbare Zahl, nämlich 0. Daher ist $r' - r = 0$ und somit $r' = r$. Daraus folgt dann $(q - q') \cdot b = 0$, also auch $q = q'$.　　　　　　　　　　　　　　　　　　　　　　　　　　　　　　　$\square$

Zur Festigung des Gelernten 1.5.5

Bestimmen Sie die fehlenden Einträge in folgender Tabelle. Er geht jeweils um die Beziehung $a = q \cdot b + r$ und $0 \leq r < b$.

a	b	q	r
100	9		
100	11		
100	12		
100	13		
100		6	
100		7	
100			5
100			15
100			9

Die Division mit Rest hat einen unmittelbaren Nutzen bei der effizienten Berechnung des größten gemeinsamen Teilers.

Satz 1.5.6 (ggT und Division mit Rest)
Seien a und b natürliche Zahlen mit $b > 0$. Seien q und r ganze Zahlen mit $a = q \cdot b + r$. Dann gilt $\mathrm{ggT}(a, b) = \mathrm{ggT}(b, r)$.

Zum *Beispiel* gilt

$$\mathrm{ggT}(17, 5) = \mathrm{ggT}(17 - 5, 5) = \mathrm{ggT}(12, 5) = \mathrm{ggT}(12 - 5, 5) = \mathrm{ggT}(7, 5) = 1.$$

Das nächste Beispiel zeigt, dass man mit diesem Satz den ggT großer Zahlen sehr effizient berechnen kann: Seien $a = 2.000.001$, $b = 1.000.001$. Wegen $2.000.001 = 1 \cdot 1.000.001 + 1.000.000$ ist $\mathrm{ggT}(2.000.001, 1.000.001) = \mathrm{ggT}(1.000.001, 1.000.000)$.

Nun wenden wir den Satz noch einmal an, und zwar mit $a = 1.000.001$ und $b = 1.000.000$. Wegen $1.000.001 = 1 \cdot 1.000.000 + 1$ folgt $\mathrm{ggT}(1.000.001, 1.000.000) = \mathrm{ggT}(1.000.000, 1) = 1$.

Insgesamt ergibt sich $\mathrm{ggT}(2.000.001, 1.000.001) = 1$.

Zur Festigung des Gelernten 1.5.7
Bestimmen Sie mit dieser Methode den ggT der Zahlen 12.345 und 56.789

Nun zum *Beweis*. Dazu zeigen wir etwas mehr, nämlich dass die Menge aller Teiler von a und b gleich der Menge aller Teiler von b und r ist. Daraus ergibt sich dann unmittelbar, dass die ggTs gleich sind.

1. Schritt: Jede Zahl t, die a und b teilt, teilt auch b und r. Wir brauchen nur zu zeigen, dass t auch r teilt. Dazu stellen wir die Gleichung $a = q \cdot b + r$ um zu $r = a - q \cdot b$. Wegen $t|b$ gilt nach 1.4.3 (b) auch $t|q \cdot b$, und wegen $t|a$ folgt mit 1.4.5 (a) auch $t|a - q \cdot b = r$.

2. Schritt: Jede Zahl t, die b und r teilt, teilt auch a und b. Wir müssen nur zeigen, dass t ein Teiler von a ist. Wie im 1. Schritt folgt $t | q \cdot b$ und also auch $t | q \cdot b + r = a$. $\square$

Euklidischer Algorithmus 1.5.8

Mit Hilfe der Division mit Rest kann man den größten gemeinsamen Teiler zweier Zahlen a und b sehr effizient berechnen. Dazu bestimmt man schrittweise eine Folge $a_0, a_1, \ldots, a_k$ von natürlichen Zahlen, wobei je zwei aufeinander folgende Zahlen den gleichen ggT haben und $a_k = \mathrm{ggT}(a, b)$ ist.

Sei $a_0 := a$, $a_1 := b$. Wir bestimmen a_{i+1} durch die Gleichung $a_{i-1} = q_i \cdot a_i + a_{i+1}$ mit $0 \leq a_{i+1} < a_i$. Wir führen das Verfahren so lange durch, bis ein a_{k+1} entsteht mit $a_{k+1} = 0$. Dann ist $a_k = \mathrm{ggT}(a, b)$.

Beweis. Nach 1.5.6 gilt $\mathrm{ggT}(a, b) = \mathrm{ggT}(a_0, a_1) = \mathrm{ggT}(a_1, a_2) = \ldots = \mathrm{ggT}(a_k, a_{k+1}) = \mathrm{ggT}(a_k, 0) = a_k$.

Beispiel. Wir berechnen $\mathrm{ggT}(2001, 2345)$:

$$
\begin{aligned}
2345 &= 1 \cdot \mathbf{2001} + \mathbf{344} & \mathrm{ggT}(2345, 2001) &= \mathrm{ggT}(2001, 344) \\
2001 &= 5 \cdot \mathbf{344} + \mathbf{281} & \mathrm{ggT}(2001, 344) &= \mathrm{ggT}(344, 281) \\
344 &= 1 \cdot \mathbf{281} + \mathbf{63} & \mathrm{ggT}(344, 281) &= \mathrm{ggT}(281, 63) \\
281 &= 4 \cdot \mathbf{63} + \mathbf{29} & \mathrm{ggT}(281, 63) &= \mathrm{ggT}(63, 29) \\
63 &= 2 \cdot \mathbf{29} + \mathbf{5} & \mathrm{ggT}(63, 29) &= \mathrm{ggT}(29, 5) \\
29 &= 5 \cdot \mathbf{5} + \mathbf{4} & \mathrm{ggT}(29, 5) &= \mathrm{ggT}(5, 4) \\
5 &= 1 \cdot \mathbf{4} + \mathbf{1} & \mathrm{ggT}(5, 4) &= \mathrm{ggT}(4, 1) \\
4 &= 4 \cdot \mathbf{1} + \mathbf{0} & \mathrm{ggT}(4, 1) &= \mathrm{ggT}(1, 0) = 1
\end{aligned}
$$

Somit ist $\mathrm{ggT}(2345, 2001) = 1$.

Zur Festigung des Gelernten 1.5.9

Berechnen Sie mit des Euklidischen Algorithmus den ggT der Zahlen 5313 und 2471.

Der ggT zweier ganzer Zahlen hat eine bemerkenswerte Eigenschaft, die auf den ersten Blick nicht heraussticht, die aber für die algebraische Untersuchung der ganzen Zahlen von großer Wichtigkeit ist. Sie wird im „Lemma von Bézout" ausgedrückt, das nach dem französischen Mathematiker Étienne Bézout (1730–1783) benannt ist.

Anmerkung. Mit „Lemma" bezeichnet man in der Mathematik allgemein einen Hilfssatz, im speziellen aber einen Hilfssatz, der es „in sich hat", der eine Schlüsselrolle in der Entwicklung einer Theorie spielt. Das Lemma von Bézout ist ein echtes Lemma.

Lemma von Bézout 1.5.10

Seien a und b ganze Zahlen, die nicht beide gleich Null sind. Dann gibt es ganze Zahlen a' und b' mit $aa' + bb' = \mathrm{ggT}(a, b)$. Man nennt den Ausdruck $aa' + bb'$ eine *Vielfachsummendarstellung* von $\mathrm{ggT}(a, b)$.

Insbesondere gilt: Wenn $\mathrm{ggT}(a, b) = 1$ ist (mit anderen Worten: wenn a und b teilerfremd sind), gibt es ganze Zahlen a' und b' mit $aa' + bb' = 1$.

Beispiel. Wenn $\mathrm{ggT}(a, b) = 1$ ist, so kann man das Lemma von Bézout auch so formulieren: Es gibt Vielfache von a und b, die sich nur um 1 unterscheiden.

$a = 7$, $b = 10$. Da $7 \cdot 7 = 49$ und $5 \cdot 10 = 50$ ist, gilt $1 = (-7) \cdot 7 + 5 \cdot 10$ ($a' = -7$, $b' = 5$).

$a = 8$, $b = 21$. Wegen $8 \cdot 8 = 64$ und $3 \cdot 21 = 63$ gilt $1 = 8 \cdot 8 + (-3) \cdot 21$ ($a' = 8$, $b' = -3$).

Beweis. Sei $d := \mathrm{ggT}(a, b)$. Wir müssen zeigen, dass es ganze Zahlen a' und b' gibt mit $aa' + bb' = d$.

Dazu können wir voraussetzen, dass a und b positiv sind. Ferner ist eine der beiden Zahlen größer oder gleich der anderen; sei $a \geq b$. Wenn $a = b$ ist, setzen wir $a' = 1$ und $b' = 0$.

Also können wir jetzt $a > b > 0$ voraussetzen. Wir beweisen die Aussage durch Induktion nach a.

Induktionsbasis. Wenn $a = 1$ ist, hat die Gleichung $1 = a > b > 0$ keine Lösung in b. Sei also $a = 2$. Dann ist $b = 1$ und $g = \mathrm{ggT}(2, 1) = 1$. Dann gilt mit $a' = 1$ und $b = -1$ die Gleichung $aa' + bb' = 2 \cdot 1 + 1 \cdot (-1) = 1 = d$.

Induktionsschritt. Sei nun $a > 2$, und sei die Behauptung richtig für alle natürlichen Zahlen $a^* < a$. Setze $a^* := a - b$. Dann ist a^* eine positive natürliche Zahl, und es gilt $\mathrm{ggT}(a^*, b) = \mathrm{ggT}(a - b, b) = \mathrm{ggT}(a, b) = d$.

Da $a^* < a$ ist, gibt es nach Induktionsannahme ganze Zahlen a' und b' mit $a^*a' + bb' = d$.

Daraus folgt $d = a^*a' + bb' = (a - b)a' + bb' = aa' + b(b - a')$. Damit sind a' und $b - a'$ die ganzen Zahlen, mit denen man a und b multiplizieren muss, um den $\mathrm{ggT}(a, b)$ zu erhalten. $\qquad\square$

Zur Festigung des Gelernten 1.5.11

Bestimmen Sie ganze Zahlen a' und b' mit $11a' + 15b' = 1$.

Die Zahlen a' und b' im Lemma von Bézout berechnet man üblicherweise mit dem so genannten „erweiterten euklidischen Algorithmus". Die „Erweiterung" besteht darin, dass man nach der Durchführung des euklidischen Algorithmus diesen noch einmal von unten nach oben „aufdröselt".

Erweiterter Euklidischer Algorithmus 1.5.12

Mit Hilfe von Satz 1.5.6 kann man die Vielfachsummendarstellung der Zahlen a und b sehr effizient berechnen. Wir betrachten die Zahlenfolge $a_0, a_1, \ldots, a_k$, die wir beim Berechnen des ggT bestimmt haben. Die letzte Zeile lautet $a_{k-1} = q_k \cdot a_k$, wobei $a_k = \mathrm{ggT}(a_0, a_1)$ ist.

Die vorletzte Zeile lautet $a_{k-2} = q_{k-1} \cdot a_{k-1} + a_k$. Diese Gleichung können wir umstellen zu $\mathrm{ggT}(a_0, a_1) = a_k = a_{k-2} - q_{k-1} \cdot a_{k-1} = 1 \cdot a_{k-2} - q_{k-1} \cdot a_{k-1}$. Dies ist eine Vielfachsummendarstellung des gesuchten ggT durch a_{k-1} und a_{k-2}.

Allgemein kann man aus der Vielfachsummendarstellung des ggT durch a_i und a_{i-1} eine Vielfachsummendarstellung des ggT durch a_{i-1} und a_{i-2} erhalten. Dazu verwenden wir die Gleichung $a_{i-2} = q_{i-1} \cdot a_{i-1} + a_i$. Sei $\mathrm{ggT}(a_0, a_1) = s \cdot a_i + t \cdot a_{i-1}$. Dann folgt

$$\begin{aligned}
\mathrm{ggT}(a_0, a_1) &= s \cdot a_i + t \cdot a_{i-1} \\
&= s \cdot (a_{i-2} - q_{i-1} \cdot a_{i-1}) + t \cdot a_{i-1} \\
&= s \cdot a_{i-2} + (t - s q_{i-1}) \cdot a_{i-1}.
\end{aligned}$$

Dies ist eine Vielfachsummendarstellung des gesuchten ggTs durch a_{i-2} und a_{i-1}.

Beispiel. Wir greifen das obige Beispiel mit $a = 2001$ und $b = 2345$ auf.

Wir starten mit der vorletzten Zeile $5 = 1 \cdot 4 + 1$ und schreiben diese um zu

$$1 = 5 - 1 \cdot \mathbf{4}.$$

Nun ersetzen wir die 4 durch die Darstellung der 4 in der vorhergegangenen Zeile (nämlich $4 = 29 - 5 \cdot 5$)

$$1 = 5 - 1 \cdot \mathbf{4} = 5 - 1 \cdot (\mathbf{29} - 5 \cdot \mathbf{5}) = -1 \cdot \mathbf{29} + 6 \cdot \mathbf{5}.$$

Nun substituieren wir den Ausdruck aus der vorherigen Zeile für 5 (der Ausdruck ist $5 = \mathbf{63} - 2 \cdot \mathbf{29}$):

$$1 = -1 \cdot \mathbf{29} + 6 \cdot \mathbf{5} = -1 \cdot \mathbf{29} + 6 \cdot (\mathbf{63} - 2 \cdot \mathbf{29}) = 6 \cdot \mathbf{63} + -13 \cdot \mathbf{29}.$$

Und so weiter:

$$\begin{aligned}
1 &= 6 \cdot \mathbf{63} + -13 \cdot (\mathbf{281} - 4 \cdot \mathbf{63}) = -13 \cdot \mathbf{281} + 58 \cdot \mathbf{63} \\
1 &= -13 \cdot \mathbf{281} + 58 \cdot (\mathbf{344} - 1 \cdot \mathbf{281}) = 58 \cdot \mathbf{344} + -71 \cdot \mathbf{281} \\
1 &= 58 \cdot \mathbf{344} + -71 \cdot (\mathbf{2001} - 5 \cdot \mathbf{344}) = -71 \cdot \mathbf{2001} + 413 \cdot \mathbf{344} \\
1 &= -71 \cdot \mathbf{2001} + 413 \cdot (\mathbf{2345} - 1 \cdot \mathbf{2001}) = 413 \cdot \mathbf{2345} + -484 \cdot \mathbf{2001}.
\end{aligned}$$

Damit ist $a' = -484$ und $b' = 413$.

Tipp: Rechnen Sie jeweils nur so weit, dass die fettgedruckten Zahlen stehen bleiben.

Zur Festigung des Gelernten 1.5.13

Berechnen Sie mit des erweiterten Euklidischen Algorithmus eine Vielfachsummen-darstellung des ggT der Zahlen 5313 und 2471.

1.6 Primzahlen

Im Jahre 1950 führten belgische Archäologen in dem Ort Ishango am Nordwestufer des Eduardsees in der heutigen Demokratischen Republik Kongo eine Grabung durch. Dabei fanden sie einen ca. 10 cm langen Knochen, auf dem sie viele Kerben erkannten. Bald setzte sich die Meinung durch, dass es sich dabei um Zahlen handelt. Der Knochen ist etwa 20.000 Jahre alt; daher handelt es sich um eine der ältesten bekannten Zahlendarstellungen.

Die Vermutung, dass auf dem „Ishango-Knochen" Zahlen notiert und nicht nur Kerben eingeritzt wurden, wird unterstützt durch „arithmetische Muster", die man auf dem Knochen erkennen kann. So sieht man an einer Stelle unmittelbar nebeneinander die Zahlen 3 und 6, 4 und 8 sowie 10 und 5. „Offensichtlich" geht es hier um Verdoppeln und Halbieren. An einer anderen Stelle sieht man die Zahlenfolge 11, 21, 19, 9, deren Summe 60 ist.

Was diesen Ishango-Knochen weltberühmt gemacht hat, ist eine weitere Stelle, an der folgende Zahlenreihe zu sehen ist 11, 13, 17, 19 (siehe Abb. 1.2).

Für uns heutige Menschen ist es verführerisch, diese Zahlen als die Primzahlen zwischen 10 und 20 zu interpretieren. Aber ob damit wirklich Primzahlen gemeint sind und wozu die Zahlen benutzt wurden, darüber kann man nur spekulieren.

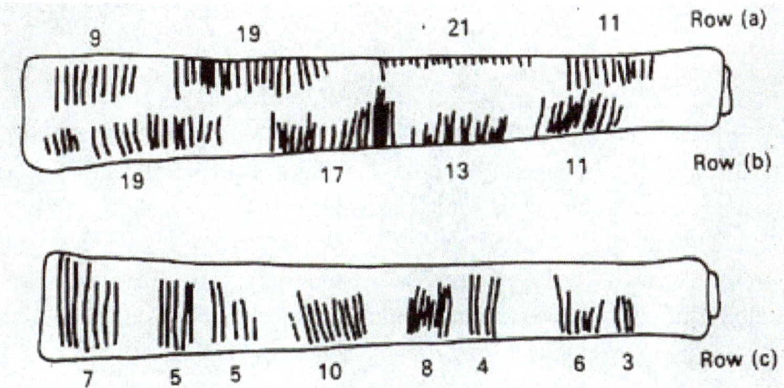

Abb. 1.2 Der Ishango-Knochen. (Quelle: http://www.math.buffalo.edu/mad/Ancient-Africa/ishango.html)

Abb. 1.3 Die Primzahlen zwischen 1 und 50

Die Pythagoreer, die viele Jahrtausende später wirkten, waren die ersten „Zahlentheoretiker". Ob sie neben den Quadratzahlen, Dreieckszahlen und anderen figurierten Zahlen auch „Rechteckzahlen" untersucht haben, ist nicht überliefert. Aber was eine Rechteckzahl sein soll, liegt auf der Hand: Eine natürliche Zahl ist eine *Rechteckzahl*, wenn man die entsprechende Anzahl von Steinchen in einem Rechteck auslegen kann, dessen Seiten alle mindestens die Länge 2 haben.

Die folgende Tabelle zeigt, dass es viele Rechteckzahlen gibt, dass aber auch viele Zahlen keine Rechteckzahlen sind.

n	2	3	4	5	6	7	8	9	10	11	12	13
Rechteckzahl?	Nein	Nein	2×2	Nein	2×3	Nein	2×4	3×3	2×5	Nein	2×6 3×4	Nein

Die Zahlen, die *keine* Rechteckzahlen sind, interessieren uns besonders. Diese Zahlen, die Primzahlen, sind aus Sicht der Rechteckzahlen „Ausschuss"; denn sie sind eben keine Rechteckzahlen. Aus einem anderen Blickwinkel sieht das viel positiver aus: Die Primzahlen sind diejenigen Zahlen, die sich nicht multiplikativ auf kleinere Zahlen zurückführen lassen.

Beispiele. Bis zur Zahl 50 gibt es die folgenden 15 Primzahlen: 2, 3, 5, 7, 11, 13, 17, 19, 23, 29, 31, 37, 41, 43, 47 (siehe Abb. 1.3), und bis 100 gibt es schon 25 Primzahlen.

▶ **Definition: Primzahl** Eine natürliche Zahl $p > 1$ wird eine Primzahl genannt, wenn die einzigen natürlichen Zahlen, die p teilen, die Zahlen 1 und p sind. Mit anderen Worten: Eine natürliche Zahl > 1 ist genau dann eine Primzahl, wenn sie nur 1 und sich selbst als Teiler hat.

Bemerkungen. Jede natürliche Zahl kann durch 1 und sich selbst ohne Rest geteilt werden. Die Primzahlen zeichnen sich dadurch aus, dass sie keine anderen Teiler haben. So ist zum Beispiel 6 keine Primzahl, weil 6 abgesehen von den Teilern 1 und 6 auch noch die Teiler 2 und 3 hat.

Es hat sich als sinnvoll erwiesen, die Zahl 1 nicht als Primzahl zu bezeichnen. Daher kann man die Definition auch so ausdrücken: Eine natürliche Zahl ist dann eine Primzahl, wenn sie genau zwei verschiedene natürliche Zahlen als Teiler hat.

Wenn p eine Primzahl und a eine beliebige ganze Zahl ist, dann ist $\mathrm{ggT}(p, a) = 1$ oder $\mathrm{ggT}(p, a) = p$.

Schon wenn man sich nur wenige Augenblicke mit Primzahlen beschäftigt, wird man feststellen, dass es schwierig ist, Primzahlen zu finden. Das liegt vor allem daran, dass die

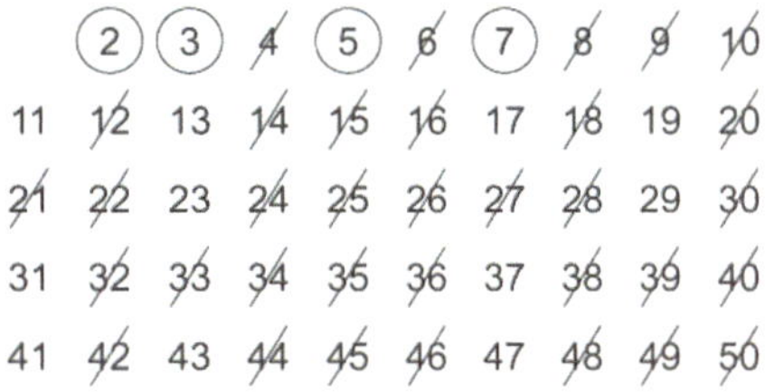

Abb. 1.4 Das Sieb des Eratosthenes

②③ 4̶ ⑤ 6̶ ⑦ 8̶ 9̶ 1̶0̶
11 1̶2̶ 13 1̶4̶ 1̶5̶ 1̶6̶ 17 1̶8̶ 19 2̶0̶
2̶1̶ 2̶2̶ 23 2̶4̶ 2̶5̶ 2̶6̶ 2̶7̶ 2̶8̶ 29 3̶0̶
31 3̶2̶ 3̶3̶ 3̶4̶ 3̶5̶ 3̶6̶ 37 3̶8̶ 3̶9̶ 4̶0̶
41 4̶2̶ 43 4̶4̶ 4̶5̶ 4̶6̶ 47 4̶8̶ 4̶9̶ 5̶0̶

Folge der Primzahlen keinerlei Regelmäßigkeit im Kleinen erkennen lässt. Aber schon in der Antike wurde ein Verfahren entwickelt, mit dem man systematisch alle Primzahlen bis zu einer gewissen Grenze findet. Dies geht zurück auf den bedeutenden Wissenschaftler Eratosthenes (ca. 276–ca. 194 v. Chr.). Er war Direktor in der Bibliothek in Alexandria (Ägypten), die das bedeutendste Wissenschaftszentrum der Antike war. Eratosthenes hat auf zahlreichen Gebieten Bedeutendes geleistet. Berühmt ist er – neben seinem Primzahlsieb – vor allem für seine Berechnung des Erdumfangs.

Das **Sieb des Eratosthenes** funktioniert wie folgt. Um die Primzahlen bis zu einer gewissen Zahl n, zum Beispiel n = 50, zu bestimmen, schreibt man zunächst die natürlichen Zahlen von 2 bis n auf (vgl. Abb. 1.4).

Die erste Zahl, die 2, wird eingekringelt; sie ist eine Primzahl. Dann werden alle Vielfachen von 2 durchgestrichen, also die Zahlen 4, 6, 8, ...

Dann wird wieder die erste freie Zahl eingekringelt; das ist die Zahl 3, sie ist eine Primzahl. Anschließend werden die Vielfachen dieser Zahl gestrichen: die Zahlen 6, 9, 12, 15, ...

Wieder suchen wir die erste noch nicht gestrichene Zahl. Diese ist eine Primzahl. Wir streichen alle Vielfachen dieser Zahl. Und so weiter.

Zur Festigung des Gelernten 1.6.1

Bestimmen Sie mit Hilfe des Siebs des Eratosthenes die Primzahlen bis 100.

Im Werk der zeitgenössischen deutschen Künstlerin Rune Mields (geb. 1935) spielt Mathematik ein zentrale Rolle. Zum Beispiel hat sie ganze Werkgruppen dem Sieb des Eratosthenes, genauer gesagt: der Verteilung der Primzahlen, gewidmet. In Abb. 1.5 sehen Sie einen Ausschnitt aus einem Triptychon „Sieb des Eratosthenes (dreiteilig)" das in den Jahren 1977 und 1992 entstanden ist.

In diesem Bild sind die natürlichen Zahlen, mit 1 beginnend, der Reihe nach als schwarze und weiße Quadrate aufgetragen, wobei jede Zeile genau 120 Zahlen enthält; die erste Zahl in der zweiten Zeile ist also die Zahl 121. Die Primzahlen sind weiß, die anderen schwarz. (Dass hier 1 als Primzahl gezählt wird, sollte Sie nicht irritieren.)

Lassen Sie sich zunächst von der Fülle der Primzahlen beeindrucken. Dann können Sie sich diesem Kunstwerk nähern, indem Sie zum Beispiel folgende Fragen stellen: Wie viele Zahlen werden auf diesem Bild erfasst? Gibt es einen Grund für die senkrechten

Abb. 1.5 Rune Mields: Sieb des Eratosthenes

schwarzen Linien? Können Sie die schrägen schwarzen Linien erklären? Würde sich das Muster grundsätzlich ändern, wenn die Zeilen 121 Zahlen enthalten würden?

Wenn man das Sieb des Eratosthenes durchführt, merkt man, dass ab einer gewissen Stelle schon alle Vielfachen gestrichen sind. Im Beispiel $n = 100$ muss man die Vielfachen von 11, 13, 17, ... nicht mehr streichen; diese sind schon gestrichen. Warum das Sieb des Eratosthenes diese „Effizienz" besitzt, sagt der nächste Satz.

Satz 1.6.2 (Effizienz des Sieb des Eratosthenes)

Wenn man mit dem Sieb des Eratosthenes die Primzahlen bis zu der Zahl n bestimmen möchte, muss man nur die Vielfachen derjenigen Primzahlen streichen, die $\leq \sqrt{n}$ sind.

Beispiel. Um die Primzahlen bis 10.000 zu finden, muss man nur testen, ob diese Zahlen durch eine Primzahl teilbar sind, die kleiner als $\sqrt{10.000}$, also kleiner als 100 ist. Das reduziert die Aufgabe von 1229 Primzahlen auf ganze 25 Primzahlen!

Beweis. Sei m eine zusammengesetzte Zahl mit $m \leq n$. Dann ist m das Produkt von zwei natürlichen Zahlen $r, s > 1$, das heißt $m = r \cdot s$. Sei $r \leq s$. Dann gilt $r^2 \leq r \cdot s = m \leq n$, also $r \leq \sqrt{n}$. Da r von einer Primzahl p geteilt wird (für die dann auch $p \leq \sqrt{n}$ gilt), wird m von einer Primzahl $p \leq \sqrt{n}$ geteilt.

Das heißt, beim „Streichen" wird m schon als Vielfaches einer Primzahl $\leq \sqrt{n}$ gestrichen. $\square$

Ein auf den Blick unscheinbarer Satz, der aber außerordentlich wichtig und hilfreich ist, ist das so genannte „Lemma von Euklid". Das „Lemma von Euklid" steht auch tatsächlich bei Euklid, und zwar als Postulat 30 im Buch VII der „Elemente".

Lemma von Euklid 1.6.3

Wenn eine Primzahl ein Produkt von natürlichen Zahlen teilt, dann teilt sie mindestens einen Faktor.

Etwas formaler: Seien a und b natürliche Zahlen und sei p eine Primzahl. Dann gilt:

$$p|ab \Rightarrow p|a \text{ oder } p|b.$$

Beweis. Wir nehmen an, dass p die Zahl a nicht teilt, und müssen dann zeigen, dass p den zweiten Faktor b teilt.

Da p die Zahl a nicht teilt, gilt $ggT(p, a) = 1$. Nach dem Lemma von Bézout gibt es dann ganze Zahlen p' und a' mit $pp' + aa' = 1$. Wenn wir diese Gleichung mit b multiplizieren, erhalten wir $bpp' + aba' = b$. Da der erste Summand auf der linken Seite ein Vielfaches von p ist, und der zweite Summand – als Vielfaches von ab – auch von p geteilt wird, muss nach 1.4.5 (a) auch die Summe, also die rechte Seite der Gleichung ein Vielfaches von p sein. Also gilt $p|b$. □

Beispiel. Wir wollen die Primzahlen p bestimmen, die 9999 teilen. Wir schreiben $9999 = 10.000 - 1 = 100^2 - 1^2 = (100 + 1) \cdot (100 - 1) = 101 \cdot 99$. Also muss p entweder 101 teilen (und, da 101 eine Primzahl ist, gleich 101 sein) oder 99 teilen. In diesem Fall ist p entweder gleich 3 oder gleich 11. Somit sind die Primzahlen, die 9999 teilen, gleich 3, 11 und 101.

Zur Festigung des Gelernten 1.6.4

Bestimmen Sie die Primzahlen, die 9991 teilen.

Die Bedeutung der Primzahlen liegt zu einem großen Teil an folgendem Hauptsatz. Dieser sagt, dass man jede natürliche Zahl in eindeutiger Weise als Produkt von Primzahlen schreiben kann. Damit spielen die Primzahlen im Reich der Zahlen einen ähnliche Rolle wie die Atome in der Welt der Chemie. Ganz ähnlich wie jede Verbindung eine eindeutige Formel hat, die die Zusammensetzung ihrer Moleküle aus den Atomen beschreibt, ist jede natürliche Zahl durch die in ihr enthaltenen Primzahlen mit ihrer entsprechenden Anzahl beschrieben. Zum Beispiel bedeutet H_2O, dass jedes Wassermolekül aus zwei Wasserstoffatomen und einem Sauerstoffatom besteht. In entsprechender Weise bedeutet die Gleichung $12 = 2^2 \cdot 3$, dass die Zahl 12 nur so als Produkt von Primzahlen geschrieben werden kann, dass man zwei Mal die 2 und einmal die 3 verwendet.

Vor dem Hauptsatz beweisen wir eine scheinbar kleine Behauptung, in der aber schon die wesentliche Beweisarbeit für den Hauptsatz steckt.

Satz 1.6.5 (Teilbarkeit durch eine Primzahl)
Jede natürliche Zahl $n > 1$ wird von mindestens einer Primzahl geteilt.

Beweis. Es könnte sein, dass wir Glück haben und n schon eine Primzahl ist. Dann sind wir fertig, denn n teilt ja sich selbst.

Wenn n keine Primzahl ist, dann kann man n als Produkt zweier Zahlen n_1 und m_1 schreiben, die beide größer als 1 und kleiner als n sind. Das heißt $n = n_1 \cdot m_1$.

Nun betrachten wir die natürliche Zahl n_1: Entweder ist n_1 eine Primzahl (und wir sind fertig, da n_1 ein Teiler von n ist) oder wir können n_1 in natürliche Zahlen n_2 und m_2 zerlegen, die größer als 1 und kleiner als n_1 sind: $n_1 = n_2 \cdot m_2$.

Im nächsten Schritt betrachten wir n_2: ...

Dieser Prozess muss zu einem Ende kommen, da wir in jedem Schritt zu einer kleineren natürlichen Zahl übergehen. Wenn der Prozess stoppt, haben wir eine Primzahl gefunden, die n teilt. $\qquad\square$

Zur Vorbereitung des Folgenden 1.6.6
Bestimmen Sie die Zerlegungen folgender Zahlen in Primzahlen: 30, 60, 120, 150, 450.

Hauptsatz der elementaren Zahlentheorie 1.6.7
Sei $n > 1$ eine natürliche Zahl. Dann gibt es eindeutig bestimmte Primzahlen p_1, $p_2, \ldots, p_r$ und eindeutig bestimmte positive natürliche Zahlen $e_1, e_2, \ldots, e_r \in \mathbf{N}$, so dass gilt:

$$n = p_1^{e_1} \cdot p_2^{e_2} \cdot \ldots \cdot p_r^{e_r}.$$

Sonderfälle. Wenn n eine Primzahl ist, ist $n = p = p^1$. (Dann ist $r = 1$, $e_1 = 1$.)

Die Zahl n kann auch Potenz einer einzigen Primzahl sein: $n = p^e$. (In diesem Fall ist $r = 1$.)

Im Allgemeinen ist n aber ein Produkt von mehreren Primzahlpotenzen. Man spricht von der *Primfaktorzerlegung* von n. Zum *Beispiel* ist $3^2 \cdot 7^1$ die Primfaktorzerlegung von 63 und $2^3 \cdot 3^1 \cdot 7^1$ die Primfaktorzerlegung der Zahl 168.

Beweis. Wir zeigen zunächst die *Existenz* durch Induktion nach n.

Induktionsbasis: Für $n = 2$ ist die Aussage richtig.

Induktionsschritt: Sei nun $n > 2$ und die Aussage richtig für alle natürlichen Zahlen n' mit $1 < n' < n$.

Nach 1.6.5 gibt es eine Primzahl p, die n teilt. Wenn $n = p$ ist, haben wir eine Darstellung gefunden. Wenn $n > p$ ist, betrachten wir die natürliche Zahl $n^* := n/p$. Wegen $n > p$, ist $n^* > 1$. Da $n^* < n$ ist, hat n^* nach Induktionsvoraussetzung eine Darstellung als Produkt von Primzahlpotenzen. Wenn man diese mit p multipliziert, erhält man eine Darstellung von n der gewünschten Art.

Nun zur *Eindeutigkeit*. Auch diese beweisen wir durch Induktion nach n.

Induktionsbasis: Für $n = 2$ gibt es nur eine Darstellung.

Induktionsschritt: Sei $n > 2$, und sei die Aussage richtig für alle natürlichen Zahlen n' mit $1 < n' < n$. Seien zwei Darstellungen von n als Produkt von Primzahlpotenzen gegeben:

$$n = p_1^{e_1} \cdot p_2^{e_2} \cdot \ldots \cdot p_r^{e_r} \quad \text{und} \quad n = q_1^{f_1} \cdot q_2^{f_2} \cdot \ldots \cdot q_s^{f_s}.$$

Da die Primzahl p_1 die Zahl n teilt, muss p_1 auch das Produkt $q_1^{f_1} \cdot q_2^{f_2} \cdot \ldots \cdot q_s^{f_s}$ teilen. Nach dem Lemma von Euklid (1.6.3) teilt p_1 damit einen der Faktoren $q_i^{f_i}$, sagen wir $q_1^{f_1}$. Daher muss $p_1 = q_1$ sein.

Daher hat die natürliche Zahl $n' := n/p_1$ folgende Darstellungen:

$$n' = p_1^{e_1-1} \cdot p_2^{e_2} \cdot \ldots \cdot p_r^{e_r} \quad \text{und} \quad n' = q_1^{f_1-1} \cdot q_2^{f_2} \cdot \ldots \cdot q_s^{f_s}.$$

Da $n' < n$ ist, sind die beiden Darstellungen nach Induktionsannahme gleich; das heißt zunächst $r = s$. Wenn wir die Primzahlen in beiden Darstellungen gleich anordnen, ergibt sich auch $p_i = q_i$ und $e_i = f_i$ für alle $i \in \{1, 2, \ldots, r\}$. Damit sind auch die Darstellungen von n gleich. $\square$

Zur Festigung des Gelernten 1.6.8

Wie viele Nullen hat die Zahl 100! am Ende? Warum?

An diesem Hauptsatz kann man sehr schön den Unterschied zwischen Theorie und Praxis erkennen. In der Theorie läuft alles wie am Schnürchen, praktisch ist es allerdings außerordentlich schwierig, die Primfaktorzerlegung einer gegebenen natürlichen Zahl zu finden. Wir Menschen tun uns schon bei Zahlen wie 391 und 851 schwer.

Natürlich kann jeder gewisse riesige Zahlen in Primfaktoren zerlegen, zum Beispiel 10^{1000}. Als besonders schwierig zu faktorisieren gelten Zahlen, die aus zwei Primfaktoren der gleichen Stellenzahl bestehen. Hierbei liegt der Weltrekord bei einer 232-stelligen Dezimalzahl, die von einem internationalen Team im Jahr 2009 faktorisiert wurde. Diese Zahl hat die Größenordnung 10^{232}, ist also um viele, viele Dimensionen größer als die Anzahl der knapp 10^{27} Nanosekunden seit dem Urknall. Es ist klar, dass man eine solche Zahl nicht faktorisieren kann, indem man Schritt für Schritt probiert, ob sie durch 2 durch 3, durch 5 usw. teilbar ist. Im Gegenteil: man braucht modernste mathematische Methoden und enorme Rechenpower. Die Originalveröffentlichung dazu ist Kleinjung et al. (2010).

Eine Grundidee der Faktorisierung einer natürlichen Zahl n besteht in dem Versuch, sie als Differenz $n = a^2 - b^2$ zweier Quadratzahlen zu schreiben. Denn dann erhält man mit

$n = a^2 - b^2 = (a - b)(a + b)$ eine Faktorisierung von n. Die obigen Zahlen kann man so in Primfaktoren zerlegen: $391 = 400 - 9 = 20^2 - 3^2 = (20 - 3)(20 + 3) = 17 \cdot 23$ und $851 = 900 - 49 = 30^2 - 7^2 = \ldots$

Zur Festigung des Gelernten 1.6.9
Zerlegen Sie nach dieser Methode die folgenden Zahlen: 899, 1599, 1591, 9951.

Dennoch hat der Hauptsatz vielerlei Anwendungen. Grundsätzlich kann man mit ihm Eigenschaften von natürlichen Zahlen auf die entsprechenden Eigenschaften von Primzahlen oder Primzahlpotenzen zurückführen. Praktisch geht das allerdings nur bei kleinen Zahlen. Dieses Phänomen kann man am Beispiel der ggT-Berechnung besonders gut erkennen.

Ein Beispiel macht dies klar. Sei $a = 168$ und $b = 240$. Wir zerlegen diese Zahlen in Primzahlpotenzen: $a = 168 = 2^3 \cdot 3^1 \cdot 7^1$, $b = 240 = 2^4 \cdot 3^1 \cdot 5^1$. Wir können diese Zerlegungen – etwas künstlich – auch so schreiben: $168 = 2^3 \cdot 3^1 \cdot 5^0 \cdot 7^1$, $240 = 2^4 \cdot 3^1 \cdot 5^1 \cdot 7^0$. Die Idee zur Bestimmung des ggT ist nun klar: Im ggT stecken diejenigen Primzahlen, die in beiden Zahlen vorkommen, und zwar entsprechend ihrer Häufigkeit. Daher folgt $\mathrm{ggT}(168, 240) = 2^3 \cdot 3^1 \cdot 5^0 \cdot 7^0 = 24$.

Satz 1.6.10 (Berechnung des ggT)
Seien a und b natürliche Zahlen, deren Zerlegung als Produkt von Primzahlpotenzen gegeben ist:

$$a = p_1^{e_1} \cdot p_2^{e_2} \cdot \ldots \cdot p_r^{e_r} \quad \text{und} \quad b = p_1^{f_1} \cdot p_2^{f_2} \cdot \ldots \cdot p_r^{f_r}.$$

Sei g_i das Minimum von e_i und f_i. Dann gilt

$$\mathrm{ggT}(a,b) = p_1^{g_1} \cdot p_2^{g_2} \cdot \ldots \cdot p_r^{g_r}.$$

Bemerkung. In der Formulierung dieses Satzes lassen wir zu, dass manche Exponenten gleich Null sind. Dann können wir davon ausgehen, dass a und b ein Produkt von Potenzen der gleichen Primzahlen sind.

Beweis. Der ggT von a und b ist ein Produkt aus Potenzen der Primzahlen $p_1, \ldots, p_r$. Der Exponent von p_i im ggT kann nicht größer als e_i oder f_i sein, denn sonst wäre der ggT kein Teiler von a beziehungsweise von b. Also ist der Exponent von p_i im ggT kleiner gleich dem Minimum g_i von e_i und f_i. Da aber $p_i^{e_i}$ sowohl a als auch b teilt, ist der Exponent von p_i im ggT gleich dem Minimum von e_i und f_i, also gleich g_i. $\qquad\square$

Zur Festigung des Gelernten 1.6.11

Definieren Sie das kleinste gemeinsame Vielfache (kgV) zweier natürlicher Zahlen a und b. Wie kann man kgV(a, b) mit Hilfe der Primfaktorzerlegung von a und b berechnen?

Eine der faszinierendsten Eigenschaften der Primzahlen ist ihre Unendlichkeit. Überhaupt kennt man die Primzahlen „im Großen betrachtet" viel besser als „im Detail". Der Satz über die Unendlichkeit der Primzahlen ist ein frühes Glanzstück der Mathematik. Es steht in den Elementen des Euklid (Buch IX, Proposition 20).

Satz 1.6.12 (Unendlichkeit der Primzahlen)

Es gibt unendlich viele Primzahlen. Anders gesagt: Die Folge der Primzahlen hört nie auf. In der Formulierung von Euklid: *Es gibt mehr Primzahlen als jede vorgelegte Anzahl von Primzahlen.* Das heißt: in jeder endlichen Menge von Primzahlen gibt es eine Primzahl, die nicht in dieser Menge enthalten ist.

Beweis. Wir präsentieren zwei Beweise, die beide zum Schönsten gehören, was die Mathematik zu bieten hat.

Beweis von Euklid: Sei $p_1, p_2, \ldots, p_r$ eine endliche Menge von Primzahlen. Betrachte die Zahl $m := p_1 \cdot p_2 \ldots \cdot p_r + 1$. Diese Zahl m ist eine natürliche Zahl >1; sie ist also nach 1.6.5 durch eine Primzahl p teilbar. Wenn p eine der Primzahlen $p_1, p_2, \ldots, p_r$ wäre, dann würde p das Produkt $p_1 \cdot p_2 \ldots \cdot p_r$ teilen. Da p auch m teilt, folgte mit 1.4.5 (b) auch $p|1$, ein Widerspruch.

Also ist p eine neue Primzahl. $\square$

Der *Beweis von* Charles Hermite (1822–1901) ist noch kürzer. Es genügt, Folgendes zu zeigen: Für jede natürliche Zahl n gibt es eine Primzahl $p > n$.

Betrachte dazu die Zahl $n! + 1$. Diese Zahl wird nach 1.6.5 von einer Primzahl geteilt. Diese muss größer als n sein, denn sonst wäre sie einer der Faktoren in $n!$ und würde sowohl $n!$ als auch $n! + 1$, also nach 1.4.5 auch die Zahl 1 teilen. $\square$

Zur Festigung des Gelernten 1.6.13

Funktioniert der Beweis von Euklid über die Unendlichkeit der Primzahlen auch, wenn man die Zahl $m' := p_1 \cdot p_2 \cdot \ldots \cdot p_r - 1$ betrachtet? Kann man im Beweis von Hermite die Zahl $n! - 1$ betrachten?

Ausblick: Der Primzahlsatz

Wie viele Primzahlen gibt es? Der Satz von Euklid beantwortet diese Frage, indem er sagt: unendlich viele. Im 19. Jahrhundert hat man diese Frage umformuliert und präzisiert, indem man fragte: Wie viele Primzahlen gibt es bis zu einer gewissen Zahl x? Noch genauer hat man eine Funktion π eingeführt (die nichts mit der Kreiszahl π zu tun hat), indem man definierte: Für eine beliebige natürliche Zahl x sei $\pi(x)$ die Anzahl der Primzahlen kleiner oder gleich x.

x	10	100	1000	10.000	100.000	1.000.000
$\pi(x)$	4	25	168	1229	9592	78.498

Das erste, was einem auffallen kann, ist die enorme Anzahl der Primzahlen. Ihr prozentualer Anteil nimmt zwar ab, aber nur langsam. Auch im Bereich von 1.000.000 sind noch fast 8 % aller Zahlen Primzahlen, oder, noch eindrücklicher: In diesem Bereich sind fast 16 % aller ungeraden Zahlen Primzahlen.

Man wird nicht erwarten, dass man die Funktion π exakt bestimmen kann. Sicher nicht im Detail, aber vielleicht in ihrem Verhalten im Großen! Man fragte sich, ob man wenigstens die Größenordnung von $\pi(x)$ herausbekommen kann.

Carl Friedrich Gauß war der erste, der die richtige Antwort vermutete. Aufgrund umfangreicher Daten kam er zu der Vermutung, dass es auf die Stellenzahl von x ankommt. Wenn x genau k Stellen hat, dann ist die richtige Größenordnung für $\pi(x)$ der Bruch x/k. Die Stellenzahl k von x kann durch $k = \log_{10}(x)$ beschrieben werden.

Natürlich ist klar, dass die Verteilung der Primzahlen nicht von der Darstellung von x in einem bestimmten Stellewertsystem abhängt. Daher liegt es nahe, nicht $x/\log_{10}(x)$ zu benutzen, sondern zum natürlichen Logarithmus überzugehen also zu $x/\ln(x)$. Das ist die richtige Wahl, wie die Zahlen aus der folgenden Tabelle nahelegen.

x	10	100	1000	10.000	100.000	1.000.000
$\pi(x)$	4	25	168	1229	9592	78.498
$x/\ln(x)$	4	22	145	1086	8686	72.382

Der Primzahlsatz sagt, dass die Funktionen $\pi(x)$ und $x/\ln(x)$ „asymptotisch gleich sind". Präziser ausgedrückt heißt das, dass der Quotient $\pi(x)/(x/\ln(x))$ für $x \rightarrow \infty$ gegen 1 konvergiert.

Die ersten Beweise lieferten im Jahr 1896 der französische Mathematiker Jacques Hadamard (1865–1963) und sein belgischer Kollege Charles-Jean de La Vallée Poussin (1866–1962) praktisch gleichzeitig. Im Jahr 1948 fanden der norwegische Mathematiker Atle Selberg (1917–2007) und der ungarische Mathematiker Paul Erdös (1913–1996) einen „elementaren" Beweis des Primzahlsatzes, also einen Beweis ohne tiefere Hilfsmittel aus der Analysis. Allerdings entbrannte ein unschöner Prioritätsstreit zwischen diesen beiden herausragenden Mathematikern: Erdös behauptete, ohne seinen Beitrag wäre der Beweis des Primzahlsatzes nicht gelungen, während Selberg der Ansicht war, dass er das Wesentliche geleistet habe und es auch ohne Erdös' Beitrag ginge. Diese Geschichte ist – aus Sicht von Erdös – in Schechter (1999), einer lesenswerten Biographie von Paul Erdös, dargestellt.

1.7 Die Peano-Axiome

Viele Tausend Jahre lang war klar, was die natürlichen Zahlen sind, nämlich die Folge der Zahlen 1, 2, 3, … Erst im 19. Jahrhundert begann man sich zu fragen, ob man diese intuitiven „drei Pünktchen" formal fassen könnte. Den entscheidenden Beitrag lieferte das Buch „Was sind und was sollen die Zahlen", das der Braunschweiger Mathematiker Richard Dedekind (1831–1916) im Jahre 1888 veröffentlichte. Er präsentierte darin eine Axiomatik der natürlichen Zahlen, die heute unter dem Namen „Peano-Axiomatik" bekannt ist. Der Turiner Mathematiker Giuseppe Peano (1858–1932) hat diese 1889 veröffentlicht. Obwohl er Dedekind explizit zitiert, werden die Axiome heute weltweit unter dem Namen „Peano" geführt.

Die Vorstellung ist naheliegend: Man beginnt irgendwo zu zählen. „Zählen" bedeutet dabei, Schritt für Schritt voranzuschreiten, jeweils von einer Zahl zu ihrem Nachfolger. Dabei stellt man sich vor, auf einer unverzweigten Linie, dem so genannten *Zahlenstrahl* voranzugehen. Der Zahlenstrahl hat keine Abzweigungen oder Umwege, so dass keine Zahl zwei Vorgänger hat.

▶ **Definition (Die Peano-Axiome).** Gegeben sei eine Menge $\mathbf{N}$. Diese möge die folgenden Axiome erfüllen:

(P1) $\mathbf{N}$ enthält ein Element 0.

(P2) Jedem Element n von $\mathbf{N}$ ist ein Element $n' \neq n$ aus $\mathbf{N}$ zugeordnet. Wir nennen n' den *Nachfolger* von n.

(P3) Das Element 0 ist kein Nachfolger. Das heißt es gibt kein $n \in \mathbf{N}$ mit $n' = 0$.

(P4) Die Abbildung $'$ ist injektiv, das heißt, jedes Element aus $\mathbf{N}$ ist Nachfolger von höchstens einem Element aus $\mathbf{N}$.

(P5) (*Induktionsaxiom*) Wenn M eine Teilmenge von $\mathbf{N}$ ist, die 0 enthält, und für die gilt: $n \in M \Rightarrow n' \in M$, dann ist $M = \mathbf{N}$.

Eine Menge $\mathbf{N}$ zusammen mit einer Abbildung $'$ von $\mathbf{N}$ in sich, die die Eigenschaften (P1), … , (P5) erfüllt, nennt man die Menge der *natürlichen Zahlen*.

Hier ist eine Bemerkung wichtig. Man kann beweisen, dass es im Wesentlichen nur ein Modell der natürlichen Zahlen gibt. Das heißt, je zwei Systeme, die die Axiome (P1), … , (P5) erfüllen, sind isomorph. Insofern kann man von *der* Menge der natürlichen Zahlen sprechen.

Man nennt ein Axiomensystem, für das es nur isomorphe Modelle gibt, *kategorisch*. Die Peano-Axiome sind kategorisch.

Die Aussage (P5) ist die Grundlage des Beweisprinzips der „vollständigen Induktion". Damit kann man die Gültigkeit einer Aussage A(n), die von einer natürlichen Zahl n abhängt, beweisen. Dies geschieht so, dass man sie zunächst für einen Startwert (oft n = 0 oder n = 1) nachweist („Induktionsanfang") und dann zeigt, dass für jede natürliche Zahl n die mindestens so groß wie die Startzahl ist, gilt: A(n) ⇒ A(n + 1) („Induktionsschritt").

Wenn man Aussagen über unendlich viele Objekte, also etwa alle natürlichen Zahlen, nachweisen möchte, kommt man im Grunde um die Induktion nicht herum. Deshalb gab es während der gesamten Geschichte der Mathematik Beweise, die man aus heutiger Sicht als Induktionsbeweise interpretieren kann. Der erste, der das Prinzip formuliert hat, war Blaise Pascal (1623–1662) in seinem *Traité du triangle arithmétique* (1654). Richard Dedekind führte in seinem Buch *Was sind und was sollen die Zahlen?* (1888) den Begriff „vollständige Induktion" ein.

Die Vorteile einer formalen Definition der natürlichen Zahlen liegen auf der Hand: Man kann zum einen alle Operationen (Addition, Multiplikation und die Ordnungsrelation ≤) präzise definieren und zum anderen alle Eigenschaften (Kommutativgesetz, Assoziativgesetz und so weiter) beweisen und braucht sich nicht auf „das ist klar" zurückzuziehen.

Dieser und der folgende Abschnitt sind im weiteren Verlauf etwas „theoretisch". Sie können diese beim ersten Lesen überspringen, ohne im Folgenden Nachteile befürchten zu müssen.

Ab jetzt setzen wir die Peano-Axiome voraus.

Beginnen wir mit der Addition natürlicher Zahlen. Diese kann man auf Zählen zurückführen: Statt bei der Aufgabe $7 + 5$ Zahlenvorstellungen und den Zehnerübergang zu aktivieren, könnte man einfach auch von 7 aus um 5 weiterzählen. Aus vielerlei Gründen ist es erstrebenswert, dass die Schülerinnen und Schüler nicht bei dieser Technik stehenzubleiben (sondern zum Beispiel irgendwann das Dezimalsystem verinnerlichen), aber rein mathematisch ist daran nichts auszusetzen, da man ja – wenn man alles richtig macht! – das korrekte Ergebnis erhält.

► **Definition: Summe natürlicher Zahlen** Wir nutzen die Bezeichnung n' für den Nachfolger der natürlichen Zahl n und führen folgende Bezeichnungen ein: $1 := 0'$, $2 := 1' = 0''$ usw. Für eine natürliche Zahl n sei $n + 1 := n'$ Entsprechend ist $n + 2 := (n + 1)' = n''$. Allgemein definieren wir $n + m' := (n + m)'$, sowie $n + 0 := n$ und $0 + n := n$.

Wir bezeichnen den Vorgänger einer natürlichen Zahl $n \neq 0$ mit $n - 1$. Das ist somit diejenige natürliche Zahl, deren Nachfolger n ist, für die also gilt $(n - 1)' = n$. Die Bezeichnung ist sinnvoll, denn nach Definition der Addition gilt $(n - 1) + 1 = (n - 1)' = n$.

Damit kann man jede Summe rekursiv definieren. Zum Beispiel ist

$$
\begin{aligned}
&4+3 \\
&= 4+2' && \text{(Definition von 3)} \\
&= (4+2)' && \text{(Definition der Summe } 4+2') \\
&= (4+1')' && \text{(Definition von 2)} \\
&= ((4+1)')' && \text{(Definition der Summe } 4+1') \\
&= ((4+0')')' && \text{(Definition von 1)} \\
&= (((4+0)')')' && \text{(Definition der Summe } 4+0') \\
&= 4''' \\
&= (0'''')''' && \text{(Definition von 4)} \\
&= 0'''''''.
\end{aligned}
$$

Man kann den Ausdruck in der vorletzten Zeile so deuten: Das ist der dritte Nachfolger des vierten Nachfolgers von 0.

Zur Festigung des Gelernten 1.7.1
Zeigen Sie $1+3 = 0''''$.

Satz 1.7.2 (Addition natürlicher Zahlen)
Die so definierte Addition auf $\mathbf{N}$ ist kommutativ, assoziativ und hat 0 als neutrales Element.

Beweis. Für die *Kommutativität* ist zu zeigen dass $m+n = n+m$ für je zwei natürliche Zahlen gilt. Wir machen uns das an einem Beispiel klar. Warum ist $4+3 = 3+4$? Unser obiges Beispiel zeigt: $4+3$ ist der siebente Nachfolger von 0. Genau so kann man zeigen, dass $3+4$ der siebente Nachfolger der Null ist. Also sind beide Zahlen gleich.

Allgemein zeigt man die Kommutativität durch Induktion nach $m+n$. Im Fall $m+n = 1$ ist ohne Einschränkung $m = 1$ und $n = 0$, und es gilt $1+0 = 1 = 0+1$.

Sei nun $m+n > 1$, und sei die Aussage richtig für $m+n-1$. Es gilt

$$
\begin{aligned}
&m+n \\
&= m+(n-1)' \\
&= (m+(n-1))' \\
&= ((n-1)+m)' && \text{(nach Induktion)} \\
&= (n+(m-1))' \\
&= n+(m-1)' \\
&= n+m.
\end{aligned}
$$

Assoziativität: Wir zeigen $(2 + 1) + 3 = 2 + (1 + 3)$:

$$(2 + 1) + 3 = (0'')' + 0''' = ((0'')')''' = 0'''''',$$
$$2 + (1 + 3) = 0'' + (0')''' = 0'' + 0'''' = (0'')'''' = 0''''''.$$

Dass 0 ein neutrales Element ist, das heißt, dass $0 + n = n + 0 = n$ für alle natürlichen Zahlen n gilt, steht bereits in der Definition der Addition. $\qquad\square$

Zur Festigung des Gelernten 1.7.3

Zeigen Sie, dass auch das Assoziativgesetz allgemein gilt.

Was das Produkt zweier natürlicher Zahlen sein soll, ist klar: 3 mal 5 ist $5 + 5 + 5$; um 1000 mal 7 zu erhalten, addiert man 1000 mal die Zahl 7. Man kann also die Multiplikation auf Addition zurückführen.

▶ **Definition: Produkt natürlicher Zahlen** Das Produkt der natürlichen Zahlen a und b ist definiert als die Summe $b + b + b \ldots + b$ aus a Summanden. Man kann das Produkt auch rekursiv definieren: $0 \cdot b := 0$ und $a' \cdot b = a \cdot b + b$.

Zur Festigung des Gelernten 1.7.4

Zeigen Sie, dass auch folgendes gilt: $a \cdot b' = a \cdot b + a$. (Tipp: Verwenden Sie zum Beispiel Induktion nach a.)

Die Addition und Multiplikation auf $\mathbf{N}$ sind nicht unabhängig voneinander, sondern durch das Distributivgesetz eng aneinander gekoppelt.

Satz 1.7.5

Für die Addition und die Multiplikation auf $\mathbf{N}$ gilt das Distributivgesetz, das heißt die Gleichung $a(b + c) = ab + ac$ für alle $a, b, c \in \mathbf{N}$.

Beweis durch Induktion nach a. Induktionsbasis: Wenn $a = 0$ ist, steht auf der linken Seite der Gleichung 0 und auf der rechten Seite $0 + 0$, also auch Null.

Induktionsschritt: Sei $a > 0$, und sei die Aussage richtig für den Vorgänger $a_0 (= a - 1)$ von a. Dann gilt

$$
\begin{aligned}
&a(b + c) \\
&= a_0'(b + c) && \text{(Definition des Vorgängers } a_0 \text{ von a)} \\
&= a_0(b + c) + (b + c) && \text{(Definition der Multiplikation von } a_0' \text{ mit } b + c) \\
&= a_0 b + a_0 c + (b + c) && \text{(Induktion)} \\
&= a_0 b + b + a_0 c + c && \text{(Kommutativität der Addition)} \\
&= ab + ac && \text{(Definition der Produkte } ab \text{ und } ac). \qquad\square
\end{aligned}
$$

Satz 1.7.6 (Multiplikation natürlicher Zahlen)
Die auf $\mathbf{N}$ definierte Multiplikation ist kommutativ, assoziativ und hat 1 als neutrales Element.

Beweis. Zunächst zeigen wir, dass 1 ein neutrales Element ist. Sei dazu b eine beliebige natürliche Zahl. Aus der Definition der Multiplikation ergibt sich $1 \cdot b = 0 \cdot b + b = 0 + b = b$. Andererseits ist $b \cdot 1 = 1 + 1 + \ldots + 1 = b$.

Wir machen uns die Kommutativität der Multiplikation zunächst durch figurierte Zahlen klar: Man kann die Anzahl $a \cdot b$ von Steinchen in ein Rechteck mit a Spalten und b Zeilen anordnen. Dieses Rechteck kann man aber auch, indem man es oder sich selbst um $90°$ dreht, als ein Rechteck mit b Spalten und a Zeilen ansehen; dieses muss also $b \cdot a$ Steinchen enthalten. Die folgende Abbildung zeigt die Gleichung $3 \cdot 4 = 4 \cdot 3$.

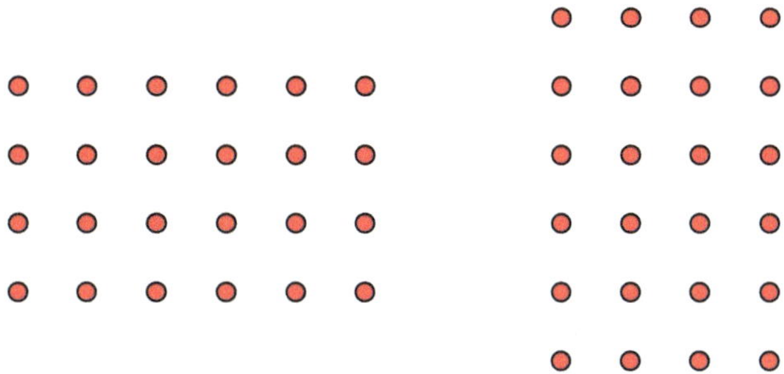

Formal beweisen wir die Aussage durch Induktion nach a.

Induktionsbasis: Sei $a = 0$. Dann ist einerseits $0 \cdot b = 0$, und andererseits ist $b \cdot 0$ die Summe von b Nullen, also ebenfalls gleich 0.

Induktionsschritt: Sei nun $a > 0$, und sei die Aussage richtig für den Vorgänger a_0 von a. Es gilt

$$
\begin{aligned}
a \cdot b \\
= a_0 \cdot b + b \quad & \text{(nach Definition der Multiplikation)} \\
= b \cdot a_0 + b \quad & \text{(nach Induktion)} \\
= b \cdot a - b + b \quad & \text{(nach 1.7.4)} \\
= b \cdot a.
\end{aligned}
$$

Auch die *Assoziativität* kann man anhand von figurierten Zahlen klar machen, und zwar indem man ein dreidimensionales Objekt betrachtet. In einem Quader der Seitenlängen a, b, c kann man das Volumen ausrechnen, indem man a rechteckige Scheiben der Seitenlängen b und c addiert: das ergibt die Zahl $a \cdot (b \cdot c)$. Man kann aber auch c Scheiben der Seitenlängen a und b addieren. Das ergibt die Zahl $c \cdot (a \cdot b) = (a \cdot b) \cdot c$. Die folgende Abbildung zeigt $3 \cdot (4 \cdot 5) = 5 \cdot (3 \cdot 4)$.

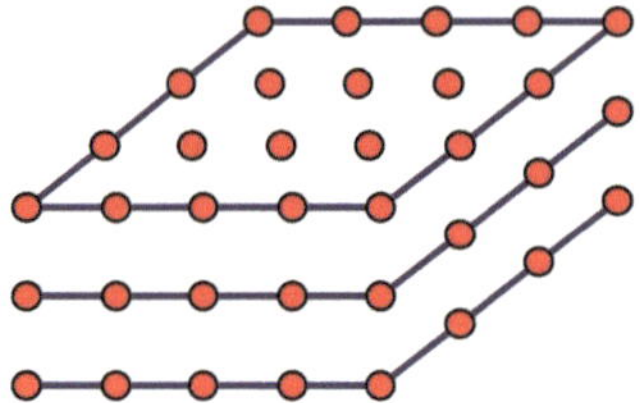 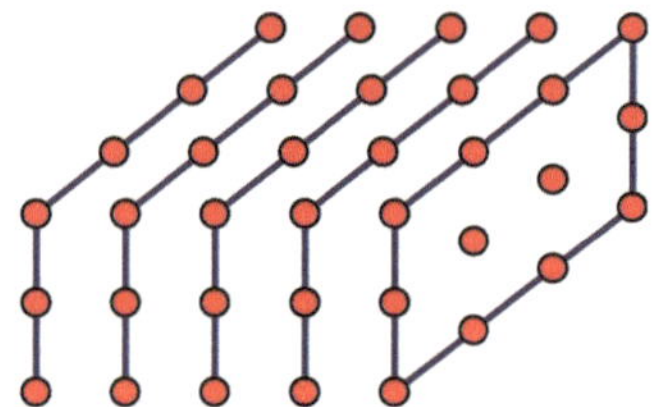

Auch die Assoziativität, also die Regel $(ab)c = a(bc)$ zeigt man im Allgemeinen durch Induktion nach a.

Für $a = 0$ ergibt sich $(0 \cdot b) \cdot c = 0 \cdot c = 0 = 0 \cdot (b \cdot c)$.

Sei nun $a > 0$, und sei die Behauptung richtig für den Vorgänger a_0 von a. Dann gilt:

$$(ab)c$$
$$= (a_0 b + b)c \qquad \text{(Definition des Produkts ab)}$$
$$= a_0 bc + bc \qquad \text{(Distributivgesetz)}$$
$$= a(bc) \qquad \text{(Definition des Produkts } a \cdot bc). \qquad \square$$

1.8   Die ganzen Zahlen

Das letzte Thema, das wir in diesem Kapitel behandeln, ist der Übergang von **N** zu **Z**. Die ganzen Zahlen bestehen aus den natürlichen Zahlen und den negativen ganzen Zahlen. Die negativen Zahlen waren den chinesischen und indischen Mathematikern schon im 1. Jahrtausend bekannt. Im *liber abaci* (1202) des Fibonacci (eigentlich Leonardo von Pisa, ca. 1170–ca. 1240) kommen negative Zahlen vor, allerdings nur als Schulden in Textaufgaben. Noch Michael Stifel (1487–1567) hat Schwierigkeiten mit diesen Zahlen. Zwar benutzt er sie in seinem Lehrbuch *Arithmetica integra* (1544) durchaus routiniert, aber er nennt sie *numeri absurdi*, das heißt „widersinnige Zahlen", also Zahlen, die es eigentlich gar nicht geben dürfte.

Wir fragen uns in diesem Abschnitt: Wie kann man die ganzen Zahlen sauber definieren? Genauer fragen wir: Wie kann man aus den natürlichen Zahlen die ganzen Zahlen, insbesondere also die negativen Zahlen konstruieren? Noch genauer gefragt: Wie kann man – sozusagen „heimlich" – über die negativen Zahlen sprechen, indem man an der Oberfläche nur über natürliche Zahlen redet und nur deren Eigenschaften benutzt?

Dafür gibt es grundsätzlich zwei Möglichkeiten. Bei der ersten tut man das Offensichtliche, hat dann aber technische Probleme beim Nachweis aller Eigenschaften. Bei der zweiten Möglichkeit geht man zwar auch von Offensichtlichem aus, definiert die ganzen Zahlen dann als Äquivalenzklassen und kann – aus formal mathematischer Sicht – alle Eigenschaften entspannt beweisen.

1. Möglichkeit. Für jede natürliche Zahl $a \neq 0$ führen wir ein neues Symbol $-a$ ein. Wir nennen $-a$ eine *negative Zahl*, genauer gesagt, die zu a negative Zahl. Eine *ganze Zahl* ist eine natürliche Zahl oder eine negative natürliche Zahl. Um mit den negativen Zahlen rechnen zu können, müssen wir nun alle möglichen Vorschriften definieren, und zwar zunächst Addition und Subtraktion beliebiger ganzer Zahlen. Dabei muss man jeweils unterscheiden, ob die fraglichen Zahlen positiv oder negativ sind. Dieses Vorgehen liegt den Überlegungen zu den Themen Zahlendarstellungen innerhalb der theoretischen Informatik zugrunde.

Man kann sich alle diese Vorschriften plausibel machen, aber beim Darüberlesen wirken diese durchaus verwirrend. Achten Sie bitte genau darauf, wann das Minuszeichen als Vorzeichen benutzt wird (das heißt zur Definition einer negativen Zahl verwendet wird) und wann als Rechenzeichen (das heißt zur Bildung einer Differenz dient).

Seien a und b natürliche Zahlen > 0. Wir definieren:

$(-a) + (-b) := -(a + b)$

$(-a) + b := b - a$, falls $b \geq a$ ist, und $(-a) + b := -(a - b)$, falls $a > b$ ist.

$b + (-a) := (-a) + b$.

$a - b := a - b$, falls $a \geq b$ ist, und $a - b := -(b - a)$, falls $a < b$ ist

$a - (-b) := a + b$

$(-a) - b := -(a + b)$

$(-a) - (-b) := b - a$, falls $b \geq a$ ist und $(-a) - (-b) := -(a - b)$, falls $a > b$ ist.

Schließlich definieren wir $(-a) + 0 = 0 + (-a) := -a$, sowie $(-a) - 0 := -a$ und $0 - (-a) := a$.

Mit dieser sehr differenzierten Definition muss man jetzt alle Gesetze beweisen. Dass 0 ein neutrales Element, steht zum Glück schon in den Vorschriften, ebenso wie die Kommutativität der Addition. Aber das Assoziativgesetz! Prinzipiell ist es nicht schwierig dieses zu beweisen, aber es ist mühsam: Man muss zeigen, dass $(x + y) + z = x + (y + z)$ gilt, wobei man für x, y, z jede Kombination von natürlichen und negativen Zahlen behandeln muss.

Zur Festigung des Gelernten 1.8.1

Zeigen Sie, dass für je drei natürliche Zahlen a, b, c gilt $a + (b + (-c)) = (a + b) + (-c)$.

Die *Multiplikation* ganzer Zahlen definiert man dann mit Hilfe von wiederholter Addition. Also zum Beispiel $3 \cdot (-4) = (-4) + (-4) + (-4)$.

Zur Festigung des Gelernten 1.8.2

Überlegen Sie, wie man das Produkt $(-a) \cdot b$ (für natürliche Zahlen a und b) definieren kann.

Auch für die Multiplikation ganzer Zahlen muss man dann alle Gesetze nachweisen: Kommutativgesetz, Assoziativgesetz, Distributivgesetz. Diese Nachweise sind nicht nur mühsam, sondern liefern auch kaum eine Einsicht.

Zur Vorbereitung des Folgenden 1.8.3
Welche der folgenden Teilmengen von $\mathbf{Z}$ ist bezüglich Addition beziehungsweise Subtraktion bzw. Multiplikation abgeschlossen?

	Gerade Zahlen	Ungerade Zahlen	Durch 3 teilbare ganze Zahlen	Quadrat-zahlen	Negative ganze Zahlen
Addition					
Subtraktion					
Multiplikation					

2. Möglichkeit. Wir gehen von dem „Defekt" der natürlichen Zahlen aus, nämlich der Tatsache, dass viele Differenzen von natürlichen Zahlen keine Lösung in $\mathbf{N}$ haben. So ist zwar das Ergebnis von $7 - 3$ eine natürliche Zahl, die Aufgabe $4 - 9$ hat aber keine Lösung in $\mathbf{N}$.

Die Idee ist nun, statt von einer „ganzen Zahl", nur von Differenzen natürlicher Zahlen zu sprechen. Zum Beispiel würden wir statt der Zahl 4 die Differenz $7 - 3$ beziehungsweise das Zahlenpaar $(7, 3)$ schreiben. Von diesem Standpunkt aus können wir aber auch die Differenz $4 - 9$, genauer gesagt, das Zahlenpaar $(4, 9)$ als „ganze Zahl" auffassen.

Dabei müssen wir nur eine kleine Schwierigkeit bedenken. Eine natürliche Zahl kann auf viele Weisen als Differenz dargestellt werden. So ist die Zahl 4 unter anderem darstellbar als $7 - 3$, $10 - 6$ und $4 - 0$, beziehungsweise als die Zahlenpaare $(7, 3)$, $(10, 6)$ und $(4, 0)$. Entsprechend wird man auch die Zahlenpaare $(4, 9)$, $(5, 10)$, $(0, 5)$, $(50, 55)$ identifizieren, das heißt einer einzigen ganzen Zahl zuordnen.

▶ **Definition** Sei $X = \mathbf{N} \times \mathbf{N}$ die Menge aller Paare natürlicher Zahlen. Zwei solche Paare (a, b) und (a', b') heißen *äquivalent*, wenn $a + b' = a' + b$ gilt. (Im Hinterkopf denken wir: … wenn $a - b = a' - b'$ ist.) Wir schreiben $(a, b) \sim (a', b')$ für äquivalente Paare (a, b) und (a', b').

Satz 1.8.4
Die Relation $\sim$ ist eine Äquivalenzrelation auf der Menge $\mathbf{N} \times \mathbf{N}$.

Beweis. Dass $\sim$ reflexiv ist, das heißt, dass $(a, b) \sim (a, b)$ gilt, ist klar.

Symmetrie: Wenn $(a, b) \sim (a', b')$ gilt, ist auch $a + b' = a' + b$. Diese Gleichung schreiben wir als $a' + b = a + b'$. Das bedeutet $(a', b') \sim (a, b)$.

Transitivität: Seien $(a, b) \sim (a', b')$ und $(a', b') \sim (a'', b'')$. Nach Definition bedeutet das $a + b' = a' + b$ und $a' + b'' = a'' + b'$. Wenn wir die erste Gleichung in die zweite einsetzen, erhalten wir

$a' + b'' + a = a'' + b' + a = a'' + a' + b,$

also $b'' + a = a'' + b$, das heißt $(a, b) \sim (a'', b'')$.

Der folgende Satz zeigt, wie man mit äquivalenten Paaren natürlicher Zahlen umgehen kann.

Satz 1.8.5

Sei (a, b) ein Paar natürlicher Zahlen, und sei n eine natürliche Zahl. Dann gelten folgende Aussagen:

(a) $(a, b) \sim (a + n, b + n)$.

(b) Falls $n \leq a$ und $n \leq b$ ist, dann gilt $(a - n, b - n) \sim (a, b)$.

(c) Sei $(a, b) \sim (a', b')$ mit $a' \geq a$. Dann gibt es eine natürliche Zahl n mit $a' = a + n$ und $b' = b + n$.

(d) (a, b) ist äquivalent zu $(c, 0)$ oder zu $(0, d)$ mit $c, d \in \mathbf{N}$.

Beweis.

(a) Da die Addition auf $\mathbf{N}$ kommutativ und assoziativ ist, gilt $a + (b + n) = (a + n) + b$.

(b) Entsprechend.

(c) Wegen $a' \geq a$ ist $a' - a$ eine natürliche Zahl. Aus der Äquivalenz folgt $a + b' = a' + b$, also $a' - a = b' - b$. Sei $n := a' - a$. Dann ist $a' = a + n$ und $b' = b + n$.

(d) Wenn $a \geq b$ ist, ist (a, b) äquivalent zu $(a - b, b - b) = (a - b, 0)$. Wenn $a \leq b$ ist, ist (a, b) äquivalent zu $(a - a, b - a) = (0, b - a)$.

▶ **Definition: ganze Zahl** Da die Äquivalenz von Paaren natürlicher Zahlen eine Äquivalenzrelation ist, können wir präzise definieren: Jede Äquivalenzklasse von Paaren natürlicher Zahlen ist eine *ganze Zahl*. Eine ganze Zahl besteht somit aus allen Paaren natürlicher Zahlen mit gleicher Differenz. Wir bezeichnen die Äquivalenzklasse, die das Paar (a, b) enthält, vorübergehend mit $[a, b]$.

Wenn $[a, b] = [c, 0]$ ist, das heißt, wenn das Paar (a, b) äquivalent zu dem Paar $(c, 0)$ mit $c \in \mathbf{N}$ ist, identifizieren wir $[a, b]$ mit der natürlichen Zahl c. Wir können schreiben $[a, b] = [c, 0] = c$ und nennen $c = [c, 0]$ im Falle $c > 0$ auch eine *positive* ganze Zahl. Andererseits denken wir bei einem Paar (a, b), das äquivalent zu einem Paar $(0, d)$ mit $d > 0$ ist, an die Differenz $0 - d$; daher nennen wir dieses Paar eine *negative ganze Zahl* und bezeichnen sie mit dem Symbol $-d$. In diesem Fall schreiben wir $[a, b] = [0, d] =: -d$.

Zur Festigung des Gelernten 1.8.6

Füllen Sie die leeren Felder in folgender Tabelle aus.

Zahl	4	8	0	„-5"
Differenzen	$7-3$, $10-6$, …, $4-0$	$9-1$, $20-12$, …, $8-0$		
Paare	$(7,3)$, $(10,6)$, …, $(4,0)$		$(3,3)$, $(5,5)$, …, $(0,0)$	
Ganze Zahl	$[7,3]=[10,6]=$ … $=[4,0]$			$[4,9]=[5,10]=$ … $=[0,5]$

Mit den ganzen Zahlen kann man auch rechnen. Um uns klarzumachen, wie man Differenzen addieren und subtrahieren kann, betrachten wir folgendes Beispiel. Stellen wir uns vor, dass wir zwei Tüten haben, in denen jeweils rote und blaue Bonbons sind. Wir wollen wissen, um wie viel sich die Anzahlen der roten und blauen Bonbons unterscheiden.

Dazu können wir auf zwei Weisen vorgehen. Möglichkeit A: Wir bestimmen für jede Tüte die Differenz der roten und blauen Bonbons; in beiden Fällen subtrahieren wir die Anzahl der blauen Bonbons von der Anzahl der roten und addieren dann die beiden Differenzen. Formal rechnen wir also $(r_1 - b_1) + (r_2 - b_2)$. Möglichkeit B: Wir bestimmen für jede Tüte die Anzahl der roten Bonbons und die Anzahl der blauen Bonbons. Dann addieren wir die Anzahlen der roten und die der blauen Bonbons und ziehen die Gesamtzahl der blauen von der Gesamtzahl der roten Bonbons ab. Formal rechnen wir in diesem Fall $(r_1 + r_2) - (b_1 + b_2)$.

▶ **Definition: Summe und Differenz ganzer Zahlen** Seien $[a, b]$ und $[c, d]$ ganze Zahlen. Wir definieren die Summe und die Differenz dieser Zahlen wie folgt:

$$[a, b] + [c, d] := [a + c, b + d] \quad \text{und} \quad [a, b] - [c, d] := [a - c, b - d].$$

Insbesondere kann man je zwei ganze Zahlen subtrahieren, und ihre Differenz ist eine ganze Zahl.

Für die Definition der Differenz ist es notwendig, dass $a \geq c$ und $b \geq d$ ist. Das kann man stets erreichen, indem man zu beiden Komponenten des Paares (a, b) die gleiche natürliche Zahl addiert (vgl. 1.8.5 (a).)

Satz 1.8.7

Die Addition und die Subtraktion von ganzen Zahlen sind wohldefiniert.

Beweis. Seien $(a', b') \in [a, b]$ und $(c', d') \in [c, d]$. Dann gelten $a + b' = a' + b$ und $c + d' = c' + d$. Damit folgt

$$(a + c) + (b' + d') = (a + b') + (c + d') = (a' + b) + (c' + d) = (a' + c') + (b + d).$$

Daher gilt $(a + c, b + d) \sim (a' + c', b' + d')$ und somit auch

$$[a, b] + [c, d] = [a + c, b + d] = [a' + c', b' + d'] = [a', b'] + [c', d'].$$

Zur Festigung des Gelernten 1.8.8
Beweisen Sie, dass auch die Subtraktion ganzer Zahlen wohldefiniert ist.

Nun ergeben sich alle gewünschten Eigenschaften der Addition und Subtraktion ganzer Zahlen $[a, b]$ einfach dadurch, dass wir sie auf die Komponenten a und b, also auf natürliche Zahlen zurückführen. Zu diesen Gesetzen gehören insbesondere das Kommutativgesetz und das Assoziativgesetz bezüglich der Addition.

Zur Festigung des Gelernten 1.8.9
Beweisen Sie das Kommutativ- und das Assoziativgesetz für die Addition ganzer Zahlen. Können Sie das negative Element der ganzen Zahl $[a, b]$ bestimmen?

Schließlich wenden wir uns der Multiplikation von ganzen Zahlen zu. Seien dazu (a, b) und (c, d) Repräsentanten ganzer Zahlen. Um zu einer Vorschrift zur Multiplikation zu kommen, denken wir uns diese Zahlen als Differenzen $a - b$ und $c - d$. Das Produkt dieser Differenzen ist $(a - b)(c - d) = (ac + bd) - (ad + bc)$.

Daher liegt es nahe, das Produkt der ganzen Zahlen $[a, b]$ und $[c, d]$ als $[ac + bd, ad + bc]$ zu definieren.

Bevor wir das tun, verifizieren wir einige Eigenschaften dieser Multiplikation ganzer Zahlen.

Die Multiplikation ist kommutativ. Denn $[a, b] \cdot [c, d] = [ac + bd, ad + bc] = [ca + db, cb + da] = [c, d] \cdot [a, b]$.

Das Produkt von zwei positiven ganzen Zahlen $[a, 0]$ und $[c, 0]$ ist positiv. Denn $[a, 0] \cdot [c, 0] = [ac, 0]$.

Zur Festigung des Gelernten 1.8.10

(a) Zeigen Sie, dass das Produkt aus einer positiven ganzen Zahl $[a, 0]$ und einer negativen Zahl $[0, d]$ eine negative ganze Zahl ist.
(b) Ist das Produkt zweier negativer ganzer Zahlen positiv oder negativ?
(c) Zeigen Sie, dass die ganze Zahl $1 = [1, 0]$ ein neutrales Element bezüglich der Multiplikation ist.

▶ **Definition: Produkt ganzer Zahlen** Seien $[a, b]$ und $[c, d]$ ganze Zahlen. Das *Produkt* dieser Zahlen ist die ganze Zahl $[ac + bd, ad + bc]$.

Satz 1.8.11

Die Multiplikation von ganzen Zahlen ist wohldefiniert.

Beweis. Seien $(a', b') \in [a, b]$ und $(c', d') \in [c, d]$. Das heißt $a + b' = a' + b$ und $c + d' = c' + d$.

Zu zeigen ist, dass $(ac + bd, ad + bc)$ und $(a'c' + b'd', a'd' + b'c')$ äquivalent sind, dass also $(ac + bd) + (a'd' + b'c') = (a'c' + b'd') + (ad + bc)$ ist. Dies ergibt sich so:

$$
\begin{aligned}
&(ac + bd) + (a'd' + b'c') \\
&= ac + bd + a'd' + b'c' \\
&= a(c' + d - d') + b(c + d' - c') + (a + b' - b)d' + (a' + b - a)c' \\
&= ac' + ad - ad' + bc + bd' - bc' + ad' + b'd' - bd' + a'c' + bc' - ac' \\
&= ad + bc + b'd' + a'c' \\
&= (a'c' + b'd') + (ad + bc)
\end{aligned}
$$

Satz 1.8.12

Die Multiplikation ganzer Zahlen ist assoziativ und kommutativ und hat 1 als neutrales Element.

Beweis. Nur die Assoziativität ist noch zu zeigen. Seien $[a, b]$, $[c, d]$ und $[e, f]$ ganze Zahlen. Dann gilt:

$$
\begin{aligned}
&([a, b] \cdot [c, d]) \cdot [e, f] \\
&= [ac + bd, ad + bc] \cdot [e, f] \\
&= [(ac + bd)e + (ad + bc)f, (ac + bd)f + (ad + bc)e] \\
&= [a(ce + df) + b(de + cf), a(cf + de) + b(df + ce)] \\
&= [a, b] \cdot [ce + df, cf + de] \\
&= [a, b] \cdot ([c, d] \cdot [e, f]).
\end{aligned}
$$

Nun, da wir die ganze Zahlen sauber eingeführt und alle Eigenschaften bewiesen haben, können Sie wieder aufatmen. Wir erinnern uns, dass wir jede ganze Zahl entweder als $c = [c, 0]$ mit $c \in \mathbf{N}$ oder als $-d = [0, d]$ mit $d \in \mathbf{N}$ und $d > 0$ schreiben können. In Zukunft werden wir somit guten Gewissens ganze Zahlen als c oder $-d$ schreiben. Die Menge $\mathbf{Z}$ der ganzen Zahlen kann auf jede der folgenden Arten beschrieben werden:

$$\begin{aligned}
\mathbf{Z} &= \{[a, b] \mid a, b \in \mathbf{N}\} \\
&= \{[0, d] \mid d \in \mathbf{N}, d > 0\} \cup \{[c, 0] \mid c \in \mathbf{N}\} \\
&= \{-d \mid d \in \mathbf{N}, d > 0\} \cup \{c \mid c \in \mathbf{N}\} \\
&= \{\ldots, -3, -2, -1, 0, 1, 2, 3, \ldots\}.
\end{aligned}$$

Literatur

Dehaene, S.: Der Zahlensinn oder Warum wir rechnen können. Birkhäuser, Basel (1999)

Kleinjung, T., et al.: Factorization of a 768-Bit RSA modulus. In: Rabin, T. (Hrsg.) Advances in cryptology – CRYPTO 2010 Lecture notes in computer science, Bd. 6223, Springer, Berlin Heidelberg (2010)

Riedweg, C.: Pythagoras. Leben – Lehre – Nachwirkung. C.H. Beck, München (2002)

Schechter, B.: Mein Geist ist offen. Birkhäuser, Basel (1999)

Wußing, H.: Carl Friedrich Gauß: Biographie und Dokumente, 6. Aufl. EAGLE, Leipzig (2011)

Stellenwertsysteme und Teilbarkeitsregeln 2

2.1 Frühe Zahlendarstellungen

Die ältesten schriftlichen Zahlendarstellungen sind mindestens 30.000 Jahre alt. Damals haben Menschen Zahlen geschrieben, indem sie die entsprechende Anzahl von Steinchen gelegt haben oder die entsprechende Anzahl von Kerben in einen Ast geschnitten haben. All diese Zeugnisse sind natürlich alle verloren. Glücklicherweise hat man aber Knochen aus dieser Zeit gefunden, die eine große Zahl von Einkerbungen enthalten. Berühmt sind der 30.000 Jahre alte Wolfsknochen aus Dolní Vestonice, einer gut dokumentierten Mammutjägersiedlung in Tschechien, auf dem die Zahlen 25 und 30 dargestellt sind (siehe Abb. 2.1), und der geheimnisvolle Ishango-Knochen (siehe Abschn. 1.6).

Die Darstellung einer Zahl durch die entsprechende Anzahl von Strichen liegt zwar auf der Hand, wird aber bald sehr unübersichtlich. Daher wurde an vielen Stellen der Welt das Prinzip der *Bündelung* erfunden. Man fasst jeweils fünf Zeichen zu einem „Bündel" zusammen. Das kann dadurch geschehen, dass man nach fünf Strichen eine Lücke lässt, oder dadurch, dass man den fünften Strich quer durch die ersten vier zieht, oder dadurch, dass man für fünf Striche ein neues Symbol schreibt. Auch heute ist das Verfahren der Strichlisten noch gängig, sei es zur Auszählung von Stimmen oder zum Festhalten der Anzahl der genossenen Getränke auf einem Bierdeckel.

Die Tatsache, dass man durchgängig Fünferbündelungen findet, hat vermutlich zwei Gründe: Zum einen spielen die fünf Finger an einer Hand eine entscheidende Rolle; denn wenn man mit den Fingern zählt, entsteht nach Fünf automatisch eine Zäsur. Zum anderen ist Fünf eine Zahl von Objekten, die wir Menschen noch auf einen Blick erfassen können, auch wenn die Objekte nicht in einem Muster angeordnet sind.

Eine frühe Erfahrung beim Zählen ist die Zeiterfahrung, insbesondere die Erfahrung von Tagen, Monaten und Jahren. Die Grunderfahrung ist dabei die der Wiederholung. Irgendwann wurde den Menschen bewusst, dass der Sonnaufgang und Sonnenuntergang nicht jedes Mal überraschend kommt, sondern dass diese in vergleichsweise regelmäßigen Rhythmen erfolgen. So entstand die Vorstellung eines Tages.

© Springer Fachmedien Wiesbaden GmbH 2018

A. Beutelspacher, *Zahlen, Formeln, Gleichungen*,

https://doi.org/10.1007/978-3-658-16106-4_2

Abb. 2.1 Der Wolfsknochen. (Foto: Mathematikum Gießen e. V., Fotograf Rolf K. Wegst)

Zu der Zeit, als die ersten Zahlensysteme entstanden sind, also vor vielen tausend Jahren, war der sich wandelnde Mond eine herausragende Erscheinung am Himmel. Es ist naheliegend, die Anzahl der Tage eines Mondzyklus, zum Beispiel von Neumond zu Neumond zu bestimmen.

Etwas aufwändiger, aber auch gut machbar, ist die Bestimmung der Anzahl der Tage eines Jahres. Man beobachtet, an welcher Stelle die Sonne auf- beziehungsweise untergeht. Aber 365 ist eine viel zu große Zahl, als dass man sie über eine Strichliste sinnvoll erfassen kann. Daher lag es nahe, das Jahr mit Hilfe der Mondzyklen („Monate") in Abschnitte einzuteilen. Anders gesagt, man versuchte, die Tage zu noch überschaubaren Einheiten zusammenzufassen.

Die Einbeziehung einer größeren Einheit, der Monate, hat viele, offensichtliche Vorteile, es ergeben sich aber auch neue Herausforderungen. Man muss nämlich das Verhältnis der kleinen und großen Einheiten klären: Wie viele Tage bilden einen Monat? Wie passen die Monate in ein Jahr? An welchem Tag in welchem Monat liegt der 100. Tag des Jahres? Und so weiter. Bei der Erstellung eines Kalenders ist die Herausforderung besonders groß, da man die 365,242 Tage des Jahres nicht sinnvoll auf exakt gleichlange Monate aufteilen kann.

Die Versuche, einen vernünftigen Kalender zu entwickeln, dienten sicher als Motivation für Zahlensysteme. Da dies von Menschen geschaffene Systeme sind, brauchte man dabei keine Rücksicht auf empirische Zahlen nehmen, sondern konnte normativ versuchen, das beste Zahlensystem zu erfinden. Insbesondere konnte man die Einheiten so wählen, dass alles „passt". Bei den Babyloniern (ca. 2000 v. Chr.) bestand die größere Einheit aus 60 kleinen, bei den Maya (spätestens um Christi Geburt) aus 20, und die Inder haben etwa im 3. Jahrhundert das Dezimalsystem erfunden, bei dem die größere Einheit 10 ist.

Abb. 2.2 Die ägyptischen Zahlzeichen. (Quelle: http://www.spasslernen.de/geschichte/ges2.htm)

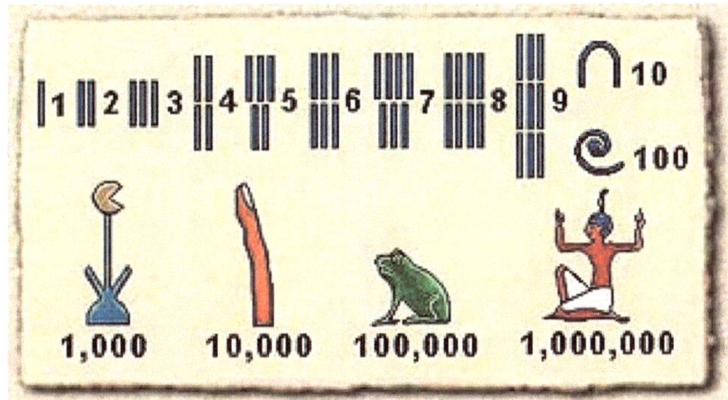

Ägyptische Zahlen

Die Ägypter benutzen spätestens 2000 v. Chr. ein ausgefeiltes Zahlensystem. Es besteht aus Zeichen für die Zahlen 1, 10, 100, 1000, 10.000, 100.000 und 1.000.000 (siehe Abb. 2.2)

Es handelt sich um ein *additives* Zahlensystem. Das bedeutet, dass man die Zahlzeichen zusammenstellt und ihre Werte addiert, um die dargestellte Zahl zu erhalten. Die Zahl 47 wird also als ∩∩∩∩IIIIIII geschrieben.

Die Ägypter verfügten über eine ausgeklügelte Multiplikationsmethode. Sie beruht alleine auf dem Verdoppeln und Addieren. Zum Beispiel ist die Aufgabe $13 \cdot 12$ überliefert. Zunächst verdoppelt man die Zahl 1 so oft, bis man aus den einzelnen Potenzen die erste Zahl zusammensetzen kann:

1
2
4
8

Die Zahl 13 ergibt sich als Summe der fettgedruckten Zahlen. In der zweiten Spalte verdoppelt man jeweils die zweite Zahl der Aufgabe:

1	**12**
2	24
4	**48**
8	**96**

Das Ergebnis ergibt sich als Summe derjenigen Zahlen der zweiten Spalte, bei denen die Zahlen in der ersten Spalte fett gedruckt sind. In unserem Beispiel ist das Ergebnis also $12 + 48 + 96 = 156$.

Zur Festigung des Gelernten 2.1.1
Berechnen Sie mit dieser Methode $17 \cdot 23$.

Später hat man diese Methode so weiterentwickelt, dass sie rein mechanisch durchzuführen ist. Die (kleine) Schwierigkeit der ägyptischen Methode besteht in der Teil-Aufgabe, die erste Zahl als Summe von Zweierpotenzen darzustellen ($13 = 1 + 4 + 8$). Dies wird bei der folgenden Variante vermieden, die aus mir unerklärlichen Gründen „russische Bauernmultiplikation" heißt.

In der linken Spalte wird die erste Zahl der Multiplikationsaufgabe so lange halbiert, bis sich 1 ergibt. Dabei gehen wir großzügig vor: Wenn eine ungerade Zahl halbiert wird, runden wir einfach ab. Rechts wird, wie vorher auch, die zweite Zahl verdoppelt. Wir betrachten das Beispiel $13 \cdot 12$:

13	**12**
6	24
3	**48**
1	**96**

Nun schauen wir uns diejenigen Zeilen an, in denen rechts eine *un*gerade Zahl steht, und addieren die entsprechenden Zahlen der linken Spalte. Wie oben ergibt sich als Ergebnis $12 + 48 + 96 = 156$. (Siehe dazu auch: Multiplikation und Dualsystem. In: Bauer (2009).)

Zur Festigung des Gelernten 2.1.2
Berechnen Sie mit der russischen Bauernmethode die Produkte $15 \cdot 16$, $16 \cdot 15$, $18 \cdot 23$ und $19 \cdot 23$.

Griechische Zahlen

Etwa seit dem 4. Jahrhundert v. Chr. entwickelten die Griechen die Idee, Zahlen auf systematische Weise durch Buchstaben darzustellen. Da die Unterscheidung in Einer, Zehner und Hunderter schon geläufig war, lag es nahe, die ersten neun Buchstaben für die Zahlen $1, 2, \ldots, 9$ zu verwenden; also $\alpha = 1$, $\beta = 2$, $\gamma = 3$ usw. Weitere neun Buchstaben stellen die Zehnerzahlen dar: $\iota = 10$, $\kappa = 20$, $\lambda = 30, \ldots, 90$ und schließlich braucht man noch einmal neun Buchstaben für die Hunderterzahlen: $\rho = 100$, $\sigma = 200$, $\tau = 300, \ldots,$ 900. Zum Beispiel $\sigma\lambda\alpha$ die Zahl 231.

Da das griechische Alphabet nur 24 Buchstaben hatte, wurden drei zusätzliche Buchstaben eingeführt: digamma für die Zahl 6, Koppa für die Zahl 90 und Sampi für die Zahl 900.

Römische Zahlen

Die römischen Zahlen sind durch Einkerbungen und deren Abkürzungen, das heißt durch Bündelungen entstanden. Es basiert auf den folgenden sieben Zeichen: I ($= 1$), V ($= 5$), X ($= 10$), L ($= 50$), C ($= 100$), D ($= 500$), M ($= 1000$).

In der Spätantike kamen dann noch Zeichen für 10.000, 100.000 und 1.000.000 hinzu. Das römische System war zunächst ein rein additives System. Das bedeutet, dass die

Zahl 4 als IIII und die Zahl 9 als VIIII geschrieben wurde. Erst im Mittelalter kam die Abkürzung IV statt IIII hinzu.

Im originalen additiven römischen System kann man die Zahlzeichen beliebig aneinanderfügen, und es entsteht immer die gleiche Zahl. Auf diese Weise ist das Addieren besonders einfach: VI + XII = VIIXII = XVIIII.

Selbst das Addieren wird fast unmöglich, wenn man zur Schreibweise IV statt IIII übergeht. Denn das Zeichen I bedeutet dann manchmal $+1$ und manchmal -1.

2.2 Rechnen auf den Linien: Abakus, Rechentisch, Rechentuch

Wie haben die Römer gerechnet? Wie hat man im Mittelalter gerechnet? Sicher nicht so dass man die römischen Zahlzeichen benutzt hat. Im Gegenteil: Man konnte diese Zahlzeichen nur dazu verwenden, die Aufgabenstellung und das Ergebnis zu formulieren. Das eigentliche Rechnen geschah mechanisch mit speziell entwickelten Hilfsmitteln. Die Mittel waren Abakus, Rechentisch und Rechentuch. Diese haben unterschiedliche Erscheinungsformen, basierten aber mathematisch auf dem gleichen Kern. Aus heutiger Sicht sehen wir in all diesen Mechanismen das Dezimalsystem; es gibt aber keinen Hinweis auf eine theoretische Durchdringung der Rechenverfahren bei den Römern oder im Mittelalter.

Man könnte von einem „heimlichen Dezimalsystem" sprechen oder von einer „List der Vernunft", denn nur mit diesen Geräten waren komplexe Rechnungen überhaupt möglich.

Abakus
Der Abakus ist eines der ältesten Rechenhilfsmittel. Er wurde vor über 3000 Jahren in China erfunden; die Römer und Griechen rechneten in der Antike damit. Bis heute ist er in China unter dem Namen Suanpan, in Russland als Stschoty und vor allem in Japan unter dem Namen Soroban bekannt und viel benutzt. Die traditionelle chinesische Rechenmethode Zhusuan, die mit dem Suanpan durchgeführt wird, wurde 2013 in die Liste der immateriellen Kulturgüter der UNESCO aufgenommen.

Ein typischer Abakus besteht aus Stangen, auf denen Kugeln angebracht sind. Die unterste Stange stellt die Einer dar, die nächste die Zehner, dann kommen die Hunderter, die Tausender und so weiter. Das Ganze ist in zwei Hälften geteilt, in der linken Hälfte jeder Stange befinden sich fünf Kugeln, im rechten Teil zwei Kugeln.

Die Kugeln werden „aktiviert", indem sie in die Mitte geschoben werden. Jede der „linken" Kugeln ist 1 wert, jede „rechte" Kugel zählt 5. In dem folgenden Bild ist die Zahl 2763 dargestellt.

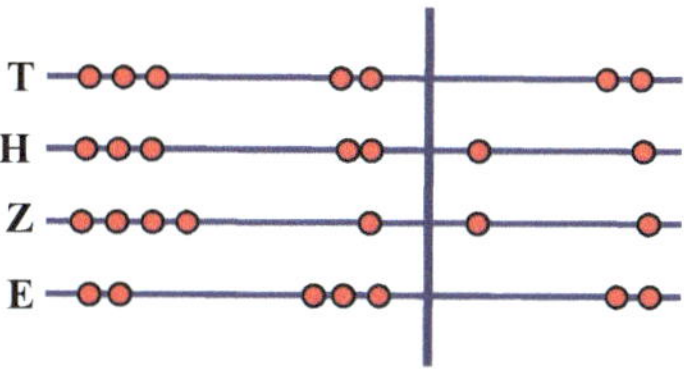

Die natürliche Verwendung des Abakus ist die Addition von Zahlen. Wenn man zum Beispiel zu 2763 + 2 berechnen möchte, schiebt man auf der untersten Stange zwei Einerkugeln in die Mitte. Anschließend wird man dann die fünf Einerkugeln auf der untersten Stange wieder nach außen und gleichzeitig eine Fünferkugel in die Mitte schieben. Für die Aufgabe 2763 + 50 schiebt man auf der zweiten Stange von unten eine Fünferkugel von rechts außen in die Mitte; anschließend schiebt man die zwei Fünferkugeln nach außen und gleichzeitig eine Einerkugel der drittuntersten Stange von links außen in die Mitte.

Rechentisch und Rechentuch

Das „Rechnen auf den Linien" war *die* Methode des Rechnens im europäischen Mittelalter. Es fußt auf einer langen Tradition, denn die älteste bekannte Rechentafel ist die so genannte Salaminische Tafel, die etwa aus dem Jahre 300 v. Chr. stammt. Höhepunkt und Abschluss des Rechnens auf den Linien ist das Werk des deutschen Rechenmeisters Adam Ries (1492/93–1559). In seinem Lehrbuch „*Rechnung auff der linihen*" (1518) stellt er das vorschriftliche mittelalterliche Rechnen noch alternativlos dar, während in seinem nur vier Jahre später erschienen Bestseller „*Rechnung auff der linihen und federn …*", der bereits zu Lebzeiten von Ries 120 Auflagen hatte, das alte „Rechnen auf den Linien" dem zukunftsweisenden „Rechnen mit Federn" gegenübergestellt wurde. Dabei ist mit der „Feder" die Schreibfeder gemeint; mit anderen Worten: es handelt sich um das schriftliche Rechnen.

Zum „Rechnen auf den Linien" verwendete man ein System aus waagerechten Linien, die auf einen Tisch eingeritzt oder auf ein Tuch gemalt waren. Diese Linien waren mit I, X, C, M usw. bezeichnet. Auf ihnen wurden Steine oder Münzen, so genannte „Rechenpfennige" gelegt. Eine Münze auf der ersten Linie war 1 wert, eine auf der zweiten Linie zählte 10, ein Rechenpfennig auf der dritten Linie war 100 wert und so weiter. Prinzipiell konnte man beliebig viele Münzen auf eine Linie legen. Da das bald zu Zahlen führt, die man nicht mehr auf einen Blick überschauen konnte, benutzte man auch den Raum zwischen den Linien („spatium"): Eine Münze, die zwischen der Einer- und der Zehnerlinie liegt, ist 5 wert, ein Stein zwischen der Zehner- und der Hunderterlinie gilt 50, und so weiter. So konnte man beliebig große Zahlen darstellen.

Die horizontalen Linien wurden durch eine vertikale in zwei Hälften („Bankier") geteilt, so dass man links und rechts jeweils eine Zahl legen kann. So war es möglich, zum Beispiel die Summe von zwei Zahlen sicher bilden: Nachdem die Zahlen gelegt waren, konnte man diese noch einmal kontrollieren, bevor man anschließend die Steine auf der gleiche Linie beziehungsweise im gleichen Zwischenraum zusammenschob.

Wir machen uns das an dem Beispiel MDCCCXVII + MMCCCLXXIII = 1817 + 2373 klar. Zunächst legt man beide Zahlen, die eine links, die andere rechts.

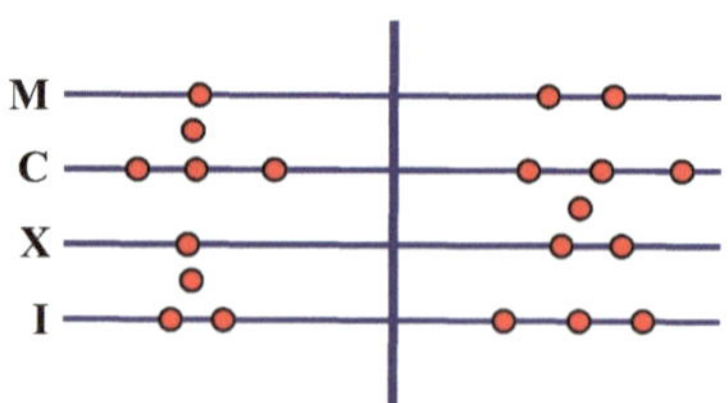

Nun schiebt man alle Steine auf derselben Linie zusammen. Zum Beispiel kann man alles nach links schieben:

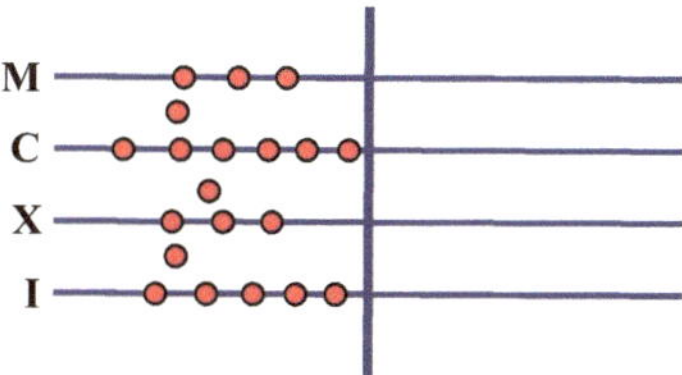

Das zeigt uns ein erstes Ergebnis: Die Summe $1817 + 2373$ ist die Zahl, die aus drei Tausendern, einem Fünfhunderter, sechs Hundertern, einem Fünfziger, drei Zehnern, einem Fünfer und fünf Einern besteht. Diese Konstellation von Rechenpfennigen wird jetzt schrittweise in eine Standarddarstellung überführt. Man muss die Situation bereinigen („elevieren"): Fünf Münzen auf einer Linie werden durch eine in dem darüber liegenden Zwischenraum ersetzt; zwei Rechenpfennige in einem Zwischenraum werden in einen Stein der darüber liegenden Linie getauscht.

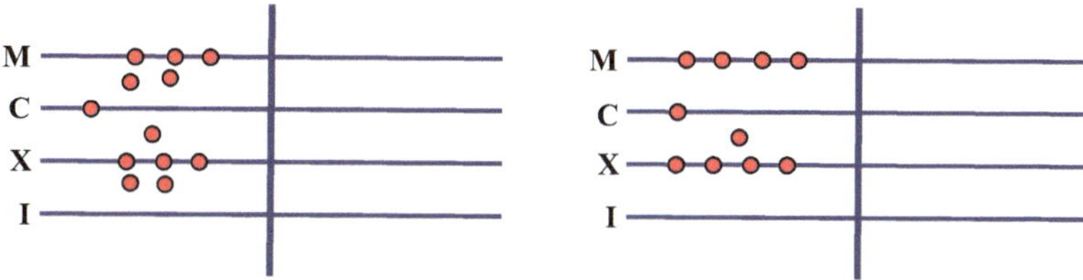

Das Ergebnis ist MMMMCLXXXX $= 4190$. Wir sehen, dass man so sehr effizient addieren (und subtrahieren) kann.

Zur Festigung des Gelernten 2.2.1

(a) Berechnen Sie $1376 + 685$ mit der Methode des Rechentisches.
(b) Können Sie sich vorstellen, wie auf dem Rechentisch subtrahiert wurde? Versuchen Sie, die Aufgabe $2373 - 1635$ auf dem Rechentisch zu lösen.

Man kann mit dem Rechentisch auch multiplizieren. Dabei ist die Multiplikation mit 10 besonders einfach: Wenn man alle Rechenpfennige von ihrer Linie auf die darüber liegende verschiebt, so hat man den Wert verzehnfacht.

Wir betrachten als Beispiel die Multiplikation einer beliebigen Zahl a mit 23. Dazu legt man die Zahl a zunächst sowohl rechts als auch links mit Rechenpfennigen aus. In der linken Hälfte multiplizieren wir a mit 20, in der rechten mit 3.

Man multipliziert die Zahl a mit 20, indem man zunächst die Anzahlen der Steine auf jeder Linie und in den Zwischenräumen verdoppelt („a mal 2") und dann die erhaltene Zahl als Ganzes um eine Linie nach oben schiebt, so dass jetzt die Steine, die auf der

Einerlinie lagen, auf der Zehnerlinie liegen („2a mal 10"). Insgesamt haben wir dadurch die Zahl a mit $2 \cdot 10$, also 20 multipliziert. Dieses Zwischenergebnis lassen wir in der linken Hälfte stehen.

Nun schauen wir uns die Kopie der ursprünglichen Zahl a in der rechten Hälfte an. Diese multiplizieren wir jetzt mit 3, indem wir die Anzahlen der Steine auf jeder Linie verdreifachen. Das Ergebnis addieren wir zum Zwischenergebnis auf der linken Seite und haben die Ausgangszahl insgesamt mit $20 + 3$ multipliziert.

Zur Festigung des Gelernten 2.2.2

Berechnen Sie mit der Rechentisch-Methode das Produkt $35 \cdot 23$.

Obwohl ein Rechentisch oberflächlich gesehen große Ähnlichkeit mit einem Abakus hat, ist er ihm doch in vielerlei Hinsicht überlegen. Das liegt vor allem an der Flexibilität, die man beim Legen der Rechenpfennige hat:

- Man kann beliebig viele Rechenpfennige auf eine Linie legen.
- Man kann bei Additionen beide Summanden nachkontrollierbar legen.
- Die Multiplikation mit 5 oder 10 ist „trivial", das heißt besonders einfach.

2.3 Stellenwertsysteme

Vor etwa 4000 Jahren hat irgendein mathematisch begabter Mensch in Mesopotamien einen genialen Gedankenblitz gehabt. Bei allen bis dahin benutzten Zahlensystemen brauchte man für jede neue Größenordnung ein neues Symbol. Zum Beispiel eines für die Einer, eines für die Zehner, eines für die Hunderter und so weiter. Dieser geniale Mesopotamier hatte die Idee, wie man mit einem festen Zeichensatz beliebig große Zahlen darstellen kann. Das kann nur so funktionieren, dass ein Zeichen, je nach dem, an welcher „Stelle" es steht, eine unterschiedlich große Zahl darstellt.

Uns Heutigen ist dieses Prinzip durch den täglichen Umgang mit dem Dezimalsystem sehr vertraut: Eine 1 an der Einerstelle bedeutet 1, die gleiche 1 an der Hunderterstelle bedeutet 100.

Die Babylonier verwendeten ein System zu Basis 60; sie hatten also die Ziffern 1, 2, ..., 59. Davon sind heute, nach über 4000 Jahren, noch Spuren zu erkennen: Wir messen die Zeit in 60 Minuten pro Stunde und 60 Sekunden pro Minute. Außerdem ist der Vollkreis in 360 Grad (6 mal 60) eingeteilt.

In dem System der Babylonier hat die Stelle ganz rechts den Wert 1, die zweite Stelle von rechts den Wert 60 und die dritte Stelle von rechts den Wert $60 \cdot 60 = 3600$. Die Zahl 1 2 3 im Sechzigersystem hat also den Wert $1 \cdot 3600 + 2 \cdot 60 + 3 = 3723$.

Zur Vorbereitung des Folgenden 2.3.1

Stellen Sie die Anzahl der Sekunden in einer Minute, in einer Stunde und an einem Tag im System zur Basis 60 dar.

Abb. 2.3 Die Maya-Ziffern. (Quelle: © Bryan Derksen, Wikimedia Commons, CCBY-SA 3.0)

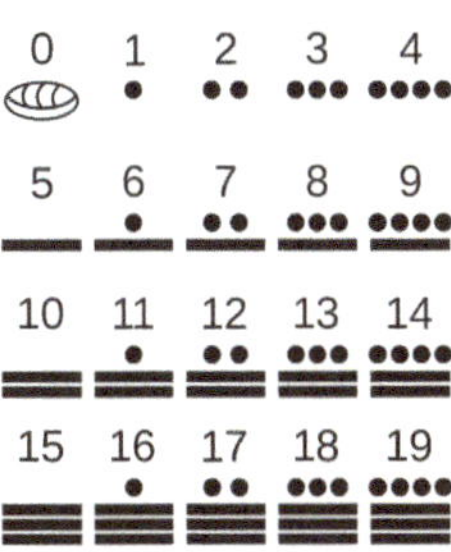

Die Idee des Stellenwertsystems wurde unabhängig von den Babyloniern auch von den Maya entwickelt, und zwar schon zur Zeit des „alten Reichs" (300 v. Chr.–900 n. Chr.). Die Maya verwendeten ein System zur Basis 20, vermutlich weil sie mit Fingern und Zehen zählten. Sie hatten auch schon eine Null, die erste Null der Welt. Diese wurde durch eine kleine Muschel dargestellt. Die Ziffern waren die Zahlen 0, 1, ..., 19 (siehe Abb. 2.3).

Oberhalb der Einerstelle war die Zwanzigerstelle, darüber hätte eine Stelle mit dem Wert 400 kommen müssen, die Maya gewichteten diese Stelle aber mit 360, was vermutlich in Zusammenhang mit ihrer Kalenderrechnung stand.

Das heute weltweit verwendete Dezimalsystem wurde in Indien erfunden. Genauer gesagt haben die Inder die Null, und damit die Möglichkeit des schriftlichen Rechnens auf Basis der Ziffern erfunden. Der indische Mathematiker Brahmagupta (598–668) behandelte in seinem Werk *Brahmasphutasiddhanta* die Null sehr ausführlich. Er sieht die Null nicht nur als Leerstelle, sondern fasst sie als eine Zahl auf, mit der man rechnen kann. Zum Beispiel benennt er Eigenschaften wie: *Wenn man zu einer Zahl Null addiert oder Null von einer Zahl subtrahiert, bleibt die Zahl unverändert; und wenn man eine Zahl mit Null multipliziert, wird sie selbst Null.* Brahmagupta verstand das Dezimalsystem hervorragend und zeigt, wie effizient man damit rechnen kann.

Von Indien aus hat sich das neue Zahlensystem mit der Ausbreitung des Islam im Laufe der darauf folgenden Jahrhunderte in der gesamten damaligen Welt etabliert.

Manche Wissenschaftler sind davon überzeugt, dass das indische Zahlensystem auf einem noch älteren chinesischen Zahlensystem beruht. Dies ist aber historisch noch nicht endgültig geklärt.

Nachdem wir einen Blick in die Geschichte geworfen haben, wollen wir uns nun systematisch klar machen, wie man eine natürliche Zahl im Dezimalsystem beziehungsweise in einem beliebigen „Stellenwertsystem" darstellen kann. Um uns das Prinzip klar zu machen, bestimmen wir zu einer großen Zahl von Punkten ihre Dezimaldarstellung.

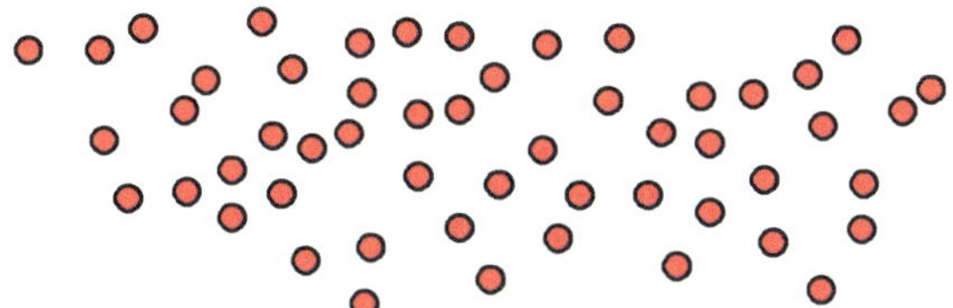

Zunächst teilen wir einen möglichst großen Teil der Punkte in „Zehnerpäckchen" ein:

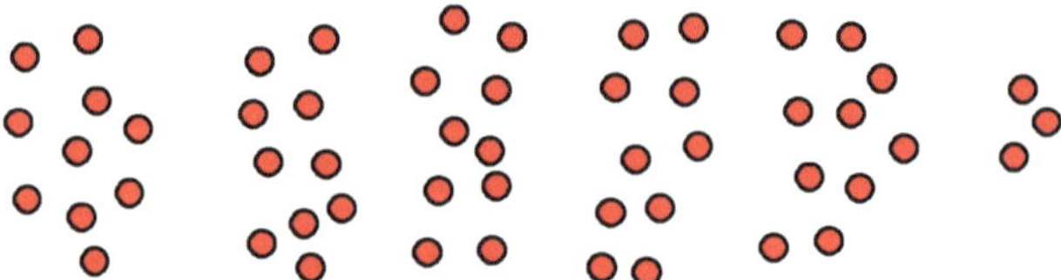

In unserem Beispiel bleiben drei Punkte übrig. Im Allgemeinen ist dieser Rest eine Zahl zwischen 0 und 9; er ist die Einerziffer.

Nun betrachten wir den Teil der Punkte, die in Zehnerpäckchen eingeteilt wurden. Aus jedem Zehnerpäckchen nehmen wir einen Punkt heraus.

Im Folgenden arbeiten wir nur mit diesen ausgewählten Punkten. Wie vorher teilen wir diese, soweit es geht, in Zehnerpäckchen ein. In unserem Beispiel ergibt sich kein ganzes Zehnerpäckchen mehr, sondern nur der Rest 5. Diese Ziffer ist die Zehnerziffer; also lautet die Zahl der Punkte im Dezimalsystem 53.

Zur Festigung des Gelernten 2.3.2

Nehmen Sie eine Löffelspitze voll Reis und schütten Sie die Reiskörner vor sich auf den Tisch. Bestimmen Sie mit der eben dargestellten Methode die Dezimaldarstellung der Anzahl dieser Reiskörner.

Man kann dieses Verfahren allgemein auch so beschreiben: Zuerst dividieren wir die Zahl n, deren Dezimaldarstellung wir suchen, durch 10; der Rest, der sich dabei ergibt, nennen wir a_0. Dieser bildet die Einerziffer.

Dann ist die Zahl $n - a_0$ durch 10 teilbar. Sei $n_1 := (n - a_0) / 10$. Im obigen Beispiel ist $n - a_0$ der Teil der ursprünglichen Zahl, der in Zehnerpäckchen eingeteilt ist, und n_1 ist die Anzahl dieser Zehnerpäckchen.

Im nächsten Schritt bestimmen wir den Zehnerrest von n_1. Dies ist die Zehnerziffer a_1.

Nun betrachten wir die Zahl $n_2 := (n_1 - a_1) / 10$ und teilen diese durch 10. Der Rest, der sich dabei ergibt, ist die Hunderterziffer. Und so weiter.

Entsprechend der Erarbeitung der Dezimaldarstellung einer Anzahl von Punkten kann man die Darstellung der Anzahl der Steine in einem Haufen im Binärsystem (auch Dualsystem genannt) bestimmen.

Zunächst fassen wir die Punkte so weit wie möglich zu Zweierpäckchen zusammen.

In unserem Fall bleibt der Rest 1. Im Allgemeinen bleibt entweder der Rest 0 („es geht auf") oder der Rest 1. Dies ist die Einerziffer. Formal berechnen wir a_0 mit $n = 2n_1 + a_0$ und $0 \leq a_0 < 2$.

Nun hebt man von jedem Zweierpäckchen einen Punkt heraus und löscht alle anderen Punkte:

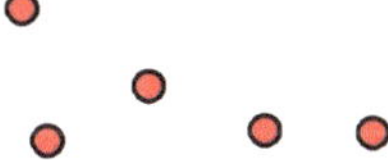

Diese Repräsentanten sortiert man wieder in Zweierpäckchen.

Der Rest, der dabei entsteht (0 oder 1) ist die „Zweierziffer". Formal berechnet man $n_1 = 2n_2 + a_1$ und $0 \leq a_1 < 2$. In unserem Fall ist der Rest 1.

Nun nimmt man von jedem der jetzigen Zweierpäckchen einen Punkt (den Repräsentanten), vergisst alle anderen Punkte und teilt die Repräsentanten in Zweierpäckchen ein. Der dabei entstehende Rest ist die „Viererziffer" $a_2 : n_2 = 2n_3 + a_2$ mit $0 \leq a_2 < 2$. In unserem Fall ist $a_2 = 0$.

Der nächste Schritt ist in unserem Beispiel der letzte. Wir wählen aus dem Zweierpäckchen einen Repräsentanten; wenn man diesen einteilt bleibt der Rest 1 übrig. Also ist $a_3 = 1$.

Damit ist die Zahl in binärer Darstellung gleich $a_3\,a_2\,a_1\,a_0 = 1\,0\,1\,1$.

Wir stellen den Ablauf noch einmal in einer Stellentafel dar.

Achter	Vierer	Zweier	Einer

Achter	Vierer	Zweier	Einer

Achter	Vierer	Zweier	Einer

Achter	Vierer	Zweier	Einer

Zur Festigung des Gelernten 2.3.3

Nehmen Sie eine Schachtel Reiszwecken oder eine Hand voll Büroklammern und bestimmen Sie die Anzahl der Objekte in Dezimaldarstellung und Binärdarstellung nach der eben durchgeführten Methode.

Diese Methode beschreiben wir nun in allgemeiner mathematischer Sprache.

Satz 2.3.4 (Stellenwertsystem)

Sei b eine natürliche Zahl mit $b > 1$. Dann hat jede natürliche Zahl n eine eindeutige Darstellung der Form

$$n = a_{k-1}b^{k-1} + \ldots + a_1 b + a_0 \text{ mit } 0 \leq a_i < b$$
$$\text{für } i \in \{0, 1, \ldots, k - 1\} \text{ und } a_{k-1} \neq 0.$$

Wir nennen die Zahlen a_0, a_1, $\ldots$, a_k die *Ziffern* dieser Darstellung. Die Zahl a_0 speziell heißt *Einerziffer* (oder *Endziffer*).

Beweis. Zunächst beweisen wir die *Existenz* einer solchen Darstellung. Dies geschieht durch Induktion nach n.

Induktionsbasis: Im Falle $n < b$ ist n die Einerziffer. Also besteht die ganze Zahl nur aus der Einerziffer und die Behauptung ist klar.

Sei nun $n \geq b$, und sei die Behauptung richtig für alle natürlichen Zahlen $n' < n$.

Wir definieren die „Einerziffer" a_0 durch $n = q \cdot b + a_0$ und $0 \leq a_0 < b$. Das bedeutet, dass a_0 der Rest ist, der bei der Division von n durch b entsteht.

Dann ist die Zahl $n - a_0$ durch b teilbar. Sei $n' := (n - a_0)/b$. Da $n' < n$ ist, hat n' nach Induktionsvoraussetzung eine Darstellung der folgenden Art:

$$n' = a_{k-1}b^{k-2} + \ldots + a_2 b + a_1 \text{ mit } 0 \leq a_i < b.$$

Es folgt

$$n = n' \cdot b + a_0 = (a_{k-1}b^{k-2} + \ldots + a_2 b + a_1) \cdot b + a_0$$
$$= a_{k-1}b^{k-1} + \ldots + a_2 b^2 + a_1 b + a_0.$$

Nun beweisen wir die *Eindeutigkeit*. Auch dies zeigen wir durch Induktion nach n.

Induktionsbasis. Sei $n < b$. Dann besteht die Darstellung nur aus der Einerziffer; diese ist eindeutig.

Induktionsschritt. Sei $n \geq b$, und sei die Aussage richtig für alle natürlichen Zahlen $n' < n$.

Wir betrachten zwei Darstellungen von n:

$$n = a_{k-1}b^{k-1} + \ldots + a_1 b + a_0 \text{ mit } 0 \leq a_i < b$$

und

$$n = a'_{k-1}b^{k-1} + \ldots + a'_1 b + a'_0 \text{ mit } 0 \le a'_i < b.$$

In jedem Fall ist die Einerziffer der Rest, der bei Division von n durch b entsteht. Da dieser Rest eindeutig ist, gilt $a_0 = a_0'$. Somit ist

$$a_{k-1}b^{k-1} + \ldots + a_1 b = a'_{k-1}b^{k-1} + \ldots + a'_1 b,$$

und also

$$n' := a_{k-1}b^{k-2} + \ldots + a_1 = a'_{k-1}b^{k-2} + \ldots + a'_1.$$

Da die natürliche Zahl n' kleiner als n ist, sind ihre Ziffern nach Induktion eindeutig bestimmt. Das heißt

$$a_1 = a'_1, a_2 = a'_2, \ldots, a_{k-1} = a'_{k-1}.$$

$\square$

Zur Festigung des Gelernten 2.3.5

(a) Ihnen steht eine Balkenwaage und je ein Gewichtsstein mit 1, 2, 4, 8, 16 und 32 g zur Verfügung. Welche Gewichte können Sie damit wiegen?
(b) Ihnen steht eine Balkenwaage und je ein Gewichtsstein mit 1, 3, 9 und 27 g zur Verfügung. Welche Gewichte können Sie damit wiegen?

▶ **Definition: Stellenwertsystem** Sei b eine natürliche Zahl mit b > 1. Die Darstellung

$$n = a_{k-1}b^{k-1} + \ldots + a_1 b + a_0 \text{ mit } 0 \le a_i < b \text{ für } i \in \{0, 1, \ldots, k-1\}$$

einer natürlichen Zahl n nennt man eine b-*adische* Darstellung von n. Man spricht auch davon, dass n in dem *Stellenwertsystem* (oder *Positionssystem*) zur *Basis* b dargestellt ist.

Wenn $a_{k-1} \ne 0$ ist, sagt man, dass die Zahl n in der b-adischen Darstellung genau k *Stellen* hat.

Im Fall b = 10 spricht man von der Darstellung der Zahl n im *Dezimalsystem* oder kurz von n als *Dezimalzahl*. Entsprechend sagt man im Fall b = 2, dass n im *Binärsystem* (auch *Dualsystem*) dargestellt ist, beziehungsweise dass n eine *Binärzahl* (oder *Dualzahl*) ist.

Schreibweise. Wenn eine Zahl n die Darstellung $n = a_{k-1}b^{k-1} + \ldots + a_1 b + a_0$ mit $0 \le a_i < b$ hat, so schreiben wir auch $n = (a_{k-1} \ldots a_1 a_0)_b$. Im Dezimalsystem schreiben wir wie gewohnt $n = (a_{k-1} \ldots a_1 a_0)_{10} = a_{k-1} \ldots a_1 a_0$.

Beispiele. $375 = (375)_{10} = (1\,0\,1\,1\,1\,0\,1\,1\,1)_2$.

Zur Festigung des Gelernten 2.3.6

Stellen Sie die Dezimalzahlen 31, 32, 33 als Binärzahlen und als 5-adische Zahlen dar. Stellen Sie die Binärzahlen $(111)_2$, $(1111)_2$, $(11111)_2$ als 3-adische Zahlen dar.

Stellenwertsysteme haben gegenüber allen anderen Systemen zur Darstellung von Zahlen strategische Vorteile. Die Genialität der Erfindung zeigt sich zunächst und vor allem darin, dass man beliebig große Zahlen mit einer beschränkten Anzahl von Zeichen darstellen kann. Im Dezimalsystem braucht man gerade mal 10 Ziffern, um alle Zahlen darstellen zu können. Dies unterscheidet ein Stellenwertsystem prinzipiell von den Zahlensystemen, die die Ägypter oder Römer benutzt haben; diese mussten nämlich für jede neue Größenordnung ein neues Zeichen einführen. Der zweite Vorteil besteht darin, dass man die Darstellung ohne großen Aufwand bestimmen kann. Der entscheidende Vorteil ist aber der, dass man mit diesen Darstellungen rechnen kann. Man muss nicht eine Zahl in eine Steinchenfigur oder eine Einstellung des Abakus übersetzten und damit rechnen, sondern man rechnet direkt mit den Ziffern. Dies werden wir in Abschn. 2.4 ausführen.

Zur Festigung des Gelernten 2.3.7

Aus Indien stammt eine verblüffende Methode zur Multiplikation von Zahlen. Sie ist ein Teil der sogenannten „vedischen Mathematik" (siehe zum Beispiel Vali Nasser (2010)).

Um 996 mal 885 zu berechnen, bestimmt man im ersten Schritt die Zahl, die 996 auf 1000 ergänzt; diese *erste Ergänzungszahl* ist in unserem Beispiel gleich 4. Sie wird von der zweiten Zahl abgezogen: $885 - 4 = 881$. Diese Differenz bildet den ersten Teil des Ergebnisses.

Im zweiten Schritt bestimmt man die zweite Ergänzungszahl, also die Zahl, welche die zweite Zahl auf 1000 ergänzt. Das ist in unserem Beispiel die Zahl 115. Nun multiplizieren wir die Ergänzungszahlen: 4 mal 115 ist 460. Dieses Produkt ist die zweite Hälfte des Ergebnisses.

Das Gesamtergebnis ist also 881.460.

(a) Machen Sie sich die Methode klar, indem Sie einige Beispiele rechnen: $993 \cdot 899$, $88 \cdot 97$, $9899 \cdot 9979$. (Achten Sie darauf, dass beide Zahlen auf dieselbe Zehnerpotenz ergänzt werden.)

(b) Für welche Art von Zahlen ist diese Methode sinnvoll?

(c) Können Sie die Methode mit einem Term ausdrücken? (Können Sie mit dieser Methode „a mal b" berechnen?)

(d) Können Sie beweisen, dass die Methode stets das richtige Ergebnis liefert?

Die Null blieb nicht in Indien, sondern verbreitete sich mit dem expandierenden Islam über die ganze damalige Welt. Dabei spielten mindestens zwei namentlich bekannte Mathematiker eine wichtige Rolle.

Der Mathematiker Muhammad ibn Musa al-Chwarizmi (787–ca. 850) wurde in Usbekistan geboren und wirkte in Bagdad. In einem Buch über die „indische Zahlschrift", das etwa 825 erschienen ist, führte er das indische System in der arabischen Welt ein. Er diskutierte die Null (arabisch *sefr* (Ziffer)) und zeigte, wie gut man mit Dezimalzahlen rechnen konnte.

Spätestens im Jahre 1202 ist die Null in Westeuropa angekommen. In diesem Jahr veröffentlichte nämlich Leonardo von Pisa, der auch Fibonacci genannt wurde, sein *liber abaci* („Das Rechenbuch"). Fibonacci war der bedeutendste europäische Mathematiker des Mittelalters. Sein Buch feiert das neue Dezimalsystem. Das erkennt man schon an der Form des Buches. Denn nach einer kurzen Einleitung und dem Inhaltsverzeichnis beginnt das erste Kapitel ohne jede Vorwarnung mit einem zentralen mathematischen Satz: „Die neun indischen Figuren sind 9 8 7 6 5 4 3 2 1. Mit diesen neun Figuren und dem Zeichen 0, welches die Araber Zephirum nennen, lässt sich jede Zahl schreiben." Im restlichen Buch überzeugt Fibonacci dann seine Leser mit vielen Aufgaben von der Nützlichkeit dieser neuen Zahlendarstellung.

Zweifellos ist die Null eine der genialsten Erfindungen der Menschheit. Was das Rad für die Fortbewegung ist, das ist die Null in der Welt der Zahlen. Eine Erfindung, die uns heute vollkommen selbstverständlich scheint und deren Durchsetzung doch lange gebraucht hat.

Die Abb. 2.4 zeigt den Übergang vom Rechnen auf den Linien, das auf dem Rechentisch rechts passiert, zum schriftlichen Rechnen („Rechnen mit den (Schreib-)federn") auf der linken Seite. Der Holzstich entstammt dem Buch *Margarita Philosophica* von Gregor Reisch (ca. 1470–1525) aus dem Jahre 1503. Er zeigt rechts das Rechnen auf den Linien, als dessen Erfinder im Mittelalter – fälschlicherweise – Pythagoras angesehen wurde. Links sieht man das moderne Rechnen mit den indischen Ziffern; man glaubte, dass Boethius der Erfinder dieser Rechenart gewesen sei, was ebenfalls falsch ist. Über allem steht aber „Typus arithmeticae", die Göttin der Rechenkunst. Dieses Bild kann man so interpretieren, dass die Göttin Arithmetica ihren Blick wohlwollend nach links wendet und dadurch klar macht, dass der neuen Art des Rechnens die Zukunft gehört.

Einen entscheidenden Schub zur Durchsetzung des Dezimalsystems hat die französische Revolution bewirkt. Es gab den klaren Willen, die unübersehbare Vielfalt von zum Teil willkürlichen Maßen und Gewichten zu vereinheitlichen und auf eine rationale Basis zu stellen. Diese Basis war das Dezimalsystem.

In den 1790er-Jahren wurde durch Dekrete ein einheitliches Maßsystem geschaffen. Insbesondere wurde bestimmt, dass die Dezimalskala die einzig erlaubte sei. Alles wurde dezimalisiert: Die Längen mit dem Meter, die Volumina mit dem Liter, die Gewichte mit dem Kilogramm. Sogar der Kalender und die Uhrzeit sollten dezimal werden. Eine Woche sollte zehn Tage haben. Der Tag wurde in 10 Stunden zu je 100 Minuten eingeteilt, und eine Minute hatte 100 Sekunden. Die Kalender und Stundeneinteilung haben sich nicht durchgesetzt, und zwar aus sehr praktischen Gründen. Aufgrund der dezimalen Stunden- und Minuteneinteilung wären auf einen Schlag alle Uhren unbrauchbar geworden – und die Woche zu 10 Tagen war aufgrund der relativ seltenen Sonntage außerordentlich unpopulär.

Abb. 2.4 Übergang zum schriftlichen Rechnen mit Ziffern. (Quelle: © Typ 520.03.736, Houghton Library, Harvard University, Wikimedia Commons)

2.4 Rechnen mit Stellenwertsystemen

Stellenwertsysteme sind schon für die Darstellung von Zahlen unschlagbar. Aber beim Rechnen entfalten sie erst ihre wahre Stärke! Das Prinzip allen Rechnens mit Zahlen, die in einem Stellenwertsystem dargestellt sind, besteht darin, dass man *nur mit den Ziffern*, also nur mit sehr kleinen Zahlen rechnet.

Viele Schülerinnen und Schüler stöhnen über das kleine Einmaleins, vor allem darüber, dass sie es lernen müssen. Die Wahrheit sieht aber anders aus: Wir müssen *nur* das kleine Einmaleins lernen, und können dann damit *alle* Multiplikationen (beliebig großer Zahlen) ausführen. Insofern sind die folgenden Sätze zur Multiplikation auch ein Loblied auf das kleine Einmaleins!

Die Fragestellung ist die folgende: Angenommen, uns steht das kleine Einmaleins und das kleine Einspluseins zur Verfügung, das heißt die Ergebnisse aller Multiplikationen und Additionen von Ziffern. Es geht nun darum, allein mit diesen Kenntnissen beliebig große Zahlen möglichst effizient zu addieren und zu multiplizieren. Die Effizienz wird durch die Anzahl der notwendigen Zugriffe auf die Einspluseins- und Einmaleins-Tabellen, also auf die Anzahl der nötigen Multiplikationen und Additionen von Ziffern bestimmt.

Wie man zwei Zahlen *addiert*, die in einem Stellenwertsystem dargestellt sind, haben wir schon bei der Addition „auf den Linien" gesehen: Dort legt man beide Zahlen nebeneinander auf die Linien und schiebt dann die Steine zusammen. Das bedeutet: Man addiert Stelle für Stelle: Im Dezimalsystem addiert man zuerst die Einerziffern, dann die Zehnerziffern, die Hunderterziffern usw. Die Addition $274 + 123$ ist einfach, denn man muss in der Tat nur stellenweise addieren:

H	Z	E
$2+1$	$7+2$	$4+3$
3	**9**	**7**

Das Ergebnis ist die Zahl 397. Das Beispiel $274 + 638$ ist ein klein bisschen komplizierter. Wir schreiben die Zahlen im Stellenwertsystem und addieren dann die zusammengehörigen Ziffern. Schließlich kann an jeder Stelle ein „Übertrag" vom Wert 1 entstehen. Auch diese Überträge müssen wir addieren. Dies macht man von rechts nach links; man bereinigt also zunächst die Einerstelle, dann die Zehnerstelle und so weiter.

H	Z	E
$2+6$	$7+3$	$4+8$
8	10	12
8	$10+1$	2
$8+1$	1	2
9	**1**	**2**

Das Ergebnis ist 912. Um dieses zu erhalten, mussten wir fünf Additionen von Ziffern durchführen.

Ein Übertrag entsteht, wenn bei dem Rechnen mit Ziffern eine Zahl entsteht, die größer als 9 ist. Diese Zahl hat die Form $10a + b$ mit $0 \leq b < 10$. Dann lässt man die Ziffer b an der entsprechenden Stelle stehen und addiert a zu der nächst-höherwertigen Stelle.

Zur Festigung des Gelernten 2.4.1

(a) Wie viele Additionen von Ziffern braucht man für $2345 + 6789$?

(b) Wie viele Additionen von Ziffern braucht man bei der Addition der Binärzahlen $(1001)_2$ und $(1101)_2$?

Allgemein definieren wir die Summe wie folgt.

▶ **Definition: Summenbildung in einem Stellenwertsystem** Seien $n = a_{k-1}b^{k-1} + \ldots + a_1 b + a_0$ und $n' = a_{k-1}{}'b^{k-1} + \ldots + a_1{}'b + a_0{}'$ zwei b-adisch dargestellte Zahlen. Dann ist ihre Summe gleich

$$n + n' = (a_{k-1} + a_{k-1}')b^{k-1} + \ldots + (a_1 + a_1')b + (a_0 + a_0').$$

Das ist richtig, allerdings sind in dieser Darstellung die „Ziffern" von $n + n'$ im Allgemeinen größer als $b - 1$. Hier kommt der Übertrag ins Spiel. Auch das kennen wir schon vom Rechnen auf den Linien: Die zusammengeschobenen Steine müssen „eleviert" werden.

Satz 2.4.2 (Komplexität der Addition)
Um zwei k-stellige natürliche Zahlen zu addieren, braucht man höchstens 2k Additionen von Ziffern.

Beweis. Man braucht k Additionen, um die entsprechenden Ziffern der beiden Summanden zu addieren, und noch maximal k Additionen, um an jeder Stelle den Übertrag zu addieren. $\qquad\square$

Zur Festigung des Gelernten 2.4.3
Wie viele Additionen von Ziffern braucht man maximal, um drei k-stellige Zahlen zu addieren?

Die Binärzahlen wurden zwar nicht, wie oft geschrieben wird, von Gottfried Wilhelm Leibniz (1646–1716) erfunden, aber er war wohl der erste, der die Bedeutung der Binärzahlen (oder „Dualzahlen", wie er es nannte) für das Rechnen erkannte. In einer dreiseitigen Arbeit *De progressione dyadica* vom 15. März 1676 schreibt er „Das Addieren von Zahlen ist bei dieser Methode so leicht, daß diese nicht schneller diktiert als addiert werden können, so daß man die Zahlen gar nicht zu schreiben braucht, sondern sofort die Summen schreiben kann." (Siehe Leibniz (1966); Wußing (2008)).

Um das Verfahren besser zu verstehen, betrachten wir eine Addition von Binärzahlen. Wir addieren $(1101)_2$ und $(1011)_2$.

	$1+1$	$1+0$	$0+1$	$1+1$
	10	1	1	10
1	0	1	$1+1$	0
1	0	1	10	0
1	0	$1+1$	0	0
1	0	10	0	0
1	$0+1$	0	0	0
1	**1**	**0**	**0**	**0**

Das Ergebnis ist $(11000)_2$.

Wir wenden uns nun der Multiplikation zu. Auch die Multiplikation zweier Zahlen kann mit Hilfe von Stellenwertsystemen so organisiert werden, dass man nur mit Ziffern rechnen muss, und das heißt, diese zu multiplizieren und zu addieren. Grundsätzlich besteht die Multiplikation zweier Zahlen aus zwei Vorgängen: Zum einen die Multiplikation der Ziffern und zum andern die Behandlung des Übertrags, für den man nur noch einige Additionen durchführen muss.

Wir betrachten zunächst die Multiplikation einer beliebigen Dezimalzahl mit einer einstelligen Zahl, also zum Beispiel $274 \cdot 3$. Dazu multiplizieren wir als erstes jede Ziffer der ersten Zahl mit 3 und kümmern uns anschließend um die Überträge, die wir wieder von rechts nach links abarbeiten.

H	Z	E
$2 \cdot 3$	$7 \cdot 3$	$4 \cdot 3$
6	21	12
6	$21 + 1$	2
6	22	2
$6 + 2$	2	2
8	2	2

Das Ergebnis ist 822. Dazu mussten wir drei Multiplikationen von Ziffern und bei den Überträgen zwei Additionen durchführen.

Bevor wir uns mit der Multiplikation mit mehrstelligen Zahlen beschäftigen, stellen wir fest, dass die Multiplikation mit 10 einfach ist. Wenn die Zahl als Dezimalzahl geschrieben ist, müssen wir dazu nur „eine Null anhängen". In der Stellentafel entspricht dies einer Verschiebung der Ziffern um eine Selle nach links.

	T	H	Z	E
n		2	7	4
10n	2	7	4	0

Entsprechend bedeutet die Multiplikation mit 100 ($= 10^2$) eine Verschiebung der Ziffern um zwei Stellen nach links und so weiter. Für die Multiplikationen mit 10, 100, 1000 usw. entsteht also kein Aufwand.

Nun betrachten wir die Multiplikation der Zahl 274 mit der zweistelligen Zahl 53. Wir multiplizieren also 274 mit $50 + 3$; anders gesagt, wir multiplizieren 2740 mit 5 und 274 mit 3. In formaler Schreibweise sicht das so aus:

$$274 \cdot 53$$
$$= 274 \cdot (50 + 3)$$
$$= 274 \cdot 50 + 274 \cdot 3$$
$$= 2740 \cdot 5 + 274 \cdot 3.$$

Noch haben wir nichts gerechnet, sondern „nur" alles für die die Berechnung des Produkts vorbereitet. Diese erfolgt jetzt:

T	H	Z	E
$2 \cdot 5$	$7 \cdot 5$	$4 \cdot 5$	$4 \cdot 3$
	$+2 \cdot 3$	$+7 \cdot 3$	
10	41	41	12
10	41	$41 + 1$	2
10	$41 + 4$	2	2
$10 + 4$	5	2	2

Bei der Untersuchung der Komplexität der Multiplikation konzentriert man sich in der Regel auf die Anzahl der Multiplikationen, da der Aufwand für eine Addition „vernachlässigbar" ist.

Satz 2.4.4 (Komplexität der Multiplikation)

(a) Um eine k-stellige natürliche Zahl mit einer einstelligen Zahl zu multiplizieren, braucht man höchstens k Multiplikationen von Ziffern.
(b) Um zwei k-stellige Zahlen miteinander zu multiplizieren, braucht man höchstens k^2 Multiplikationen von Ziffern.

Beweis.

(a) Man muss jede der k Ziffern mit der einstelligen Zahl multiplizieren.
(b) Man braucht nur jede der k Ziffern des ersten Faktors mit jeder der k Ziffern des zweiten Faktors zu multiplizieren. □

Zur Festigung des Gelernten 2.4.5

(a) Wie viele Multiplikationen von Ziffern braucht man maximal, um eine k-stellige Zahl mit einer h-stelligen Zahl zu multiplizieren?
(b) Wie viele Multiplikationen von Ziffern braucht man maximal, um das Produkt von drei k-stelligen Zahlen zu berechnen?

Wir besprechen noch ein Multiplikationsverfahren, bei dem die Trennung von Ziffernoperationen und Übertrag besonders deutlich wird. Wir betrachten das Beispiel $21 \cdot 32$. Das Verfahren beruht darauf, dass wir die Ziffern der Zahlen durch Striche darstellen. Wir schreiben 21 mit zwei parallelen Strichen und einem Strich, sowie 32 mit drei und zwei parallelen Strichen. Das Besondere ist, die Striche schräg zu malen. Bei der ersten Zahl von rechts oben nach links unten, bei der zweiten von links oben nach rechts unten. So sieht das aus.

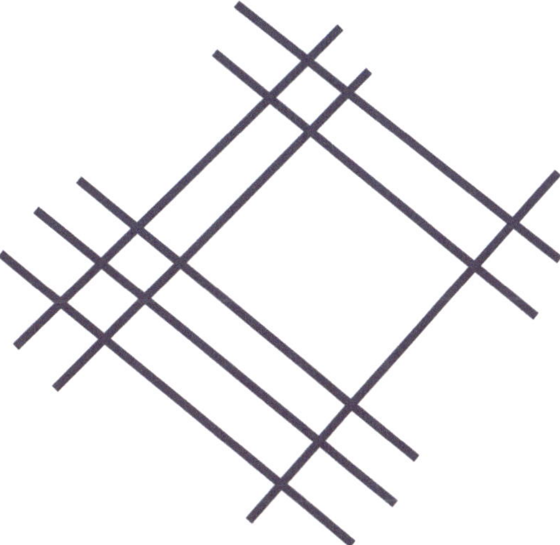

Das Ergebnis ist eine dreistellige Zahl, deren Ziffern die Anzahl der Schnittpunkte der Linien sind: Die Hunderterziffer ergibt sich links, die Einerziffer rechts und die Zehnerziffer, bei der man oben und unten zusammenrechnen muss, in der Mitte:

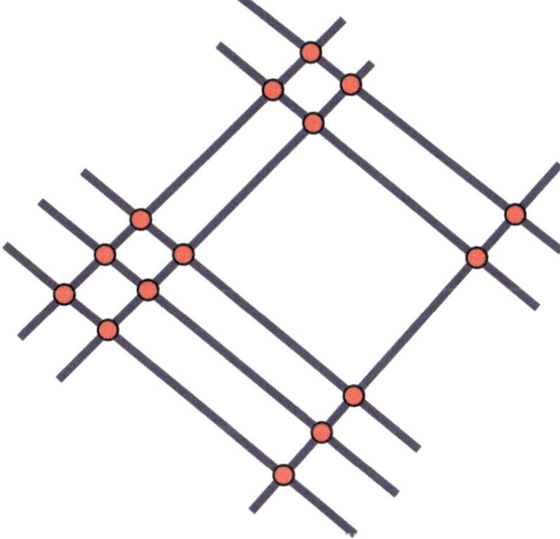

Links ergibt sich 6, rechts 2, und in der Mitte $4 + 3 = 7$. Das Ergebnis ist also die Zahl 672.

Zur Festigung des Gelernten 2.4.6

(a) Machen Sie sich klar, warum sich links die Hunderter, rechts die Einer und in der Mitter die Zehner ergeben.

(b) Berechnen Sie mit der Strichmethode das Produkt $23 \cdot 34$.

2.5 Teilbarkeitsregeln

Bekannt ist die Regel, mit der man die Teilbarkeit durch 2 erkennen kann: Eine Dezimalzahl ist durch 2 teilbar, wenn ihre Endstelle durch 2 teilbar ist. Das ist ein wunderbarer mathematischer Satz, denn er führt ein großes Problem (nämlich die Frage, ob eine eventuell riesige Zahl durch 2 teilbar ist) auf ein winziges Problem zurück, nämlich auf die Frage, ob die Endstelle eine der Ziffern 0, 2, 4, 6, 8 (und nicht 1, 3, 5, 7, 9) ist.

Allgemein stellt sich die Frage, ob man an den *Ziffern* einer natürlichen Zahl erkennen kann, welche Teilbarkeitseigenschaften diese *Zahl* hat? Die Idee beziehungsweise die Hoffnung ist dabei stets, eine Teilbarkeitseigenschaft einer großen Zahl auf die entsprechende Eigenschaft einer kleineren Zahl zurückzuführen. Man möchte eine Teilbarkeitseigenschaft einer großen Zahl an einem „Indikator" erkennen. Tatsächlich funktioniert das in vielen Fällen sehr gut. Man unterscheidet zwei Sorten von Regeln.

Endstellenregeln. Bei einer Endstellenregel liest man die Teilbarkeit einer Zahl n durch eine andere Zahl an der Endstelle oder einigen Endstellen von n ab. Bei solchen Regeln muss man also überhaupt nur einige wenige Stellen betrachten.

Quersummenregeln. Bei einer Quersummenregel betrachtet man die Quersumme, das heißt die Summe aller Ziffern oder eine Variante der Quersumme. Die Quersumme einer Zahl n ist in aller Regel viel kleiner als n; daher kann man an der Quersumme die Teilbarkeitseigenschaften viel leichter überprüfen.

Die Quersummenregeln werden wir im folgenden Abschn. 2.6 behandeln. In diesem Abschnitt beschäftigen wir uns mit den Endstellenregeln.

Um zu einer Vorstellung für die Regel für die Teilbarkeit einer Zahl durch 2 zu kommen, stellen wir uns eine große Anzahl von Dingen, zum Beispiel Steinchen, vor. Wir fassen diese, so gut es geht, in Zehnerpäckchen zusammen. Dabei bleiben einige Steinchen übrig. Da man jedes Zehnerpäckchen in Zweierpäckchen einteilen kann, hängt die Frage, ob die gesamte Zahl gerade ist, nur davon ab, ob die Anzahl der Reststeine gerade ist.

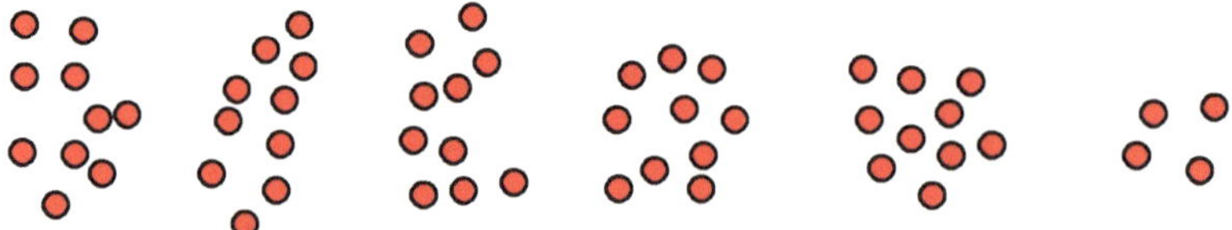

In mathematischer Sprache kann man das so ausdrücken: Wir schreiben eine natürliche Zahl n als $n = 10b + a$ (dabei dürfen a und b auch größer als 9 sein). Dann gilt: Genau dann ist n durch 2 teilbar, wenn a durch 2 teilbar ist. (Da 10b in jedem Fall durch 2 teilbar ist, ist die Differenz $n - a$ $(= 10b)$ gerade. Also sind entweder beide der Zahlen n und a gerade oder beide ungerade.)

Satz 2.5.1 (Teilbarkeit durch 2)

Eine Dezimalzahl ist genau dann durch 2 teilbar, wenn ihre Endziffer (Einerziffer) durch 2 teilbar ist (das heißt 0, 2, 4, 6, oder 8 ist).

Beweis. Sei n eine beliebige natürliche Zahl und sei a_0 ihre Einerziffer. Dann ist $n^* := n - a_0$ eine Zahl, deren Einerziffer gleich 0 ist. Also ist diese Zahl ein Vielfaches von 10 und insbesondere ein Vielfaches von 2.

Nach Hilfssatz 1.4.5 ist also $n = n^* + a_0$ genau dann durch 2 teilbar, wenn a_0 durch 2 teilbar ist. $\qquad\square$

Zur Festigung des Gelernten 2.5.2

Beweisen Sie den folgenden Satz entsprechend dem Beweis von 2.5.1: Eine Dezimalzahl ist genau dann durch 5 teilbar, wenn ihre Einerziffer durch 5 teilbar, das heißt 0 oder 5 ist.

Beispiel für die Teilbarkeit einer Zahl durch 4: Wann ist die Zahl $37a_1a_0$ (wobei a_1 die Zehnerziffer und a_0 die Einerziffer ist) durch 4 teilbar? Nun, $37a_1a_0 = 37 \cdot 100 + 10a_1 + a_0$. Da $37 \cdot 100$ in jedem Fall durch 100, insbesondere also durch 4 teilbar ist, ist die Zahl $37a_1a_0$ genau dann durch 4 teilbar, wenn $10a_1 + a_0$ durch 4 teilbar ist.

Satz 2.5.3 (Teilbarkeit durch 4)

Eine Dezimalzahl ist genau dann durch 4 teilbar, wenn die Zahl aus den letzten beiden Ziffern (Einerziffer und Zehnerziffer) durch 4 teilbar ist.

Beweis. Sei n eine beliebige natürliche Zahl, und seien a_1 ihre Zehnerziffer und a_0 ihre Einerziffer. Dann ist $n^* := n - (10a_1 + a_0)$ eine Zahl, deren Einerziffer und Zehnerziffer gleich 0 sind. Also ist diese Zahl ein Vielfaches von 100, und somit insbesondere ein Vielfaches von 4.

Nach Hilfssatz 1.4.5 ist somit $n = n^* + 10a_1 + a_0$ genau dann durch 4 teilbar, wenn $10a_1 + a_0$ durch 4 teilbar ist. $\qquad\square$

Zur Festigung des Gelernten 2.5.4

Formulieren und beweisen Sie eine Regel, mit der man eine Dezimalzahl auf ihre Teilbarkeit durch 8 überprüfen kann.

Beispiel. Bei der Berechnung von $11! = 39916?00$ ist die drittletzte Ziffer nicht gut lesbar. Sie könnte eine 3 oder eine 8 sein. Welche Ziffer ist die richtige? Antwort: In $11!$ kommt die Primzahl 2 genau 8 mal vor; es gilt also $11! = 2^8 \cdot q$. Daher muss auch $11! / 100$, also die Zahl „vor den Nullen" eine gerade Zahl sein; denn in 100 kommt die Primzahl 2 nur 2 mal vor. Daher ist die Ziffer 8.

Zur Festigung des Gelernten 2.5.5

Stellen Sie sich irgendeine Fakultät n! als Dezimalzahl vor. Diese Zahl endet mit einer Reihe von Nullen. Welche Werte kann die Ziffer direkt vor den Nullen annehmen?

Natürlich sind Endstellenregeln nicht auf das Dezimalsystem beschränkt, sondern funktionieren – entsprechend angepasst – in jedem Stellenwertsystem.

Satz 2.5.6 (allgemeine Endstellenregel)
Sei b eine natürliche Zahl >1, und sei t eine natürliche Zahl, die b teilt. Dann gilt: Genau dann ist eine natürliche Zahl durch t teilbar, wenn die Endstelle in ihrer b-adischen Darstellung durch t teilbar ist.

Beispiele. Die Zahl $(3543)_6$ ist durch 3 teilbar.
   Die Zahl $(123456)_{12}$ ist durch 2, 3 und 6 teilbar.
   Eine im Binärsystem dargestellte Zahl ist genau dann gerade, wenn ihre Endziffer gleich Null ist.

Beweis. Sei $n = a_{k-1} b^{k-1} + \ldots + a_1 b + a_0$ eine natürliche Zahl, die im Stellenwertsystem zur Basis b dargestellt ist. Dann ist $n^* := n - a_0$ durch b, und damit erst recht durch t teilbar.
   Damit gilt $t|n \Leftrightarrow t|n - n^* \Leftrightarrow t|a_0$. $\square$

Zur Festigung des Gelernten 2.5.7
Wie kann man bei einer Binärzahl erkennen, ob sie durch 4 oder durch 8 teilbar ist?

Zur Festigung des Gelernten 2.5.8
Welche Teilbarkeiten kann man an der Endstelle einer Zahl erkennen, die in einem Stellenwertsystem zur Basis b dargestellt ist? Füllen Sie dazu folgende Tabelle aus.

b	Teilbarkeit durch 2	Teilbarkeit durch 3	Teilbarkeit durch 4	Teilbarkeit durch 5
6				
8				
9				
12				
15				

2.6 Quersummenregeln

Bei Quersummenregeln betrachtet man – im Gegensatz zu den Endstellenregeln – zwar alle Ziffern, bildet aus ihnen aber eine Zahl, die meist viel kleiner als die zu testende Zahl ist.

Wir nähern uns der Regel über die Teilbarkeit einer natürlichen Zahl durch 9 auf folgende Weise. Wir stellen uns vor, dass eine große Zahl – so weit wie möglich – in Zehnerpäckchen eingeteilt ist. Sei b die Anzahl der Zehnerpäckchen und a die Anzahl der übriggebliebenen Steine. Wenn wir aus jedem Zehnerpäckchen einen Stein aussondern, erhalten wir eine Einteilung unserer Zahl in Neunerpäckchen und b + a separate Steinchen. Das bedeutet: Man kann die Gesamtmenge der Steinchen vollständig in Neunerpäckchen aufteilen, wenn man die restlichen b + a Steinchen in Neunerpäckchen aufteilen kann.

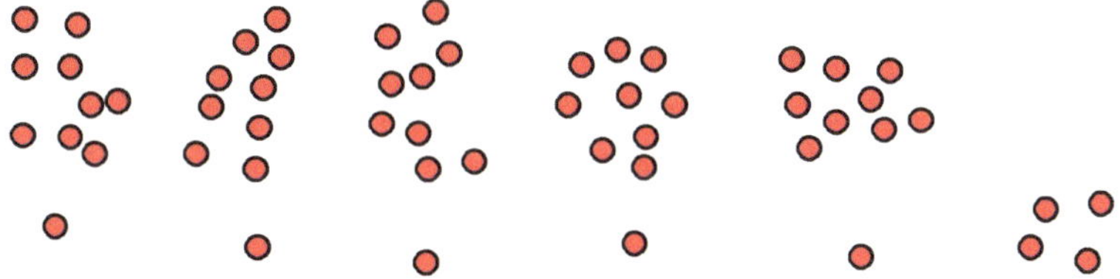

Etwas formaler kann man das wie folgt ausdrücken: Sei $n = 10b + a$ eine natürliche Zahl. Dann teilt 9 die Zahl n genau dann, wenn 9 ein Teiler von $a + b$ ist. (Denn: Da 9 auf jeden Fall die Zahl 9b teilt, folgt aus $n = 9b + (b + a)$, dass die Zahlen n und $b + a$ entweder beide durch 9 teilbar sind oder keine von ihnen.)

Der zentrale Begriff zur Behandlung der Teilbarkeit durch 9 ist die Quersumme. Der Name kommt daher, dass man die Summe „quer“ über die Zahl bildet, also alle Ziffern addiert. Zum Beispiel ist die Quersumme von 12345 gleich $1 + 2 + 3 + 4 + 5 = 15$.

▶ **Definition: Quersumme** Sei $n = a_{k-1}b^{k-1} + \ldots + a_1 b + a_0$ eine natürliche Zahl, die im Stellenwertsystem zur Basis b dargestellt ist. Dann ist die Quersumme von n die Summe der Ziffern von n, das heißt die folgendermaßen definierte Zahl Q(n):

$$Q(n) := a_{k-1} + a_{k-2} + \ldots + a_1 + a_0.$$

Beispiele. $Q(4536) = 18$, $Q(1001) = 2$.
  $Q(101)_2 = 2$, $Q(1111)_2 = 4$.

Es ist tatsächlich so, dass man der Quersumme einer Dezimalzahl ansehen kann, ob diese Zahl durch 9 teilbar ist. Wir betrachten als Beispiel die Zahl 4536. Wir schreiben diese Zahl aus und benutzen dann die Tatsache, dass die Zahlen 9, 99, 999 usw. durch 9 teilbar sind:

$$4536 = 4 \cdot 1000 + 5 \cdot 100 + 3 \cdot 10 + 6$$
$$= 4 \cdot 999 + 5 \cdot 99 + 3 \cdot 9 + (4 + 5 + 3 + 6)$$
$$= 4 \cdot 999 + 5 \cdot 99 + 3 \cdot 9 + 18.$$

Da jeder Summand der rechten Seite durch 9 teilbar ist muss auch die Zahl auf der linken Seite durch 9 teilbar sein

Satz 2.6.1 (Teilbarkeit durch 9)

Eine Dezimalzahl ist genau dann durch 9 teilbar, wenn ihre Quersumme durch 9 teilbar ist.

Beweis. Sei $n = a_{k-1}10^{k-1} + \ldots + a_1 10 + a_0$. Wir betrachten die Zahl $n^* := n - Q(n)$. Es gilt:

$$n^* = n - Q(n)$$
$$= a_{k-1}10^{k-1} + \ldots + a_1 10 + a_0 - (a_{k-1} + \ldots + a_1 + a_0)$$
$$= a_{k-1} \cdot (10^{k-1} - 1) + \ldots + a_1 \cdot (10 - 1)$$
$$= a_{k-1} \cdot 99\ldots9 + \ldots + a_1 \cdot 9.$$

Die Zahl n^* ist also unabhängig vom Wert der Ziffern durch 9 teilbar. Nun schreiben wir $n = n^* + Q(n)$.

Da n^* in jedem Fall durch 9 teilbar ist, sind die beiden anderen Zahlen, nämlich n und $Q(n)$, entweder beide durch 9 teilbar oder keine ist durch 9 teilbar. $\qquad\square$

Zur Festigung des Gelernten 2.6.2

(a) Bei der Dezimalzahl 3789?21 ist eine Ziffer unlesbar. Wir wissen aber, dass die Zahl durch 9 teilbar ist. Wie lautet die unlesbare Ziffer?

(b) Streichen Sie in der Dezimalzahl 1769265 eine Ziffer, so dass diese auch unter Verwendung der Tatsache, dass die ganze Zahl durch 9 teilbar ist, nicht eindeutig rekonstruiert werden kann.

Sie sind eingeladen, den folgenden Satz analog zu 2.6.1 zu beweisen.

Satz 2.6.3 (Teilbarkeit durch 3)

Eine Dezimalzahl ist genau dann durch 3 teilbar, wenn ihre Quersumme durch 3 teilbar ist.

Zur Festigung des Gelernten 2.6.4

Wie lautet die kleinste Dezimalzahl, die nur aus Nullen und Einsen besteht und durch 75 teilbar ist?

Auch die Sätze über Quersummenregeln kann man auf beliebige Stellenwertsysteme verallgemeinern.

Satz 2.6.5 (allgemeine Quersummenregel)

Sei n eine Zahl, die im b-adischen System dargestellt ist. Sei t eine natürliche Zahl, die $b-1$ teilt. Dann gilt: Genau dann ist die Zahl n durch t teilbar, wenn ihre Quersumme durch t teilbar ist.

Beweis. Sei $n = a_{k-1}b^{k-1} + \ldots + a_1 b + a_0$. Wir betrachten die Zahl $n^* := n - Q(n)$. Wie im Beweis von 2.6.1 zeigt man (tun Sie das!), dass n^* durch $b-1$, also auch durch t teilbar ist.

Nun schreiben wir wieder $n = n^* + Q(n)$. Da n^* durch t teilbar ist, sind die beiden anderen Zahlen, nämlich n und $Q_b(n)$, entweder beide durch t teilbar oder keine ist durch t teilbar. $\square$

Beispiele. Sei $b = 3$. Dann gilt: eine im Stellenwertsystem zur Basis 3 dargestellte Zahl ist genau dann gerade, wenn ihre Quersumme gerade ist. Zum Beispiel ist die Zahl $(1\,1\,1\,1)_3$ ($= 40$) gerade, da $1 + 1 + 1 + 1$ durch 2 teilbar ist.

Eine im „Oktalsystem" (System zur Basis $b = 8$) dargestellte Zahl ist genau dann durch 7 teilbar, wenn ihre Quersumme durch 7 teilbar ist.

Zur Festigung des Gelernten 2.6.6

(a) Geben Sie eine Basis b eines Stellenwertsystems an, so dass man an der Quersumme sowohl die Teilbarkeit durch 3 als auch die Teilbarkeit durch 7 erkennen kann.
(b) Gibt es ein Stellenwertsystem, so dass man an der Endstelle die Teilbarkeit durch 3 und an der Quersumme die Teilbarkeit durch 7 erkennen kann?

Zur Festigung des Gelernten 2.6.7

Welche Teilbarkeiten kann man an der Quersumme einer Zahl erkennen, die in einem Stellenwertsystem zur Basis b dargestellt ist? Füllen Sie die folgende Tabelle aus:

b	Teilbarkeit durch 3	Teilbarkeit durch 4	Teilbarkeit durch 5	Teilbarkeit durch 7
6				
8				
9				
13				
15				

Wenn in den Sätzen 2.6.1 und 2.6.3 die Quersumme immer noch so groß ist, dass man nicht unmittelbar sieht, ob diese Zahl durch 9 beziehungsweise 3 teilbar ist, kann man die Quersumme der Quersumme bilden. Diesen Prozess kann man weiterführen, bis man bei einer einstelligen Zahl angekommen ist. In der folgenden Definition beschreiben wir diesen Prozess.

▶ **Definition: ultimative Quersumme** Sei n eine Dezimalzahl. Wir betrachten die Zahlenfolge $Q(n)$, $Q(Q(n))$, $Q(Q(Q(n)))$, und so weiter. Dies ist eine Folge natürlicher Zahlen, die in jedem Schritt kleiner wird – bis eine einstellige Zahl entsteht. Diese nennen wir die *ultimative Quersumme* und bezeichnen sie mit $Q^*(n)$.

Beispiel. Sei $n = 987.654$. Dann ist $Q(n) = 9 + 8 + 7 + 6 + 5 + 4 = 39$, $Q(39) = Q(Q(987.654)) = 12$, $Q(12) = Q(Q(Q(987.654))) = 3$. Also ist $Q^*(987.654) = 3$.

Es ist klar, dass aus den Sätzen 2.6.1 und 2.6.3 auch folgt: Eine Dezimalzahl ist genau dann durch 9 (beziehungsweise durch 3) teilbar, wenn ihre ultimative Quersumme durch 9 (beziehungsweise durch 3) teilbar ist.

Eine interessante Variante der Quersumme bezieht sich auf die Teilbarkeit durch 11. Wir beginnen wieder mit der Betrachtung einer großen Zahl n, die wir so weit wie möglich in Zehnerpäckchen einteilen. Sei b die Anzahl der Zehnerpäckchen und a die Anzahl der restlichen Steine. Wir nehmen diese a Steine und ergänzen damit a Zehnerpäckchen zu je einem Elferpäckchen. Es bleiben b − a Zehnerpäckchen übrig. Wenn deren Zahl eine Elferzahl ist, dann können wir die Steine in diesen Päckchen auch als Elferpäckchen legen. Das heißt, es kommt nur auf die Zahl b − a an.

Etwas formaler beschreiben wir das so: Sei $n = 10b + a$ eine natürliche Zahl. Dann teilt 11 die Zahl n genau dann, wenn 11 ein Teiler von b − a ist. (Denn: Wegen $n = 10b + a = 11b - (b - a)$ werden entweder beide der Zahlen n und b − a von 11 geteilt oder keine.)

Wenn man dieses Argument auf mehrstellige Zahlen anwendet, wird man automatisch auf das Konzept der „alternierende Quersumme" geführt.

▶ **Definition: alternierende Quersumme** Sei $n = a_{k-1}b^{k-1} + \ldots + a_1 b + a_0$ eine natürliche Zahl in ihrer b-adischen Darstellung. Dann ist die *alternierende Quersumme* von n die folgendermaßen definierte Zahl $A(n)$:

$$A(n) := +a_0 - a_1 + a_2 - a_3 + \ldots \pm a_{k-1}.$$

Beispiele. $A(6543) = 3 - 4 + 5 - 6 = -2$, $A(3456) = 6 - 5 + 4 - 3 = 2$, $A(1001) = 0$.
$A(101)_2 = 2$, $A(1111)_2 = 0$.

Bemerkung. „Alternierend" bedeutet „abwechselnd". Die „alternierende Quersumme"
heißt so, weil sich bei ihrer Berechnung Plus und Minus abwechseln.

Beobachtung. Die Vielfachen von 11 zwischen 1 und 200, also die Zahlen $11, 22, 33, \ldots$,
198 haben alle die alternierende Quersumme Null. Insbesondere ist deren alternierende
Quersumme durch 11 teilbar. Diese Beobachtung könnte zu der Vermutung führen, dass
man die Teilbarkeit einer Dezimalzahl durch 11 an ihrer alternierenden Quersumme erkennen kann.

Zur Vorbereitung des Folgenden 2.6.8

(a) Machen Sie sich klar, dass die Zahlen $99, 9999, 999.999$ durch 11 teilbar sind.
(b) Überprüfen Sie, ob die Zahlen $11, 1001, 100.001$ durch 11 teilbar sind.

Hilfssatz 2.6.9

(a) Jede Dezimalzahl, die aus einer geraden Anzahl von Neunen besteht, die also
   die Form $10^{2h} - 1$ für $h \in \mathbf{N}$ hat, ist durch 11 teilbar.
(b) Jede Zahl der Form $10^{2h+1} + 1$ mit $h \in \mathbf{N}$ ist durch 11 teilbar.

Beweis. Wir beweisen beide Aussagen durch Induktion nach h. In jedem Fall ist die Induktionsbasis durch die obigen Beispiele gesichert. Sei nun $h \geq 1$, und seien die Aussagen
richtig für $h - 1$.

(a) Es gilt

$$10^{2h} - 1 = 100 \cdot (10^{2(h-1)} - 1) + 100 - 1 = 100 \cdot (10^{2(h-1)} - 1) + 99.$$

Die rechte Seite dieser Gleichung ist durch 11 teilbar, denn 99 ist ein Vielfaches von 11,
und die Zahl $10^{2(h-1)} - 1$ ist nach Induktion durch 11 teilbar. Daher ist auch die linke
Seite der Gleichung, das heißt die Zahl $10^{2h} - 1$, durch 11 teilbar.
(b) Es gilt

$$10^{2h+1} + 1 = 100 \cdot (10^{2h-1} + 1) - 100 + 1 = 100 \cdot (10^{2h-1} + 1) - 99.$$

Da sowohl $10^{2h-1} + 1$ als auch 99 durch 11 teilbar sind, ist auch $10^{2h+1} + 1$ durch 11
teilbar. $\square$

Satz 2.6.10 (Teilbarkeit durch 11)
Eine Dezimalzahl ist genau dann durch 11 teilbar, wenn ihre alternierende Quersumme durch 11 teilbar ist.

Insbesondere gilt: Wenn die alternierende Quersumme einer Dezimalzahl Null ist, dann ist die Zahl durch 11 teilbar.

Beweis. Sei $n = a_{k-1}10^{k-1} + \ldots + a_1 10 + a_0$. Wir betrachten die Zahl $n^* := n - A(n)$. Es gilt:

$$
\begin{aligned}
n^* &= n - A(n)\\
&= (a_0 + a_1 \cdot 10 + a_2 \cdot 10^2 + a_3 \cdot 10^3 + \ldots + a_{k-1} \cdot 10^{k-1})\\
&\quad - (a_0 - a_1 + a_2 - a_3 + \ldots \pm a_{k-1})\\
&= a_1 \cdot (10 + 1) + a_2 \cdot (10^2 - 1) + a_3 \cdot (10^3 + 1) + a_4 \cdot (10^4 - 1) + \ldots\\
&= a_1 \cdot 11 + a_2 \cdot 99 + a_3 \cdot 1001 + a_4 \cdot 9999 + \ldots
\end{aligned}
$$

Da nach 2.6.9 jeder einzelne Summand der letzten Zeile durch 11 teilbar ist, ist auch die gesamte Summe, und somit auch n^* durch 11 teilbar.

Wegen $n = n^* + A(n)$ sind daher entweder n und $A(n)$ beide durch 11 teilbar oder keine der Zahlen ist durch 11 teilbar. $\qquad\square$

Zur Festigung des Gelernten 2.6.11

(a) Denken Sie sich eine vierstellige Zahl (zum Beispiel 45678) und schreiben Sie diese auf. Dann schreiben Sie direkt dahinter die gespiegelte Zahl, so dass insgesamt eine 8-stellige Zahl entsteht (in unserem Beispiel 4567887654). Diese Zahl ist durch 11 teilbar. Warum?

(b) Können Sie diesen Trick verallgemeinern?

Zur Festigung des Gelernten 2.6.12
Tippen Sie auf einem Taschenrechner oder einer Zifferntastatur eine vierstellige Zahl in Form der Ecken eines Rechtecks. Das heißt genau: Drücken Sie irgendeine Taste, nicht ganz rechts und nicht ganz unten, aber sonst irgendwo. Die zweite Taste liegt unter der ersten, die dritte rechts von der zweiten und die vierte und letzte Taste liegt über der dritten und rechts von der ersten. Dividieren Sie die erhaltene Zahl durch 11; Sie werden sehen: es geht auf! Der Trick funktioniert übrigens auch, wenn Sie an einer anderen Ecke des Rechtecks beginnen oder das Rechteck im entgegengesetzten Umlaufsinn eintippen!

Haben Sie eine Erklärung für dieses Phänomen?

Auch die Regel mit der alternierenden Quersumme funktioniert in beliebigen Stellenwertsystemen.

Satz 2.6.13

Sei b > 1 eine natürliche Zahl und sei t ein Teiler von $b + 1$. Dann gilt: Eine b-adisch dargestellte natürliche Zahl n ist genau dann durch t teilbar, wenn ihre alternierende Quersumme durch t teilbar ist.

Insbesondere ist eine Binärzahl genau dann durch 3 teilbar, wenn ihre alternierende Quersumme durch 3 teilbar ist.

Beweis. Zunächst müssen wir Aussagen aus dem Hilfssatz 2.6.9 verallgemeinern.

Schritt 1. $b + 1$ teilt alle b-adischen Zahlen der Form $(b\,b)_b$, $(b\,b\,b\,b)_b$, ...; allgemein handelt es sich um Zahlen der Form $b^{2h} - 1$. Dies folgt so: Wegen

$$(b + 1)(b^{2h-1} - b^{2h-2} + \ldots + b - 1) = b^{2h} - 1$$

ist $b + 1$ ein Teiler von $b^{2h} - 1$.

Schritt 2. $b + 1$ teilt alle b-adischen Zahlen der Form $b^{2h+1} + 1$. Auch dies ergibt sich einfach:

$$(b + 1)(b^{2h} - b^{2h-1} + \ldots - b + 1) = b^{2h+1} + 1.$$

Schritt 3. Nun kann man ganz analog wie im Beweis von 2.5.9 zeigen, dass $b + 1$ ein Teiler der Zahl $n^* = n - A(n)$ ist.

Schritt 4. Somit ist auch t ein Teiler von $n - A(n)$ und teilt daher entweder beide der Zahlen n und $A(n)$ oder keine. $\qquad\qquad\square$

Zum *Beispiel* ist $12 = (1\,1\,0\,0)_2$ durch 3 teilbar.

Auch die Zahl $2^{1000} - 1$ ist durch 3 teilbar. Denn diese Zahl besteht in binärer Form aus 1000 Einsen, also ist ihre alternierende Quersumme gleich Null.

Zur Festigung des Gelernten 2.6.14

(a) Bei der Zahl $20! = 2432902008176670000$ ist die Ziffer vor den Nullen unlesbar. Können Sie mit Hilfe der Teilbarkeit durch 9 oder der Teilbarkeit durch 11 herausfinden, wie die Ziffer heißt?

(b) Bei der Zahl $22! = \mathbf{??}24000727777607680000$ sind die ersten beiden Ziffern unlesbar. Wie lauten sie?

(c) Bei der Zahl $25! = 15511210043330985\mathbf{???}000000$ sind die drei Ziffern vor den Nullen unlesbar. Finden Sie diese Ziffern heraus, indem sie die Teilbarkeitsregeln benutzen.

Schließlich wenden wir uns einer Teilbarkeitsregel für die Zahl 7 zu. Um zum Beispiel zu überprüfen, ob 154 durch 7 teilbar ist, subtrahieren wir das Doppelte der letzten Stelle von $15 : 15 - 2 \cdot 4 = 7$. Wenn das Ergebnis durch 7 teilbar ist, dann ist die ursprüngliche Zahl durch 7 teilbar.

Bei größeren Zahlen muss man den Prozess gegebenenfalls wiederholen: Um die Teilbarkeit von 2464 durch 7 zu überprüfen, berechnen wir zunächst $246 - 2 \cdot 4 = 238$, und dann $23 - 2 \cdot 8 = 7$. Somit ist 2464 durch 7 teilbar.

> **Satz 2.6.15 (Teilbarkeit durch 7)**
>
> Sei n eine natürliche Zahl, die wir als $n = 10a + c$ schreiben. Dann gilt: Genau dann ist n durch 7 teilbar, wenn die Zahl $a - 2c$ durch 7 teilbar ist.

Beweis. Wir berechnen $n - 21c$:

$$
\begin{aligned}
&n - 21c \\
&= 10a + c - 21c \\
&= 10a - 20c \\
&= 10(a - 2c).
\end{aligned}
$$

Somit gilt $n - 10(a - 2c) = 21c$. Da die rechte Seite durch 7 teilbar ist, ist auch die linke Seite durch 7 teilbar. Somit sind entweder beide der Zahlen n und $10(a - 2c)$ durch 7 teilbar oder keine.

Aus dem Lemma von Euklid (1.6.3) ergibt sich, dass 7 genau dann das Produkt $10(a - 2c)$ teilt, wenn es einen Faktor teilt. Da aber 7 und 10 teilerfremd sind, folgt

$$7 | n \Leftrightarrow 7 | 10(a + 2c) \Leftrightarrow 7 | a - 2c. \qquad \square$$

> **Zur Festigung: des Gelernten 2.6.16**
>
> Eine Zahl $n = 10a + c$ ist genau dann durch 13 teilbar, wenn 13 die Zahl $a - 9c$ teilt.
>
> Machen Sie sich diese Regel anhand von Beispielen klar und versuchen Sie, analog zum Beweis von 2.6.15 ein Argument für die Gültigkeit dieser Regel zu finden.

Literatur

Wußing, H.: 6000 Jahre Mathematik. Eine kulturgeschichtliche Zeitreise. Springer, Heidelberg (2008)
Friedrich, L.: Bauer, Historische Notizen zur Infornatik. Springer, Heidelberg (2009)
Herrn von Leibniz' Rechnung mit Null und Eins. Siemens AG, Berlin (1966)
Nasser, V.: Blitz-Mathematik mit dem Vedischen System (2010). ISBN 978-1458332448

Eine Fülle von Vorgängen der uns umgebenden realen Welt, aber auch in der Welt der Mathematik hat die Eigenschaft, dass sie nach ihrer Beendigung wieder von vorne anfangen und sich unablässig wiederholen. Man spricht von zyklischen Abläufen. Die folgenden Beispiele sollen die Vielfalt des Auftretens zyklischer Vorgänge deutlich machen.

Die ersten von den Menschen bewusst wahrgenommenen Zyklen dürften die astronomischen Zyklen gewesen sein. Der Ablauf der Tage hat das Leben der Menschen schon immer geprägt. Auf einen Tag folgt immer der nächste.

Der Mondzyklus muss auf die frühe Menschheit eine prägende Wirkung gehabt haben. Der kontinuierlich zunehmende und abnehmende Mond, der als „Neumond" jedes Mal wieder aufs Neue „entsteht", hat die Vorstellungen von Zeit und Vergänglichkeit entscheidend bestimmt.

Der große Zyklus ist der Jahreszyklus. Wenn das alte Jahr zu Ende ist, fängt das neue an. Zwar feiern wir den Beginn des neuen Jahres weltweit mit Getöse, aber der Sekundenzeiger tickt unbeeindruckt und ohne jede Unterbrechung weiter.

Ganz allgemein wird Zeit so erfahren und gemessen, dass periodisch sich wiederholende Vorgänge nahtlos aufeinander folgen.

Wenn Kinder Abzählreime aufsagen, kommt auch reihum eine Person nach der anderen dran.

> Eins, zwei drei, vier, fünf, sechs, sieben,
> Eine alte Frau kocht Rüben,
> Eine alte Frau kocht Speck –
> Und du bist weg.

Beim Himmel-und-Hölle-Spiel wechseln sich Himmel und Hölle ab.

Viele sportliche Wettkämpfe laufen in Runden ab. Beim 800 m-Lauf muss man zwei Runden, beim 10.000 m-Lauf 25 Runden laufen.

Wenn man die letzte Stelle eines Kilometerzählers beobachtet, erkennt man die zyklische Abfolge der Ziffern $0, 1, \ldots, 9$.

© Springer Fachmedien Wiesbaden GmbH 2018
A. Beutelspacher, *Zahlen, Formeln, Gleichungen*,
https://doi.org/10.1007/978-3-658-16106-4_3

Abb. 3.1 Aus: © Jean Bosc aus „Les Boscaves" Denoël éditeur 1965

Die abendländische Musik lebt von gleichbleibenden, sich ständig wiederholenden Rhythmen. Dies erkennt man im Kleinen: Jeder Takt eines Stückes hat die gleiche Struktur und die gleichen betonten Teile: Beim 4/4-Takt ist das erste und dritte Viertel betont die beiden andern sind leicht. Bei einem Lied ist jede Strophe nach dem gleichen Schema aufgebaut. Und ein Kanon kann theoretisch beliebig oft gesungen werden.

Wenn man die Zahl 1/7 ausrechnet, ergibt sich die Ziffernfolge 142857, die sich periodisch wiederholt.

Abb. 3.1 illustriert optisch sehr schön einen zyklischen Vorgang.

Diese zyklischen Strukturen lassen sich mathematisch mit einem Instrument beschreiben, das auf den ersten Blick nichts mit einer zyklischen Abfolge zu tun haben scheint, nämlich mit den Resten, die entstehen, wenn man ganze Zahlen durch eine natürliche Zahl teilt.

3.1   Reste

An vielen Stellen haben wir schon den Rest betrachtet, der bei der Division einer ganzen Zahl durch eine natürliche Zahl n entsteht. Nun nehmen wir einen anderen Standpunkt ein und schauen auf die Gesamtheit *aller* Reste, die bei der Division durch eine feste Zahl n entstehen.

Wenn man die Reste der Reihe nach verfolgt, fällt einem sofort ihre zyklische Struktur ins Auge. Bei der Division durch 10 entstehen der Reihe nach die Reste 0, 1, 2, 3, 4, 5, 6, 7, 8, 9, 0, 1, 2, 3 und so weiter.

Das wird noch klarer, wenn man die Reste tatsächlich zyklisch aufschreibt (siehe Abb. 3.2). Wir beginnen mit der Zahl 0 und zählen dann im Uhrzeigersinn 1, 2, 3, … Bei 10 sind wir wieder an der Stelle, an der die 0 steht; wir schreiben die 10 einfach dazu. Anschließend kommt die 11, die wir zur 1 schreiben, die 12, die bei der 2 steht, und so

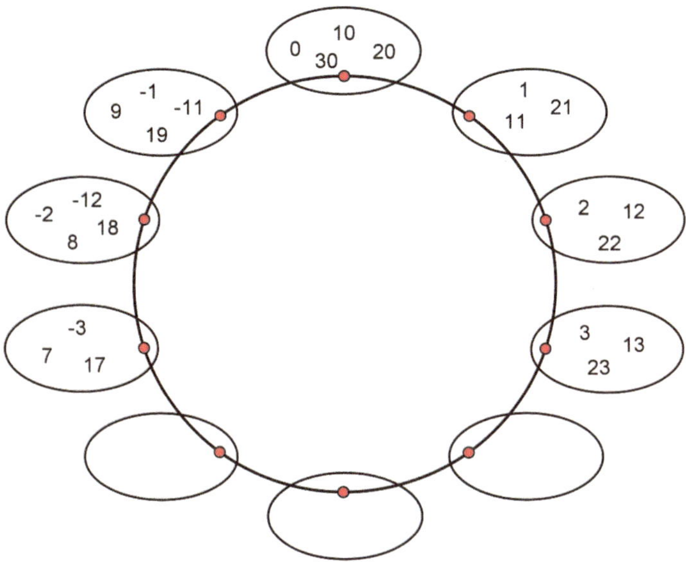

Abb. 3.2 Reste bei Division durch 10

weiter. Man kann auch rückwärts zählen: Die -1 steht bei der Zahl 9, -2 bei der 8 und so weiter. Alle Zahlen, die an der gleichen Stelle stehen, haben den gleichen Rest bei Division durch 10.

Bei negativen Zahlen stutzt man zunächst und fragt sich: Warum steht die Zahl -3 bei der Zahl 7? Besser gefragt: Warum hat -3 den Rest 7? Bei positiven Zahlen ist die Sache klar: 23 hat bei Division durch 10 den Rest 3, denn es ist $23 = 2 \cdot 10 + 3$. Entsprechend können wir auch den Rest von -3 bei Division durch 10 bestimmen: $-3 = -1 \cdot 10 + 7$. Analog gilt $-16 = -2 \cdot 10 + 4$, also hat -16 den Rest 4.

Zur Festigung des Gelernten 3.1.1

Platzieren Sie mindestens fünf weitere ganze Zahlen an die richtigen Stellen.

Die Abb. 3.2 erinnert nicht zufällig an eine Uhr. Dies ist sozusagen eine Uhr mit 10 Stunden.

Die uns vertraute Uhr (mit 12 Stunden) zählt zwar die unendlich vielen Stunden, sie fängt aber nach 12 wieder von vorne an. Dabei werden 13 und 1, 14 und 2 usw. identifiziert. Für das Rechnen mit Resten ist die Vorstellung einer Uhr (mit n Stunden) sehr hilfreich.

Zur Festigung des Gelernten 3.1.2

Zeichnen Sie eine Uhr mit den 11 Stunden 0, 1, 2, . . . , 10. Tragen Sie die ganzen Zahlen zwischen -10 und 25 an die richtigen Stellen ein.

Es hat sich als nützlich erwiesen, eine Bezeichnung für den Rest einzuführen. Diese Bezeichnung geht auf Carl Friedrich Gauß zurück.

Beispiele.

(a) Bei der Division durch 5 hat 7 den Rest 2, 23 den Rest 3 und -9 den Rest 1 (denn $-9 = -2 \cdot 5 + 1$). Man könnte in einer vorläufigen Notation schreiben $R(7) = 2$, $R(23) = 3$ und $R(-9) = 1$.

(b) Sei $n = 10$. Dann ist der Rest einer Dezimalzahl a bei Division durch 10 nichts anderes als ihre Einerziffer. Daher hat jede natürliche Zahl bei Division durch 10 einen der Reste $0, 1, \ldots, 9$. Zwei Zahlen, die sich um ein Vielfaches von 10 unterscheiden, also zum Beispiel 13 und 43, haben den gleichen Rest bei Division durch 10.

▶ **Definition: modulo** Sei a eine ganze und sei n eine positive natürliche Zahl. Dann bezeichnet man mit a *mod* n (gesprochen: „a modulo n") den kleinsten nichtnegativen Rest, der bei Division von a durch n entsteht. Mit anderen Worten: Seien q und r die eindeutig bestimmten ganzen Zahlen mit $a = q \cdot n + r$ und $0 \le r < n$, dann ist a mod n $:= r$ (vgl. 1.5.4).

Statt „$R(a)$" schreiben wir also „a mod n"; diese Schreibweise hat den Vorteil, dass auch die Zahl n auftaucht.

Auf der „Uhr mit n Stunden" kann man einfach die Stelle finden, an der die Zahl a steht, nämlich an der Stelle a mod n. Das ist eine der Stellen $0, 1, \ldots, n-1$. Die Zahl a mod n ist gewissermaßen der „Repräsentant" all derjenigen Zahlen, die zusammen mit a an einer Stelle stehen.

Zur Festigung des Gelernten 3.1.3
Vervollständigen Sie folgende Tabelle:

a	n	a mod n
26	8	
26		8
49	6	
49		6
55	8	
55		4

Wir formulieren die bisher angedeuteten Tatsachen nun allgemein und fassen sie in folgendem Satz zusammen.

Satz 3.1.4 (Reste modulo n)
Sei n eine positive natürliche Zahl.

(a) Es gibt genau n Reste, die bei der Division durch n entstehen, nämlich die Zahlen $0, 1, \ldots, n-1$.

(b) Jede ganze Zahl hat bei Division durch n genau einen dieser Reste.

(c) $(a \pm n)$ mod n = a mod n. Insbesondere haben zwei Zahlen den gleichen Rest, wenn sie sich um n oder ein Vielfaches von n unterscheiden.

(d) a mod n = b mod n $\Leftrightarrow$ a $-$ b = qn für ein q $\in$ **Z** $\Leftrightarrow$ a = qn + b für ein q $\in$ **Z**.

Beweis.

(a) und (b): Das ist der Inhalt von Satz 1.5.4.

(c) Sei a mod n = r. Das bedeutet a = qn + r mit $0 \leq r < n$. Dann ist a + n = (qn + r) + n = $(q + 1)$n + r mit $0 \leq r < n$. Das heißt (a + n) mod n = r, und somit (a + n) mod n = a mod n.

(d) Wenn a mod n = b mod n, haben a und b den gleichen Rest r bei Division durch n. Das heißt a = q_1n + r und b = q_2n + r. Daraus folgt a $-$ b = $(q_1 - q_2)$n = qn.

Umgekehrt: Wenn a $-$ b = qn ist, haben a und b den gleichen Rest bei Division durch n.

Die letzte Äquivalenz ergibt sich automatisch. $\qquad\qquad\square$

Zur Festigung des Gelernten 3.1.5

Man kann die Tatsache r = a mod n auf verschiedene Weisen ausdrücken. Zeigen Sie, dass folgende Aussagen äquivalent sind:

(1) r = a mod n

(2) a = qn + r mit $0 \leq r < n$

(3) r ist die kleinste nichtnegative ganze Zahl der Form a $-$ qn mit q $\in$ **Z**.

Wir werden häufig die Tatsache benutzen, dass der Rest r = a mod n gleich der Zahl a $-$ qn ist (für eine ganze Zahl q).

Unser Ziel ist nicht nur, die Reste zu berechnen, sondern mit ihnen zu rechnen, das heißt insbesondere Reste zu addieren und zu multiplizieren. Das ist uns von unserer normalen Uhr mit 12 Stunden vertraut. Wir sagen, ohne viel nachzudenken, „Jetzt ist es 11 Uhr; in 4 Stunden ist es 3 Uhr." Das heißt, wir rechnen 11 + 4 = 3. Das können wir uns so vorstellen, dass wir zunächst 11 + 4 = 15 berechnen und dann dieses Zwischenergebnis durch 12 teilen. Der Rest ist 3, also ist das Ergebnis 3. Entsprechend berechnen wir das Produkt von 7 und 8. Als Zwischenergebnis erhalten wir 56; der Rest bei Division durch 12 ist 8. Also ist das Ergebnis 8.

Rechnen mit Resten ist im Grunde nicht schwierig – die einzige Schwierigkeit besteht darin zu erreichen, dass das Ergebnis wieder ein Rest ist.

Zur Festigung des Gelernten 3.1.6

Zeichnen Sie auf der „Uhr mit 11 Stunden" die Summen von 4 und 8, 6 und 9, 7 und 10, sowie die Produkte aus 3 und 5, 4 und 7, 8 und 8.

In der folgenden Definition beschreiben wir diese Operationen präzise.

▶ **Definition: Addition und Multiplikation modulo n** Sei n eine natürliche Zahl. Wir definieren die Addition $+_n$ und die Multiplikation $\cdot_n$ „modulo n" wie folgt:

$$a +_n b := (a + b) \bmod n \quad \text{und} \quad a \cdot_n b := a \cdot b \bmod n \quad \text{für} \ a, b \in \{0, 1, \ldots, n-1\}.$$

Beispiele.

(a) Die obigen Rechnungen können wir jetzt so schreiben: $11 +_{12} 4 := 11 + 4 \bmod 12 = 15 \bmod 12 = 3$ und $7 \cdot_{12} 8 := 7 \cdot 8 \bmod 12 = 56 \bmod 12 = 8$.
(b) Die Additionstafel für $n = 6$ sieht wie folgt aus:

$+_6$	0	1	2	3	4	5
0	0	1	2	3	4	5
1	1	2	3	4	5	0
2	2	3	4	5	0	1
3	3	4	5	0	1	2
4	4	5	0	1	2	3
5	5	0	1	2	3	4

Zur Festigung des Gelernten 3.1.7
Erstellen Sie eine Additionstafel für $n = 7$.

Die Addition von Resten hat auch im Allgemeinen sehr schöne Eigenschaften.

Satz 3.1.8 (Eigenschaften der Addition modulo n)
Die Addition modulo n, das heißt die Operation $+_n$, hat folgende Eigenschaften:

(a) Sie ist kommutativ, das heißt für je zwei natürliche Zahlen a und b gilt $a +_n b = b +_n a$.
(b) Sie ist assoziativ, das heißt für je drei natürliche Zahlen a, b, c gilt $(a +_n b) +_n c = a +_n (b +_n c)$.
(c) Die Zahl 0 ist ein neutrales Element bezüglich $+_n$, das heißt: Für jede natürliche Zahl $a \in \{0, 1, \ldots, n-1\}$ gilt $a +_n 0 = a$.
(d) Zu jeder natürlichen Zahl a ist $n - a$ ein inverses Element bezüglich $+_n$, das heißt: Es gilt $a +_n (n - a) = 0$.

Beobachtung. Viele dieser Eigenschaften kann man unmittelbar an der Additionstabelle sehen: Die *Kommutativität* erkennt man daran, dass die Tabelle *spiegelsymmetrisch* bezüglich der Hauptdiagonale ist. Dass die Zahl 0 ein *neutrales Element* ist, sieht man daran, dass in der Zeile und in der Spalte, die mit 0 beginnt, alle Zahlen der Reihe nach *reproduziert* werden (die Reihenfolge ist jeweils 0, 1 2, 3, 4, 5). Schließlich findet man das zu einem Element a inverse Element dadurch, dass man in der Zeile von a die Null sucht; dann ist das Element, das in der ersten Zeile über dieser Null steht, das inverse Element.

Beweis. Die Eigenschaften sind einfach nachzuweisen, weil wir sie auf die entsprechenden Eigenschaften in $\mathbf{Z}$ zurückführen können.

(a) $a +_n b = a + b \bmod n = b + a \bmod n = b +_n a$.

(b) Seien a, b, c natürliche Zahlen. Wir zeigen zunächst $(a +_n b) +_n c = [(a+b) + c] \bmod n$. Sei q die größte natürliche Zahl mit $a + b - qn \geq 0$. Dann ist $a +_n b = a + b - qn$. Damit folgt

$$(a+_nb)+_nc = [(a+b-qn)+c] \bmod n = [(a+b)+c-qn] \bmod n = [(a+b)+c] \bmod n.$$

Ebenso zeigt man, dass die rechte Serie der behaupteten Gleichung gleich $[a + (b + c)] \bmod n$ ist. Da die Addition in $\mathbf{Z}$ assoziativ ist, ergibt sich die Behauptung:

$$(a +_n b) +_n c = [(a + b) + c] \bmod n = [a + (b + c)] \bmod n = a +_n (b +_n c).$$

(c) Das neutrale Element ist 0, denn für alle $a \in \{0, 1, \ldots, n - 1\}$ gilt $a +_n 0 = a + 0 \bmod n = a \bmod n$.

(d) Es gilt $a +_n (n - a) = [a + (n - a)] \bmod n = n \bmod n = 0$. $\square$

Während die Addition modulo n zwar nach dem ersten, vorsichtigen Blick wohlvertraute Eigenschaften zeigt und für alle natürlichen Zahlen n „ähnlich" funktioniert, ist die modulare Multiplikation wesentlich merkwürdiger, aber damit auch viel interessanter. Insbesondere verändert sie manche ihrer Eigenschaften abhängig von der Zahl n.

Wir lassen uns zunächst von einer Multiplikationstabelle (für $n = 6$) beeindrucken.

$\cdot_6$	0	1	2	3	4	5
0	0	0	0	0	0	0
1	0	1	2	3	4	5
2	0	2	4	0	2	4
3	0	3	0	3	0	3
4	0	4	2	0	4	2
5	0	5	4	3	2	1

Besonders die Zeilen, in denen links eine 2, eine 3 oder eine 4 steht, sind merkwürdig, nur die Zeilen, in denen vorne die 1 oder 5 steht, sehen „normal" aus. Aber die grundlegenden Eigenschaften der modularen Multiplikation kann man – ähnlich wie bei der Addition – an der Tabelle ablesen: Die Tabelle ist symmetrisch, also ist die Operation kommutativ. Die Zeile und die Spalte mit 1 reproduzieren die Zahlen 0, 1, 2, 3, 4, 5. Also ist 1 ein neutrales Element. Schließlich kommt in den Zeilen von 1 und von 5 das neutrale Element 1 vor; also sind 1 und 5 multiplikativ invertierbar.

Zur Festigung des Gelernten. 3.1.9

Bestimmen Sie die Multiplikationstafel für $n = 7$.

Satz 3.1.10 (Eigenschaften der Multiplikation modulo n)

Sei n eine positive natürliche Zahl. Dann hat die Multiplikation modulo n, das heißt die Operation $\cdot_n$, folgende Eigenschaften:

(a) Es gilt das Kommutativgesetz. Das heißt, für je zwei natürliche Zahlen a und b gilt $a \cdot_n b = b \cdot_n a$.

(b) Es gilt das Asszoziativgesetz. Das heißt, für je drei natürliche Zahlen a, b, c gilt $(a \cdot_n b) \cdot_n c = a \cdot_n (b \cdot_n c)$.

(c) Die Zahl 1 ist ein neutrales Element bezüglich $\cdot_n$, das heißt: Für jede natürliche Zahl $a \in \{0, 1, \ldots, n-1\}$ gilt $a \cdot_n 1 = a$.

(d) Es gilt das Distributivgesetz. Das heißt, für je drei natürliche Zahlen a, b, c gilt $a \cdot_n (b +_n c) = (a \cdot_n b) +_n (a \cdot_n c)$.

Beweis. Auch diese Eigenschaften sind einfach nachzuweisen, weil wir sie auf die entsprechenden Eigenschaften in $\mathbf{Z}$ zurückführen können.

(a) Seien a, b Reste. Dann gilt: $a \cdot_n b = a \cdot b \bmod n = b \cdot a \bmod n = b \cdot_n a$.

(b) Seien a, b, c Reste. Wir müssen zeigen: $a \cdot_n (b \cdot_n c) = (a \cdot_n b) \cdot_n c$.

Nach Definition von $b \cdot_n c$ ist $b \cdot_n c = b \cdot c - kn$ für eine natürliche Zahl k.

Wir wenden noch einmal die Definition von $\cdot_n$ an und erhalten $a \cdot_n (b \cdot_n c) = a \cdot_n (b \cdot c - kn) = a \cdot (b \cdot c - kn) - hn = a(bc) - (ak + h)n$. Wenn wir das modulo n betrachten, ist das Ergebnis $a(bc) \bmod n$.

Ebenso zeigt man, dass $(a \cdot_n b) \cdot_n c = (ab)c \bmod n$ ist. Da die Multiplikation in $\mathbf{Z}$ assoziativ ist, folgt die Behauptung.

(c) Das neutrale Element bezüglich der Multiplikation ist die Zahl 1.

(d) Es ist zu zeigen: $a \cdot_n (b +_n c) = [a \cdot_n b +_n a \cdot_n c] =$ für alle $a, b, c \in \{0, 1, \ldots, n-1\}$.

Ähnlich wie beim Beweis von (b) schließen wir

$$a \cdot_n (b +_n c) = a \cdot (b +_n c) - kn = a \cdot (b + c - hn) - kn = a(b + c) - (ah - k)n.$$

Da dieser Ausdruck modulo n gleich $a(b + c)$ ist, gilt $a(b + c) \bmod n = a \cdot_n (b +_n c)$.

Entsprechend zeigt man $(ab + ac) \bmod n = a \cdot_n (b +_n c)$. Da in $\mathbf{Z}$ das Distributivgesetz gilt, also $a(b + c) = ab + ac$ ist, folgt die Behauptung. $\qquad\square$

Die Eigenschaften der Addition und der Multiplikation, die in den Sätzen 3.1.8 und 3.1.10 betrachtet wurden, kann man kurz so zusammenfassen: Die Menge $\{0, 1, \ldots, n - 1\}$ bildet bezüglich der Addition eine „kommutative Gruppe"; zusammen mit Addition und Multiplikation ist diese Menge ein „Ring". Da im Allgemeinen aber nicht jedes von 0 verschiedene Element dieser Menge ein multiplikatives Inverses hat, handelt es sich im Allgemeinen nicht um einen Körper. Diese Zusatzeigenschaft tritt nur ein, wenn n eine Primzahl ist. Wir betrachten dazu die Multiplikationstabelle für den Fall $n = 5$

$\cdot_5$	0	1	2	3	4
0	0	0	0	0	0
1	0	1	2	3	4
2	0	2	4	1	3
3	0	3	1	4	2
4	0	4	3	2	1

Wir sehen, dass jedes von Null verschiedene Element invertierbar ist. Dass dies auch im Allgemeinen gilt, sagt der folgende Satz.

Satz 3.1.11 (Inverse modulo p)
Sei p eine Primzahl. Dann gibt es zu jeder Zahl $a \in \{1, 2, \ldots p - 1\}$ eine natürliche Zahl $a' \in \{1, 2, \ldots p - 1\}$ mit $a \cdot_p a' = 1$.

Beweis. Wir machen uns zwei verschiedene Beweise klar, die ganz unterschiedlich argumentieren.

Erster Beweis. Wir betrachten alle $p - 1$ Produkte von a mit einer Zahl aus $\{1, 2, \ldots p - 1\}$, also die Produkte $a \cdot_p 1, a \cdot_p 2, \ldots, a \cdot_p (p - 1)$. Wir zeigen, dass alle diese Produkte verschiedene Zahlen ergeben. Dann sind dies die $p - 1$ Zahlen aus $\{1, 2, \ldots p - 1\}$. Also muss eines der Produkte gleich 1 sein.
  Beispiel: $p = 13, a = 4$.

b	1	2	3	4	5	6	7	8	9	10	11	12
$4 \cdot_{13} b$	4	8	12	3	7	11	2	6	10	1	5	9

Wir sehen, dass 10 das zu 4 inverse Element ist.
  Nun zurück zum allgemeinen Fall. Angenommen, es wäre $a \cdot_p k = a \cdot_p h$. Das heißt $ak \bmod p = ah \bmod p$. Also haben die Zahlen ak und ah den gleichen Rest bei Division durch p. Somit ist die Differenz $ak - ah$ durch p teilbar: $p \mid ak - ah = a(k - h)$. Nach

dem Lemma von Euklid (1.6.3) muss p also einen der Faktoren a oder $k - h$ teilen. Da $a < p$ ist, ist $p|a$ unmöglich. Also gilt $p|k - h$. Da aber $k, h \in \{1, 2, \ldots p - 1\}$ gilt, ist $-(p - 2) \leq k - h \leq p - 2$. Die einzige Zahl in diesem Intervall, die ein Vielfaches von p ist, ist aber 0. Somit ist $k - h = 0$, also $k = h$.

Zweiter Beweis mit Hilfe des Lemmas von Bézout (1.5.10). Da p eine Primzahl ist, sind a und p teilerfremd. Also gibt es nach dem Lemma von Bézout ganze Zahlen a' und p' mit $aa' + pp' = 1$. Daraus folgt $aa' \bmod p = 1$. Die Zahl a' muss nicht in $\{0, 1, \ldots, p - 1\}$ liegen; daher bilden wir $a* := a' \bmod p$. Dann gilt auch $a \cdot_p a* = aa* \bmod p = aa' \bmod p = 1$. $\square$

Ein kommutativer Ring, in dem jedes von Null verschiedene Element ein multiplikatives Inverses hat, nennt man einen *Körper*. Die bekanntesten Körper sind die Mengen **Q** beziehungsweise **R** der rationalen Zahlen beziehungsweise der reellen Zahlen. Satz 3.1.11 sagt, dass auch $\mathbf{Z}_p$ für jede Primzahl p ein Körper ist.

Eine Anwendung, die man mit der modulo-Rechnung gut beschreiben kann, sind die *Rechenproben*, insbesondere die so genannte *Neunerprobe*. Diese basiert auf folgendem allgemeinen Satz 3.1.13, der die „Homomorphie" der modularen Addition und Multiplikation beschreibt.

Dahinter steckt die Idee, dass man jede Rechnung in **Z** richtig bleibt, wenn man nur modulo n rechnet. Dies kann grundsätzlich dazu dienen, die Richtigkeit einer Rechnung zu überprüfen, also „die Probe zu machen".

Betrachten wir zum Beispiel die Multiplikation $13 \cdot 17 = 221$.

Überprüfen wir zunächst, ob die Einerziffer richtig berechnet wurde. Mit anderen Worten: Wir überprüfen, on die Rechnung modulo 10 stimmt. Auf der linken Seite steht $3 \cdot 7$ und rechts 1. Da $3 \cdot 7 \bmod 10 = 21 \bmod 10 = 1$ ist, stimmt die Rechnung jedenfalls modulo 10. So kann man einfach überprüfen, ob die Einerstelle richtig berechnet wurde.

Auch beim Übergang zu den Resten modulo 11 geht alles gut: Links steht dann $2 \cdot 6$ und rechts 1. Da $2 \cdot 6 \bmod 11 = 12 \bmod 11 = 1$ ist, stimmt die Probe auch in diesem Fall.

Schließlich können wir die Rechnung auch modulo 9 überprüfen. Auf der linken Seite multiplizieren wir die Reste 4 und 8; wir erhalten 32, und der Neunerrest dieser Zahl ist 5. Die Zahl 221 auf der rechte Seite hat auch den Neunerrest 5.

Damit spricht viel dafür, dass wir richtig gerechnet haben. Aber Achtung: All diese Proben sind nur Indizien (mathematisch ausgedrückt: nur notwendige Bedingungen) für die Richtigkeit der Rechnung in **Z**!

Zur Festigung des Gelernten 3.1.12

Überprüfen Sie die Gleichungen $374 \cdot 63 = 23562$ und $237 \cdot 49 = 11163$ mit der Probe modulo 9 und der Probe modulo 11. Können Sie Ihre Ergebnisse erklären?

Satz 3.1.13 (Homomorphie modulo n)
Sei n eine natürliche Zahl. Dann gilt für je zwei ganze Zahlen a und b:

(a) Homomorphie der Addition: $(a + b) \bmod n = a \bmod n +_n b \bmod n$.
(b) Homomorphie der Multiplikation: $(ab) \bmod n = (a \bmod n) \cdot_n (b \bmod n)$.
   In Worten: Man kann zwei Zahlen zuerst multiplizieren und dann den Rest bilden
   oder zunächst die Reste bilden und diese modulo n multiplizieren – und beide
   Verfahren liefern das gleiche Ergebnis. Kurz und unverständlich: Der Rest des
   Produktes ist gleich dem Produkt der Reste.

Beweis.

(a) Seien $a' := a \bmod n$ und $b' := b \bmod n$ die Reste, die entstehen, wenn man a und b
   durch n dividiert. Es ist also $a = a' + kn$ und $b = b' + hn$ für ganze Zahlen k und h.
   Damit folgt
$$(a + b) \bmod n = (a' + kn + b' + hn) \bmod n$$
$$= (a' + b' + (h + k)n) \bmod n$$
$$= (a' + b') \bmod n$$
$$= a' +_n b'$$
$$= a \bmod n +_n b \bmod n.$$

(b) Wir wissen $a \bmod n = a - hn$ und $b \bmod n = b - kn$ für geeignete ganze Zahlen h
   und k. Damit gilt

$$(a \bmod n) \cdot_n (b \bmod n)$$
$$= (a - hn) \cdot_n (b - kn)$$
$$= (a - hn)(b - kn) \bmod n$$
$$= ab - (ak + hb - hkn) \cdot n \bmod n$$
$$= ab \bmod n. \qquad \square$$

Die oben angesprochene Möglichkeit der „Probe" einer Rechnung durch „Reduktion
modulo n" funktioniert besonders gut bei der Neunerprobe, also im Fall $n = 9$. Denn der
Neunerrest lässt sich bequem mit Hilfe der Quersumme bestimmen.

Satz 3.1.14 (Neunerrest)
Sei n eine Dezimalzahl.

(a) Die Zahl n und ihre Quersumme $Q(n)$ haben den gleichen Rest bei Division
   durch 9. Genauer gilt: $n \bmod 9 = Q(n) \bmod 9$.

(b) Man bestimmt den „Neunerrest" von n (das ist der Rest, der bei Division durch 9
     entsteht), indem man die ultimative Quersumme $Q^*(n)$ bildet, also die Quersum-
     menbildung so lange fortsetzt, bis man zu einer Zahl zwischen 1 und 9 gelangt
     ist.

Beispiel. Um den Rest der Zahl 63748 bei Division durch 9 zu bestimmen, berechnen wir
die Quersumme: $6 + 3 + 7 + 4 + 8 = 28$. Die Quersumme von 28 ist 10, und die Quersumme von 10 ist 1. Also ist der Neunerrest von 63748 gleich 1.

Beweis.

(a) Im Beweis von 2.6.1 haben wir bereits festgestellt, dass $n - Q(n)$ durch 9 teilbar ist.
     Das bedeutet nichts anderes, als dass $n \bmod 9 = Q(n) \bmod 9$ ist.
(b) Nach (a) ist $n \bmod 9 = Q(n) \bmod 9 = Q(Q(n)) \bmod 9 = \ldots = Q^*(n)$.   □

Zur Festigung des Gelernten 3.1.15

Stellen Sie sich vor, dass Sie ein Zauberer sind und folgenden Trick durchführen: Fordern Sie einen Menschen im Publikum auf, sich eine (zum Beispiel) vierstellige Zahl
zu denken und diese auf ein Blatt zu schreiben. Als nächstes soll er die Ziffern der ge-
wählten Zahl beliebig permutieren, er erhält wieder eine vierstellige Zahl. Diese möge
er auch aufschreiben, und dann die kleinere der beiden Zahlen von der größeren abziehen. Schließlich soll der Freiwillige aus dem Publikum eine der Ziffern des Ergebnisses
einkringeln (falls eine Null dabei ist, nicht diese einkringeln, denn „die Null ist schon
ein Kringel"). Der Freiwillige sagt Ihnen jetzt die anderen Ziffern und Sie erraten (unter
Benutzung der Zauberwörter Simsalabim und Abrakadabra) die eingekringelte Ziffer.

Sie als Zauberer müssen nur die genannten Ziffern addieren. Die Ergänzung zur
nächst größeren Neunerzahl ist dann die gesuchte Zahl.

Können Sie den Trick mathematisch erklären? (Hinweis: Was wissen Sie über die
Quersummen der ursprünglichen und der permutierten Zahl? Was folgt daraus für die
Differenz?) Warum haben wir die Ziffer Null ausgeschlossen?

Die Neunerprobe war schon den Rechenmeistern im Mittelalter bekannt, spielte aber
bei dem berühmtesten deutschen Rechenmeister, Adam Ries, eine herausragende Rolle.
Um zum Beispiel zu überprüfen, ob die Gleichung $3748 + 2487 = 6135$ richtig sein kann,
gehen wir wie folgt vor: Wir bestimmen die Neunerreste der beiden Summanden links;
diese sind 4 und 3. Dann addieren wir diese und bestimmen den Neunerrest der Summe,
dieser ist 7. Nun berechnen wir den Neunerrest des behaupteten Ergebnisses; dieser ist 6.
Also kann das Ergebnis nicht stimmen!

Zur Festigung des Gelernten 3.1.16

Versuchen Sie, den folgenden (stark gekürzten) Text von Adam Ries (1550) zu verstehen. Beachten Sie dabei, dass die „prob" der Neunerrest ist und die Buchstaben u und v gleichwertig verwendet wurden. Es geht um die Rechnung

$$\begin{array}{r} 7869 \\ 8796 \\ \hline 16.665 \end{array}$$

Nim die prob von der obernn Zal alß von 7869 ist 3.

Nun nim die proba von der andernn Zal das ist von 8796. Ist auch 3.

Addir nun zusammen 3 vnd 3 wirtt 6.

Nime alßdann die prob auch von dem das do auß dem addieren komen ist. Das ist von 16.665. Nim hinwegk 9 so oft du magst pleibn 6 vberig.

Bemerkung. In der Literatur findet sich auch das Zeichen $\equiv$ für die Kongruenz von Zahlen. Das ist ein Relationszeichen. Zum Beispiel bedeutet $16 \equiv 28 \pmod 6$, dass die Zahlen 16 und 28 „modulo 6 gleich" sind. In der Tat haben beide den Rest 4 modulo 6.

Genauer definieren wir:

$$a \equiv b(\bmod\ n) :\Leftrightarrow n \mid b - a.$$

Man spricht „a ist kongruent b modulo n". Man kann auch sagen: $a \equiv b \pmod n :\Leftrightarrow a$ mod $n = b$ mod n.

Zur Festigung des Gelernten 3.1.17

(a) Welche der folgenden Aussagen sind richtig?

$\quad 5 \equiv 11 \pmod 2$

$\quad 5 \equiv 11 \pmod 3$

$\quad 5 \equiv 11 \pmod 4$

$\quad 5 \equiv 11 \pmod 5$

$\quad 5 \equiv 11 \pmod 6$

(b) Vervollständigen Sie den folgenden Satz: Für zwei ganze Zahlen a und b gilt $a \equiv b$ (mod 2) genau dann, wenn a und b beide hmhm oder beide hmhm sind.

3.2 Restklassen

In diesem Abschnitt betrachten wir die Phänomene, die wir bisher studiert haben, von einer höheren Warte. Das geschieht dadurch, dass wir nicht nur alle Reste betrachten, sondern zu jedem Rest auch alle Zahlen, die bei Division durch n diesen Rest ergeben.

Es handelt sich jeweils um die Menge der Zahlen, die in der „Uhrendiagrammen" aus Abschn. 3.1 bei einer Zahl stehen.

Man könnte alle Betrachtungen dieses Abschnitts auch in der Sprache der Reste formulieren. Die Sprache der Restklassen konzentriert sich aber mehr auf das (mathematisch) Wesentliche und bildet einen direkten Anschluss an die moderne Algebra.

Beispiele. Im Fall $n = 2$ betrachten wir zum einen die Zahlen, die bei Division durch 2 Rest 0 ergeben, und zum anderen diejenigen, die Rest 1 ergeben. Es handelt sich also um die Mengen der geraden und der ungeraden Zahlen.

Im Fall $n = 10$ erhalten wir beispielsweise die Mengen

$$\{\ldots, -20, -10, 0, 10, 20, \ldots\}$$
$$\{\ldots, -19, -9, 1, 11, 21, \ldots\}$$

Usw.

▶ **Definition: Restklasse** Sei n eine positive natürliche Zahl, und sei a eine ganze Zahl. Dann bezeichnen wir mit [a] die Menge aller ganzen Zahlen, die bei Division durch n den gleichen Rest ergeben wie a. Genauer:

$$[a] = \{z \in \mathbf{Z} \,|\, z \bmod n = a \bmod n\}.$$

Man nennt [a] eine *Restklasse*. Wenn wir den Bezug zu der Zahl n betonen wollen, sprechen wir auch von der Restklasse von a „modulo n".

Bemerkung. Das Wort „Restklasse" meint eigentlich eine „Klasse" von Resten, wobei „Klasse" ein Wort ist, für das man in diesem Zusammenhang auch „Menge" sagen könnte.

Wir können uns die Situation im Fall $n = 10$ in Abb. 3.3 wie folgt veranschaulichen.

Wir sehen hier die Situation völlig klar: an jeder Stelle steht eine Restklasse, also eine unendliche Menge von Zahlen; der Repräsentant dieser Restklasse ist eine der Zahlen 0, $1, \ldots, 9$.

Beispiele.

(a) Im Fall $n = 2$ ist [0] die Menge der geraden und [1] die Menge der ungeraden ganzen Zahlen.
(b) Sei $n = 5$. Dann gibt es die folgenden Restklassen:

$$[0] = \{z \in \mathbf{Z} \,|\, z \bmod 5 = 0\} = \{-10, -5, 0, 5, 10, \ldots\},$$
$$[1] = \{z \in \mathbf{Z} \,|\, z \bmod 5 = 1\} = \{-9, -4, 1, 6, 11, \ldots\},$$
$$[2] = \{z \in \mathbf{Z} \,|\, z \bmod 5 = 2\} = \{-8, -3, 2, 7, 12, \ldots\},$$
$$[3] = \{z \in \mathbf{Z} \,|\, z \bmod 5 = 3\} = \{-7, -2, 3, 8, 13, \ldots\},$$
$$[4] = \{z \in \mathbf{Z} \,|\, z \bmod 5 = 4\} = \{-6, -1, 4, 9, 14, \ldots\}.$$

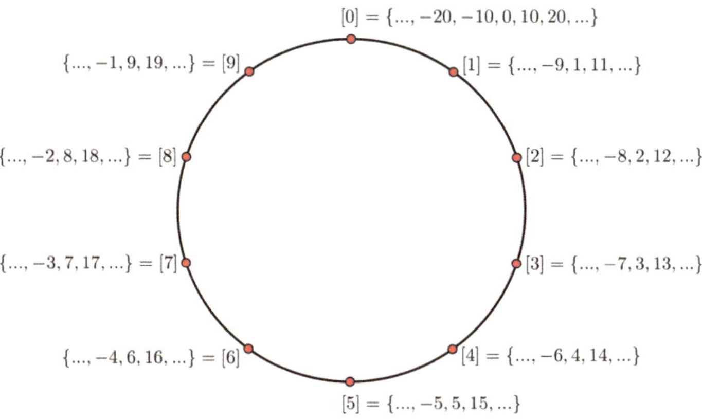

Abb. 3.3 Restklassen modulo 10

(c) Wir können im Fall n = 5 auch die Restklasse [7] betrachten; sie besteht aus denjenigen ganzen Zahlen, die bei Division durch 5 den gleichen Rest geben wie 7 mod 5, also 2. Das heißt: [7] = [2].

Zur Festigung des Gelernten 3.2.1

(a) Geben Sie die Restklassen im Fall n = 6 an.

(b) Bestimmen Sie für n = 11 die Restklassen [17], [5 + 13], [3 · 8], $[2^5]$.

(b) Stellen Sie die Restklassen [n + 2], [2n], [2n + 1] (für eine natürliche Zahl n ≥ 3) durch einen möglichst kleinen nichtnegativen Repräsentanten dar.

Satz über Restklassen 3.2.2

Sei n > 1 eine natürliche Zahl. Dann gelten folgende Aussagen:

(a) (Wohldefiniertheit einer Restklasse): Wenn eine ganze Zahl b in der Restklasse [a] enthalten ist, dann gilt [b] = [a]. Kurz: b ∈ [a] ⇒ [b] = [a].

(b) Zwei Restklassen modulo n sind disjunkt oder gleich. Kurz: [a] ∩ [b] ≠ ∅ ⇒ [a] = [b].

(c) Jede ganze Zahl ist in genau einer Restklasse modulo n enthalten.

(d) Die Vereinigung der Restklassen [0], [1], . . . , [n − 1] modulo n ist ganz **Z**.

(e) Es gibt genau n verschieden Restklassen modulo n, nämlich [0], [1], . . . , [n − 1].

Beweis.

(a) Da b in [a] liegt, hat b bei Division durch n den gleichen Rest wie a. Das heißt: b mod n = a mod n. Daraus folgt:

$$[b] = \{z \in \mathbf{Z} \mid z \bmod n = b \bmod n\}$$
$$= \{z \in \mathbf{Z} \mid z \bmod n = a \bmod n\} = [a].$$

(b) folgt aus (a): Angenommen, zwei Restklassen [a] und [b] haben eine Zahl c gemeinsam. Da dann c in [a] und in [b] liegt, folgt mit (a): [c] = [a] und [c] = [b], also [a] = [b].

(c) Sei a eine ganze Zahl. Der Rest von a bei Division durch n bestimmt die Restklasse von a. Das heißt: Die ganze Zahl a liegt in der Restklasse [a mod n]. Noch einfacher könnte man sagen: Die ganze Zahl a liegt in der Restklasse [a].

(d) ist nur eine Umformulierung von (c).

(e) Jede ganze Zahl hat bei Division durch n einen der Reste $0, 1, \ldots, n-1$, liegt also in einer der Restklassen $[0], [1], \ldots, [n-1]$. $\qquad\square$

Der folgende Satz sagt, wie man an den Repräsentanten erkennen kann, ob zwei Restklassen gleich sind.

Satz 3.2.3 (Kriterium für die Gleichheit von Restklassen)
Sei n > 1 eine natürliche Zahl. Dann gilt:

$$[a] = [b] \Leftrightarrow n \mid b - a.$$

In Worten: Zwei Restklassen sind genau dann gleich, wenn die Differenz ihrer Repräsentanten ein Vielfaches von n ist.

Beweis. Die Aussage folgt aus 3.2.2 (a), wir beweisen sie aber noch einmal explizit:

„$\Rightarrow$": Sei [a] = [b]. Dann ist b in der Restklasse [a] enthalten, also haben a und b bei Division durch n den gleichen Rest r. Es gibt also ganze Zahlen q und q′ mit a = qn + r und b = q′n + r. Daraus folgt b − a = q′n − qn = (q′ − q)n. Also ist b − a ein Vielfaches von n.

„$\Leftarrow$": Aus n|b − a folgt b − a = qn. Das bedeutet, dass b und a den gleichen Rest bei Division durch n haben. Also ist [b] = [a]. $\qquad\square$

Zur Festigung des Gelernten 3.2.4

Unter 6 beliebig ausgewählten ganzen Zahlen gibt es stets zwei, deren Differenz durch 5 teilbar ist. (Klar: Von den 6 Zahlen liegen zwei in einer gemeinsamen der fünf Restklassen modulo 5. Die Differenz dieser beiden Zahlen ist durch 5 teilbar.)

Verallgemeinern Sie diese Aussage.

Nun betrachten wir alle Restklassen modulo n gemeinsam.

▶ **Definition: Z_n** Sei n eine positive natürliche Zahl. Wir bezeichnen mit $\mathbf{Z}_n$ die Menge aller Restklassen modulo n. Genauer

$$\mathbf{Z}_n = \{[0], [1], \ldots, [n-1]\}.$$

Oft wird in der Literatur auch einfach $\mathbf{Z}_n = \{0, 1, \ldots, n-1\}$ geschrieben, also die Restklassen mit ihren kleinsten nichtnegativen Resten identifiziert. Auch wir werden das, sofern keine Missverständnisse zu befürchten sind, in den folgenden Kapiteln tun.

Wir wollen mit den Elementen von $\mathbf{Z}_n$, also den Restklassen rechnen: insbesondere wollen wir Restklassen addieren und multiplizieren.

▶ **Definition: Addition von Restklassen** Sei n eine positive natürliche Zahl, und seien [a] und [b] Restklassen modulo n, also Elemente von $\mathbf{Z}_n$. Wir definieren die Summe dieser Restklassen wie folgt:

$$[a] + [b] := [a + b].$$

In Worten: Zwei Restklassen werden addiert, indem man Repräsentanten addiert und die entsprechende Restklasse bildet.

Wie immer, wenn man eine Operation über Repräsentanten definiert, muss man zeigen, dass diese *wohldefiniert* ist: Seien $[a'] = [a]$ und $[b'] = [b]$. Dann sind nach 3.2.3 die Zahlen $a' - a$ und $b' - b$ Vielfache von n, das heißt $a' - a = kn$ und $b' - b = hn$ für $k, h \in \mathbf{Z}$. Wir müssen zeigen, dass $[a'] + [b'] = [a] + [b]$ gilt. Nach Definition der Addition von Restklassen müssen wir $[a' + b'] = [a + b]$ zeigen. Dazu reicht es nach 3.2.3 nachzuweisen, dass die Differenz $(a' + b') - (a + b)$ der Repräsentanten dieser Restklassen ein Vielfaches von n ist. Das folgt so:

$$(a' + b') - (a + b) = (kn + a - hn + b) - a - b = (k + h)n.$$

Der folgende Satz fasst die Eigenschaften der Addition in $\mathbf{Z}_n$ zusammen. Er drückt im Grunde das Gleiche aus wie Satz 3.1.8, nur nicht in der Sprache der Reste, sondern in der Sprache der Restklassen.

Satz 3.2.5 (Eigenschaften der Addition von Restklassen)
Sei $n > 1$ eine natürliche Zahl. Die Addition in $\mathbf{Z}_n$ hat folgende Eigenschaften:

(a) sie ist kommutativ,
(b) sie ist assoziativ,
(c) es gibt ein neutralen Elements, nämlich [0],
(d) jedes $[a] \in \mathbf{Z}_n$ hat ein inverses Element bezüglich der Addition, nämlich $[n - a]$.

Beweis. Seien a, b, c beliebige ganze Zahlen. Wir führen alle Behauptungen auf die entsprechenden Aussagen in $\mathbf{Z}$ zurück.

(a) $[a] + [b] = [a + b] = [b + a] = [b] + [a]$.

(b) $([a]+[b]) + [c] = [a + b] + [c] = [(a + b) + c] = [a + (b + c)] = [a] + [b + c] = [a] + ([b]+[c])$.

(c) Für jede ganze Zahl a gilt $[a] + [0] = [a + 0] = [a] = [0 + a] = [0] + [a]$.

(d) Das inverse Element von $[a]$ ist $[n - a]$, denn $[a] + [n - a] = [a + (n - a)] = [n] = [0]$ und $[n - a] + [a] = [0]$. $\qquad\qquad\square$

3.3 Multiplikation von Restklassen

▶ **Definition: Multiplikation von Restklassen** Sei n eine positive natürliche Zahl, und seien $[a]$ und $[b]$ Elemente von $\mathbf{Z}_n$. Wir definieren das Produkt dieser Restklassen wie folgt:

$$[a] \cdot [b] := [a \cdot b].$$

In Worten: Zwei Restklassen werden multipliziert, indem man Repräsentanten multipliziert und die entsprechende Restklasse bildet.

Beispiel. Hier ist die Multiplikationstabelle von $\mathbf{Z}_5$:

$\cdot_5$	[0]	[1]	[2]	[3]	[4]
[0]	[0]	[0]	[0]	[0]	[0]
[1]	[0]	[1]	[2]	[3]	[4]
[2]	[0]	[2]	[4]	[1]	[3]
[3]	[0]	[3]	[1]	[4]	[2]
[4]	[0]	[4]	[3]	[2]	[1]

Wir zeigen, dass die Multiplikation von Restklassen wohldefiniert ist: Seien $[a'] = [a]$ und $[b'] = [b]$. Dann sind nach 3.2.3 die Zahlen $a' - a$ und $b' - b$ Vielfache von n, das heißt $a' - a = kn$ und $b' - b = hn$ für $k, h \in \mathbf{Z}$. Dann ist

$$(a' \cdot b') - (a \cdot b) = (kn + a) \cdot (hn + b) - a \cdot b = (khn + kb + ah) \cdot n,$$

und damit folgt nach 3.2.3 $[a' \cdot b'] = [a \cdot b]$, also $[a'] \cdot [b'] = [a] \cdot [b]$.

Machen Sie sich klar, dass der folgende Satz, der die wesentlichen Eigenschaften der Multiplikation in $\mathbf{Z}_n$ behandelt, im Grunde gleich dem Satz 3.1.10 ist – aber in der Sprache der Restklassen formuliert ist.

Satz 3.3.1 (Eigenschaften der Multiplikation von Restklassen)
Sei $n > 1$ eine natürliche Zahl. Dann gelten folgende Aussagen für die Multiplikation in $\mathbf{Z}_n$:

(a) sie ist kommutativ,

(b) sie ist assoziativ,

(c) es gibt ein neutrales Element bezüglich der Multiplikation, nämlich $[1]$,

(d) es gilt das Distributivgesetz.

Beweis. Seien a, b, c beliebige ganze Zahlen. Wir führen alle Behauptungen auf die entsprechenden Aussagen in $\mathbf{Z}$ zurück.

(a) $[a] \cdot [b] = [a \cdot b] = [b \cdot a] = [b] \cdot [a]$.

(b) $([a] \cdot [b]) \cdot [c] = [a \cdot b] \cdot [c] = [(a \cdot b) \cdot c] = [a \cdot (b \cdot c)] = [a] \cdot [b \cdot c] = [a] \cdot ([b] \cdot [c])$.

(c) Für jede ganze Zahl a gilt $[a] \cdot [1] = [a \cdot 1] = [a] = [1 \cdot a] = [1] \cdot [a]$. $\qquad\qquad\square$

Zur Festigung des Gelernten 3.3.2
Formulieren und beweisen Sie das Distributivgesetz für $\mathbf{Z}_n$.

In $\mathbf{Z}$ sind nur sehr wenige Zahlen multiplikativ invertierbar, genau gesagt, nur 1 und -1. Demgegenüber sind im Allgemeinen in $\mathbf{Z}_n$ viel mehr Elemente multiplikativ invertierbar. Dieses Phänomen wollen wir genau untersuchen.

▶ **Definition: invertierbare Restklasse** Sei n eine positive natürliche Zahl.

(a) Ein Element $[a] \in \mathbf{Z}_n$ heißt *multiplikativ invertierbar*, wenn es ein $[a'] \in \mathbf{Z}_n$ gibt mit $[a] \cdot [a'] = [1]$.

(b) Wir bezeichnen mit $\mathbf{Z}_n^*$ die Menge aller multiplikativ invertierbarer Elemente in $\mathbf{Z}_n$.

Satz 3.3.3 (Kriterium für Invertierbarkeit von Restklassen)
Sei $n > 1$ eine natürliche Zahl. Dann gilt: Eine Restklasse $[a]$ ist genau dann invertierbar wenn $\mathrm{ggT}(a, n) = 1$ ist.

Beispiele.

(a) In $\mathbf{Z}_{12}$ sind genau die Elemente $[1], [5], [7], [11]$ invertierbar. In $\mathbf{Z}_{15}$ sind die Elemente $[1], [2], [4], [7], [8], [11], [13], [14]$ invertierbar. Mit anderen Worten: $\mathbf{Z}_{12}^* = \{[1], [5], [7], [11]\}$, $\mathbf{Z}_{15}^* = \{[1], [2], [4], [7], [8], [11], [13], [14]\}$.

(b) Für jede Primzahl p gilt $\mathbf{Z}_p^* = \{1, 2, \ldots, p-1\}$.

Zur Festigung des Gelernten 3.3.4

Bestimmen Sie die Elemente von $\mathbf{Z}_{18}^*$ und berechnen Sie die Multiplikationstafel.

Beweis. Sei zunächst $[a]$ invertierbar. Dann gibt es ein $[a'] \in \mathbf{Z}_n$ mit $[a] \cdot [a'] = [1]$. Daraus folgt $[aa'] = [1]$, also ist $aa' - 1$ ein Vielfaches von n: $aa' - 1 = kn$. Also ist $aa' - kn = 1$.

Sei $d := \mathrm{ggT}(a, n)$. Da d sowohl a als auch n teilt, teilt d auch $aa' - kn$, also die Zahl 1. Somit ist $\mathrm{ggT}(a, b) = d = 1$.

Nun setzen wir umgekehrt $\mathrm{ggT}(a, n) = 1$ voraus. Nach dem Lemma von Bézout (1.5.10) gibt ganze Zahlen a' und n' mit $aa' + nn' = 1$. Damit ist $aa' - 1$ ein Vielfaches von n, und nach 3.2.3 ist also $[a] \cdot [a'] = [aa'] = [1]$. Somit ist $[a']$ ein multiplikativ Inverses von $[a]$. $\square$

Bemerkung. Satz 3.1.11 behandelt den Fall, in dem n eine Primzahl ist, in der Sprache der Reste.

Folgerung 3.3.5 ($\mathbf{Z}_p$ ist Körper)

$\mathbf{Z}_n$ ist genau dann ein Körper, wenn n eine Primzahl ist. Insbesondere ist $\mathbf{Z}_p$ für jede Primzahl p ein Körper.

Beweis. Wenn p eine Primzahl ist, dann ist jede Zahl $a \in \{1, \ldots, p-1\}$ teilerfremd zu p. Nach 3.3.3 ist also jede Restklasse $[a]$ zu einer solchen Zahl invertierbar. Mit anderen Worten: In $\mathbf{Z}_p$ sind alle von Null verschiedenen Elemente invertierbar. Zusammen mit 3.2.5 und 3.3.1 folgt, dass $\mathbf{Z}_p$ ein Körper ist.

Wenn n keine Primzahl ist, dann gibt es natürliche Zahlen a und b mit $a > 1$ und $b > 1$ und $n = ab$. In $\mathbf{Z}_n$ bedeutet dies $[a][b] = [ab] = [n] = [0]$. In einem Körper ist aber das Produkt je zweier von Null verschiedener Elemente auch ungleich Null. Also kann $\mathbf{Z}_n$ kein Körper sein. $\square$

3.4 Der chinesische Restsatz

Der chinesische Restsatz trägt die beiden Teile seines Namens zu Recht. Zum einen werden in diesem Satz Reste betrachtet, genauer gesagt zeigt er die Bedeutung von Resten. Zum andern hat der Satz einen chinesischen Ursprung. Der chinesische Mathematiker Sun Zi, der im dritten Jahrhundert n. Chr. lebte, behandelte Aufgaben des folgenden Typs: Es gibt eine unbekannte Anzahl von Dingen. Wenn man sie durch 3 teilt, haben sie einen Rest von 2; wenn man sie durch 5 teilt, bleiben 3 übrig; wenn man sie durch 7 teilt, bleibt ein Rest von 2 Dingen. Kannst Du die Zahl bestimmen?

Der chinesische Restsatz hat aber eine große Bedeutung, die weit über solche unterhaltungsmathematischen Aufgaben hinausgeht. Mit Hilfe dieses Satzes kann man nämlich

Rechnungen in $\mathbf{Z}_n$ mit großem n auf Rechnungen in $\mathbf{Z}_t$ zurückführen, wobei t ein Teiler von n ist. Dies wird auch in folgendem Beispiel deutlich.

Die Maya hatten ein hoch entwickeltes Kalendersystem. Tatsächlich verwendeten sie mehrere Kalender für unterschiedliche Zwecke. In unserem Zusammenhang wichtig ist der Tzolkin-Kalender, der für religiöse Zwecke benutzt wurde. Er besteht einerseits aus den Zahlen 1, ..., 13 und andererseits aus 20 Namen für Tage: *Imix, Ik, Akbal, Kan, Chicchán, Cimí, Manik, Lamat, Muluc, Oc, Chuen, Eb, Ben, Ix, Men, Cib, Cabán, Etznab, Cauac, Ahau.* Bei der Zählung laufen die 13 Zahlen zyklisch durch und unabhängig davon die 20 Tagesnamen. Das bedeutet, dass sich ein Zyklus von $13 \cdot 20 = 260$ ergibt. (Warum ein Zyklus der Länge 260 wichtig war, ist nicht geklärt.)

Um uns das Prinzip klarzumachen, betrachten wir ein kleines Beispiel, in dem ein Zyklus der Länge 3 mit einem Zyklus der Länge 7 kombiniert wird. Damit kann man die Zahlen 0, ... 20, also alle Elemente von $\mathbf{Z}_{21}$ darstellen. Beachten Sie, wie sich in der zweiten und dritten Spalte der folgenden Tabelle der 3-er Zyklus und der 7-er Zyklus unbeeindruckt voneinander wiederholen:

Zahl c in $\mathbf{Z}_{21}$	Zahl a in $\mathbf{Z}_3$	Zahl b In $\mathbf{Z}_7$
0	0	0
1	1	1
2	2	2
3	0	3
4	1	4
5	2	5
6	0	6
7	1	0
8	2	1
9	0	2
10	1	3
11	2	4
12	0	5
13	1	6
14	2	0
15	0	1
16	1	2
17	2	3
18	0	4
19	1	5
20	2	6

Die Tabelle stellt zwei Darstellungen gegeneinander: Die durchgängige Folge $0, \ldots, 20$ und die $3 \cdot 7$ Kombinationen des 3-er Zyklus und des 7-er Zyklus. Das Problem ist, wie man von einer Darstellung in die andere umrechnen kann.

Eine Richtung ist einfach: Wenn eine Zahl c in $\mathbf{Z}_{21}$ gegeben ist, dann berechnet man a und b durch $a = c \bmod 3$ und $b = c \bmod 7$. Die eigentliche Frage ist, wie man zurückkommt, das heißt wie man zu gegeben $a \in \mathbf{Z}_3$ und $b \in \mathbf{Z}_7$ effizient das zugehörige $c \in \mathbf{Z}_{21}$ findet. Der „chinesische Restsatz" gibt darauf eine Antwort.

Dazu müssen wir ein bisschen ausholen. Allgemein gilt folgender Satz:

Satz 3.4.1

Seien m und n teilerfremde natürliche Zahlen. Für jede Zahl $c \in \mathbf{Z}_{mn}$ definieren wir $f(c) := (c \bmod m, c \bmod n)$. Dann ist f eine bijektive Abbildung von $\mathbf{Z}_{mn}$ in $\mathbf{Z}_m \times \mathbf{Z}_n$.

Beweis. Es ist klar, dass f eine Abbildung von $\mathbf{Z}_{mn}$ in $\mathbf{Z}_m \times \mathbf{Z}_n$ ist. Um zu zeigen, dass f bijektiv ist, stellen wir zunächst fest, dass die Anzahl der Elemente in $\mathbf{Z}_{mn}$ gleich der Anzahl der Elemente in $\mathbf{Z}_m \times \mathbf{Z}_n$ ist. Das ergibt sich so: $|\mathbf{Z}_{mn}| = mn = |\mathbf{Z}_m| \cdot |\mathbf{Z}_n| = |\mathbf{Z}_m \times \mathbf{Z}_n|$. Also reicht es zu zeigen, dass f injektiv ist.

Dazu seien $c, c' \in \mathbf{Z}_{mn}$ gegeben mit $f(c) = (a, b) = f(c')$. Dann gilt zunächst $c = a + qm$ und $c' = a + q'm$. Außerdem gilt $c = b + pn$ und $c' = b + p'n$. Wegen $pn = c - b \leq c \leq mn$ folgt $p \leq m$. Ebenso ergibt sich $p' \leq m$.

Es folgt $c - c' = (q - q')m$ und $c - c' = (p - p')n$. Zusammen $(q - q')m = (p - p')n$.

Also teilt m das Produkt $(p - p')n$. Nach dem Lemma von Euklid und der Tatsache, dass m und n teilerfremd sind, teilt m die Zahl $p - p'$. Also ist $p - p' = 0$. $\qquad\square$

Frage. Da die Abbildung f bijektiv ist, hat sie eine Umkehrabbildung. Wie sieht diese konkret aus? Im Beispiel des Maya-Kalenders lautet die Frage: Gegeben irgendein Tag (a, b) im Maya-Kalender, zum Beispiel $(2, 2)$, der wievielte Tag ist das? Um das auszurechnen, braucht man einen „Schlüssel". Dieser Schüssel sind die Zahlen m' und n' mit $mm' + nn' = 1$ (Lemma von Bézout). Das Urbild des Paares $(a, b) \in \mathbf{Z}_m \times \mathbf{Z}_n$ ist die Zahl $(ann' + bmm') \bmod mn$.

Beispiel. Seien $m = 3$ und $n = 7$. Wegen $(-2) \cdot 3 + 1 \cdot 7 = 1$ ist $m' = -2$ und $n' = 1$. Also ist das Urbild von (a, b) gleich der Zahl $[a \cdot 1 \cdot 7 + b \cdot (-2) \cdot 3] \bmod 21 = [7a - 6b] \bmod 21$.

Zum Beispiel ist das Urbild von $(2, 1)$ gleich $(7 \cdot 2 - 6 \cdot 1) \bmod 21 = 8$.

Zur Festigung des Gelernten 3.4.2

Sei $m = 13$, $n = 20$. Bestimmen Sie m' und n'. Berechnen Sie damit die Urbilder von $(3, 2)$ und $(4, 11)$.

Satz 3.4.3 (chinesischer Restsatz)

Seien m und n teilerfremde natürliche Zahlen. Seien m' und n' ganze Zahlen mit $mm' + nn' = 1$. Wir definieren die Abbildung $g: \mathbf{Z}_m \times \mathbf{Z}_n \to \mathbf{Z}_{mn}$, indem wir für jedes Zahlenpaar $(a, b) \in \mathbf{Z}_m \times \mathbf{Z}_n$ definieren $g(a, b) := (ann' + bmm') \bmod mn$. Dann ist g die Umkehrabbildung von f (vgl. 3.4.1).

Beweis. Wir zeigen, dass fg die Identität auf $\mathbf{Z}_m \times \mathbf{Z}_n$ und gf die Identität auf $\mathbf{Z}_{mn}$ ist.

Schritt 1. Zunächst zeigen wir $fg(a, b) = (a, b)$ für alle $(a, b) \in \mathbf{Z}_m \times \mathbf{Z}_n$:

$$
\begin{aligned}
fg(a, b) &= f(ann' + bmm') \\
&= ((ann' + bmm') \bmod m, (ann' + bmm') \bmod n) \\
&= (ann' \bmod m, bmm' \bmod n) \\
&= (a(1 - mm') \bmod m, b(1 - nn') \bmod n) \\
&= (a, b).
\end{aligned}
$$

Schritt 2. Nun zeigen wir noch $gf(c) = c$ für alle $c \in \mathbf{Z}_{mn}$:

$$
gf(c) = g(c \bmod m, c \bmod n)
$$

Wir schreiben $c \bmod m = c - qm$ und $c \bmod n = c - q'n$. Damit folgt dann

$$
\begin{aligned}
gf(c) &= g(c \bmod m, c \bmod n) \\
&= g(c - qm, c - q'n) \\
&= (c - qm)nn' + (c - q'n)mm' \\
&= cnn' - q \cdot mn \cdot n' + cmm' - q' \cdot nm \cdot m'.
\end{aligned}
$$

Wenn wir diesen Ausdruck modulo mn lesen, erhalten wir

$$
\ldots = cnn' + cmm' = c(nn' + mm') = c \cdot 1 = c.
$$

Somit sind f und g tatsächlich inverse Abbildungen. $\square$

Zur Festigung des Gelernten 3.4.4

Ich denke mir eine Zahl. Wenn ich sie durch 8 teile, ergibt sich Rest 3, wenn ich sie durch 7 teile, ergibt sich Rest 1. Wie lautet die Zahl? Genauer gefragt: Welches ist die kleinste natürliche Zahl mit diesen Eigenschaften?

Die in 3.4.1 definierte Abbildung f von $\mathbf{Z}_{mn}$ in $\mathbf{Z}_m \times \mathbf{Z}_n$ ist nicht nur bijektiv, sondern erhält auch die Addition und Multiplikation in den jeweiligen Strukturen. Dazu müssen wir zunächst festlegen, wie in $\mathbf{Z}_m \times \mathbf{Z}_n$ addiert und multipliziert werden soll. Das liegt aber im Grunde auf der Hand:

▶ **Definition: direktes Produkt** Seien m und n positive natürliche Zahlen. Wir definieren auf dem kartesischen Produkt $\mathbf{Z}_m \times \mathbf{Z}_n$ eine Addition und eine Multiplikation, indem wir sie komponentenweise erklären. Das heißt;

$$(a, b) + (a', b') := (a + a', b + b') \text{ und } (a, b) \cdot (a', b') := (aa', bb').$$

Man spricht auch vom *direkten Produkt* von $\mathbf{Z}_m$ und $\mathbf{Z}_n$.

Wir erinnern uns, dass wir in $\mathbf{Z}_m$ und $\mathbf{Z}_n$ nur abkürzend $+$ und $\cdot$ für Addition und Multiplikation schreiben; eigentlich lauten die Operationen $+_m$ und $\cdot_m$ beziehungsweise $+_n$ und $\cdot_n$, so dass die Definition für die Addition und Multiplikation in $\mathbf{Z}_m \times \mathbf{Z}_n$ genauer so lautet:

$$(a, b) + (a', b') := (a +_m a', b +_n b') \text{ und } (a, b) \cdot (a', b') := (a \cdot_m a', b \cdot_n b').$$

Beispiele. In $\mathbf{Z}_3 \times \mathbf{Z}_7$ gelten die folgenden Gleichungen:

$$(1, 4) + (2, 5) = (0, 2), (2, 5) \cdot (2, 3) = (1, 1).$$

Zur Festigung des Gelernten 3.4.5
Berechnen Sie in $\mathbf{Z}_4 \times \mathbf{Z}_6$ die Summen $(1, 4) + (2, 5)$ und $(2, 4) + (2, 4)$, sowie die Produkte $(2, 2) \cdot (3, 3)$ und $(1, 3) \cdot (2, 5)$.

Die Tatsache dass Addition und Multiplikation komponentenweise definiert sind, impliziert, dass alle Eigenschaften, die in $\mathbf{Z}_m$ und in $\mathbf{Z}_n$ gelten, entsprechend auch in $\mathbf{Z}_m \times \mathbf{Z}_n$ gelten.

Zur Festigung des Gelernten 3.4.6
Beweisen Sie die folgenden Aussagen:

- Die Addition auf $\mathbf{Z}_m \times \mathbf{Z}_n$ ist kommutativ und assoziativ.
- Das Element $(0, 0)$ ist ein neutrales Element.
- Jedes Element (a, b) hat ein „negatives", nämlich $(-a, -b)$.
- Die Multiplikation auf $\mathbf{Z}_m \times \mathbf{Z}_n$ ist kommutativ und assoziativ.
- Das Element $(1, 1)$ ist ein neutrales Element bezüglich der Multiplikation.
- Es gilt das Distributivgesetz.

Eine wichtige Anwendung besteht darin, die invertierbaren Elemente in $\mathbf{Z}_{mn}$ auf die invertierbaren Elemente in $\mathbf{Z}_m$ und $\mathbf{Z}_n$ zurückzuführen. Zum Beispiel wird $\mathbf{Z}_{20}^*$ zurückgeführt auf $\mathbf{Z}_4^*$ und $\mathbf{Z}_5^*$:

$c \in \mathbf{Z}_{20}^{*}$	c mod 4	c mod 5
1	1	1
3	3	3
7	3	2
9	1	4
11	3	1
13	1	3
17	1	2
19	3	4

Wir sehen, dass die invertierbaren Elemente aus $\mathbf{Z}_{20}$ eindeutig den Paaren invertierbarer Elemente aus $\mathbf{Z}_4$ und $\mathbf{Z}_5$ zugeordnet sind. Teil (c) des folgenden Satzes sagt, dass das auch im Allgemeinen gilt.

Satz 3.4.7 (Isomorphie und direktes Produkt)

Seien m und n teilerfremde natürliche Zahlen und sei f die in 3.4.1 definierte bijektive Abbildung von $\mathbf{Z}_{mn}$ in $\mathbf{Z}_m \times \mathbf{Z}_n$. Dann gilt:

(a) $f(x + y) = f(x) + f(y)$

(b) $f(x \cdot y) = f(x) \cdot f(y)$

(c) Ein Element $c \in \mathbf{Z}_{mn}$ ist genau dann multiplikativ invertierbar, wenn beide Komponenten von $f(c)$ in $\mathbf{Z}_m$ beziehungsweise $\mathbf{Z}_n$ multiplikativ invertierbar sind.

(d) Die Anzahl der multiplikativ invertierbaren Elemente in $\mathbf{Z}_{mn}$ ist gleich dem Produkt der Anzahlen der multiplikativ invertierbaren Elemente in $\mathbf{Z}_m$ und $\mathbf{Z}_n$.

Beweis.

(a) Die Homomorphie der Addition (3.1.13 (a)) besagt: $(x + y) \bmod m = (x \bmod m) +_m (y \bmod m)$. Also gilt

$$
\begin{aligned}
f(x + y) &= ((x + y) \bmod m, (x + y) \bmod n) \\
&= ((x \bmod m) +_m (y \bmod m), (x \bmod n) +_n (y \bmod n)) \\
&= ((x \bmod m), (x \bmod n)) + ((y \bmod m), (y \bmod n)) \\
&= f(x) + f(y).
\end{aligned}
$$

Der Beweis von (b) ergibt sich entsprechend.

(c) Sei zunächst $c \in \mathbf{Z}_{mn}$ invertierbar. Dann gibt es ein Element c' in $\mathbf{Z}_{mn}$ mit $cc' = 1$. Nach
Teil (b) ist dann

$$(1, 1) = f(1) = f(cc') = f(c) \cdot f(c')$$
$$= (c \bmod m, c \bmod n) \cdot (c' \bmod m, c' \bmod n)$$
$$= ((c \bmod m) \cdot_m (c' \bmod m), (c \bmod n) \cdot_n (c' \bmod n)).$$

Das heißt, $c' \bmod m$ ist die multiplikative Inverse von $c \bmod m$ in $\mathbf{Z}_m$ und entsprechend
ist $c' \bmod n$ die multiplikative Inverse von $c \bmod n$ in $\mathbf{Z}_n$.
Seien nun $a \in \mathbf{Z}_m$ und $b \in \mathbf{Z}_n$ invertierbare Elemente. Das heißt, es gibt $a' \in \mathbf{Z}_m$ und
$b' \in \mathbf{Z}_n$ mit $aa' = 1$ und $bb' = 1$.
Sei c' das Urbild unter f des Paares (a', b'); das heißt $f(c') = (a', b')$. Dann gilt:

$$f(cc') = f(c)f(c') = (a, b)(a', b') = (aa', bb') = (1, 1).$$

Da das Urbild des neutralen Elements $(1, 1) \in \mathbf{Z}_m \times \mathbf{Z}_n$ unter der bijektiven Abbildung
f gleich dem neutralen Element von $\mathbf{Z}_{mn}$ ist, folgt $cc' = 1$. Also ist c invertierbar.
(d) ergibt sich direkt aus (c). $\square$

Zur Festigung des Gelernten 3.4.8
Wie viele multiplikativ invertierbare Elemente enthalten $\mathbf{Z}_{55}$, $\mathbf{Z}_{91}$, $\mathbf{Z}_{143}$?

3.5   Die Sätze von Fermat und Euler

Die Struktur von $\mathbf{Z}_n^*$ zu verstehen, heißt die Multiplikation in $\mathbf{Z}_n^*$ zu verstehen. Dazu ist
es nahe liegend, mit den einfachsten Multiplikationsaufgaben zu beginnen, nämlich den
Potenzen a, a^2, a^3, a^4, … eines beliebigen Elementes a. Dass diese Potenzen nicht ganz
einfach zu beherrschen sind, zeigt Abb. 3.4 der Potenzen von 2 in $\mathbf{Z}_{37}^*$. Dies ist, in anderen
Worten, der Graph der Funktion $x \to 2^x \bmod 37$.

Eine einfache, aber, wie sich herausstellen wird, entscheidende Frage ist: Wie oft muss
man ein Element von $\mathbf{Z}_n^*$ mit sich selbst multiplizieren, bis sich das neutrale Element 1
ergibt? Man könnte auch fragen: Ist es immer so, dass irgendeine Potenz (mit positivem
Exponenten) gleich dem neutralen Element ist? Darauf geben die Sätze von Fermat und
Leonhard Euler (1707–1783) eine sehr befriedigende Antwort.

Satz 3.5.1 (Kleiner Satz von Fermat)
Sei p eine Primzahl und sei $[a] \in \mathbf{Z}_p$, $[a] \neq [0]$. Dann gilt $[a]^{p-1} = [1]$.
    In der Sprache der Modulo-Rechnung lautet diese Aussage: $a^{p-1} \bmod p = 1$.

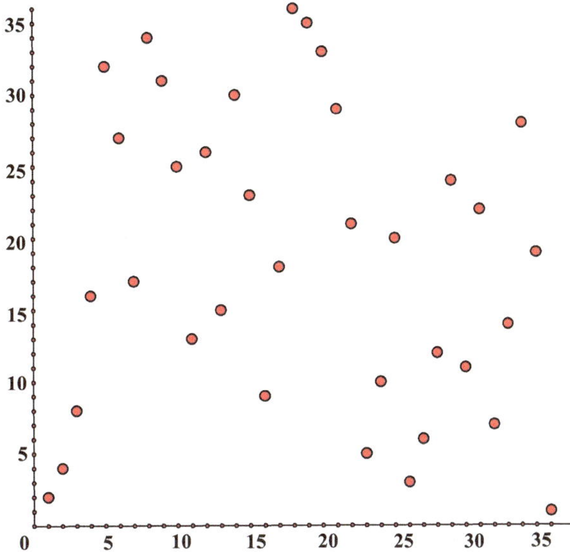

Abb. 3.4 Die Potenzen von 2 modulo 37

Beweis. Wir multiplizieren [a] mit jedem Element von $\mathbf{Z}_p$ und behaupten: Die Restklassen $[a]\cdot[1], [a]\cdot[2], \ldots, [a]\cdot[p-1]$ sind paarweise verschieden. (Angenommen, $[a]\cdot[i] = [a]\cdot[j]$. Daraus folgt $[ai] = [aj]$, also ist p ein Teiler von $ai - aj = a(i-j)$. Da p und a teilerfremd sind, muss nach dem Lemma von Euklid p ein Teiler von $(i-j)$ sein. Da i und j zwischen 0 und $p-1$ liegen, folgt $i - j = 0$, das heißt $i = j$.)

Das bedeutet, dass die Produkte $[a]\cdot[1], [a]\cdot[2], \ldots, [a]\cdot[p-1]$ gleich allen Restklassen $[1], [2], \ldots, [p-1]$ sind – nur in veränderter Reihenfolge. Da die Multiplikation von Restklassen kommutativ ist, sind also die folgenden Produkte gleich:

$$[a]\cdot[1]\cdot[a]\cdot[2]\cdot\ldots\cdot[a]\cdot[p-1] = [1]\cdot[2]\cdot\ldots\cdot[p-1].$$

Daraus folgt

$$[a]^{p-1}\cdot([1]\cdot[2]\cdot\ldots\cdot[p-1]) = [1]\cdot[2]\cdot\ldots\cdot[p-1].$$

Da alle Restklassen $[1], [2], \ldots, [p-1]$ in $\mathbf{Z}_p$ invertierbar sind, folgt $[a]^{p-1} = [1]$. $\square$

Oft wird der kleine Satz von Fermat auch in der Form $[a]^p = [a]$ beziehungsweise $a^p \bmod p = a$ formuliert. (Beide Seiten werden mit [a] beziehungsweise a multipliziert.) Wir werden einen weiteren, moderneren Beweis des kleinen Satzes von Fermat in Kapitel „Gruppen" kennen lernen.

Um den kleinen Satz von Fermat zu dem Satz von Euler verallgemeinern zu können, müssen wir die Anzahl der Elemente von $\mathbf{Z}_n^*$ untersuchen:

▶ **Definition: Eulersche phi-Funktion** Sei n eine natürliche Zahl. Mit $\varphi(n)$ bezeichnen wir die Anzahl der natürlichen Zahlen $\leq n$, die teilerfremd zu n sind. Die Funktion φ heißt *Eulersche phi-Funktion*. Man kann auch sagen: $\varphi(n)$ ist die Anzahl der Elemente in $\mathbf{Z}_n^*$.

Beispiele. In der folgenden Tabelle sehen wir die ersten Werte der φ-Funktion.

n	1	2	3	4	5	6	7	8	9	10	11	12	13	14	15	16	17	18	19	20
$\varphi(n)$	1	1	2	2	4	2	6	4	6	4	10	4	12	6						

Zur Festigung des Gelernten 3.5.2
Verifizieren Sie die Einträge in die Tabelle und vervollständigen Sie diese.

Die φ-Funktion scheint auf den ersten Blick schwer zu bestimmen zu sein. Für manche Zahlen ist sie aber einfach auszurechnen.

Satz 3.5.3
Sei p eine Primzahl.

(a) Es gilt $\varphi(p) = p - 1$.
(b) Für jede natürliche Zahl a gilt $\varphi(p^a) = (p - 1) \cdot p^{a-1}$.

Beweis.

(a) Da p eine Primzahl ist, ist jede der Zahlen $1, 2, \ldots, p - 1$ teilerfremd zu p.
(b) Wir betrachten zunächst die Zahlen $\leq p$, die *nicht* teilerfremd zu p^a sind. Das sind die Vielfachen von p, also die Zahlen $p, 2p, 3p, \ldots, p^{a-1} \cdot p$. Dies sind genau p^{a-1} Zahlen. Somit ist $\varphi(p^a) = p^a - p^{a-1} = (p - 1) \cdot p^{a-1}$. $\square$

Man kann die φ-Funktion von jeder natürlichen Zahl berechnen – wenn man ihre Primfaktorzerlegung kennt.

Satz 3.5.4 (Berechnung der phi-Funktion)

(a) Seien p und q verschiedene Primzahlen und a, b natürliche Zahlen. Dann ist $\varphi(p^a \cdot q^b) = (p - 1)(q - 1) \cdot p^{a-1} \cdot q^{b-1}$. Insbesondere ist $\varphi(pq) = (p - 1)(q - 1)$.
(b) Seien p, q und r verschiedene Primzahlen und a, b, c natürliche Zahlen. Dann ist $\varphi(p^a \cdot q^b \cdot r^c) = (p - 1)(q - 1)(r - 1) \cdot p^{a-1} \cdot q^{b-1} \cdot r^{c-1}$.

(c) Im Allgemeinen gilt: Sei n eine beliebige natürliche Zahl, und sei $n = p_1^{e_1} \cdot p_2^{e_2} \cdot \ldots \cdot p_r^{e_r}$ ihre Primfaktorzerlegung. Dann ist

$$\varphi(n) = (p_1 - 1) \cdot p_1^{e_1-1} \cdot (p_2 - 1) \cdot p_2^{e_2-1} \cdot \ldots \cdot (p_r - 1) \cdot p_r^{e_r-1}.$$

Beweis.

(a) Sei $n := p^a \cdot q^b$. Unter den natürlichen Zahlen zwischen 1 und n sind genau n/p Zahlen Vielfache von p, und genau n/q Zahlen sind Vielfache von q. Dabei werden die Vielfachen von pq doppelt gezählt; davon gibt es genau n/pq. Somit gilt

$$\begin{aligned}
\varphi(p^a \cdot q^b) = \varphi(n) &= n - n/p - n/q + n/pq \\
&= p^a \cdot q^b - p^{a-1} \cdot q^b - p^a \cdot q^{b-1} + p^{a-1} \cdot q^{b-1} \\
&= p^{a-1} \cdot q^{b-1} \cdot (pq - q - p + 1) = p^{a-1} \cdot q^{b-1} \cdot (p - 1)(q - 1).
\end{aligned}$$

(b) Wir gehen ähnlich wie unter (a) vor. Sei $n := p^a \cdot q^b \cdot r^c$. Unter den natürlichen Zahlen zwischen 1 und n sind genau n/p Zahlen Vielfache von p, genau n/q Zahlen Vielfache von q und genau n/r Zahlen sind Vielfache von r. Dabei werden die Vielfachen von pq, die Vielfachen von pr und die Vielfachen von qr doppelt gezählt; davon gibt es genau n/pq, beziehungsweise n/pr beziehungsweise n/qr viele. Wenn wir diese abziehen, haben wir die Vielfachen von pqr nicht mehr berücksichtigt; also müssen diese wieder dazugerechnet werden; es sind genau n/pqr viele. Somit gibt es genau

$$n/p + n/q + n/r - n/pq - n/pr - n/qr - n/pqr.$$

Zahlen zwischen 1 und n, die *nicht* teilerfremd zu n sind. Es folgt

$$\varphi(p^a \cdot q^b \cdot r^c) = \varphi(n) = n - (n/p + n/q + n/r - n/pq - n/pr - n/qr - n/pqr).$$

Wenn man diesen Ausdruck so wie in (a) ausrechnet, erhält man das behauptete Ergebnis.

(c) Auf die in (a) und (b) durchgeführte Weise könnte man fortfahren und die natürlichen Zahlen behandeln, in deren Primfaktorzerlegung vier oder fünf, oder allgemein r verschiedene Primzahlen vorkommen. Dies kann man in der Tat machen. Dahinter steckt das kombinatorische Prinzip der Inklusion und Exklusion (manchmal auch Siebformel genannt); siehe zum Beispiel Beutelspacher und Zschiegner (2014).

Es geht aber auch eleganter. Denn bei der Behandlung des chinesischen Restsatzes haben wir festgestellt, dass für teilerfremde Zahlen m, n gilt $\varphi(mn) = \varphi(m) \cdot \varphi(n)$ (siehe 3.4.7 (d)). Man spricht in diesem Zusammenhang auch davon, dass die φ-Funktion *multiplikativ* ist.

Man kann diese Aussage durch einen leichten Induktionsschluss auch wie folgt verallgemeinern: Seien $n_1, n_2, \ldots, n_r$ paarweise teilerfremde natürliche Zahlen. Dann gilt $\varphi(n_1 \cdot n_2 \cdot \ldots \cdot n_r) = \varphi(n_1) \cdot \varphi(n_2) \cdot \ldots \cdot \varphi(n_r)$.

Sei nun n eine beliebige natürliche Zahl, in deren Primfaktorzerlegung genau r verschiedene Primzahlen vorkommen. Dann sind die Primzahlpotenzen $n_i = p_i^{e_i}$, die in der Primfaktorzerlegung vorkommen (vgl. 1.6.7) natürliche Zahlen, die paarweise teilerfremd sind. Da φ multiplikativ ist, folgt also

$$\varphi(n) = \varphi(p_1^{e_1} \cdot p_2^{e_2} \cdot \ldots \cdot p_r^{e_r}) = \varphi(p_1^{e_1}) \cdot \varphi(p_2^{e_2}) \cdot \ldots \cdot \varphi(p_r^{e_r}). \qquad \square$$

Wir betrachten jetzt die Menge $\mathbf{Z}_n^*$ aus algebraischer Sicht, das heißt aus Sicht einer inneren Verknüpfung, nämlich der Multiplikation. Schon folgende Verknüpfungstabelle für $\mathbf{Z}_9^* = \{1, 2, 4, 5, 7, 8\}$ lässt vieles erahnen.

$\cdot_9$	1	2	4	5	7	8
1	1	2	4	5	7	8
2	2	4	8	1	5	7
4	4	8	7	2	1	5
5	5	1	2	7	8	4
7	7	5	1	8	4	2
8	8	7	5	4	2	1

Wir beobachten:

- In der Tabelle kommen insgesamt nur Zahlen aus $\mathbf{Z}_9^*$ vor; das bedeutet dass $\mathbf{Z}_9^*$ abgeschlossen ist bezüglich der Multiplikation.
- In jeder Zeile und jeder Spalte kommen die Zahlen aus $\mathbf{Z}_9^*$ jeweils genau einmal vor. Das bedeutet, dass jede Gleichung des Typs $ax = b$ beziehungsweise $xa = b$ (mit $a, b \in \mathbf{Z}_9^*$) eindeutig lösbar ist.
- An der ersten Zeile und ersten Spalte erkennen wir, dass 1 ein neutrales Element ist.
- In jeder Zeile und in jeder Spalte kommt die Zahl 1 vor; das bedeutet, dass jedes Element aus $\mathbf{Z}_9^*$ multiplikativ invertierbar ist.

All diese Eigenschaften gelten auch im Allgemeinen.

Satz 3.5.5 (Eigenschaften der Multiplikation in $\mathbf{Z}_n^*$)
Sei n eine beliebige natürliche Zahl mit $n \geq 2$. Dann gilt

(a) $\mathbf{Z}_n^*$ ist bezüglich der Multiplikation abgeschlossen.

(b) Die Multiplikation auf $\mathbf{Z}_n^*$ ist kommutativ und assoziativ und hat 1 als neutrales Element.

(c) Jedes Element von $\mathbf{Z}_n^*$ ist bezüglich der Multiplikation invertierbar.

(d) $|\mathbf{Z}_n^*| = \varphi(n)$.

Beweis.

(a) Seien a, b $\in \mathbf{Z}_n^*$. Es ist zu zeigen, dass das Produkt a $\cdot_n$ b von a und b, das in $\mathbf{Z}_n$ gebildet wird, auch in $\mathbf{Z}_n^*$ liegt. Etwas formaler bedeutet dies, dass wir zeigen müssen, dass die Zahl a $\cdot_n$ b = ab mod n teilerfremd zu n ist. Sei nun q die natürliche Zahl mit ab mod n = ab − qn. Jetzt können wir unserer Aufgabe so formulieren: Es ist zu zeigen, dass ggT(ab − qn, n) = 1 ist. Dazu zeigen wir dass es keine Primzahl gibt, die sowohl ab − qn als auch n teilt.

Angenommen, es gäbe eine Primzahl p mit p | n und p | ab − qn. Dann teilt p auch die Zahl qn, und also auch ab = (ab − qn) + qn. Das Lemma von Euklid 1.6.3 sagt nun, dass die Primzahl p eine der beiden Zahlen a oder b teilen muss. Daher ist diese Zahl nicht teilerfremd zu n, ein Widerspruch zur Tatsache, dass diese Zahl in $\mathbf{Z}_n^*$ liegt.

(b) Diese Aussagen gelten bereits in $\mathbf{Z}_n$, also erst recht in $\mathbf{Z}_n^*$.

(c) Sei a ein beliebiges Element aus $\mathbf{Z}_n^*$. Dann ist ggT(a, n) = 1, also ist a nach 3.3.3 invertierbar.

(d) folgt direkt aus der Definition von $\varphi(n)$ und Satz 3.3.3. □

Zur Festigung des Gelernten 3.5.6

Beweisen Sie die Aussage (c) des obigen Satzes 3.5.5 mit folgender Methode.

- Wir multiplizieren a mit allen Elementen von $\mathbf{Z}_n^*$. Zeigen Sie, dass alle diese Produkte verschieden sind.
- Also sind diese Produkte die Elemente von $\mathbf{Z}_n^*$, nur in irgendeiner permutierten Reihenfolge. Eines dieser Elemente ist 1, also ...

Bemerkung. Man kann das inverse Element von a mit Hilfe des erweiterten euklidischen Algorithmus (1.5.8) berechnen. Wenn a und n teilerfremd sind, berechnet man damit ganze Zahlen a' und n' mit $aa' + nn' = 1$. Dann gilt in $\mathbf{Z}_n$:

$$[a] \cdot [a'] = [aa'] = [1 - nn'] = [1].$$

Satz 3.5.7 (Satz von Euler)

Sei n eine beliebige natürliche Zahl mit n $\geq$ 2, und sei a ein beliebiges Element aus $\mathbf{Z}_n^*$. Dann gilt $a^{\varphi(n)}$ mod n = 1.

Insbesondere gelten $a^{p-1} \bmod p = 1$ für alle $a \in \mathbf{Z}_p^*$, wobei p eine Primzahl ist („kleiner Satz von Fermat"), und $a^{(p-1)(q-1)} \bmod pq = 1$ für alle $a \neq 0$ aus $\mathbf{Z}_{pq}$, wobei p und q verschiedene Primzahlen sind.

Beweis. Wie im Beweis von 3.5.1 multiplizieren wir a mit allen Elementen x_1, x_2, ..., x_m von $\mathbf{Z}_n^*$. Ferner multiplizieren wir all diese Produkte. Da diese paarweise verschieden sind, ist dieses Produkt gleich dem Produkt aller Elemente aus $\mathbf{Z}_n^*$. Das heißt:

$$(a \cdot_n x_1) \cdot_n (a \cdot_n x_2) \cdot_n \ldots \cdot_n (a \cdot_n x_m) = x_1 \cdot x_2 \cdot \ldots \cdot x_m,$$

und somit

$$a^m \cdot_n x_1 \cdot x_2 \cdot \ldots \cdot x_m = x_1 \cdot x_2 \cdot \ldots \cdot x_m.$$

Da alle x_i invertierbar sind, folgt daraus $a^m = 1$. Wegen $m = \varphi(n)$ ergibt sich die Behauptung.

Die Behauptung über $\mathbf{Z}_p^*$ folgt einfach, da für jede Primzahl p gilt $\varphi(p) = p - 1$.

Sei nun $n = pq$ für zwei verschiedene Primzahlen p und q. Wegen $\varphi(pq) = (p-1)(q-1)$ gilt die Behauptung für alle a in $\mathbf{Z}_{pq}^*$. Es bleibt zu zeigen, dass die Behauptung in diesem Fall auch für alle a gilt, die nicht in $\mathbf{Z}_{pq}^*$ liegen. Das sind die Zahlen a in $\mathbf{Z}_{pq}$, die entweder durch p oder durch q teilbar sind.

Sei a ein Vielfaches von q, $a = cq \in \mathbf{Z}_{pq}$. Dann ist cq teilerfremd zu p, also gilt $(cq)^{p-1} = 1$. Somit folgt $(cq)^{\varphi(pq)} = (cq)^{(p-1)(q-1)} = ((cq)^{(p-1)})^{(q-1)} = 1^{(q-1)} = 1$. $\square$

Ein wichtiger Spezialfall des Satzes von Euler ist folgende Aussage.

Satz 3.5.8

Seien p und q verschiedene Primzahlen, und sei $n = pq$, und sei k eine beliebige natürliche Zahl. Dann gilt für jedes $a \in \mathbf{Z}_n^*$:

$$a^{k \cdot \varphi(n)+1} \bmod n = a^{k \cdot (p-1)(q-1)+1} \bmod n = a.$$

Beweis. Nach dem Satz von Euler gilt für alle $a \neq 0$ aus $\mathbf{Z}_n^*$ die Gleichung $a^{(p-1)(q-1)} \bmod pq = 1$. Damit folgt

$$a^{k \cdot \varphi(n)+1} \bmod n$$
$$= a^{k \cdot (p-1)(q-1)+1} \bmod n$$
$$= (a^{(p-1)(q-1)})^k \cdot a^1$$
$$= 1 \cdot a^1$$
$$= a.$$

$\square$

Satz 3.5.8 wird beim RSA-Algorithmus (siehe Abschn. 3.6) eine entscheidende Rolle spielen. Man kann mit ihr aber auch ein verblüffendes Rechenkunststück erklären.

Im Fall $n = 10$ ist $p = 2$, $q = 5$; also lautet obige Gleichung $a^{4k+1} \bmod 10 = a$ für alle $a \in \{0, 1, \ldots, 9\}$ beziehungsweise $a^{4k+1} \bmod 10 = a \bmod 10$ für alle $a \in \mathbb{N}$. (Diese Gleichung gilt nach 3.5.7 für alle a, nicht nur für die zu 10 teilerfremden Zahlen.) Mit anderen Worten bedeutet dies, dass die Dezimalzahlen a^{4k+1} und a die gleiche Einerziffer haben. Zum Beispiel haben a^{13} und a die gleiche Endziffer.

Damit kann man folgendes Problem lösen: Was ist die 13. Wurzel aus 96.889.010.407?

Die 13. Wurzel ist eine Zahl a mit $a^{13} = 96.889.010.407$. Es ist klar, dass a eine ganze Zahl sein muss, denn sonst wäre a, 13-mal mit sich selbst malgenommen, auch keine ganze Zahl. Daher haben a und die 13. Potenz die gleiche Einerziffer. Da die Einerziffer von 96.889.010.407 gleich 7 ist, muss auch a die Einerziffer 7 haben. Also ist a eine der Zahlen 7, 17, 27, …

Nun sind die Zahlen 17^{13}, 27^{13}, … alle größer als 10^{13}. Da aber $96.889.010.407 < 10^{12}$ ist, muss $96.889.010.407 = 7^{13}$ sein. Also ist $a = 7$.

Zur Festigung des Gelernten 3.5.9

Was ist die 17. Wurzel aus 2.251.799.813.685.248?

Was ist die 9. Wurzel aus 1.801.152.661.463?

Ausblick: Fermats letzter Satz

Pierre de Fermat (1607/1608–1665) war ein französischer Jurist, der in seiner Freizeit Mathematik machte – allerdings auf höchstem Niveau. Er leistete wertvolle Beiträge zur Geometrie insbesondere zu den Kegelschnitten, er hatte tiefe Einsichten in die Berechnung von Minima und Maxima und er war zusammen mit Blaise Pascal ein Wegbereiter der Wahrscheinlichkeitsrechnung. Sein Nachruhm gründet sich jedoch entscheidend auf seine Einsichten in die Eigenschaften der natürlichen und ganzen Zahlen. Neben dem „kleinen Fermatschen Satz" (3.5.1) stellte er zum Beispiel fest, dass jede Primzahl der Form $4n + 1$ als Summe von zwei Quadratzahlen geschrieben werden kann, dass dies aber für keine Primzahl der Form $4n - 1$ zutrifft. Zum Beispiel ist $13 = 3^2 + 2^2$, während die Zahl 19 nicht Summe von zwei Quadratzahlen ist (wohl aber Summe von drei Quadratzahlen: $19 = 3^2 + 3^2 + 1^2$.)

Mit einer Eigenschaft der natürlichen Zahlen wird Fermats Name auf ewig verbunden sein, dem so genannten „großen Satz von Fermat". Dieser basiert auf dem berühmtesten Satz der Mathematik, dem Satz des Pythagoras: In einem rechtwinkligen Dreieck mit den Seitenlängen a, b und c gilt $a^2 + b^2 = c^2$. Besonders schön wird es, wenn die Zahlen a, b, und c ganzzahlig sind. Man spricht dann von „pythagoräischen Tripeln". Zum Beispiel bilden die Zahlen 3, 4, 5 oder 5, 12, 13 pythagoräische Tripel (denn es gilt $3^2 + 4^2 = 25 = 5^2$ und $5^2 + 12^2 = 25 + 144 = 169 = 13^2$). Man kann alle pythagoräischen Tripel bestimmen, diese wurde schon in der Antike geleistet und steht zum Beispiel in der „Arithmetica" von Diophant, einem bedeutenden griechischen Mathematiker, der im 3. Jahrhundert nach Christus lebte.

Im Jahre 1637 studierte Pierre de Fermat dieses Buch. Und genau an der Stelle, an der die Charakterisierung der pythagoräischen Tripel steht, schoss ihm eine Idee durch den Kopf und er schrieb die berühmteste Randnotiz in der Geschichte der Mathematik: „*Es ist unmöglich, einen Kubus in zwei Kuben zu zerlegen, oder ein Biquadrat in zwei Biquadrate, oder allgemein irgendeine Potenz größer als die zweite in Potenzen gleichen Grades. Ich habe hierfür einen wahrhaft wunderbaren Beweis gefunden, doch ist der Rand hier zu schmal, um ihn zu fassen.*"

Fermat fragte sich also, ob die Gleichung $c^3 = a^3 + b^3$ in ganzen Zahlen lösbar ist (Zerlegung eines Kubus in zwei Kuben) oder die Gleichung $c^4 = a^4 + b^4$ (Zerlegung eines „Biquadrats" in zwei Biquadrate), oder allgemein, ob die Gleichung $c^n = a^n + b^n$ für irgendeine Zahl $n > 2$ mit natürlichen Zahlen a, b, $c > 0$ lösbar ist. Er behauptete, nein, und glaubte, einen „wahrhaft wunderbaren Beweis" gefunden zu haben, der allerdings so lang ist, dass er nicht auf dem Rand des Buchs notiert werden konnte.

Diese Randnotiz war jahrhundertelang ein Albtraum für die Mathematiker. Jeder, aber auch wirklich jeder Mathematiker hat irgendwann einmal – meist in seiner Jugend – versucht, den „wahrhaft wunderbaren Beweis" zu finden. Ohne jeden Erfolg.

Mit erheblichem Aufwand und zum Teil keineswegs „wunderbaren" Beweisen wurden einzelne Fälle gelöst: Für $n = 4$ geht es nicht, für $n = 5$ geht es nicht, Um 1950 wusste man: Für ein Gegenbeispiel musste n mindestens 2000 sein.

Die meisten Mathematiker hatten mit dieser Sache abgeschlossen. Bis am 23. Juni 1993 die Bombe platzte. Der britische Mathematiker Andrew Wiles (geb. 1953) hielt einen Vortrag an der Universität Cambridge, an dessen Ende er behauptete, die Fermatsche Vermutung gezeigt zu haben.

Wiles war von der Fermatschen Vermutung besessen. Im Gegensatz zu vielen Mathematikern hatte er aber die richtigen Methoden. Und den Willen, dieses Problem zu lösen. Er hatte sich – schon als arrivierter Professor – zurückgezogen und arbeitete heimlich und mit allen Kräften am Fermatschen Satz. Es dauerte sieben Jahre, bis er Erfolg hatte.

In der ersten Veröffentlichung von Wiles wurde noch eine Lücke entdeckt, die er aber zusammen mit seinem Schüler Richard Taylor durch einen neuen Ansatz schließen konnte.

Der Beweis ist außerordentlich komplex und benutzt die allerneusten Methoden der Mathematik. Immerhin ist der Beweis so, dass die Experten ihn nachvollziehen können. Inzwischen wurde der Beweis von Wiles vielfach kontrolliert, und damit ist aus der Fermatschen Vermutung endlich, nach über 350 Jahren, ein Satz geworden, der „große Satz von Fermat". Die ganze Geschichte ist wunderbar dargestellt in Singh (2016).

Der Beweis von Wiles ist sicher nicht der „wahrhaft wunderbare Beweis", der Fermat damals durch den Kopf schoss (obwohl der Beweis definitiv nicht auf dem Rand des Buches Platz hätte). Gibt es den „wahrhaft wunderbaren Beweis" überhaupt? Die meisten Mathematiker bezweifeln dies und glauben, dass sich Fermat einfach getäuscht hat. Aber schön wäre es doch.

3.6 Public-Key-Kryptographie

Die Erfindung der Public-Key-Kryptographie in der zweiten Hälfte der 70er-Jahre des vergangenen Jahrhunderts war eine Revolution. Seit dieser Zeit sind Dinge möglich, von denen man vorher nicht zu träumen gewagt hat! Dies ist eine der spektakulärsten Anwendungen von Mathematik.

Das Ziel der Kryptographie (von griech. kryptos = geheim) ist seit Jahrtausenden das gleiche: Personen möchten vertraulich miteinander kommunizieren, das heißt so, dass kein Unberechtigter etwas über den Inhalt der Kommunikation erfährt.

Auch seit Jahrtausenden ist im Prinzip klar, wie das geht. Wir stellen uns vor, dass zwei Menschen A und B geheim miteinander kommunizieren wollen. Dann könnte A die Nachricht auf ein Blatt Papier schreiben, dieses in einen Koffer mit Zahlenschloss einschließen, den Koffer an B schicken, und der könnte mit der richtigen Zahlenkombination den Koffer öffnen. Kein Außenstehender käme an die Nachricht heran, weil er den Zahlencode nicht kennt.

Schon an diesem Beispiel wird das Hauptproblem der klassischen Kryptographie klar: Bevor man die eigentliche Nachricht geheim übermitteln kann, muss man vorher schon eine geheime Nachricht (nämlich die Zahlenkombination) geheim übermittelt haben.

Ein klassisches Verschlüsselungsverfahren funktioniert wie folgt: Damit zwei Personen A und B geheim kommunizieren können, müssen sie vorab einen Schlüssel k vereinbart haben, und zwar so, dass niemand anderes diesen Schlüssel kennt. Der Schlüssel k ist das exklusive Geheimnis von A und B, mit dem sie sich gegen den Rest der Welt schützen.

Der Sender A nutzt ein Verfahren f, das er unter dem Schlüssel k zu f_k spezialisiert; f_k ist eine bijektive Abbildung, mit ihr wird die Nachricht m verschlüsselt: $c := f_k(m)$.

Der Empfänger B bestimmt die zu f_k inverse Funktion f_k^{-1} (die Vorstellung ist, dass man aus k die inverse Funktion f_k^{-1} „einfach" bestimmen kann) und entschlüsselt damit den Geheimtext c: $f_k^{-1}(c) = f_k^{-1}(f_k(m)) = m$.

Zur Festigung des Gelernten 3.6.1

Das klassischste Verschlüsselungsverfahren ist der „Cäsar-Code". Dazu schreibt man das Alphabet in eine Zeile („Klartextalphabet") und darunter das Geheimtextalphabet, auch in der üblichen Reihenfolge aber um einige Stellen verschoben. Zum Beispiel könnte das A des Geheimtextalphabets unter dem F des Klartextalphabets stehen. Die restlichen Buchstaben schreibt man an den Beginn. Im Grunde ist also das Geheimtextalphabet eine zyklische Verschiebung des Klartextalphabets.

Man verschlüsselt einen Buchstaben, indem man ihn im Klartextalphabet sucht und durch den darunter stehenden Geheimtextbuchstaben ersetzt. So wird mit der oben angedeuteten Verschlüsselung aus dem Wort ALGEBRA das Geheimwort VGBZWMV.

Wie wird entschlüsselt?

Was ist der Schlüssel beim Cäsar-Code?

Ist diese Verschlüsselungsmethode sicher?

Eine große Anwendung klassischer kryptographischer Techniken ist der Mobilfunk. Wann immer wir mit unserem Smartphone telefonieren, wird das Gespräch auf der „Luftschnittstelle" (das heißt zwischen Smartphone und Basisstation) verschlüsselt. Selbst wenn jemand den Funkverkehr abhören würde, würde er nur Kauderwelsch verstehen. Der Schlüssel, der für die Kommunikation auf der Luftschnittstelle benutzt wird, kann natürlich nicht vor jedem Gespräch händisch übermittelt werden. Daher hat man dafür ein ausgefeiltes Schlüsselmanagement entwickelt. Letztlich hat man das Problem damit aber nicht gelöst, sondern nur konzentriert, denn in jeder Basisstation ist ein Masterkey eingetragen, aus dem man die Schlüssel aller Kunden des entsprechenden Netzbetreibers berechnen kann.

Kurz: Die klassische Kryptographie funktioniert perfekt – wenn die Verteilung der Schlüssel nicht wäre!

Bis Mitte der 70er-Jahre des vergangenen Jahrhunderts hat man das einfach hingenommen nach dem Motto „die Welt ist eben so". Aber dann betraten zwei junge Wissenschaftler, Whitfield Diffie (geb. 1944) und Martin Hellman (geb. 1945) die Bühne. Sie träumten einen Traum, der eine Revolution auslöste, deren Wirkungen weit über die Mathematik hinausgingen. Sie träumten davon, dass alles auch ganz anders sein könnte. Sie träumten davon, dass geheim kommunizieren so einfach sein müsste wie telefonieren. Man müsste nur den Namen des Partners zu wissen, damit könnte man eine Nummer herausfinden und mit der könnte man dann so verschlüsseln, dass nur der Empfänger die Nachricht entschlüsseln kann. Es wären kein vorheriger Schlüsselaustausch und keine organisatorischen Absprachen notwendig. So schön war dieser Traum.

Natürlich konnten sie ihren Traum nicht in diesen Worten veröffentlichen. Daher übersetzten sie ihn in mathematische Sprache. In ihrer bahnbrechenden Arbeit „New directions in cryptography" 1976 nutzten sie den Begriff „trapdoor one-way functions", um ihren Traum zu beschreiben. Heute verwenden wir dafür die Begriffe „öffentlicher Schlüssel" und „privater Schlüssel".

Hier ist der Traum von Diffie und Hellman.

▶ **Definition: Public-Key-Verschlüsselung** Jeder Teilnehmer T eines Kommunikationssystems hat zwei Schlüssel, und zwar einen *öffentlichen Schlüssel*, den man mit $E = E_T$ bezeichnet (von **e**nciphering = verschlüsseln) und einen *privaten (geheimen) Schlüssel* $D = D_T$ (von **d**eciphering = entschlüsseln). Jeder Teilnehmer hält seinen privaten Schlüssel D_T geheim, veröffentlicht aber seinen öffentlichen Schlüssel E_T.

Den öffentlichen Schlüssel kann man auf einen Klartext m anwenden und erhält den Geheimtext $c = E_T(m)$. Der Teilnehmer T kann seinen privaten Schüssel auf jeden möglichen Geheimtext c anwenden und erhält daraus einen (potentiellen) Klartext $m' = D_T(c)$.

Man spricht von einem *Public-Key-Verschüsselungssystem*, wenn für jeden Teilnehmer T die öffentlichen und privaten Schlüssel folgende beiden Eigenschaften haben:

Verschlüsselungseigenschaft: Für jeden Klartext m gilt $D_T(E_T(m)) = m$. Das heißt: wenn man den Klartext m zunächst verschlüsselt und auf die verschlüsselte Nachricht $E_T(m)$ den privaten Schlüssel D_T anwendet, erhält man wieder den Klartext m.

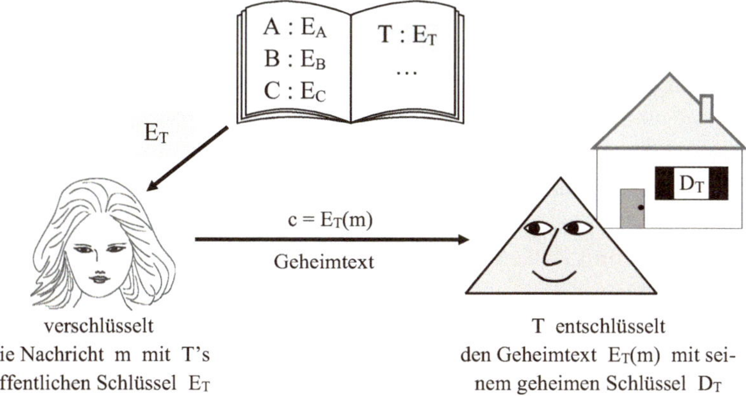

verschlüsselt
die Nachricht m mit T's
öffentlichen Schlüssel E_T

T entschlüsselt
den Geheimtext $E_T(m)$ mit seinem geheimen Schlüssel D_T

Abb. 3.5 Public-Key-Verschlüsselung

Public-Key-Eigenschaft: Wenn man den öffentlichen Schlüssel E_T eines Teilnehmers kennt, ist es praktisch unmöglich, dessen privaten Schlüssel zu bestimmen.

Mit einem solchen Public-Key-Verschlüsselungssystem ist Verschlüsseln in der Tat einfach: Wenn man an einen Teilnehmer T eine Nachricht m verschlüsselt senden möchte, besorgt man sich den öffentlichen Schlüssel E_T von T und verschlüsselt damit die Nachricht m; man erhält $c := E_T(m)$.

Der Geheimtext c kann nun öffentlich gesendet werden, aber nur der Empfänger T kann diesen mit Hilfe des geheimen Schlüssel D_T entschlüsseln: er erhält $D_T(c) = D_T(E_T(m)) = m$. Vgl. Abb. 3.5.

Dies war ein Traum, der erst ein paar Jahre später Realität wurde. Aber Diffie und Hellman hätten schon ahnen können, dass Public-Key-Kryptographie jedenfalls nicht grundsätzlich unrealisierbar ist, denn es gab auch damals schon – Briefkästen.

Wir stellen uns eine Menge von Briefkästen vor. Diese sind dadurch gekennzeichnet, dass jeder den Namen seines Besitzers trägt, einen Schlitz zum Einwerfen der Briefe hat sowie mit einem Schloss ausgestattet ist, das nur mit dem Schlüssel des Besitzers geöffnet werden kann (siehe Abb. 3.6).

Abb. 3.6 Das Briefkastenmodell

Wenn man zum Beispiel Frau Mayer einen vertraulichen Brief schreiben möchte, das heißt einen Brief, den nur sie lesen können soll, dann nimmt man den Brief, sucht den Briefkasten mit dem richtigen Namen und wirft diesen Brief ein. Dieser Vorgang entspricht der Anwendung des öffentlichen Schlüssels: das kann jeder machen, es sind keinerlei vorherige Absprachen mit Frau Mayer notwendig. Andererseits kann aber nur Frau Mayer ihren privaten Schlüssel anwenden, das heißt, ihren Briefkasten öffnen und dann den Brief lesen.

Wenn der Koffer mit Zahlenschloss das Bild der klassischen Kryptographie ist (beide Kommunikationspartner kennen die die geheime Kombination; der Sender nützt sie zum Verschlüsseln, der Empfänger zum Entschlüsseln), dann ist der Briefkasten das Symbol für die Public-Key-Kryptographie: Jeder kann verschlüsseln, aber nur der Empfänger kann entschlüsseln.

Den Durchbruch zu realisierbarer Public-Key-Kryptographie schafften zwei Jahre später Ronald Rivest (geb. 1947), Adi Shamir (geb. 1952) und Leonard Adleman (geb. 1945). Sie interessierten sich brennend dafür, ob Public-Key-Kryptographie wirklich existiert oder nicht. Manchmal waren sie drauf und dran zu beweisen, dass das nicht funktionieren kann, an anderen Tagen waren sie voller Zuversicht, eine Realisierung zu finden. Dazu testeten sie alle Funktionen, die ihnen einfielen, auf ihre Eignung als Public-Key-Verschlüsselungsoperationen, sie stöberten in Bibliotheken und blätterten alle möglichen Mathematikbücher durch (damals gab es noch kein Internet!) – und eines Nachts im April 1977 stolperte Rivest über den Satz von Euler. Vor seinem inneren Auge erschien der Satz vielleicht in einer Form ähnlich wie in 3.5.7

$$m^{k\cdot\varphi(n)+1} \bmod n = m.$$

Rivest fiel es wie Schuppen von den Augen: Diese Gleichung gilt für eine Zahl m, aber m könnte auch eine Nachricht (message) sein. Dann könnte man die Gleichung so interpretieren: Wir machen mit m etwas sehr Kompliziertes (Potenzieren mit $k \cdot \varphi(n) + 1$ und Reduzieren modulo n), und dann ergibt sich wieder die Nachricht m. An dieser Stelle muss Rivest gedacht haben: „Wenn man diesen komplizierten Prozess in zwei Prozesse zerlegt, und den ersten ‚Verschlüsselung‘ und den zweiten ‚Entschlüsselung‘ nennt, dann haben wir ein Verschlüsselungssystem, denn nach Ver- und Entschlüsseln muss sich ja wieder die Nachricht ergeben." Das ist die Grundidee für den RSA-Algorithmus, der nach den Initialen seiner Erfinder **R**ivest, **S**hamir, **A**dleman benannt ist.

▶ **Definition: RSA-Algorithmus** *Schüsselerzeugung.* Für jeden Teilnehmer werden verschiedene Primzahlen p und q gewählt. Man berechnet n = pq und $\varphi(n) = (p-1)(q-1)$. Man wählt eine natürliche Zahl e, die teilerfremd zu $\varphi(n)$ ist, und berechnet eine natürliche Zahl d mit $ed \bmod \varphi(n) = 1$ (zum Beispiel mit dem erweiterten euklidischen Algorithmus, siehe 1.5.12). Es gilt also $ed = k \cdot \varphi(n) + 1$.

Dann ist e (zusammen mit n) der *öffentlichen Schlüssel* und d der *private Schlüssel* des Teilnehmers.

Ver- und Entschlüsselung. Um einem Teilnehmer T eine verschlüsselte Nachricht zu schicken, stellt man diese zunächst als eine natürliche Zahl $m < n$ (oder eine Folge solcher Zahlen) dar.

Zur Verschlüsselung benutzt man den öffentlichen Schlüssel e des empfangenden Teilnehmers T und berechnet $c := m^e \bmod n$.

Die Entschlüsselung geschieht mit dem privaten Schlüssel, der im exklusiven Besitz des Teilnehmers T ist: Er berechnet $c^d \bmod n$.

Der folgende Satz sagt, dass der RSA-Algorithmus die Verschlüsselungseigenschaft besitzt. Genauer sagt er, dass die Entschlüsselung korrekt funktioniert.

> **Satz 3.6.2 (Korrekte Entschlüsselung des RSA-Algorithmus)**
> Wenn der RSA-Algorithmus so wie in der Definition beschrieben ausgeführt wird, berechnet der Empfänger die ursprüngliche Nachricht m.

Beweis. Man kann die Aussage mit Hilfe des Satzes von Euler beweisen. Wir zeigen den Satz, indem wir nur den kleinen Satz von Fermat verwenden. Es ist zu zeigen:

$$
\begin{aligned}
m &= c^d \bmod n \\
&= (m^e \bmod n)^d \bmod n \\
&= (qn + m^e)^d \bmod n \\
&= (qn)^d + (m^e)^d \bmod n \\
&= (m^e)^d \bmod n \\
&= m^{ed} \bmod n \\
&= m^{k \cdot \varphi(n)+1} \bmod n.
\end{aligned}
$$

Wir formen nun die Aussage $m = m^{k \cdot \varphi(n)+1} \bmod n$ äquivalent um:

$m^{k \cdot \varphi(n)+1} \bmod n = m$

$\Leftrightarrow n \mid m^{k \cdot \varphi(n)+1} - m$

$\Leftrightarrow pq \mid m^{k \cdot \varphi(n)+1} - m \quad$ (da $n = pq$ ist)

$\Leftrightarrow p \mid m^{k \cdot \varphi(n)+1} - m \;$ und $\; q \mid m^{k \cdot \varphi(n)+1} - m \quad$ (p und q verschiedene Primzahlen sind)

$\Leftrightarrow p \mid m^{k \cdot (p-1)(q-1)+1} - m \;$ und $\; q \mid m^{k \cdot (p-1)(q-1)+1} - m.$

Wir zeigen jetzt die Teilerbeziehung für die Primzahl p (die Aussage für die Primzahl q ergibt sich ganz genauso). Diese erschließt sich wie folgt:

$$
m^{k \cdot (p-1)(q-1)+1} = m^{(p-1) \cdot k(q-1)} \cdot m = (m^{p-1})^{k(q-1)} \cdot m = 1^{k(q-1)} \cdot m = m.
$$

Dabei gilt das vorletzte Gleichheitszeichen aufgrund des kleinen Satzes von Fermat (3.5.1).

Zur Festigung des Gelernten 3.6.3

Die typische Rechenoperation im RSA-Algorithmus ist die Berechnung der Potenzen m^e beziehungsweise c^d. Im RSA-Algorithmus ist zumindest der Exponent d sehr groß, zum Beispiel in der Größenordnung 10^{100} und damit viel größer als die Anzahl der Atome im Universum. Daher ist es unvorstellbar, die Potenz c^d „naiv", das heißt durch Multiplikation von d Faktoren c auszurechnen. Die Berechnung der Potenz wird zum Beispiel mit Hilfe des so genannten *Square-and-multiply-Algorithmus* möglich.

Um c^{23} auszurechen, berechnet man zunächst c^2, c^4 $(= (c^2)^2)$, c^8 $(= (c^4)^2)$, c^{16} $(= (c^8)^2)$. Dazu braucht man vier Multiplikationen (Quadrierungen), da man jede Potenz durch Quadrieren aus der vorigen erhält. Dann setzt man diese Potenzen geeignet zusammen:

$$c^{23} = c^{16+4+2+1} = c^{16} \cdot c^4 \cdot c^2 \cdot c^1.$$

Man braucht dazu weitere 3 Multiplikationen, insgesamt also 7 Multiplikationen.

(a) Wie viele Multiplikationen braucht man, um c^{16}, c^{32}, c^{64}, c^{1024} auszurechnen?

(b) Wie viele Multiplikationen braucht man, um c^{17}, c^{18}, c^{19}, c^{31} auszurechnen?

(c) Wie viele Multiplikationen braucht man höchstens, um c^d mit d $\approx$ 1000 auszurechnen?

(c) Wie viele Multiplikationen braucht man ungefähr, um mit einem Exponenten der Größenordnung 2^{1000} (also einer 1000 Bit-Zahl) zu potenzieren?

Wie sicher ist der RSA-Algorithmus? Noch radikaler gefragt: Erfüllt der RSA-Algorithmus überhaupt die Public-Key-Eigenschaft? Hier kommt eine weitere interessante mathematische Eigenschaft ins Spiel, nämlich die Faktorisierung von natürlichen Zahlen, also ihre Zerlegung in Primzahlen (gemäß 1.6.7). Genauer gesagt ist die Schwierigkeit der Faktorisierung die entscheidende Komponente für die Sicherheit des RSA-Algorithmus.

Satz 3.6.4 (Sicherheit von RSA)

Seien p und q verschiedene Primzahlen, und sei n = pq.

(a) Wenn ein Angreifer die Zahl n faktorisieren kann, dann kann er $\varphi(n)$ berechnen.

(b) Wenn ein Angreifer $\varphi(n)$ kennt, dann kann er n faktorisieren.

(c) Wenn ein Angreifer $\varphi(n)$ kennt, kann er aus dem öffentlichen Schlüssel den privaten bestimmen.

Beweis.

(a) Wenn ein Angreifer die Primfaktoren p und q von n kennt, kann er $\varphi(n) = (p - 1)(q - 1)$ berechnen.

(b) Wenn ein Angreifer n und $\varphi(n)$ kennt, hat er zwei Gleichungen für die Unbekannten p und q, nämlich pq = n und $(p - 1)(q - 1) = \varphi(n)$. Damit kann er p und q bestimmen.

(c) Wenn $\varphi(n)$ bekannt ist, kann man mit Hilfe des euklidischen Algorithmus eine Zahl d bestimmen, für die gilt ed mod $\varphi(n) = 1$.

Die Kunst der Schlüsselwahl beim RSA-Algorithmus besteht also darin, die Primzahlen p und q so zu wählen, dass niemand das Produkt n = pq faktorisieren kann. Ganz grob kann man sagen: Je größer p und q sind, desto schwieriger ist es, n zu faktorisieren. (Vgl. die Diskussion des Faktorisierungsweltrekords in Abschn. 1.6).

In der Realität muss man eine Balance finden zwischen der Sicherheit für (die eine große Schlüssellänge spricht) und der Effizienz des Rechnen. Den je größer die Schlüssel, also die Zahlen n und e, und damit auch d, sind desto aufwändiger sind die Rechnungen, die man durchführen muss.

Das Bundesamt für die Sicherheit in der Informationstechnik (BSI) gibt regelmäßig Empfehlungen für die Schüssellänge heraus. Derzeit werden für den RSA-Algorithmus 2048 Bit für die Zahl n, das heißt jeweils 1024 Bit für die Primzahlen p und q empfohlen.

Als Einführung in die Kryptgraphie eignet sich Beutelspacher (2015); weiterführend und tiefergehend sind Beutelspacher et al. (2010) und Buchmann (2016).

Literatur

Beutelspacher, A.: Kryptologie. Eine Einführung in die Wissenschaft vom Verschlüsseln, Verbergen und Verheimlichen, 10. Aufl. Springer Spektrum, Heidelberg (2015)

Beutelspacher, A., Zschiegner, M.-A.: Diskrete Mathematik für Einsteiger, 5. Aufl. Springer Spektrum, Heidelberg (2014)

Beutelspacher, A., Neumann, H., Schwarzpaul, T.: Kryptografie in Theorie und Praxis. Mathematische Grundlagen für Internetsicherheit, Mobilfunk und elektronisches Geld, 2. Aufl. Vieweg, Braunschweig (2010)

Bosc, J.: Les Boscaves. Denoël éditeur, 1965.

Buchmann, J.: Einführung in die Kryptographie, 6. Aufl. Springer Spektrum, Heidelberg (2016)

Singh, S.: Fermats letzter Satz, 19. Aufl. dtv, München (2016)

Rationale Zahlen 4

Das Zählen und damit die Entdeckung der natürlichen Zahlen war ein großer Schritt in Richtung eines Zahlenverständnisses. Aber sehr bald wurde klar, dass diese „ganzen" (das heißt: ungeteilten) Zahlen nur einen Aspekt der Welt der Zahlen erfassen. In vielen natürlich auftretenden Situationen musste man eine Größe aufteilen. Eine Elle in zwei gleich lange Stücke, zwei Äpfel auf drei Kinder und so weiter.

Ein anderer Blick auf die gleiche Problematik ist das genaue Messen. In vielen Situationen reichte es nicht, nur in ganzen Ellen zu messen oder das Gewicht eines Objekt nur mit ganzen Pfund zu bestimmen. Man wollte es genauer wissen. Deshalb brauchte man auch Bruchteile von Ellen, Pfund, Fass usw., kurz Zahlen, die „zwischen" den ganzen Zahlen liegen.

Spätestens in den antiken Hochkulturen in Ägypten und Babylonien wurden die Zahlen auch aus der Sicht von Gleichungen gesehen: 2 Brote kosten 5 Münzen. Wie viel kosten 7 Brote?

Die heutige strukturmathematische Sicht auf diese Aufgabe ist die, dass man den Bereich der bisherigen Zahlen so „erweitern" möchte, dass „uneingeschränktes" Dividieren möglich ist, das heißt, dass jede Aufgabe der Form $a : b$ (mit $b \neq 0$) eine Zahl als Lösung hat.

Die griechische Mathematik der Antike kannte keine Bruchzahlen. Für die griechischen Mathematiker gab es an Zahlen im Grunde nur die natürlichen Zahlen. Die oben erwähnten Probleme lösten sie, indem sie Verhältnisse von natürlichen Zahlen einführten. Für uns mag der Unterschied zwischen 2:3 und 2/3 klein erscheinen, aber für die Griechen war ein Verhältnis wie 2:3 keine eigenständige Zahl sondern ein Verhältnis von zwei (natürlichen) Zahlen.

Dabei hatten die Ägypter schon über Tausend Jahre zuvor eine explizite und sehr virtuose Bruchrechnung entwickelt. Die Ägypter rechneten mit einer speziellen Art von Brüchen, nämlich mit Stammbrüchen, also Brüchen mit Zähler 1. Sie bezeichneten einen Stammbruch 1/n dadurch, dass sie über die Zahl n eine spezielle Hieroglyphe, nämlich das Horusauge schrieben. Eine wichtige und schwierige Aufgabe war dann, alle mögli-

© Springer Fachmedien Wiesbaden GmbH 2018
A. Beutelspacher, *Zahlen, Formeln, Gleichungen*,
https://doi.org/10.1007/978-3-658-16106-4_4

chen Ergebnisse von Rechnungen als Stammbruch oder, in der Regel, als eine Summe von verschiedenen Stammbrüchen darzustellen. Die Sicht der Ägypter auf die Lösung einer Aufgabe in Form eines Bruches ist also diametral entgegengesetzt zu unserer Sicht: Wir sehen $1/2 + 1/3$ als Aufgabe und geben die Lösung mit $5/6$ an. Für die Ägypter ist hingegen $5/6$ eine Aufgabe, nämlich diese Zahl als Summe von Stammbrüchen zu schreiben; ihre Lösung war $1/2 + 1/3$.

Ein großer Teil des „Papyrus Rhind", der etwa aus dem Jahre 1650 v. Chr. stammt, besteht aus einer Tabelle, in denen Zahlen der Form $2/n$ (für n zwischen 5 und 101) als Summe zweier verschiedener Stammbrüche geschrieben sind. Typische Gleichungen sind $2/3 = 1/2 + 1/6$ und $2/5 = 1/3 + 1/15$.

Zur Festigung des Gelernten 4.0.1

(a) Stellen Sie $2/7$ und $2/9$ als Summe von zwei verschiedenen Stammbrüchen dar.
(b) Kann jeder Stammbruch als Summe verschiedener Stammbrüche geschrieben werden? Tipp: Berechnen Sie $1/n - 1/(n + 1)$.

4.1 Konstruktion der rationalen Zahlen

Wann immer man etwas Neues schaffen möchte, muss man auf Altem aufbauen. Diesen Standpunkt macht sich die Mathematik 100 %-ig zu eigen. Das Neue, das wir in diesem Kapitel systematisch konstruieren und erforschen werden, sind die rationalen Zahlen, die auch Bruchzahlen genannt werden. Das Alte, auf dem wir aufbauen, sind die uns wohlbekannten ganzen Zahlen und ihre Eigenschaften. Unser Ziel ist, alle Eigenschaften der rationalen Zahlen zu formulieren und zu beweisen – aber dabei nur Eigenschaften der ganzen Zahlen zu verwenden. Das klingt noch wenig konkret, wird aber an vielen Stellen dieses Kapitels klar werden.

Die erste Frage, die man sich stellen muss, lautet: Was ist eigentlich eine Bruchzahl? Da diese Frage schwierig ist, versuchen wir zunächst, die viel einfachere Frage zu beantworten: Was ist ein Bruch? Hier hilft uns die Vorstellung „Teil eines Ganzen": Wir wollen eine Pizza in vier gleich große Teile aufteilen. Dann ist jedes Teil ein Viertel einer Pizza. Wir können auch 4 Kekse unter 6 Kinder aufteilen; dann bekommt jedes Kind $4/6$ Kekse.

Die mathematische Definition eines Bruches liegt auf der Hand.

▶ **Definition: Bruch** Seien a und b ganze Zahlen mit $b \neq 0$. Dann ist das geordnete Paar (a, b) ein *Bruch*. Wir schreiben dafür auch a/b. Die Zahl a heißt *Zähler*, die Zahl b wird *Nenner* des Bruchs a/b genannt.

Über die intuitive Vorstellung hinaus lassen wir auch negative ganze Zahlen als Zähler und Nenner zu. Somit sind auch $-3/7$, $2/-5$ und $-1/-6$ Brüche. Ferner ist auch $0/b$ ein Bruch (falls $b \neq 0$ ist).

Zur Festigung des Gelernten 4.1.1

Können Sie sich eine Situation aus dem täglichen Leben vorstellen, zu deren Beschreibung ein Bruch wie $-6/2$ sinnvoll verwendet werden könnte?

Nun kommen wir zu den Bruchzahlen. Zwar stellt jeder Bruch eine Bruchzahl dar, aber die Beziehung zwischen Brüchen und Bruchzahlen ist komplex. Das Problem ist klar: Wenn man eine Pizza in vier gleich große Teile teilt, um vier Kinder satt zu machen, erhält jedes Kind 1/4 der Pizza. Wenn wir die Pizza in acht gleich große Stücke aufteilen, und jedem Kind zwei davon geben, erhält jedes Kind den gleichen Anteil wie vorher. In einem Bruch ausgedrückt erhält jedes Kind allerdings 2/8 der Pizza. Und damit sind wir in Versuchung, einfach zu schreiben: $1/4 = 2/8$.

Wenn wir auf die Definition zurückschauen, erkennen wir, dass diese Gleichung – zumindest formal – nicht stimmen kann. Denn nach Definition ist der Bruch 1/4 das Paar $(1, 4)$, und der Bruch 2/8 ist gleich dem Paar $(2, 8)$ – und natürlich sind die Paare $(1, 4)$ und $(2, 8)$ verschieden.

Aber nicht nur unser mathematisches Gewissen sollte die Gleichung $1/4 = 2/8$ nicht akzeptieren, sondern auch die Vorstellungen von 1/4 und 2/8 sind durchaus verschieden. Ein ordentliches Viertel einer Pizza macht einen anderen Eindruck als zwei Achtel, und einen ganz anderen als zehn Stückchen von je einer vierzigstel Pizza.

Trotzdem wollen wir mathematisch ausdrücken, unter welchen Umständen zwei Brüche, wie etwa 1/4 und 2/8 die gleiche Zahl darstellen. Die Bruchzahlen kann man sich als Punkte der Zahlengeraden vorstellen; jeder solche Punkt kann durch verschiedene Brüche bezeichnet werden (siehe Abb. 4.1).

Um von den Brüchen zu den Bruchzahlen zu kommen, könnte man zunächst versuchen, zwei Brüche „äquivalent" zu nennen, wenn sie die gleiche Bruchzahl darstellen. Da wir noch nicht wissen, was eine Bruchzahl ist, müssen wir aber umgekehrt vorgehen: Zunächst müssen wir wissen, was „äquivalente Brüche" sein sollen und können dann sagen, was eine Bruchzahl ist.

Die erste Idee könnte sein, dass zwei Brüche äquivalent sind, wenn der eine durch Erweitern aus dem anderen hervorgeht. Dieser Ansatz ist insofern gut, als dass solche Brüche definitiv die gleiche Bruchzahl darstellen sollen. Aber man hat damit noch nicht Fälle wie 6/8 und 9/12 erfasst.

Deshalb muss man den Äquivalenzbegriff allgemeiner fassen: Wir nennen zwei Brüche äquivalent, falls es eine gemeinsame Erweiterung gibt. Präziser: Zwei Brüche a/b

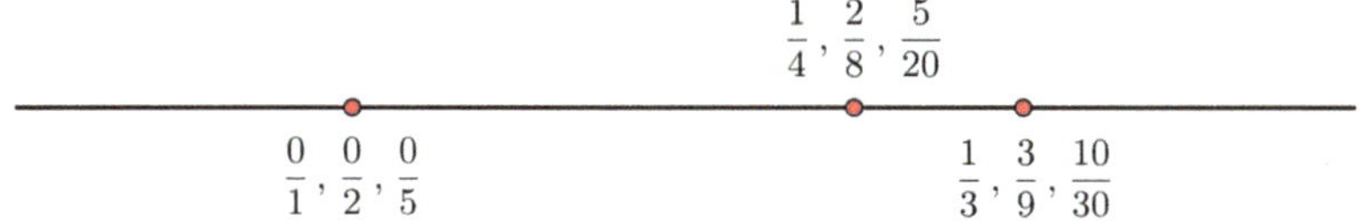

Abb. 4.1 Die Zahlengerade

und a'/b' heißen äquivalent, falls es einen Bruch a^*/b^* gibt, der eine Erweiterung von a/b und von a'/b' ist. Das ist genau dann der Fall, wenn es ganze Zahlen q und q' gibt mit $a^* = qa$ und $b^* = qb$, sowie $a^* = q'a'$ und $b^* = q'b'$.

Dies kann man nun auch ausdrücken, ohne die „Hilfszahlen" a^* und b^* zu benutzen. Dies erreichen wir, indem wir die folgende Terme berechnen:

$$qq'ab' = qa \cdot q'b' = a^* \cdot b^* \quad \text{und} \quad qq'a'b = q'a' \cdot qb = a^* \cdot b^*.$$

Also ist $qq'ab' = qq'a'b$, das heißt $qq'(ab' - a'b) = 0$, also $ab' = a'b$.

Diese letzte Gleichung benutzen wir nun als Definition.

▶ **Definition: äquivalente Brüche** Wir nennen zwei Brüche a/b und a'/b' *äquivalent*, falls die Gleichung $ab' = a'b$ gilt. Wenn die Brüche a/b und a'/b' äquivalent sind, dann schreiben wir dafür $a/b \sim a'/b'$.

Beispiele. Es gilt $1/4 \sim 2/8$, denn $1 \cdot 8 = 4 \cdot 2$. Ebenso ist $6/8 \sim 9/12$.

Zur Festigung des Gelernten 4.1.2

Ersetzen Sie jedes Fragezeichen durch eine ganze Zahl, so dass jeweils eine wahre Aussage entsteht:

$$2/5 \sim ?/20, 2/5 \sim 12/?, ?/5 \sim 6/30,$$
$$4/24 \sim ?/30, ?/24 \sim 25/30, ?/24 \sim ?/26.$$

Wir können festhalten, das wir die Äquivalenz vom Brüchen rein in der Sprache der ganzen Zahlen darstellen konnten, nämlich durch die Gleichung $ab' = a'b$ in ganzen Zahlen.

Als nächstes beschreiben wir, was Erweitern und Kürzen eines Bruches bedeuten soll. Die inhaltliche Vorstellung beim Erweitern ist die Verfeinerung: Bei $1/4$ einer Pizza stellen wir uns vor, dass die Pizza in vier gleich große Teile aufgeteilt ist. Demgegenüber sind $2/8$ einer Pizza zwei Stückchen einer in acht Teile aufgeteilten Pizza. Umgekehrt entspricht Kürzen einer Vergröberung: Bei $6/24$ einer Schokoladentafel stellt man sich die Tafel in 24 Stückchen vor, von denen man 6 auswählt. Bei $1/4$ stellt man sich die Tafel in vier große Riegel geteilt vor, von denen einer gewählt wird.

Wir präzisieren nun die Begriffe des Erweiterns und Kürzens.

▶ **Definition: Erweitern und Kürzen** Sei a/b ein Bruch. Wir sagen, dass der Bruch a'/b' eine *Erweiterung* von a/b ist (oder: durch *Erweitern* aus a/b hervorgeht), wenn es eine ganze Zahl q gibt mit $a' = qa$ und $b' = qb$.

Umgekehrt entsteht der Bruch a''/b'' durch *Kürzen* aus a/b, wenn es eine ganze Zahl q gibt mit $a'' = a/q$ und $b'' = b/q$.

Kürzen ist die Umkehrung des Erweiterns: Wenn a'/b' eine Erweiterung von a/b ist, dann geht a/b durch Kürzen aus a'/b' hervor.

Beispiele. Der Bruch 6/8 ist eine Erweiterung von 3/4. Der Bruch 6/15 entsteht durch Kürzen aus 60/150.

Man kann jeden Bruch so kürzen, dass Zähler und Nenner teilerfremd sind. Dann nennt man den Bruch *vollständig gekürzt*.

Satz 4.1.3 (Erweiterung und äquivalente Brüche)
Sei a/b ein Bruch. Wenn a'/b' ein Bruch ist, der durch Erweitern oder Kürzen aus a/b hervorgeht, dann sind a/b und a'/b' äquivalent.

Beweis. Sei a'/b' eine Erweiterung von a/b. Dann gibt es eine ganze Zahl q mit $a' = qa$ und $b' = qb$. Es folgt $ab' = a \cdot qb = qa \cdot b = a'b$. $\qquad\square$

Zur Festigung des Gelernten 4.1.4
Zeigen Sie: Wenn a'/b' durch Kürzen aus a/b entsteht, dann sind die Brüche a'/b' und a/b äquivalent.

Wir wollen nun die Vorstellung, dass äquivalente Brüche die gleiche Bruchzahl darstellen, präziser fassen. Dazu ist es hilfreich zu wissen, welche Eigenschaften, die Äquivalenz von Brüchen hat.

Satz 4.1.5 (Äquivalenz von Brüchen)
Die Äquivalenz von Brüchen ist eine „Äquivalenzrelation". Das bedeutet, dass die Relation $\sim$ auf der Menge der Brüche folgende drei Eigenschaften hat:

Reflexivität: Für jeden Bruch a/b gilt: $a/b \sim a/b$.
Symmetrie: Für je zwei Brüche a/b, a'/b' gilt: $a/b \sim a'/b' \Rightarrow a'/b' \sim a/b$.
Transitivität: Für je drei Brüche a/b, a'/b' und a''/b'' gilt: $a/b \sim a'/b'$ und
$\qquad a'/b' \sim a''/b'' \Rightarrow a/b \sim a''/b''$.

Beweis. Wir zeigen die *Transitivität*: Aus $a/b \sim a'/b'$ folgt $ab' = a'b$, und die Äquivalenz $a'/b' \sim a''/b''$ bedeutet $a'b'' = a''b'$. Nun schließen wir so:

$$ab'' \cdot a'b' = ab' \cdot a'b'' = a'b \cdot a''b' = a''b \cdot a'b'.$$

Daraus folgt
$$ab'' = a''b, \text{ also } a/b \sim a''/b''.$$

$\qquad\square$

Zur Festigung des Gelernten 4.1.6

Zeigen Sie die Reflexivität und Symmetrie der Äquivalenz von Brüchen.

Wir haben uns schon klar gemacht, dass alle äquivalenten Brüche die gleiche Bruchzahl *darstellen*. In der Mathematik sagt man noch radikaler: Eine Bruchzahl *ist* die Menge aller zu einem Bruch äquivalenter Brüche. Um dieses Konzept gedanklich sauber zu erfassen, braucht man den Begriff der Äquivalenzklasse.

▶ **Definition: Äquivalenzklassen** Sei $\sim$ eine Äquivalenzrelation auf einer Menge A. Zu jedem Element $a \in A$ definiert man seine *Äquivalenzklasse* als die Menge aller zu a äquivalenter Elemente: $\{b \in A \mid b \sim a\}$.

Zur Festigung des Gelernten 4.1.7

Sei $\sim$ eine Äquivalenzrelation auf einer Menge A. Zeigen Sie:

- Je zwei äquivalente Elemente haben dieselbe Äquivalenzklasse. (Das heißt: $a \sim b \Rightarrow K(a) = K(b)$.)
- Je zwei Äquivalenzklassen sind gleich oder disjunkt. (Das heißt: $K(a) \cap K(b) \neq \varnothing \Rightarrow K(a) = K(b)$.)
- Jedes Element liegt in genau einer Äquivalenzklasse.

▶ **Definition: Bruchzahl** Die *Bruchzahl* $\frac{a}{b}$ ist die Menge aller zu dem Bruch a/b äquivalenter Brüche. In einer Formel:

$$\frac{a}{b} = \{a'/b' \mid a'/b' \sim a/b\}.$$

Notation. Wir schreiben zunächst $\frac{a}{b}$ für eine Bruchzahl und a/b für einen Bruch. Später werden wir manchmal auch, wie in vielen Büchern üblich, a/b für eine Bruchzahl schreiben.

Zur Festigung des Gelernten 4.1.8

Aus welchen Brüchen bestehen die Bruchzahlen $\frac{0}{1}, \frac{1}{1}, \frac{2}{1}$?

(b) Warum ist $\frac{1}{2} = \frac{2}{4}$?

Wir nennen Bruchzahlen auch *rationale Zahlen*. Das kommt von dem lateinischen Wort „ratio", das „Verhältnis" bedeutet. Die Menge aller rationalen Zahlen wird mit **Q** bezeichnet. Der Buchstabe **Q** wurde gewählt, weil er der Anfangsbuchstabe des Wortes „Quotient" ist.

$$\mathbf{Q} = \left\{ \frac{a}{b} \mid a, b \in \mathbf{Z}, b \neq 0 \right\}.$$

Die rationalen Zahlen enthalten die ganzen Zahlen, das heißt $\mathbf{Z} \subseteq \mathbf{Q}$. Denn jede ganze Zahl z kann mit der Bruchzahl $\frac{z}{1}$ identifiziert werden. Wir werden im weiteren Verlauf dieses Kapitels viele Indizien dafür finden, dass dies eine sinnvolle Identifzierung ist. Beispielsweise wird sich herausstellen, dass $\frac{0}{1}$ das neutrale Element bezüglich der Addition und $\frac{1}{1}$ das neutrale Element bezüglich der Multiplikation ist.

Zur Festigung des Gelernten 4.1.9

Man könnte die Äquivalenz von zwei Brüchen auch dadurch erkennen, dass man sie vollständig kürzt und dann überprüft, ob die Ergebnisse gleich sind. Zeigen Sie: Zwei Brüche sind genau dann äquivalent, wenn der vollständig gekürzte erste Bruch (mit positivem Nenner) gleich dem vollständig gekürzten zweiten Bruch (mit positivem Nenner) ist.

4.2 Rechnen mit rationalen Zahlen

Wir erinnern uns an unser Ziel: Wir wollen die rationalen Zahlen ausschließlich durch ganze Zahlen beschreiben. Eine erste wichtige Etappe haben wir schon erreicht: Wir wissen, was die rationalen Zahlen sind und können das in der Welt der ganzen Zahlen ausdrücken. Nun kommt die zweite Etappe: Wir wollen mit den rationalen Zahlen auch rechnen. Unsere Aufgabe ist also, die Operationen (Addition, Multiplikation und die Kleiner-gleich-Beziehung) und ihre Eigenschaften rein in $\mathbf{Z}$ zu beschreiben und zu beweisen.

Wir beginnen mit der Addition.

Es ist einfach, so genannte „gleichnamige Brüche" zu addieren: Wenn wir an das Größenmodell der Brüche denken, ist klar, was $3/8 + 2/8$ bedeuten soll: Wir legen von einer in acht gleich große Stücke geteilten Pizza 3 Stücke und 2 Stücke zusammen, erhalten 5 Stücke und damit $5/8$ der Pizza. Da man hier mit den Achteln wie mit Einheiten operiert und damit die Addition der Brüche $3/8$ und $2/8$ auf die Addition der ganzen Zahlen 3 und 2 beziehungsweise auf die Anzahlen 3 und 2 der Stücke zurückführt, spricht man von dem „quasikardinalen Aspekt".

Zwei Brüche wie etwa $3/8$ und $2/8$ sind „gleichnamig", weil sie den gleichen „Namen" haben, nämlich „Achtel".

▶ **Definition: gleichnamige Brüche** Wir nennen zwei Brüche gleichnamig, falls ihre Nenner gleich sind. Genauer: Zwei Brüche a/b und c/d werden *gleichnamig* genannt, falls $b = d$ ist.

▶ **Definition: Summe gleichnamiger Brüche** Seien a/b und c/b gleichnamige Brüche. Dann ist $a/b + c/b := (a + c)/b$. Merksatz: Gleichnamige Brüche werden addiert, indem man ihre Zähler addiert.

Man kann je zwei Brüche gleichnamig „machen", indem man zu äquivalenten Brüchen übergeht; der gemeinsame Nenner kann zum Beispiel das Produkt der Nenner der beiden Brüche sein. Genauer: Zu a/b und a'/b' gehören die gleichnamigen Brüche ab'/bb' und

$a'b/b'b$. In der Sprache der Bruchzahlen heißt dies: $\frac{a}{b} = \frac{ab'}{bb'}$ und $\frac{a'}{b'} = \frac{a'b}{b'b}$. Mit anderen Worten: Man kann je zwei Bruchzahlen durch gleichnamige Brüche repräsentieren.

Das allgemeine Problem besteht darin, auch solche Bruchzahlen zu addieren, die nicht durch gleichnamige Brüche dargestellt sind. Die Idee zur Lösung dieses Problems besteht darin, dass man die Bruchzahlen durch gleichnamige Brüche darstellt.

Schauen wir uns dazu das Standardbeispiel $\frac{1}{2} + \frac{1}{3}$ an. Wir können beide Bruchzahlen durch Brüche mit Nenner 6 repräsentieren: $\frac{1}{2} = \frac{1 \cdot 3}{2 \cdot 3} = \frac{3}{6}$ und $\frac{1}{3} = \frac{1 \cdot 2}{3 \cdot 2} = \frac{2}{6}$ und erhalten das Ergebnis $\frac{1}{2} + \frac{1}{3} = \frac{3}{6} + \frac{2}{6} = \frac{3+2}{6} = \frac{5}{6}$.

Zur Festigung des Gelernten 4.2.1

Berechnen Sie $\frac{1}{4} + \frac{1}{3}$ und $\frac{1}{3} - \frac{1}{4}$.

Wie dies im Allgemeinen geschehen kann, erkennt man an folgender Gleichungskette:

$$\frac{a}{b} + \frac{a'}{b'} = \frac{ab'}{bb'} + \frac{a'b}{bb'} = \frac{ab' + a'b}{bb'}.$$

In Worten: Man erweitert die Brüche a/b und a'/b' so, dass beide den Nenner bb' haben. Dann braucht man nur noch die Zähler zu addieren.

▶ **Definition: Summe von Bruchzahlen** Die Summe der rationalen Zahlen $\frac{a}{b}$ und $\frac{c}{d}$ ist definiert als $\frac{ad+bc}{bd}$. Kurz:

$$\frac{a}{b} + \frac{c}{d} := \frac{ad + bc}{bd}.$$

Beispiel

$$\frac{2}{5} + \frac{3}{8} = \frac{16}{40} + \frac{15}{40} = \frac{31}{40}.$$

An dieser Stelle stoßen wir zum ersten Mal auf ein Problem, das die Bruchrechnung durchzieht und auch in der Schulmathematik eine kritische Rolle spielt. Das Problem entsteht aus der Tatsache, dass eine Bruchzahl viele Darstellungen durch Brüche hat. Dies ist einerseits sehr gut, weil man – wie wir es bei der Definition der Addition erfolgreich praktiziert haben – jeweils diejenigen Repräsentanten wählen kann, mit denen man im Sinne des zu lösenden Problems gut rechnen kann. Andererseits schafft die Vieldeutigkeit der Darstellung einer Bruchzahl auch Probleme. Denn wenn man eine Operation, wie zum Beispiel die Addition, dadurch definiert, dass man mit Brüchen, also einzelnen Repräsentanten rechnet, dann muss man zeigen, dass man auch bei beliebiger anderer Wahl der Repräsentanten auf das gleiche Ergebnis kommt. Man sagt dazu auch, dass die Definition unabhängig von der Auswahl der Repräsentanten ist. Der mathematische Begriff dafür ist *Wohldefiniertheit*. Die Frage ist also, ob die Addition von Bruchzahlen wohldefiniert ist.

Satz 4.2.2 (Wohldefiniertheit der Addition von Bruchzahlen)

Die Addition von Bruchzahlen ist wohldefiniert.

Beweis. Seien $\frac{a}{b}$ und $\frac{c}{d}$ Bruchzahlen. Seien a'/b' und c'/d' beliebige Repräsentanten dieser Bruchzahlen, also Brüche mit $a/b \sim a'b'$ und $c/d \sim c'/d'$. Es ist zu zeigen, dass $\frac{a}{b} + \frac{c}{d} = \frac{a'}{b'} + \frac{c'}{d'}$ gilt. Diese Gleichung kann äquivalent umgeformt werden:

$$\frac{a}{b} + \frac{c}{d} = \frac{a'}{b'} + \frac{c'}{d'}$$

$\Leftrightarrow \dfrac{ad + bc}{bd} = \dfrac{a'd' + b'c'}{b'd'}$ (Definition der Addition von Bruchzahlen)

$\Leftrightarrow (ad + bc)/bd \sim (a'd' + b'c')/b'd'$ (die gleiche Bruchzahl wird durch äquivalente

Brüche dargestellt)

$\Leftrightarrow (ad + bc)b'd' = (a'd' + b'c')bd$

$\Leftrightarrow adb'd' + bcb'd' = a'd'bd + b'c'bd$

$\Leftrightarrow dd'(ab' - a'b) = bb'(c'd - cd')$

Diese letzte Gleichung gilt, denn wegen $a/b \sim a'b'$ und $c/d \sim c'/d'$ gelten $ab' = a'b$ und $cd' = c'd$.

Damit ist die Wohldefiniertheit der Addition von Bruchzahlen bewiesen. $\square$

Nun, da wir wissen, dass die Addition von Bruchzahlen wohldefiniert ist, können wir diese Eigenschaft großzügig ausnutzen. Dies zeigt sich im Beweis des folgenden Satzes.

Satz 4.2.3 (Eigenschaften der Addition von Bruchzahlen)
Die Addition von Bruchzahlen hat folgende Eigenschaft.

(a) Die Addition ist kommutativ.
(b) Die Addition ist assoziativ.
(c) Es gibt ein neutrales Element bezüglich der Addition, nämlich die Zahl $0 = \frac{0}{1}$.
(d) Es gibt zu jeder Bruchzahl ein negatives Element.

Beweis.

(a) Zu zeigen ist $\frac{a}{b} + \frac{c}{d} = \frac{c}{d} + \frac{a}{b}$ für je zwei Bruchzahlen $\frac{a}{b}$ und $\frac{c}{d}$. Dies folgt ganz einfach:

$$\frac{a}{b} + \frac{c}{d} = \frac{ad + bc}{bd} = \frac{cb + da}{db} = \frac{c}{d} + \frac{a}{b}.$$

(b) Wir betrachten drei beliebige Bruchzahlen $\frac{a}{b}$, $\frac{c}{d}$ und $\frac{e}{f}$. Es ist zu zeigen, dass folgendes gilt:

$$\frac{a}{b} + \left(\frac{c}{d} + \frac{e}{f} \right) = \left(\frac{a}{b} + \frac{c}{d} \right) + \frac{e}{f}.$$

Dies folgt so:

$$\frac{a}{b} + \left(\frac{c}{d} + \frac{e}{f}\right) = \frac{a}{b} + \frac{cf + de}{df} = \frac{a \cdot df + b \cdot (cf + de)}{bdf}$$

$$= \frac{(ad + bc) \cdot f + bd \cdot e}{bdf} = \frac{ad + bc}{bd} + \frac{e}{f} = \left(\frac{a}{b} + \frac{c}{d}\right) + \frac{e}{f}.$$

(c) Sei $\frac{a}{b}$ eine beliebige rationale Zahl. Dann gilt

$$\frac{0}{1} + \frac{a}{b} = \frac{0 \cdot b + 1 \cdot a}{1 \cdot b} = \frac{a}{b}. \qquad \square$$

Zur Festigung des Gelernten 4.2.4

Zeigen Sie, dass $\frac{-a}{b}$ das negative Element von $\frac{a}{b}$ ist, das heißt das inverse Element bezüglich der Addition.

Nun kommen wir zur Multiplikation rationaler Zahlen. Während man sich die Summe zweier Brüche gut mit Hilfe des Größenmodells vorstellen kann, gelingt dies beim Produkt nicht immer. Wir unterscheiden zwischen zwei Aufgabentypen, nämlich „3 mal $\frac{1}{4}$" und „$\frac{1}{4}$ mal 3".

Die Multiplikation einer natürlichen Zahl mit einer Bruchzahl ist einfach zu verstehen: 3 mal $\frac{1}{4}$ ist $\frac{1}{4} + \frac{1}{4} + \frac{1}{4}$, also $\frac{3}{4}$. Allgemein gilt $n \cdot \frac{a}{b} = \frac{n \cdot a}{b}$. Man addiert gewissermaßen n mal die Bruchzahl $\frac{a}{b}$. Auch diese Vorstellung kann man unter dem quasikardinalen Aspekt sehen.

Viel schwieriger ist die Vorstellung „Bruchzahl mal natürliche Zahl". Hier kann der so genannte „von-Ansatz" helfen. Man interpretiert „$\frac{1}{4}$ mal 3" als „$\frac{1}{4}$ *von* 3". Und berechnet dies als $3 : 4$ oder $\frac{3}{4}$.

Mit dem „von-Ansatz" kann man auch den Aufgabentyp „Bruchzahl mal Bruchzahl" bearbeiten. Um zu sehen, was „$\frac{1}{4}$ von $\frac{1}{3}$" bedeutet, betrachten wir folgende Abbildung:

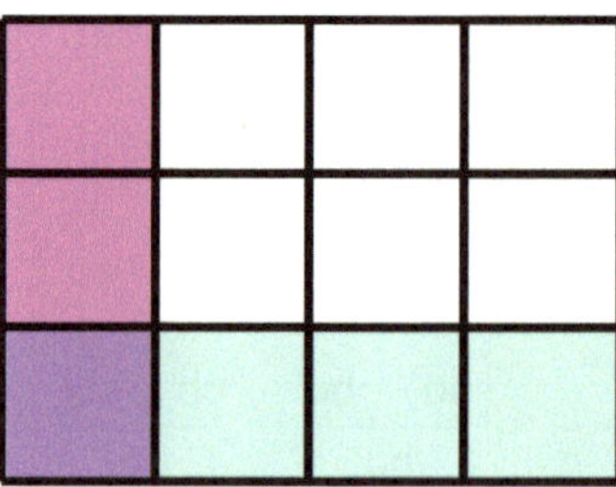

Der untere Riegel ist ein Drittel der Gesamtfläche. Der linke Riegel stellt ein Viertel dar und schneidet vom unteren Riegel ein Viertel aus. Das heißt, das kleine Quadrat unten links ist $\frac{1}{4}$ von $\frac{1}{3}$. Dies ist $\frac{1}{12}$ der Gesamtfläche. Somit gilt $\frac{1}{4} \cdot \frac{1}{3} = \frac{1}{12}$.

Wir fassen die Überlegungen in der folgenden Defintion zusammen.

▶ **Definition: Produkt von Bruchzahlen** Das *Produkt* der rationalen Zahlen $\frac{a}{b}$ und $\frac{c}{d}$ ist definiert als $\frac{ac}{bd}$. Kurz: $\frac{a}{b} \cdot \frac{c}{d} := \frac{ac}{bd}$. Merksatz: Zwei Bruchzahlen werden multipliziert, indem man Zähler mit Zähler und Nenner mit Nenner multipliziert.

Zur Festigung des Gelernten 4.2.5

Was ist $\frac{1}{2} \cdot \frac{2}{3} \cdot \frac{3}{4} \cdot \ldots \cdot \frac{99}{100}$?

Auch diese Definition ist nicht direkt anwendbar, denn wieder stellt sich die Frage nach der Wohldefiniertheit. Wir haben das Produkt von Bruch*zahlen* definiert, indem wir Zähler und Nenner von *Brüchen* benutzt haben. Bevor wir mit dieser Definition arbeiten, müssen uns klar machen, dass das Produkt der Bruchzahlen unabhängig von der Wahl der repräsentierenden Brüche ist. Das ist die Frage, ob die Multiplikation von Brüchen wohldefiniert ist.

Satz 4.2.6 (Wohldefiniertheit der Multiplikation von Bruchzahlen)
Die Multiplikation von Bruchzahlen ist wohldefiniert.

Beweis. Seien $\frac{a}{b}$ und $\frac{c}{d}$ Bruchzahlen. Seien a'/b' und c'/d' Brüche mit a/b $\sim$ a'b' und c/d $\sim$ c'/d', das heißt ab' = a'b und cd' = c'd.
Damit ergibt sich

$$\frac{a'}{b'} \cdot \frac{c'}{d'} = \frac{a'b}{b'b} \cdot \frac{c'd}{d'd} = \frac{ab'}{b'b} \cdot \frac{cd'}{d'd} = \frac{a}{b} \cdot \frac{c}{d}. \qquad \square$$

Auch die Multiplikation von Bruchzahlen hat alle algebraischen Eigenschaften, die man sich nur wünschen kann.

Satz 4.2.7 (Eigenschaften der Multiplikation von Bruchzahlen)
Die Multiplikation von Bruchzahlen erfüllt folgende Gesetze.

(a) Das Kommutativgesetz,
(b) das Assoziativgesetz,
(c) die Existenz eines neutralen Elements, nämlich der Zahl 1,
(d) die Existenz eines inversen Elements („Kehrwert") zu jeder Bruchzahl $\neq 0$,
(e) das Distributivgesetz.

Beweis.

(b) Wir betrachten drei beliebige Bruchzahlen $\frac{a}{b}$, $\frac{c}{d}$ und $\frac{e}{f}$. Dann gilt:

$$\frac{a}{b} \cdot \left(\frac{c}{d} \cdot \frac{e}{f}\right) = \frac{a}{b} \cdot \frac{ce}{df} = \frac{a \cdot ce}{b \cdot df}$$
$$= \frac{ac \cdot e}{bd \cdot f} = \frac{ac}{bd} \cdot \frac{e}{f} = \left(\frac{a}{b} \cdot \frac{c}{d}\right) \cdot \frac{e}{f}.$$

(c) Das neutrale Element bezüglich der Multiplikation ist 1, denn es gilt:

$$1 \cdot \frac{a}{b} = \frac{1}{1} \cdot \frac{a}{b} = \frac{1 \cdot a}{1 \cdot b} = \frac{a}{b} \quad \text{und ebenso} \quad \frac{a}{b} \cdot 1 = \frac{a}{b}.$$

(d) Sei $\frac{a}{b}$ eine Bruchzahl $\neq 0$, das heißt $a \neq 0$. Dann ist auch $\frac{b}{a}$ eine Bruchzahl, und es gilt

$$\frac{a}{b} \cdot \frac{b}{a} = \frac{ab}{ba} = \frac{ab}{ab} = \frac{1}{1} = 1.$$

Die zu $\frac{a}{b}$ inverse Bruchzahl ist $\frac{b}{a}$. Als Merksatz lautet diese Erkenntnis: Durch einen Bruch wird dividiert, indem man mit dem Kehrwert multiliziert.

(e) Seien $\frac{a}{b}$, $\frac{c}{d}$ und $\frac{e}{f}$ drei beliebige Bruchzahlen. Es ist zu zeigen

$$\frac{a}{b} \cdot \left(\frac{c}{d} + \frac{e}{f}\right) = \frac{a}{b} \cdot \frac{c}{d} + \frac{a}{b} \cdot \frac{e}{f}.$$

Dies ergibt sich so:

$$\frac{a}{b} \cdot \left(\frac{c}{d} + \frac{e}{f}\right) = \frac{a}{b} \cdot \frac{cf + de}{df} = \frac{a \cdot (cf + de)}{b \cdot df}$$
$$= \frac{acf + ade}{b \cdot df} = \frac{acf}{bdf} + \frac{ade}{bdf} = \frac{ac}{bd} + \frac{ae}{bf} = \frac{a}{b} \cdot \frac{c}{d} + \frac{a}{b} \cdot \frac{e}{f}. \qquad \square$$

Zur Festigung des Gelernten 4.2.8

Beweisen Sie die Aussage (a) von Satz 4.2.7.

Die Existenz eines inversen Elementes (4.2.7(d)) ist formal einfach zu beweisen, aber die Vorstellung ist schwierig Warum ist $3/4 : 1/2 = 3/2$?

Von der Division natürlicher Zahlen ist uns die Vorstellung des Aufteilens geläufig: Wenn man a Dinge auf b Personen *aufteilt*, wie viel bekommt dann jeder? Diese Frage ist bei der Division durch eine Bruchzahl unsinnig: Man kann keine Anzahl von Dingen auf $1/2$ Person aufteilen.

Dafür ist hier die Frage nach dem „passen" hilfreich: Wie oft *passen* b Dinge in einen Karton mit a Plätzen? Wie oft *passt* $1/2$ in 3? Wie oft *passt* $1/2$ in $3/4$?

Wie oft passt 1/2 in 3? Klar, 6 mal. Somit ist $3 : 1/2 = 6$. Achten Sie darauf, dass es mit dieser Interpretation überhaupt nicht merkwürdig ist, dass bei der Divsion (durch 1/2) das Ergebnis größer als die Ausgangszahl ist.

Wie oft passt 1/2 in 3/4? So oft wie 1 in 6/4, also 6/4 mal. Daher ist $3/4 : 1/2 = 6/4 = 3/2$.

Zur Festigung des Gelernten 4.2.9

Wir stellen in dieser Aufgabe jede Bruchzahl durch ihren vollständig gekürzten Bruch mit positivem Nenner dar.

Sind die folgenden Mengen von so dargestellten Bruchzahlen abgeschlossen gegenüber Addition und Subtraktion?

M_g: Nenner gerade
M_u: Nenner ungerade
M_4: Nenner $= 4$
M^*: Nenner ist eine Zweierpotenz (also $1, 2, 4, 8, \ldots$)

Bemerkung. Das Distributivgesetz verbindet die Addition und die Multiplikation. Diese Operationen sind damit nicht zwei unabhängige Operationen, die zufällig auf der gleichen Menge (in unserem Fall der Menge $\mathbf{Q}$) definiert sind, sondern sie sind durch das Distributivgesetz eng miteinander verbunden.

Man nennt eine Menge K mit zwei Operationen $+$ und $\cdot$, die die Eigenschaften der Sätze 4.2.3 und 4.2.7 erfüllen, einen *Körper*. Kurz gesagt ist ein Körper eine algebraische Struktur, in der wir so addieren und multiplizieren dürfen, wie wir es von den rationalen Zahlen gewohnt sind.

Den Prozess, wie man aus $\mathbf{Z}$ durch Bildung von Äquibalenzklassen den Körper der rationalen Zahlen erhält, kann man verallgemeinern: Jeden „Ring" mit gewissen Eigenschaften kann man zu dem zugehörigen „Quotientenkörper" erweitern. Siehe dazu etwa Karpfinger und Meyberg (2012).

Auch die reellen Zahlen bilden einen Körper. Uns werden im Laufe der weiteren Überlegungen noch viele Körper begegnen. Die Körpertheorie ist ein wesentlicher Teil der modernen Algebra.

4.3 Kleiner und größer

Bisher war der Übergang von den ganzen Zahlen zu den rationalen Zahlen sehr harmonisch. Alle betrachteten Eigenschaften der ganzen Zahlen haben sich auf natürliche Weise auf die rationalen Zahlen übertragen. Man bezeichnet dies als „Permanenzprinzip". Dieses geht auf den deutschen Mathematiker Hermann Hankel 1867 zurück; siehe zum Beispiel Padberg und Wartha (2017). Man möchte, dass alles, was man – bewusst der unbewusst – gut findet, auch in dem größeren Zahlenbereich gilt. Das Kommutativ-, das Assoziativ- und das Distributivgesetz konnten wir von **Z** auf **Q** übertragen, ja alle Rechengesetze aus **Z**, die Addition und Multiplikation betreffen, gelten auch in **Q**. Das ist genau so, wie man sich das wünscht.

Wenn man aber anfängt, Zahlen der Größe nach zu vergleichen, das heißt, wenn man die Kleiner-gleich-Relation einführt, dann gerät die schöne Welt ins Wanken. Dann gilt nämlich überhaupt kein Permanenzprinzip mehr. Im Gegenteil: man muss mit so ungewohnten Phänomenen umgehen wie zum Beispiel:

- Brüche können einen riesigen Zähler und Nenner haben, aber als Zahlen winzig sein. Zum Beispiel ist die Bruchzahl 2468/97.531 nur etwa 0,025.
- Eine Multiplikation kann eine große Zahl in einen kleine verwandeln.
- Das Ergebnis einer Division kann größer als die Ausgangszahl sein.

Aber die Welt der Zahlen ist nicht aus den Fugen, sie ist nur viel komplexer und damit interessanter als man sich das zunächst vorstellt. Wir werden auch alle Eigenschaften der Kleiner-gleich-Relation mathematisch sehr gut verstehen und nutzen können.

Die Größenvorstellungen innerhalb der natürlichen Zahlen ist einfach und bei den meisten Menschen durch den alltäglichen Umgang mit Zahlen vertraut. Selbst die negativen Zahlen jagen uns diesbezüglich keinen Schrecken ein, jedenfalls solange wir nicht negative Zahlen miteinander multiplizieren. Wenn wir uns die natürlichen Zahlen auf dem von links nach rechts verlaufenden Zahlenstrahl aufgereiht vorstellen, dann können wir leicht entscheiden, welche von zwei Zahlen kleiner als die andere ist, nämlich die Zahl, die links von der anderen steht.

Diese Vorstellung bleibt bei rationalen Zahlen grundsätzlich erhalten: Wenn wir zwei rationale Zahlen auf dem Zahlenstrahl markieren, ist die linke kleiner als die rechte.

Ein Problem tritt dann auf, wenn die beiden Bruchzahlen als Brüche gegeben sind und man an deren Zählern und Nennern erkennen soll, welche Zahl die kleinere und welche die größere ist. Dass das nicht ganz einfach ist, erkennt man schon an den Bruchzahlen 2/5 und 3/7; welche ist die größere Zahl?

Idee. Jeder weiß, dass 1/4 kleiner als 3/4 ist. Wir fassen „1/4" als Einheit auf und führen dann 1/4 < 3/4 auf die bekannte Beziehung 1 < 3 zurück. Allgemein denken wir bei gleichnamigen Brüchen so: a/b < c/b, falls a < c.

Wenn wir im Allgemeinen Bruchzahlen, und nicht nur gleichnamige Brüche, der Größe nach vergleichen wollen, gehen wir (wie bei der Herleitung der Addition) zu gleichnamigen Repräsentanten über. Zum Beispiel stellen 2/5 und 14/35 die gleiche Bruchzahl dar, ebenso wie 3/7 und 15/35. Wenn wir 14/35 < 15/35 für richtig halten, dann müssen wir auch 2/5 < 3/7 akzeptieren.

▶ **Definition (Die Kleiner-gleich-Relation von Bruchzahlen)** Seien $\frac{a}{b}$ und $\frac{c}{d}$ zwei Bruchzahlen. Dann definieren wir:

$$\frac{a}{b} \leq \frac{c}{d} \Leftrightarrow \frac{ad}{bd} \leq \frac{bc}{bd} :\Leftrightarrow ad \leq bc.$$

Wir lesen die Relation $\leq$ als „kleiner oder gleich".

Zur Festigung des Gelernten 4.3.1

(a) Zeigen Sie $\frac{3}{8} \leq \frac{3}{7}$. Verstehen Sie diese Aussage auch „inhaltlich"?

(b) Wie kann man Brüche mit gleichem Zähler vergleichen? Welcher der beiden Bruchzahlen ist größer? $\frac{5}{18}$ oder $\frac{5}{13}$? Und im Allgemeinen: $\frac{a}{b}$ oder $\frac{a}{d}$ (mit positivem Zähler a)? Stellen Sie eine Vermutung auf und beweisen Sie diese.

Wir nennen eine Bruchzahl, die größer als Null ist, *positiv*, und eine Bruchzahl die kleiner als Null ist, *negativ*.

Wann ist eine Bruchzahl $\frac{a}{b}$ positiv? Natürlich dann, wenn $\frac{a}{b} > 0$ ist. Wir können voraussetzen, dass b eine positive ganze Zahl ist. Dann folgt:

$$\frac{a}{b} > 0 \Leftrightarrow \frac{a}{b} > \frac{0}{1} \Leftrightarrow a \cdot 1 > b \cdot 0 \Leftrightarrow a > 0.$$

In Worten bedeutet dies: *Eine Bruchzahl mit positivem Nenner ist genau dann größer als Null, wenn auch der Zähler positiv ist.*

Zur Festigung des Gelernten 4.3.2

(a) Wie kann man an einem Bruch a/b erkennen, ob die zugehörige Bruchzahl größer als 1 ist?

(b) Zeigen Sie, dass eine negative Bruchzahl stets kleiner als jede positive Bruchzahl ist.

Auch bei der $\leq$-Relation muss man als erstes zeigen, dass sie wohldefiniert ist.

Satz 4.3.3 (Wohldefiniertheit der Kleiner-gleich-Relation)
Die Relation $\leq$ auf der Menge der Bruchzahlen ist wohldefiniert.

Beweis. Seien $\frac{a}{b}$ und $\frac{c}{d}$ Bruchzahlen mit $\frac{a}{b} \leq \frac{c}{d}$, das heißt ad $\leq$ bc.

Seien a'/b' und c'/d' Brüche mit a/b $\sim$ a'b' und c/d $\sim$ c'/d', also ab' = a'b und cd' = c'd.

Wir können voraussetzen, dass die Nenner aller Brüche positiv sind, das heißt b, d > 0 und b', d' > 0.

Nun gilt:

$$\frac{a}{b} \leq \frac{c}{d}$$
$$\Leftrightarrow ad \leq bc$$
$$\Leftrightarrow ad \cdot b'd' \leq bc \cdot b'd'$$
$$\Leftrightarrow ab' \cdot dd' \leq cd' \cdot bb'$$
$$\Leftrightarrow a'b \cdot dd' \leq c'd \cdot bb'$$
$$\Leftrightarrow a'd' \cdot bd \leq b'c' \cdot bd$$
$$\Leftrightarrow a'd' \leq b'c'$$
$$\Leftrightarrow \frac{a'}{b'} \leq \frac{c'}{d'}. \qquad \square$$

Die Relation $\leq$ ist eine spezielle *Ordnungsrelation*. Im ersten der folgenden Sätze thematisieren wir die „Ordnungseigenschaften" an sich und studieren dann die Beziehungen der $\leq$-Relation mit der Addition und Multiplikation.

Die Aussagen des folgendes Satz sind uns wohlvertraut: Die Aussage (a) bedeutet: Wenn x kleiner als y und y kleiner als z ist, dann ist auch x kleiner als z. Die Aussage (b) heißt, dass nicht gleichzeitig $x < y$ und $y < x$ gelten kann. Schließlich bedeuten (c) und (d), dass die rationalen Zahlen dicht sind. Wenn man sich rationalen Zahlen auf der Zahlengeraden vorstellt, dann heißt dies, dass man jeden Punkt der Zahlengeraden mit rationalen Zahlen beliebig genau annähern kann. Allerdings ist keineswegs jeder Punkt der Zahlengeraden eine rationale Zahl; dies wird im nächsten Kapitel klar werden.

Satz 4.3.4 (Eigenschaften der Kleiner-gleich-Relation von Bruchzahlen)
Die Relation $\leq$ auf der Menge der Bruchzahlen hat folgende Eigenschaften:

(a) Transitivität, das heißt:

$$\frac{a}{b} \leq \frac{c}{d} \text{ und } \frac{c}{d} \leq \frac{e}{f} \Rightarrow \frac{a}{b} \leq \frac{e}{f}.$$

(b) Antisymmetrie, das heißt:

$$\frac{a}{b} \leq \frac{c}{d} \text{ und } \frac{c}{d} \leq \frac{a}{b} \Rightarrow \frac{a}{b} = \frac{c}{d}.$$

(c) „Zwischen" je zwei verschiedenen Bruchzahlen liegt eine weitere Bruchzahl, das heißt. Zu $\frac{a}{b} < \frac{c}{d}$ gibt es eine Bruchzahl $\frac{e}{f}$ mit $\frac{a}{b} < \frac{e}{f} < \frac{c}{d}$.

(d) Zwischen je zwei verschiedenen Bruchzahlen liegen unendlich viele Bruchzahlen.

Beweis. Man muss diese Eigenschaften „nur" nachrechnen.

(a) $\frac{a}{b} \leq \frac{c}{d}$ und $\frac{c}{d} \leq \frac{e}{f}$ bedeuten $ad \leq bc$ und $cf \leq de$.

   Wir können voraussetzen, dass die Nenner b, d, f alle positiv sind.

   Wir unterscheiden vier Fälle.

   1. Alle drei Zähler a, c, e sind positive ganze Zahlen.
   2. Genau zwei der Zähler sind positiv. Dann ist a der negative Zähler; daher ist a/b kleiner als die positive Bruchzahl e/f.
   3. Genau einer der Zähler ist positiv. Dann ist das die Zahl e. Daher ist e/f größer als die negative Bruchzahl a/b.
   4. Alle drei Zähler sind negativ.

   Wir behandeln hier nur den ersten Fall. Es gilt:

   $$af \cdot cd = ad \cdot cf \leq bc \cdot ed = be \cdot cd,$$

   und somit $af \leq be$, also $\frac{a}{b} \leq \frac{e}{f}$.

(b) $\frac{a}{b} \leq \frac{c}{d}$ bedeutet $ad \leq bc$. Die Beziehung $\frac{c}{d} \leq \frac{a}{b}$ heißt $cb \leq da$. Die beiden Beziehungen in der Menge der ganze Zahlen zeigen $ad = bc$, also $\frac{a}{b} = \frac{ad}{bd} = \frac{bc}{bd} = \frac{c}{d}$.

(c) Zwischen den rationale Zahlen $\frac{a}{b}$ und $\frac{c}{d}$ mit $\frac{a}{b} < \frac{c}{d}$ liegt zum Beispiel das *arithmetische Mittel* $\frac{1}{2} \cdot (\frac{a}{b} + \frac{c}{d}) = \frac{ad + bc}{2bd}$ der beiden Zahlen.

(d) folgt direkt aus (c).

Zur Festigung des Gelernten 4.3.5

(a) Zeigen Sie die Aussage (b) von Satz 4.3.4 in dem Fall, dass alle Zähler negative ganze Zahlen sind.

(b) Zeigen Sie, dass das arithmetische Mittel zweier Bruchzahlen tatsächlich zwischen den beiden Zahlen liegt.

Zur Vorbereitung des Folgenden 4.3.6

Wir wissen $\frac{1}{3} \leq \frac{1}{2}$. Wenn wir beide Seiten dieser Ungleichung mit der gleichen positiven Zahl multiplizieren, bleibt die Ungleichung erhalten: Zum Beispiel könnten wir mit $\frac{1}{4}$ multiplizieren und erhalten $\frac{1}{12} \leq \frac{1}{8}$. Machen Sie sich klar: Wenn man beide Seiten von $\frac{1}{3} \leq \frac{1}{2}$ mit einer positiven Zahl multipliziert, bleibt die Ungleichung erhalten

Wenn man aber die beiden Zahlen mit einer negativen Zahl multipliziert, zum Beispiel mit -1, denn „dreht sich die Ungleichung um": $-\frac{1}{2} \leq -\frac{1}{3}$. Zeigen Sie, dass das auch allgemein gilt.

Satz 4.3.7

Die Relation $\leq$ auf der Menge der Bruchzahlen hat folgende Eigenschaften:

(a) Eine Ungleichung bleibt erhalten, wenn man auf beiden Seiten die gleiche rationale Zahl addiert.
(b) Eine Ungleichung bleibt erhalten, wenn man beide Seiten mit der gleichen positiven rationalen Zahl multipliziert.
(c) Eine Ungleichung wird umgekehrt, wenn man beide Seiten mit der gleichen negativen rationalen Zahl multipliziert.

Beweis. Seien $\frac{a}{b}$ und $\frac{c}{d}$ Bruchzahlen mit $\frac{a}{b} \leq \frac{c}{d}$, das heißt $ad \leq bc$. Sei ferner $\frac{m}{n}$ eine weitere Bruchzahl mit $n > 0$.

(a) Wegen $\frac{a}{b} + \frac{m}{n} = \frac{an+bm}{bn}$ und $\frac{c}{d} + \frac{m}{n} = \frac{cn+dm}{dn}$ ist zu zeigen $(an+bm)dn \leq bn(cn+dm)$. Dies folgt so:

$$(an+bm)dn = adn^2 + bdmn \leq bcn^2 + bdmn = bn(cn+dm).$$

(b) Sei $\frac{m}{n}$ eine positive Bruchzahl. Das bedeutet, dass m eine positive ganze Zahl ist. Dann gilt:

$$\frac{a}{b} \cdot \frac{m}{n} \leq \frac{c}{d} \cdot \frac{m}{n}$$
$$\Leftrightarrow \frac{am}{bn} \leq \frac{cm}{dn}$$
$$\Leftrightarrow am \cdot dn \leq bn \cdot cm$$
$$\Leftrightarrow a \cdot d \leq b \cdot c \quad \text{(da m und n positive ganze Zahlen sind)}$$
$$\Leftrightarrow \frac{a}{b} \leq \frac{c}{d}.$$

(c) Sei $\frac{-m}{n}$ eine negative Bruchzahl (m sei eine positive ganze Zahl). Dann gilt:

$$\frac{a}{b} \cdot \frac{-m}{n} \geq \frac{c}{d} \cdot \frac{-m}{n}$$
$$\Leftrightarrow (a \cdot (-m)) \cdot dn \geq bn \cdot (c \cdot (-m))$$
$$\Leftrightarrow -amdn \geq -bncm$$
$$\Leftrightarrow -ad \geq -bc \quad \text{(da m und n positive ganze Zahlen sind)}$$
$$\Leftrightarrow ad \leq bc \qquad \text{(Eigenschaften der Ordnungsrelation in $\mathbf{Z}$)}$$
$$\Leftrightarrow \frac{a}{b} \leq \frac{c}{d}. \qquad \qquad \square$$

Satz 4.3.8

Sei $\frac{a}{b}$ eine positive rationale Zahl.

(a) Wenn $\frac{a}{b}$ mit einer positiven Bruchzahl >1 multipliziert wird, dann ist das Produkt größer als $\frac{a}{b}$.

(b) Das Produkt von $\frac{a}{b}$ mit einer positiven Bruchzahl <1 ist kleiner als $\frac{a}{b}$.

Beweis. Sei $\frac{c}{d}$ eine weitere positive Bruchzahl mit c, d > 0. Wir halten zunächst fest: $\frac{c}{d} > 1$, falls c > d ist, und $\frac{c}{d} < 1$, falls c < d.

Wir zeigen nun (a) und (b) gemeinsam: $\frac{a}{b} \cdot \frac{c}{d} = \frac{ac}{bd}$ ist genau dann kleiner als $\frac{a}{b} = \frac{ad}{bd}$, wenn ac < ad, also c < d ist, und das heißt genau dann, wenn $\frac{c}{d} < 1$ ist. $\square$

Beispiel. Wie oft muss man 0,6 $(= \frac{6}{10})$ mit sich selbst multiplizieren, um eine Zahl kleiner als 0,1 zu erhalten? Mit anderen Worten: Gesucht ist die kleinste natürliche Zahl n mit $\left(\frac{6}{10}\right)^n < \frac{1}{10}$. Die Antwort (n = 5) ergibt sich aus folgender Tabelle:

n	1	2	3	4	5
$\left(\frac{6}{10}\right)^n$	$\frac{6}{10}$	$\frac{36}{100}$	$\frac{216}{1000}$	$\frac{1296}{10.000}$	$\frac{7776}{100.000}$
$\left(\frac{6}{10}\right)^n$ als Dezimalbruch	0,6	0,36	0,216	0,1296	0,07776

Zur Festigung des Gelernten 4.3.9

Wie oft muss man 0,9 mit sich multiplizieren, um eine Zahl kleiner als 0,5 zu erhalten?

Beispiele.

(a) Wie groß ist die Wahrscheinlichkeit, bei 4-maligem Würfeln mit einem fairen Würfel vier Sechsen zu erhalten?

   Die Wahrscheinlichkeit, bei einem Wurf eine Sechs zu erhalten ist $\frac{1}{6}$. Die Wahrscheinlichkeit für vier aufeinanderfolgende Sechsen ist somit $\left(\frac{1}{6}\right)^4 = 0,00077$, also weniger als ein Promille.

(b) Wie groß ist die Wahrscheinlichkeit, bei 4-maligem Würfeln mit einem fairen Würfel nie eine Sechs zu erhalten?

   Die Wahrscheinlichkeit, bei einem Wurf keine Sechs zu erhalten ist $\frac{5}{6}$. Die Wahrscheinlichkeit für vier aufeinanderfolgende Würfe ohne Sechs ist somit $\left(\frac{5}{6}\right)^4 = 0,48$; das passiert also fast in der Häfte der Fälle.

Wie groß ist die Wahrscheinlichkeit, bei 4-maligem Würfeln mit einem fairen Würfel nur Einsen und Sechsen zu erhalten?

Wie groß ist die Wahrscheinlichkeit, bei 4-maligem Würfeln mit einem fairen Würfel nie eine Eins oder eine Sechs zu erhalten?

4.4 Anwendung: Gleichungen

Gleichungen im strengen Sinne gab es in der Mathematik Jahrtausende lang nicht. Das liegt daran, dass man erst vor gut 500 Jahren die mathematische Notation, also die Rechenzeichen einführte, mit denen wir heute Gleichungen schreiben.

Vorher wurde das, was wir heute eine Gleichung nennen würde, als eine Aufgabe, als so genannte Textaufgabe formuliert. Die heutigen Schülerinnen und Schüler fühlen sich bei Textaufgaben nicht ernst genommen, weil sie Textaufgaben oft nur als verkleidete Gleichungen sehen, aber bis etwa 1500 war das die einzige Methode, die Suche nach einer Zahl (die Unbekannte) zu beschreiben.

Damals wie heute gab es zwei Typen von solchen Aufgaben.

Zum einen waren dies Aufgaben, die mehr oder weniger anwendungsbezogen waren. Zum Beispiel lautet die Aufgabe 67 aus dem Papyrus Rhind wie folgt: Ein Schäfer muss einen Teil seiner Herde als Tribut an seinen Herrn abgeben. Und zwar muss er zwei Drittel von einem Drittel seiner Herde abgeben. Er gibt 70 Tiere ab. Wie groß war die Herde des Schäfers?

Zum anderen gab es auch schon immer „reine" Aufgaben nach der Art: Ich denke mir eine Zahl ...

Die ägyptischen Mathematiker konnten schon vor 4000 Jahren Geichungen lösen. Im Papyrus Rhind, der etwa aus dem Jahr 1650 v. Chr. stammt aber die Abschrift eines etwa 200 Jahre älteren Papyrus ist, wird unter anderem die Hau-Methode (manchmal auch Aha-Methode genannt) vorgestellt. Hau ist dabei eine gewisse Anzahl von Dingen, das heißt, die Unbekannte, modern würden wir sagen: das x.

Die Aufgabe 26 des Papyrus Rhind lautet: Ein Hau und ein Viertel sind 15.

Statt nun eine Gleichung aufzustellen, und diese nach x aufzulösen (was die Ägypter mangels algebraischen Zeichen gar nicht konnten), taten sie etwas viel Einfachereres, aber echt Raffiniertes. Sie machten einen „falschen Ansatz". Das heißt, sie dachten sich eine Unbekannte aus, und das einzige, woran sie dachten, war, dass mit dieser gut zu rechnen sein sollte.

Sie dachten sich also: „Nehmen wir mal an, die Unbekannte, das Hau, sei 4. Dann rechnen wir die Aufgabe mit dieser fiktiven Lösung durch: die Unbekannte (4) und ein Viertel davon (1) ergibt 5." Das ist nun nicht das Ergebnis, das herauskommen sollte; herauskommen sollte 15, also das Dreifache. Nun argumentierten die Ägypter ganz einfach: „Dann probieren wir doch mal das Dreifache unserer Fantasielösung. Das wäre 12 (3 mal 4). Und tatsächlich: 12 plus ein Viertel davon (3) ergibt 15."

Zur Festigung des Gelernten 4.4.1

(a) Lösen Sie mit Hilfe der Hau-Methode folgende Aufgabe: Eine Größe (Hau) und ein Sechstel davon ergeben 28. Was ist die Größe?

(b) Die Ägypter haben auch Aufgaben behandelt, deren Lösung nicht ganzzahlig ist. So lautet die Aufgabe 24 des Papyrus Rhind: Ein Hau plus ein Siebtel davon ist 19. Lösen Sie auch diese Aufgabe.

Kurze Geschichte der mathematischen Zeichen

Jeder weiß, oder glaubt zu wissen, was eine Gleichung ist. Wir können Gleichungen heute einfach schreiben, weil wir Rechenzeichen kennen. Die längste Zeit in der Geschichte der Mathematik kannte man diese Zeichen nicht; man behandelte keine Gleichungen, sondern Aufgaben. Das gilt nicht nur für die Ägypter, sondern war bis zum Ende des Mittelalters gängige Praxis.

Erst im 15. und 16. Jahrhundert wurden die Symbole für Rechenoperationen eingeführt, die wir heute selbstverständlich nutzen, um Gleichungen zu schreiben und sie zu lösen.

Das *Pluszeichen* geht auf den Leipziger Mathematiker Johannes Widmann (ca. 1460–ca. 1498) zurück, bei dem es 1489 zum ersten Mal im Druck erscheint.

Es war immerhin der Universalgelehrte Gottfried Wilhelm Leibniz, der den *Malpunkt* eingeführt hat. Nachweisbar ist er in seinen Briefen ab 1698. Leibniz wandte sich damit gegen das *Malkreuz*, das der englische Mathematiker William Oughtred (1574–1660) im Jahr 1631 erstmals veröffentlicht hat. Leibniz sah in der Verwendung des Malkreuzes eine zu große Verwechselungsgefahr mit dem Buchstaben x.

Das *Gleichheitszeichen* wurde von dem walisischen Mathematiker Robert Recorde (1510–1558) erfunden. In seinem Werk *The Whetstone of Witte* (1557) führte er das Gleicheitszeichen in Form von zwei waagerechten, parallelen Linien ein. Er schrieb, dass er bewusst dieses Symbol gewählt habe, *bicause noe 2 thynges can be moare equalle* (weil keine zwei Dinge gleicher sein können). Unmittelbar darauf folgt in seinem Werk die erste in modernen Notation gedruckten Gleichung, nämlich $14x + 15 = 71$.

Wann die Buchstabenrechnung begonnen hat, ist ungleich schwieriger zu bestimmen als die Einführung der Rechenzeichen. Schon in der Antike wurden Buchstaben anstelle von Zahlen verwendet. Das liegt zum Teil sicher auch daran, dass in vielen Kulturen, etwa im antiken Griechenland, die Zahlen durch Buchstaben dargestellt wurden. Aber erst François Viète (1540–1603) benutzte in systematischer Weise Buchstaben für Koeffizienten und Unbekannten in Gleichungen. In seinem Buch *In artem analyticem isogoge* aus dem Jahre 1591 verwendete er Vokale für die Unbekannten und Konsonanten (jeweils in Großbuchstaben) für die Koeffizienten. Dadurch konnte Viète auch Gleichungen algebraisch manipulieren, das heißt, umstellen, multiplizieren und substituieren. Schließlich führte René Descartes (1596–1650) in seiner *Géometrie* (1637) die Buchstaben x, y, z, … für die Variablen ein.

4.5 Variable, Terme, Gleichungen

Nun wenden wir uns endgültig den Gleichungen zu. Wenn man eine Gleichung ganz grob beschreiben möchte, dann könnte man sagen: Eine Gleichung hat ein Gleichheitszeichen, und auf beiden Seiten des Gleichheitszeichens steht ein Ausdruck, der aus Zahlen, einer oder mehrerer Unbekannten und Rechenzeichen besteht. Das wollen wir zunächst etwas genauer beschreiben. Den „Ausdruck" auf einer Seite einer Gleichung nennt man einen Term, und es ist gar nicht so einfach zu definieren, was ein Term ist. Das muss man in zwei Stufen machen. Zuerst beschreiben wir diejenigen Objekte, die auf jeden Fall ein Term sein sollen, und dann erklären wir, wie man aus gegebenen Termen neue Terme macht.

▶ **Definition: Term**

(a) Jede Zahl ist ein *Term* und jede Variable ist ein *Term*.
(b) Aus gegebenen Termen macht man einen neuen *Term*, indem man eine Rechenoperation auf sie anwendet. (Typischerweise sind dies Addition, Subtraktion, Multiplikation, Division, Wurzelziehen, Potenzierung, …).

Beispiele und Bemerkungen. Nach (a) sind zum Beispiel Zahlen wie 4, -7, 3/7, sowie Variablen wie x, y, z, … Terme. Aufgrund von (b) sind auch Ausdrücke wie $4 + x$, y^7, xz Terme. Man kann den Prozess (b) beliebig oft wiederholen, so dass man dann auch zu solch komplexen Termen wie $(4 + x)^7 - (xz)^4/1001$ kommt.

In (a) haben wir bewusst sehr unspezifisch von einer „Zahl" gesprochen. In der Tat kann man Terme über beliebigen Zahlbereichen definieren. Wir werden bald sehen, dass man – jedenfalls wenn Gleichungen Lösungen haben sollen – über einem Körper arbeiten muss. Für uns wird das zunächst **Q**, später auch **R** sein.

▶ **Definition: Gleichung** Eine Gleichung besteht aus zwei Termen, die durch ein Gleichheitszeichen verbunden sind. Wenn in einer Gleichung eine Variable x vorkommt, spricht man auch von einer Gleichung *in* der Variablen x.

Beispiele. Gleichungen sind

$$4x = 7, \; 3 = 2, \; x^2 - 4x + 3 = 0, \; 1 = 3, \; x^2 + y^2 = 9, \; x^{1000} + y^{1000} = 1,$$
$$\sqrt[3]{xy + y^2} = 9016x^4 - y^{2/3}.$$

Zur Festigung des Gelernten 4.5.1

Welche der folgenden Ausdrücke sind Gleichungen?

$$1 = 1$$
$$1 = 0$$
$$x = 1$$
$$x \neq 1$$
$$x = ?$$
$$x =$$

Als nächsten klären wir den Begriff „Lösung" einer Gleichung. Wenn wir an *Lösungen* einer Gleichung denken, fragen wir uns sofort, wie man eine Gleichung *lösen* kann. Darum geht es aber zunächst gar nicht. Dass eine Zahl oder ein Tupel von Zahlen eine Lösung ist, zeigt sich daran, dass man die „Probe" machen kann und dass die Probe „stimmt". So ist zum Beispiel die Zahl 3/2 eine Lösung der Gleichung $6x = 9$, weil 3/2, in die Gleichung eingesetzt, zu einer wahren Aussage führt: $6 \cdot 3/2 = 9$. Ebenso ist das Zahlenpaar $(1/2, \sqrt{3}/2)$ eine Lösung der Gleichung $x^2 + y^2 = 1$, denn es gilt $(1/2)^2 + (\sqrt{3}/2)^2 = 1/4 + 3/4 = 1$.

▶ **Definition: Lösung einer Gleichung** Wir betrachten eine Gleichung mit einer Variablen. Dann ist eine *Lösung* dieser Gleichung eine Zahl, die, wenn man sie in die Gleichung an Stelle der Variablen einsetzt, die Gleichung zu einer wahren Aussage macht.

Um gemäß dieser Definition zu überprüfen, ob die Zahl 2 Lösung einer Gleichung in der Unbekannten x ist, setzt man an jeder Stelle für x die Zahl 2 ein und rechnet die linke und die rechte Seite aus. Wenn dann beide Seiten die gleiche Zahl ergeben, ist 2 eine Lösung der Gleichung.

Im Allgemeinen betrachten wir eine Gleichung mit n Variablen $x_1, x_2, \ldots, x_n$. Dann versteht man unter einer *Lösung* dieser Gleichung ein n-Tupel $(a_1, a_2, \ldots, a_n)$ von Zahlen mit folgender Eigenschaft: Setzt man a_1 für x_1, a_2 für x_2, $\ldots$, a_n für x_n ein und rechnet beide Seiten aus, so ergibt sich links und rechts die gleiche Zahl.

Der allergrößte Teil der Theorie der Gleichungen dreht sich um das Lösen von Gleichungen. Dabei stellt man sich Fragen wie die folgenden:

- Hat eine gegebene Gleichung eine Lösung?
- Wie viele Lösungen hat die Gleichung?
- Wie kann man die Lösungen systematisch finden?

Wir wenden uns in diesem Kapitel zunächst den einfachsten Gleichungen zu, nämlich den linearen Gleichungen. Zum Beispiel sind $2x + 4 = 6x - 2$ und $8x + 47 = 0$ lineare Gleichungen. Lineare Gleichungen können aber auch zwei oder mehr Variablen haben.

Beispiele dafür sind $2x - 3y = 7$ und $4x - 3y = 4z - 3x + 1$. Gleichungen höheren Grades werden wir in den folgenden Kapiteln behandeln.

▶ **Definition: lineare Gleichung** Eine Gleichung mit einer Unbekannten wird *linear* genannt, wenn die Unbekannten nur in der ersten Potenz vorkommt.

Eine Gleichung mit n Variablen x_1, x_2, ..., x_n heißt linear, wenn (1) alle Variablen nur in der ersten Potenz vorkommen und (b) kein Produkt von zwei oder mehr Variablen vorkommt.

Zur Festigung des Gelernten 4.5.2

Welche der folgenden Gleichungen in der Variablen x sind linear?

$$1000x + 2000 = 3000$$
$$4 - 3x + 7 - 2x = 25 + 8x + 7$$
$$x^2 + x + 1 = 0$$
$$\sqrt{x} = x - 1$$
$$xy = 1$$

Die Bezeichnung „linear" kommt daher, dass jede lineare Gleichung einer Gleichung für eine Gerade („Linie") entspricht. Zum Beispiel entspricht die Gleichung $2x + 3 = 0$ der Geraden mit der Gleichung $y = 2x + 3$.

Diese Interpretation führt unmittelbar zum Verfahren der geometrischen Lösung einer linearen Gleichung. Um die Lösung der Gleichung $2x + 3 = 0$ zu finden, bestimmt man die Nullstelle der Graden mit der Gleichung $y = 2x + 3$. Diese ist $-3/2$. Also ist diese Zahl auch die Lösung der Gleichung.

Um eine Gleichung algebraisch zu lösen, formt man diese um, mit dem Ziel, eine leichter lösbare Gleichung zu erhalten. Diese umgeformte Gleichung soll selbstverständlich die Eigenschaft haben, dass ihre Lösung(en) auch die Lösung(en) der Ausgangsgleichung ist beziehunsgweise sind.

Zum Beispiel kann man die Gleichung $2x + 4 = 6x - 2$ zu $6 = 4x$ umformen; diese Gleichung ist äquivalent zu $4x = 6$, und diese ergibt umgeformt $x = 3/2$. All diese Gleichungen haben die gleiche Lösung, nämlich die Zahl $3/2$.

▶ **Definition: äquivalente Gleichungen** Zwei Gleichungen heißen *äquivalent*, falls die Mengen ihrer Lösungen gleich sind. Man sagt dazu auch, dass man die zweite Gleichung aus der ersten durch eine *Äquivalenzumformung* erhalten hat.

Zur Festigung des Gelernten 4.5.3

Welche der folgenden Gleichungen sind äquivalent zu $x^2 = 4$?

$$x^2 - 4 = 0, \ x^2 - 2 = 2, \ (x - 2)(x + 2) = 0, \ x^2 = 2, \ x = 2, \ x = -2.$$

Satz 4.5.4 (Äquivalenzumformungen)
Die folgenden Operationen auf einer Gleichung in der Unbestimmten x sind Äquivalenzumformungen:

(a) Vertauschung der beiden Seiten.
(b) Addition oder Subtraktion der gleichen Zahl auf beiden Seiten der Gleichung.
(c) Multiplikation beider Seiten mit einer Zahl $\neq 0$.
(d) Addition oder Subtraktion eines Vielfachen von x.

Beweis.

(a) Wenn sich beim Einsetzen einer Zahl ergibt, dass die linke Seite gleich der rechten ist, dann ist auch die rechte Seite gleich der linken.
Für die weiteren Teile nehmen wir an, dass die Zahl a eine Lösung der Gleichung ist. Das bedeutet, dass sich beim Einsetzen von a auf beiden Seiten der Gleichung die gleiche Zahl b ergibt.
(b) Wenn wir auf beiden Seiten der Gleichung die Zahl c addieren, erhalten wir beim Einsetzen von a auf beiden Seiten der neuen Gleichung das Ergebnis $b + c$. Also ist a auch eine Lösung der neuen Gleichung. Umgekehrt: Wenn a' eine Lösung der neuen Gleichung ist und der Wert beider Seiten nach Einsetzen von a' gleich b' ist, dann ist a' auch eine Lösung der Gleichung, die man erhält, indem man auf beiden Seiten die Zahl c abzieht.
(d) Auf beiden Seiten werde cx addiert. Dann ergibt sich beim Einsetzen von a auf beiden Seiten der Wert $b + ca$. Daher ist a auch eine Lösung der neuen Gleichung. Durch Subtraktion von cx erkennt man, dass jede Lösung der neuen Gleichung auch eine Lösung der Orginalgleichung ist. $\square$

Zur Festigung des Gelernten 4.5.5
Beweisen Sie Teil (c) von Satz 4.5.4.

Beispiele. Wir formen die Gleichung $2x + 4 = 6x - 2$ schrittweise um:

$$2x + 4 = 6x - 2$$

$$4 = 4x - 2 \qquad \text{(Addition von } -2x \text{ gemäß (d))}$$

$$6 = 4x \qquad \text{(Addition von 2 gemäß (b))}$$

$$4x = 6 \qquad \text{(Vertauschung der Seiten gemäß (a))}$$

$$x = \frac{6}{4} \qquad \text{(Division durch 4 gemäß (c))}.$$

Zur Festigung des Gelernten 4.5.6

Zeigen Sie, dass man jede lineare Gleichung in einer Variablen x durch Äquivalenzumformungen auf die Form $ax + b = 0$ bringen kann.

Satz 4.5.7 (Lösbarkeit linearer Gleichungen)

Jede lineare Gleichung in einer Variablen hat genau eine Lösung.

Beweis. Sei $ax + b = 0$ eine lineare Gleichung. Sei $a \neq 0$.

Existenz einer Lösung: Die Zahl $\frac{-b}{a}$ löst die Gleichung, denn es ist $a \cdot \frac{-b}{a} + b = 0$.

Eindeutigkeit der Lösung: Seien x_0 und x_1 Lösungen der Gleichung $ax + b = 0$. Das bedeutet $ax_0 + b = 0$ und $ax_1 + b = 0$. Zusammen ergibt sich $ax_0 + b = ax_1 + b$, also $ax_0 = ax_1$ und somit $a(x_0 - x_1) = 0$. Wegen $a \neq 0$ folgt daraus $x_0 - x_1 = 0$, also $x_0 = x_1$. $\square$

Wenn man sich den Beweis dieses Satzes genau anschaut, wird man darauf aufmerksam, dass wir mit den Zahlen, genauer gesagt den Koeffizienten der Gleichung gerechnet haben. Schon um auf die „Normalform" $ax + b = 0$ zu kommen, mussten wir addieren und subtrahieren; zur Berechnung der Lösung musste man auch dividieren. Mit anderen Worten, wir müssen auf die Koeffizienten die vier Grundrechenarten anwenden dürfen. Das geht zum Beispiel, wenn wir uns in den rationalen Zahlen bewegen.

Mit anderen Worten: Um lineare Gleichungen zu lösen, muss man in einem Körper rechnen. Das heißt: lineare Gleichungen und Rechnen in Körpern bedingen sich gegenseitig.

Im Allgemeinen – und präziser! – lautet Satz 4.5.7 damit so: *Sei* $ax + b = 0$ *eine lineare Gleichung, wobei* a *und* b *Elemente eines Körpers* K *sind. Dann hat diese Gleichung in* K *genau eine Lösung.*

4.6 Lineare Gleichungssysteme

Eine alte Aufgabe der Unterhaltungsmathematik lautet: In einem Käfig befinden sich insgesamt 35 Hühner und Kaninchen. Zusammen haben sie 94 Beine. Wie viele Kaninchen, wie viele Hühner sind im Käfig?

Diese und zahlreiche ähnliche Aufgaben können auf mindestens zwei Weisen gelöst werden. Zum einen argumentiert man so: Wenn man von jedem der 35 Tiere zunächst nur zwei Beine zählt (also von den Kaninchen nur die Hinterbeine berücksichtigt), kommt man schon auf 70 Beine. Die restlichen 24 Beine müssen als die Vorderbeine der Kaninchen sein. Also gibt es 12 Kaninchen und daher 23 Hühner.

Zum anderen könnte man zwei Gleichungen aufstellen: eine die die Zahl der Tiere darstellt, und eine, die die Gesamtzahl der Beine ausdrückt. Dazu bezeichnen wir die

Anzahl der Hühner mit h und die Anzahl der Kaninchen mit k. Dann gelten

$$h + k = 35 \quad \text{und} \quad 2h + 4k = 94,$$

da jedes Huhn 2 und jedes Kaninchen 4 Beine hat. Nun kann man zum Beispiel die erste Gleichung nach h auflösen ($h = 35 - k$) und in die zweite einsetzen. Das ergibt: $2(35 - k) + 4k = 94$. Nach kurzem Rechnen erhält man $2k = 94 - 70$, also $k = 12$.

In diesem Abschnitt beschäftigen wir uns mit Methoden, wie man zwei oder mehr lineare Gleichungen löst. Man spricht von einem linearen Gleichungssystem.

▶ **Definition: lineares Gleichungssystem** Ein *lineares Gleichungssystem* aus m Gleichungen in den n Unbekannten x_1, x_2, ..., x_n besteht aus den folgenden linearen Gleichungen:

$$a_{11}x_1 + a_{12}x_2 + \ldots + a_{1n}x_n = b_1$$
$$a_{21}x_1 + a_{22}x_2 + \ldots + a_{2n}x_n = b_2$$
$$\ldots$$
$$a_{m1}x_1 + a_{m2}x_2 + \ldots + a_{mn}x_n = b_m.$$

Dabei sind die a_{ij} und die b_j Zahlen. Der Index ij gibt an, wo das Element a_{ij} steht: In der i-ten Zeile und j-ten Spalte.

Beispiele. Die folgenden Gleichungssysteme, die jeweils aus zwei Gleichungen mit 2 Unbekannten bestehen, haben keine, genau eine und unendlich viele Lösungen:

$$\begin{array}{lll} 2x + 3y = 4 & 2x - 2y = 4 & 2x + 3y = 4 \\ 2x + 3y = 5 & 2x + 4y = 6 & 4x + 6y = 8. \end{array}$$

Zur Festigung des Gelernten 4.6.1

Ergänzen Sie die Gleichung $3x - 2y = 5$ zu je einem Gleichungssystem aus zwei Gleichungen, das unlösbar ist (das heißt keine Lösung hat), das genau eine Lösung hat beziehungsweise das unendlich viele Lösungen hat.

Die Grundidee aller Verfahren zu Lösung eines linearen Gleichungssystem ist die gleiche: Mache das Gleichungssystem schrittweise einfacher.

Konkret heißt dies: Man versucht, aus einem System mit drei Gleichungen und drei Unbekannten zunächst ein System aus zwei Gleichungen mit zwei Unbekannten zu machen und schließlich zu einer einzigen linearen Gleichung mit einer Unbekannten zu gelangen.

Diese Gleichung löst man, setzt die Lösung in eine der vorherigen Gleichungen ein und arbeitet sich so nach oben bis man alle Unbekannten bestimmt hat.

Man unterscheidet verschiedene Verfahren zur Lösung von linearen Gleichungssystemen: Das Einsetzungsverfahren, das Gleichsetzungsverfahren, das Additions- und Subtraktionsverfahren, und schließlich das Gauß-Verfahren (Gauß-Algorithmus). Alle diese

Verfahren leisten letztlich dasselbe: Wenn man richtig rechnet, ergibt sich in jedem Fall das gleiche Ergebnis.

Wir stellen nun die einzelnen Vefahren vor und wenden Sie jeweils auf das folgende Gleichungssystem an.

$$x +\ y -\ z = 1$$
$$2x + 3y + 4z = 5$$
$$x + 2y +\ z = 2.$$

Dabei stellen wir uns – wie bei linearen Gleichuneg sinnvoll – immer vor, dass wir über einem Körper, zum Beispiel über $\mathbf{Q}$ oder $\mathbf{R}$ arbeiten.

Satz 4.6.2 (Einsetzungsverfahren)
Man löst eine der Gleichungen nach einer Variablen auf und setzt diese in die anderen Gleichungen ein. So erhält man ein Gleichungssysstem, das eine Unbekannte und eine Gleichung weniger hat.

Beispiel. Wir lösen die erste der obigen Gleichungen nach z auf und erhalten $z = x + y - 1$. Dies setzen wir in die zweite und dritte Gleichung ein:

$$5 = 2x + 3y + 4(x + y - 1)$$
$$2 =\ x + 2y +\ (x + y - 1),$$

also

$$9 = 6x + 7y$$
$$3 = 2x + 3y.$$

Nun kann man entweder wieder eine Gleichung nach einer Variable auflösen und dies in die andere Gleichung einsetzen oder irgend ein anderes Verfahren benutzen. Es ergibt sich jedenfalls $x = 3/2$, $y = 0$. Wenn man das in die Gleichung $z = x + y - 1$ einsetzt, erhält man $z = 1/2$.

Satz 4.6.3 (Gleichsetzungsverfahren)
Man löst alle Gleichungen nach einer Variablen (oder einem Vielfachen dieser Variablen) und setzt die erhaltenen Gleichungen gleich. Man erhält ein Gleichungssysstem, das eine Unbekannte und eine Gleichung weniger hat.

Beispiel. In obigem Beispiel multiplizieren wir die erste und die dritte Gleichung mit 2 (dabei verändern sich die Lösungen dieser Gleichungen nicht, denn Multiplikation ist eine Äquivalenzumformung), und also auch die Lösung des gesamten Systems nicht:

$$2x + 2y - 2z = 2$$
$$2x + 3y + 4z = 5$$
$$2x + 4y + 2z = 4.$$

Nun lösen wir die Gleichung nach 2x auf:

$$2x = 2 - 2y + 2z$$
$$2x = 5 - 3y - 4z$$
$$2x = 4 - 4y - 2z.$$

Nun setzten wir die erste und die zweite, sowie die erste und die dritte Gleichung gleich (man könnte auch andere Paare wählen) und erhalten:

$$2 - 2y + 2z = 5 - 3y - 4z$$
$$2 - 2y + 2z = 4 - 4y - 2z.$$

Also

$$y = -6z + 3$$
$$2y = -4z + 2, \text{ also } y = -2z + 1.$$

Durch Gleichsetzen folgt $-6z + 3 = y = -2z + 1$, also $2 = 4z$, das heißt $z = 1/2$. Durch Rückwärtseinsetzen ergibt sich jetzt $y = 0$ und $x = 3/2$.

Im Additionsverfahren steckt schon der mathematische Kern des Gauß-Algorithmus.

Satz 4.6.4 (Additionsverfahren)
Man multipliziert eine Gleichung mit einer Zahl so, dass bei Addition (oder Subtraktion) mir einer anderen Gleichung eine Variable wegfällt.

Beispiel. Wir multiplizieren die erste und die dritte Gleichung unseres Gleichungssytems jeweils mit 4 und erhalten:

$$4x + 4y - 4z = 4$$
$$2x + 3y + 4z = 5$$
$$4x + 8y + 4z = 8.$$

Nun addieren wir die beiden ersten Gleichungen $(I + II)$ und subtrahieren die zweite von der letzten $(III - II)$:

$$6x + 7y = 9$$
$$2x + 5y = 3.$$

Nun multiplizieren wir die letzte Gleichung mit 3 und subtrahieren sie von der vorletzten: $-8y = 0$, also $y = 0$. Daraus ergibt sich dann $x = 3/2$ und $z = 1/2$.

Der Gauß-Algorithmus zur Lösung linearer Gleichungssysteme wendet das Additionsverfahren systematisch an. Es ist auch in dem Sinne ein Algorithmus, als dass an jeder Stelle feststeht, was man zu tun hat. Dies ist ein Vorteil, der allerdings mit dem Nachteil einhergeht, dass man sich in der Regel nicht mehr eine „günstige" Gleichungen aussuchen kann, so dass bei der Durchführung des Gauß-Algorithmus zwischendurch „schwierigere" Zahlen (Bruchzahlen mit großen Nenner) auftreten können, auch wenn das Ergebnis aus „einfachen" Zahlen (zum Beispiel ganzen Zahlen) besteht.

Man spricht auch von einem Eliminationsverfahren, weil die Variablen der Reihe nach „eliminiert" werden. Grundsätzlich ist dieses Verfahren sehr alt. Es wird an Beispielen schon in dem mindestens 2000 Jahre alten chinesischen Rechenbuch „Chiu-chang Suan Shu" behandelt. Carl Friedrich Gauß hat die große Bedeutung dieses Verfahrens erkannt und es systematisch dargestellt.

Beispiel. Wir machen uns auch dieses Verfahren an einem Beispiel klar und gehen von dem Originalgleichungssystem aus.

$$\begin{aligned} x + \ y - \ z &= 1 \\ 2x + 3y + 4z &= 5 \\ x + 2y + \ z &= 2 \end{aligned}$$

1. Schritt. Wir subtrahieren das 2-fache der ersten Zeile von der zweiten $(II - 2 \cdot I)$ und ziehen die erste von der dritten $(III - I)$ ab:

$$\begin{aligned} x + y - \ z &= 1 \\ y + 6z &= 3 \\ y + 2z &= 1. \end{aligned}$$

2. Schritt: Wir ziehen die zweite Gleichung von der dritten ab $(III - II)$:

$$\begin{aligned} x + y - \ z &= \ 1 \\ y + 6z &= \ 3 \\ -4z &= -2. \end{aligned}$$

Nun haben wir eine perfekte Situation erreicht: Aus der letzten Gleichung kann man sofort die Variable z bestimmen: $z = 1/2$. Diesen Wert setzen wir jetzt in die vorletzte Gleichung ein: $y + 6 \cdot 1/2 = 3$, also $y = 0$. Diese beiden Werte setzen wir schließlich in die erste Gleichung ein und erhalten $x + 0 - 1/2 = 1$, also $x = 3/2$.

Das Ziel des Gauß-Algorithmus ist es also die Dreiecksform zu erreichen und dann die Gleichungen von unten nach oben „aufzudröseln":

Satz 4.6.5 (Gauß-Algorithmus)

Das Verfahren läuft in drei aufeinander folgenden (großen) Schritten ab.

1. Schritt. Durch Vertauschen der Reihenfolge der Gleichungen kann man erreichen, dass in der ersten Gleichung die Variable x einen von Null verschiedenen Koeffizienten hat (dass x also „vorkommt").

Wir multiplizieren die erste Gleichung so mit einer Zahl, dass bei der Addition der ersten und zweiten Zeile die Variable x wegfällt.

Dann multiplizieren wir die erste Gleichung so mit einer Zahl, dass bei der Addition der ersten und der dritten Zeile die Variable x wegfällt.

Und so weiter.

So erreichen wir, dass die Variable x nur noch in der ersten Gleichung vorkommt.

2. Schritt. Durch Vertauschen der Reihenfolge der Gleichungen 2 bis m versuchen wir zu erreichen, dass der Koeffizient von y in der zweiten Gleichung ungleich Null ist. Wenn das nicht möglich sein sollte, ist das Gleichungssystem unterbestimmt; man kann y frei wählen. In diesem Fall geht man direkt zu Schritt 3.

Ansonsten multipliziert man die zweite Zeile so mit einer Zahl, dass bei der Addition der zweiten und der dritten Zeile die Variable y wegfällt.

Und so weiter.

So erreicht man, dass die Variable y nur in der ersten und zweiten Gleichung vorkommt.

3. Schritt. Jetzt schaut man sich die dritte Variable z an und erreicht durch entsprechende Operationen dafür, dass die Variable z nur in der ersten, zweiten und dritten Gleichung vorkommt.

Und so weiter.

Insgesamt hat man eine Dreiecksform erreicht. Die letzte Zeile lautet: Ein Vielfaches der letzten Variable ist gleich einer Zahl. Damit kann man die letzte Variable ausrechnen. Diese setzt man in die vorletzte Gleichung ein und kann auch die vorletzte Variable ausrechnen. Und so weiter.

Die letzte Zeile der Dreiecksform hält aber noch zwei Spezialfälle bereit: Der Koeffizient von z kann Null sein. Dann lautet die Gleichung $0 \cdot z = c$. Wenn $c \neq 0$ ist, dann ist diese Gleichung und damit das gesamte Gleichungssystem *unlösbar*. Wenn $c = 0$ ist, dann hat diese Gleichung und damit auch das gesamte Gleichungssystem *unendlich viele Lösungen*.

Literatur

Padberg, F., Wartha, S.: Didaktik der Bruchrechnung, 5. Aufl. Springer Spektrum, Heidelberg (2017)
Karpfinger, C., Meyberg, K.: Algebra: Gruppen – Ringe – Körper, 3. Aufl. Springer Spektrum, Heidelberg (2012)

Irrationale Zahlen 5

Die Entdeckung der Irrationalität ist ein untrügliches Zeichen für die Existenz der Mathematik als beweisende Wissenschaft. Beim empirischen Arbeiten spielen nur rationale Zahlen eine Rolle. Denn durch Messen bestimmt man Bruchteile von Einheiten und wendet auf diese die Grundrechenarten an. Dabei bleibt man aber in der Welt der rationalen Zahlen.

Wenn man von gewissen Zahlen nachweisen möchte, dass sie irrational sind, müssen zwei Voraussetzungen gegeben sein. Zum einen müssen diese Zahlen mathematisch definiert sein, denn prinzipiell kann man nur von solchen Zahlen zeigen, dass sie irrational sind. Zum Beispiel sind die Länge der Diagonale eines Quadrats der Seitenlänge 1 oder die Länge der Diagonale eines regulären Fünfecks der Seitenlänge 1 oder die Lösung der Gleichung $x^3 = 2$ solche „mathematisch definierten" Zahlen. Zum zweiten kann man die Irrationalität von Zahlen nur durch präzise logische, also theoretische Argumente nachweisen. Deshalb ist es alles andere als Zufall, dass irrationale Zahlen nicht schon in der ägyptischen oder babylonischen Mathematik auftauchen, sondern erst in der griechischen. Denn die Griechen haben die Abstraktion erfunden und damit die Möglichkeit, auf die mathematischen Objekte, wie etwa Zahlen, die Gesetze der Logik anzuwenden.

Mit den irrationalen Zahlen betreten wir eine neue, unfassbar große Welt von Zahlen, eine Welt mit ungeahnten Möglichkeiten, die Welt der so genannten reellen Zahlen. Die griechischen Mathematiker der Antike konnten einen kleinen Einblick in dieses riesige Universum gewinnen. In den darauf folgenden mehr als 2000 Jahren erforschten die Mathematiker dann die Welt der reellen Zahlen intensiv: Sie definierten und konstruierten die reellen Zahlen, sie bewiesen unzählige Sätze, für die die reellen Zahlen unabdingbar sind. Die Physiker wendeten diese Sätze an und die Ingenieure benutzten sie für praktische Zwecke. Kurz: ohne die reellen Zahlen wäre ein Großteil unserer mathematisch basierten Wissenschaft überhaupt nicht möglich. Aber dennoch ist die Welt der irrationalen Zahlen noch immer voller Geheimnisse und ungelöster Probleme.

© Springer Fachmedien Wiesbaden GmbH 2018
A. Beutelspacher, *Zahlen, Formeln, Gleichungen*,
https://doi.org/10.1007/978-3-658-16106-4_5

5.1   Die erste irrationale Zahl

Schon zu Beginn der antiken griechischen Mathematik zeigte es sich, dass irrationale Zahlen unvermeidlich sind. In gewissen einfachen geometrischen Objekten ergeben sich „automatisch" Strecken, deren Längen keine rationalen Zahlen sind.

Die Pythagoreer entdeckten die Irrationalität am regulären Fünfeck beziehungsweise am Pentagramm, dem fünfzackigen Stern, der ein wichtiges Symbol der Pythagoreer war. Bevor wir uns auf die Spur der Pythagoreer machen können, brauchen wir einige Basistatsachen über das reguläre Fünfeck.

▶ **Definition: reguläres Fünfeck** Wir nennen ein konvexes Fünfeck *regulär* (oder *regelmäßig*), falls seine Seiten gleich lang und seine Winkel gleich groß sind. Wir betrachten nun ein reguläres Fünfeck der Seitenlänge a.

Eine Strecke, die zwei nicht benachbarte Ecken eines regulären Fünfecks verbindet, nennen wir eine *Diagonale*.

Jede Diagonale bildet mit zwei anliegenden Seiten ein gleichschenkliges Dreieck. All diese Dreiecke sind nach dem Kongruenzsatz SWS kongruent. Insbesondere haben also alle Diagonalen die gleiche Länge d (vgl. Abb. 5.1). Sei α der Basiswinkel dieser Dreiecke.

Daraus ergibt sich, dass alle gleichschenkligen Dreiecke aus zwei sich in einer Ecke schneidenden Diagonalen und der gegenüberliegenden Seite nach dem Kongruenzsatz SSS kongruent sind.

Abb. 5.1 Eine Diagonale im Fünfeck

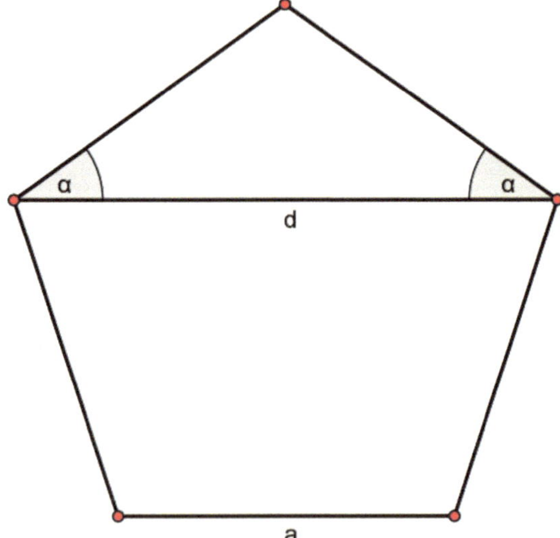

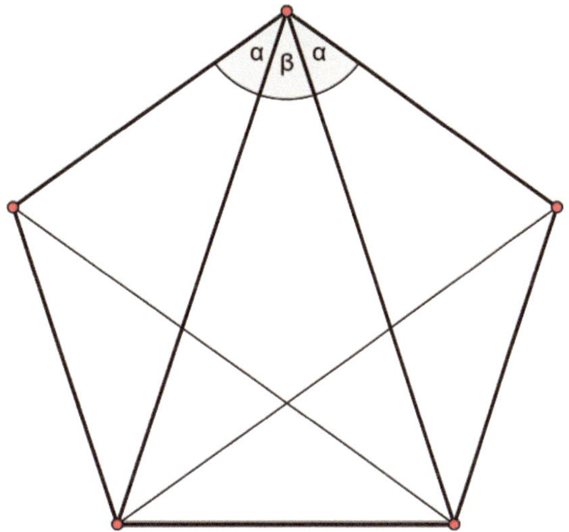

Abb. 5.2 Dreiecke im Fünf-eck

Wenn wir den Winkel an der Spitze mit β bezeichnen, dann hat jeder Basiswinkel eines solchen Dreiecks die Größe $\alpha + \beta$. Nach dem Winkelsummensatz ist also $2(\alpha + \beta) + \beta = 180°$ (siehe Abb. 5.2).

Ein Dreieck aus einer Diagonalen und den beiden anliegenden Seiten hat daher an der Spitze einen Winkel der Größe $\alpha + \beta + \alpha$. Aufgrund des Winkelsummensatzes ist also $\alpha + \beta + \alpha + 2\alpha = 180°$. Aus beiden Gleichungen zusammen ergibt sich $5\beta = 180°$, also $\beta = 36°$. Damit folgt auch $\alpha = 36°$.

Nun können wir schließen, dass jede Diagonale parallel zu der ihr gegenüber liegenden Kante ist. Denn die Summe der Winkel an einer Kante, die eine Diagonale mit ihr gegenüber liegenden Kante verbindet, ist $2\alpha + \beta + \alpha + \beta = 5\alpha = 180°$.

Somit bilden je zwei Diagonalen, die sich in einem inneren Punkt des Fünfecks schneiden, zusammen mit den entsprechenden Seiten eine Raute. (Nach der vorherigen Erkenntnis bilden sie ein Parallelogramm. Da zwei benachbarte Seiten die gleiche Länge a haben, handelt es sich um eine Raute.)

Wir betrachten nun zwei Diagonalen, die sich in einem inneren Punkt S schneiden (siehe Abb. 5.3). Indem wir den zweiten Strahlensatz von S aus anwenden, erhalten wir die Gleichung $d/a = a/(d - a)$.

Diese Gleichung ist es wert interpretiert zu werden. Dazu schauen wir uns eine einzige Diagonale an und versuchen, die beiden Seiten der Gleichung an dieser Diagonalen zu erkennen: Der Bruch d/a beschreibt das Verhältnis der gesamten Diagonalen zum größeren Teil, und $a/(d - a)$ ist das Verhältnis vom größeren zum kleineren Teil. Mit anderen Worten: Der Punkt S teilt die Diagonale so, dass das Verhältnis der Gesamtlänge zum größeren Teil gleich dem Verhältnis vom größeren zum kleineren Teil ist. Genau dies ist die Definition des so genannten *goldenen Schnitts*, der schon in den Elementen des Euklid behandelt wird. (Siehe zum Beispiel Beutelspacher und Petri (1996).)

Abb. 5.3 Der Goldene Schnitt
im Fünfeck

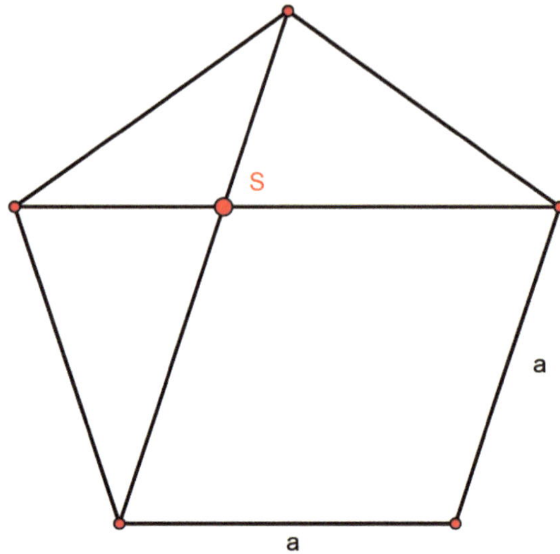

Wir fassen die Ergebnisse in folgendem Satz zusammen.

Satz 5.1.1 (goldener Schnitt im Fünfeck)
In einem regulären Fünfeck treffen sich zwei Diagonalen, die keine Ecke gemeinsam haben, in einen Punkt, der sie im goldenen Schnitt teilt. Man kann auch so sagen: Das Verhältnis von Diagonalenlänge d zur Seitenlänge a ist der goldene Schnitt. $\qquad\square$

Zur Festigung des Gelernten 5.1.2
Die Gleichung $d/a = a/(d-a)$ kann auch geschrieben werden als $d^2 - da = a^2$. Können Sie diese Gleichung so umformen, dass Sie eine Gleichung für das Verhältnis $x = d/a$ erhalten?

Was ist die Lösung dieser Gleichung?

Das Spannende ist, dass die Mathematiker der pythagoreischen Schule auch schon entdeckt haben, dass der goldene Schnitt eine irrationale Zahl ist. Der goldene Schnitt ist die erste irrationale Zahl, die die Menschen gesehen haben. Ja, an ihr wurde der Menschheit überhaupt erst bewusst, dass es irrationale Zahlen gibt! Häufig wird Hippasos von Metapont (ca. 500 v. Chr.) als Entdecker der „Inkommensurabilität" genannt; dies ist jedoch nicht belegt.

Satz 5.1.3 (Irrationalität des goldenen Schnitts)
Das Verhältnis von Diagonalenlänge und Seitenlänge eines regulären Fünfecks ist keine Bruchzahl, also keine rationale Zahl. Mit anderen Worten: dieses Verhältnis ist nicht rational, sondern irrational.

Beweis. Der Beweis ist raffiniert und zeugt von einer souveränen Beherrschung mathematischer Techniken.

Die äußere Struktur ist die eines *Widerspruchsbeweises*: Wir nehmen an, das Verhältnis d/a von Diagonalenlänge d und Seitenlänge a eines regulären Fünfecks wäre eine rationale Zahl, könnte also durch einen Bruch dargestellt werden, und leiten daraus einen Widerspruch ab.

Wenn das Verhältnis ein Bruch wie zum Beispiel 8/5 ist, dann können wir auch erreichen, dass d aus 8 und a aus 5 Längeneinheiten besteht. Mit anderen Worten: Wir können annehmen, dass sowohl d also auch a natürliche Zahlen sind. Unter allen regulären Fünfecken mit ganzzahligen Diagonalen- und Seitenlängen wählen wir jetzt ein kleinstes, zum Beispiel eines mit kleinstem d.

Nachdem alles vorbereitet ist, erfolgt jetzt der eigentliche Beweis. Wir werden zeigen dass es ein reguläres Fünfeck mit kleineren ganzzahligen Seiten- und Diagonalenlängen gibt.

Dazu beobachten wir, dass die Diagonalen eines regulären Fünfecks ein kleineres Fünfeck einschließen (siehe Abb. 5.4). Dieses Fünfeck ist regulär. Denn jeder Winkel des kleinen Fünfecks ist so groß wie ein Winkel des großen Fünfecks, da die Seiten der Fünfecke parallel sind. Zum anderen berechnet sich die Seitenlänge a′ des kleinen Fünfecks

Abb. 5.4 Fünfeck im Fünfeck

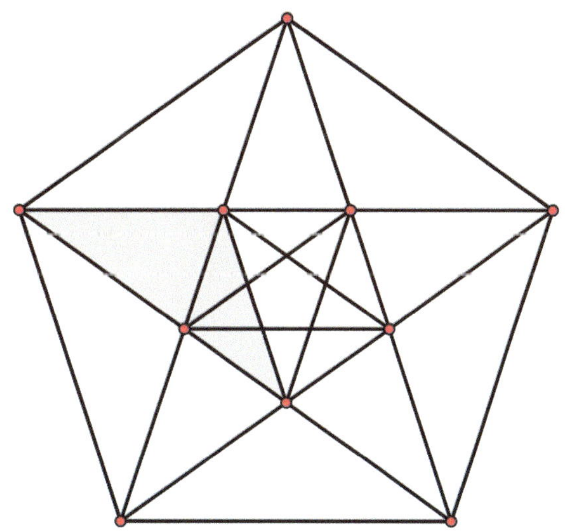

durch d $=$ 2a $-$ a′, also a′ $=$ 2a $-$ d. (Beachten Sie dazu, dass die Grundseite des gefärbten Dreiecks wegen der Rauteneigenschaft der Diagonalen die Länge a hat.) Insbesondere hat auch jede Seite des kleinen Fünfecks eine ganzzahlige Länge.

Wir zeigen, dass dieses Fünfeck auch eine ganzzahlige Diagonalenlängen hat. Dazu betrachten wir das schraffierte Dreieck. Dieses ist gleichschenklig, da es gleich große Basiswinkel hat. Daher ist die Länge einer Diagonale des kleinen Fünfecks gleich d′ $=$ d $-$ a, ebenfalls eine natürliche Zahl, die außerdem kleiner als d ist.

Somit haben wir ein reguläres Fünfeck mit ganzzahligen Diagonalen- und Seitenlänge gefunden, das kleiner als das Ausgangsfünfeck ist – im Widerspruch zur Annahme der Minimalität von d. $\square$

Die Entdeckung der Irrationalität durch Hippasos war für das Weltbild der Pythagoreer schockierend. Eine Legende erzählt, dass Hippasos dies sogar bekannt gemacht und damit das Schweigegebot der Pythagoreer verletzt habe. Nur konsequent, so die Legende weiter, dass Hippasos bei einem Schiffbruch ums Leben kam.

In der Realität wird es so gewesen sein, dass die Mathematiker bald auch von den irrationalen Zahlen fasziniert waren und die nun viel größere Zahlenwelt begeistert erforschten.

5.2 Viele irrationale Zahlen

▶ **Definition: irrationale Zahl** Eine reelle Zahl heißt *irrational* (das bedeutet wörtlich „nicht rational"), wenn sie keine Bruchzahl ist, wenn sie also nicht als a/b geschrieben werden kann mit ganzen Zahl a und b.

Die Zahl, an der man üblicherweise die Existenz von irrationalen Zahlen nachweist, ist $\sqrt{2}$. Man kann sich diese Zahl gut als Länge der Diagonale eines Einheitsquadrats vorstellen.

Satz 5.2.1 (Irrationalität von $\sqrt{2}$)
$\sqrt{2}$ ist eine irrationale Zahl.

Beweis. Wir zeigen, dass $\sqrt{2}$ keine Bruchzahl sein kann. Angenommen, $\sqrt{2}$ wäre eine Bruchzahl. Dann gäbe es natürliche Zahlen a und b mit $\sqrt{2} =$ a/b. Wir stellen uns vor, dass der Bruch a/b vollständig gekürzt ist, das heißt, dass ggT(a, b) $=$ 1 ist.

Durch Quadrieren erhalten wir 2 $=$ a^2 / b^2, und, indem wir mit b^2 multiplizieren, ergibt sich die Gleichung 2b^2 $=$ a^2. Der „klassische" Beweis fährt an dieser Stelle wie folgt fort.

Da die linke Seite der Gleichung eine gerade Zahl ist, muss auch die rechte Seite, also a^2, eine gerade Zahl sein. Das geht nur so, dass schon a gerade ist. (Wenn a ungerade wäre, so wäre nach der Regel „ungerade mal ungerade gleich ungerade" auch $a \cdot a = a^2$ ungerade.)

Somit ist die rechte Seite insgesamt durch 4 teilbar, also auch die linke. Daher muss b^2 immer noch durch 2 teilbar sein. Wie vorher schließt man, dass dann auch b eine gerade Zahl sein muss. Also ist 2 ein gemeinsamer Faktor von a und b, im Widerspruch zu $ggT(a, b) = 1$. $\square$

Zur Festigung des Gelernten 5.2.2

Beweisen Sie mit obiger Methode, dass $\sqrt{3}$ keine rationale Zahl ist.

Wir zeigen nun allgemein:

Satz 5.2.3 (Irrationalität von $\sqrt{p}$)

Sei p eine Primzahl. Dann ist $\sqrt{p}$ eine irrationale Zahl.

Beweis. Der Beweis verallgemeinert den klassischen Beweis für die Irrationalität von $\sqrt{2}$. Wir zeigen, dass $\sqrt{p}$ keine rationale Zahl sein kann. Wenn $\sqrt{p}$ rational wäre, dann gäbe es natürliche Zahlen a und b mit $\sqrt{p} = a/b$. Wir können annehmen, dass $ggT(a, b) = 1$ ist.

Durch Quadrieren erhalten wir $p = a^2 / b^2$, und daraus ergibt sich die Gleichung $pb^2 = a^2$.

Nun ist die Primzahl p ein Teiler die linken Seite der Gleichung und also auch der rechten. Da p das Produkt $a \cdot a$ teilt, muss p nach dem Lemma von Euklid einen der Faktoren, also a teilen. Damit ist die rechte Seite der Gleichung durch p^2 teilbar, also auch die linke. Somit teilt p die Zahl b^2, und damit auch b: ein Widerspruch. $\square$

Zur Vorbereitung des Folgenden 5.2.4

Zeigen Sie, dass $\sqrt{8}$ keine rationale Zahl ist.

Satz 5.2.5 (Wurzeln aus natürlichen Zahlen)

Sei n eine natürliche Zahl. Dann ist $\sqrt{n}$ genau dann eine rationale Zahl, wenn n eine Quadratzahl ist. Insbesondere gilt: Wenn n keine Quadratzahl ist, dann ist $\sqrt{n}$ irrational.

Beweis. Die Richtung „n Quadratzahl $\Rightarrow \sqrt{n}$ rational" ist klar, denn in diesem Fall ist $\sqrt{n}$ sogar eine natürliche Zahl.

Sei nun n keine Quadratzahl. Das bedeutet, dass eine Primzahl p in der Primfaktorzerlegung von n mit einer ungeraden Potenz vorkommt. Also 1 mal, 3 mal, 5 mal o. ä.

Wenn wir annehmen, dass $\sqrt{n}$ gleich a/b mit teilerfremden natürlichen Zahlen a und b ist, dann folgt $n = a^2 / b^2$ und also $nb^2 = a^2$.

Nun teilt die Primzahl p die linke Seite der Gleichung, also auch die rechte und damit die Zahl a. Da p in beiden Faktoren von $a^2 = a \cdot a$ gleich oft vorkommt, kommt p in a^2 eine gerade Anzahl mal vor. Also kommt p auch in der linken Seite nb^2 eine gerade Anzahl mal vor. Da p in n aber eine ungerade Anzahl mal vorkommt, muss p auch b^2 und damit b teilen: Widerspruch. $\qquad\square$

Zur Festigung des Gelernten 5.2.6

Ist $\sqrt[3]{2}$ eine irrationale Zahl? Können Sie Ihre Vermutung beweisen?

Mit der „Existenz" der Zahlen der Form $\sqrt{n}$ hatte man nie Probleme. Das liegt daran, dass man Strecken dieser Längen mit Zirkel und Lineal einfach konstruieren kann. Damit stellte sich für die griechischen Mathematiker der Antike die Frage nach der Existenz dieser Zahlen nicht. Das Stichwort für die Konstruktion ist „Quadratwurzelschnecke" (siehe Abb. 5.5).

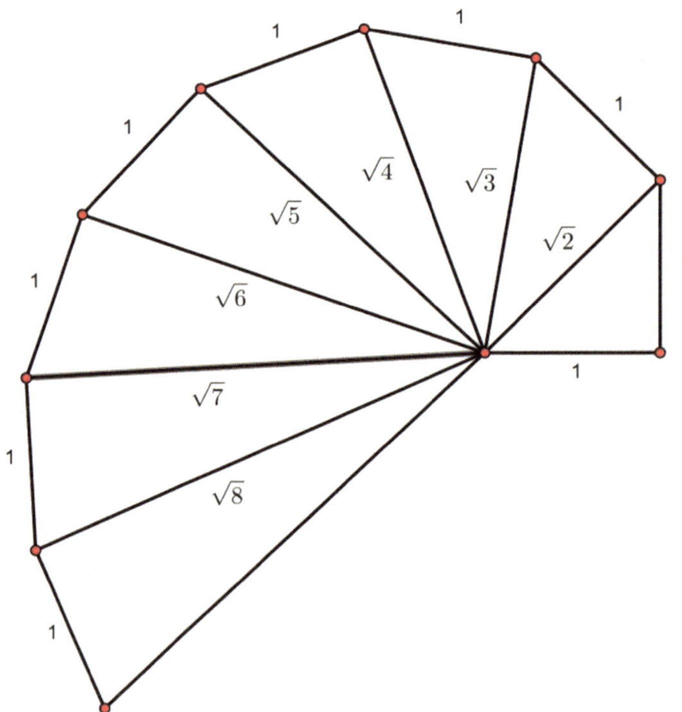

Abb. 5.5 Die Quadratwurzelschnecke

Satz 5.2.7 (Konstruierbarkeit von $\sqrt{n}$)
Für jede natürliche Zahl n kann man mit Zirkel und Lineal eine Strecke der Länge $\sqrt{n}$ konturieren.

Beweis. Wir machen das schrittweise: Nach dem Satz des Pythagoras hat die Hypotenuse eines rechtwinkligen Dreiecks mit den Kathetenlängen 1 und 1 die Länge $\sqrt{2}$.

Sei nun eine Strecke AB der Länge $\sqrt{n}$ bereits konstruiert. Wenn wir im Punkt B eine Senkrechte auf AB der Länge 1 errichten, erhalten wir ein rechtwinkliges Dreieck $\triangle ABC$ mit den Kathetenlängen $\sqrt{n}$ und 1. Nach dem Satz des Pythagoras hat die Hypotenuse dieses Dreiecks die Länge $\sqrt{\sqrt{n}^2 + 1^2} = \sqrt{n+1}$. $\qquad\square$

Aus Satz 5.2.7 ergibt sich übrigens, dass man zu jeder natürlichen Zahl n ein Quadrat mit Flächeninhalt n konstruieren kann.

Der Beweis aus 5.2.1 für die Irrationalität von $\sqrt{2}$ ist ein „Klassiker". Er wird allgemein als einer der schönsten Beweise der Mathematik angesehen. Zu Recht. Allerdings ist er nicht der Originalbeweis von Euklid. Im Buch X der Elemente finden wir unter der Nummer 115 einen geometrischen Beweis, der auf dem Prinzip der Wechselwegnahme beruht und der ebenfalls große Eleganz für sich beanspruchen darf.

Der Euklidische Beweis ist auch ein *Beweis durch Widerspruch*, und er funktioniert so: Wir nehmen an, es gäbe ein Quadrat mit ganzzahliger Seitenlänge, bei dem die Länge der Diagonale eine rationale Zahl ist. Indem wir das Quadrat entsprechend vergrößern, können wir erreichen, dass sowohl die Seitenlänge als auch die Länge der Diagonale natürliche Zahlen sind. Wir wählen unter allen solchen Quadraten ein kleinstes aus. Es habe die Seitenlänge a und die Diagonalenlänge d.

Wir konstruieren nun ein kleineres Quadrat, von dem sich herausstellen wird, dass es ebenfalls ganzzahligen Seiten- und Diagonalenlänge hat. Dazu tragen wir auf einer Diagonalen die Seitenlänge a ab und erhalten als Rest eine Strecke der Läge $d-a$. Diese fassen wir als Seite eines Quadrats auf und konstruieren dieses (siehe Abb. 5.6).

Wir müssen jetzt noch zeigen, dass auch die Länge der Diagonale BS dieses Quadrats ganzzahlig ist. Die Dreiecke $\triangle DST$ und $\triangle DSC$ sind kongruent, da rechtwinklige Dreiecke mit gleicher Hypotenuse kongruent sind, wenn ein Paar von Katheten gleich lang ist. Daher hat die Strecke CS die Länge $d-a$. Somit hat BS die ganzzahlige Länge $a-(d-a) = 2a-d$. $\qquad\square$

Es ist durchaus ungewöhnlich, dass man zu Themen wie der Irrationalität von $\sqrt{2}$, die Jahrtausende lang intensiv durchdacht wurde, noch etwas substantielles Neues hinzufügen kann. Dies gelang dem amerikanischen Mathematikstudenten Stanley Tennenbaum (1927–2006) im Jahre 1950. Er fand einen wahrhaft wunderbaren – und völlig neuen – Beweis dafür, dass $\sqrt{2}$ keine Bruchzahl sein kann.

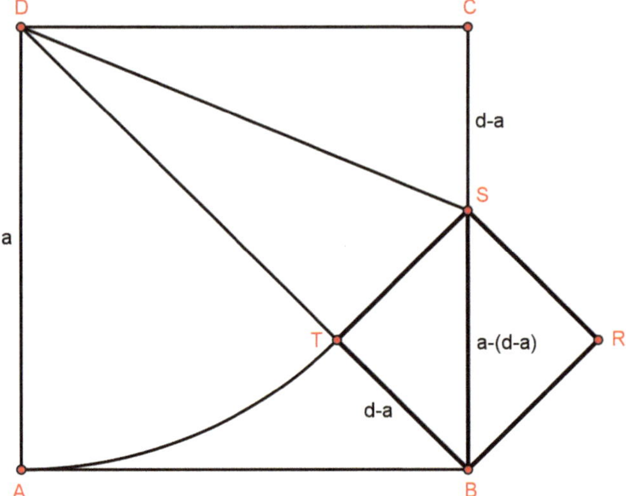

Abb. 5.6 Euklids Beweis

Sein Beweis ist ein Widerspruchsbeweis und er beginnt wie der klassische Beweis: Angenommen, $\sqrt{2}$ wäre rational, also gleich a/b, wobei a und b natürliche Zahlen sind. Durch Quadrieren und Umstellen erhalten wir $a^2 = 2b^2$.

Nun passiert das Entscheidende: Tennenbaum interpretiert diese Gleichung geometrisch. Die Zahl a^2 ist die Größe eines Quadrats der Seitenlänge a, und b^2 ist der Flächeninhalt eines Quadrats, das die Seitenlänge b hat. Die Gleichung $a^2 = 2b^2 = b^2 + b^2$ sagt also, dass ein Quadrat der Seitenlänge a genau so groß ist wie zwei Quadrate der Seitenlänge b zusammen. Sei a die kleinste natürliche Zahl, für die das möglich ist.

Nun zeichnet Tennenbaum die insgesamt drei Quadrate: siehe Abb. 5.7.

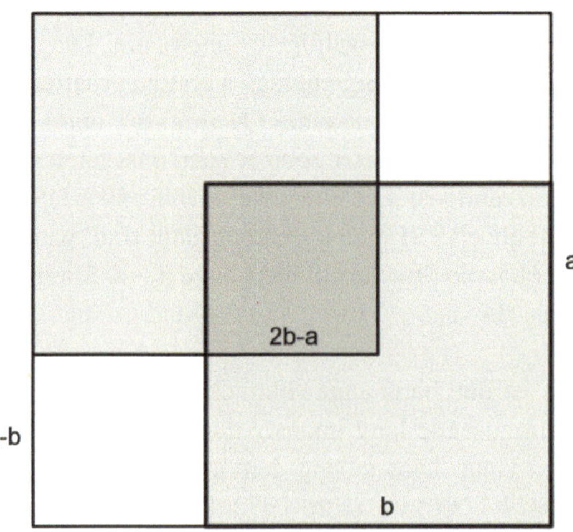

Abb. 5.7 Tennenbaums Beweis

Da die beiden grauen Quadrate insgesamt genau die gesamte Fläche ausfüllen, muss das Quadrat in der Mitte, in dem sich beiden grauen Quadrate überlappen, genau so groß sein wie die beiden ungefärbten Quadrate zusammen.

Da das Quadrat in der Mitte eine Seitenlänge kleiner als a hat, ergibt sich ein Widerspruch! $\qquad\square$

Man kann sich fragen, ob eine Summe von Wurzeln eine rationale Zahl sein kann. Der nächste Satz sagt, dass dies in der Regel nicht der Fall ist. Dieses Phänomen wurde zuerst von Besicovitch (1940) in allgemeinerem Zusammenhang diskutiert.

Satz 5.2.8 (Summen von Wurzeln)

Seien a und b natürliche Zahlen, die keine Quadratzahlen sind. Dann ist $\sqrt{a} + \sqrt{b}$ eine irrationale Zahl.

Beweis. Angenommen, $\sqrt{a} + \sqrt{b}$ wäre gleich einer rationalen Zahl r. Dann wäre

$$(\sqrt{a} - \sqrt{b}) \cdot r = (\sqrt{a} - \sqrt{b})(\sqrt{a} + \sqrt{b}) = a - b,$$

also $\sqrt{a} - \sqrt{b} = (a - b)/r \in \mathbf{Q}$. Dann wäre auch $2\sqrt{a} = (\sqrt{a} - \sqrt{b}) + (\sqrt{a} + \sqrt{b})$ eine rationale Zahl. Also wären $\sqrt{a}$ und damit auch $\sqrt{b}$ rational: ein Widerspruch. $\qquad\square$

Zur Festigung des Gelernten 5.2.9

Untersuchen Sie, ob (beziehungsweise unter welchen Umständen) es möglich ist, dass die Summe $\sqrt{a} + \sqrt{b}$ zweier Wurzeln gleich einer Wurzel $\sqrt{c}$ ist (wobei a, b, c natürliche Zahlen sind).

Berechnen Sie zunächst $\sqrt{2} + \sqrt{8}$ und $\sqrt{3} + \sqrt{12}$.

Zur Vorbereitung des Folgenden 5.2.10

Im Folgenden werden wir mehrfach die geometrische Reihe als entscheidendes Hilfsmittel benutzen.

Eine Folge $(a_0, a_1, a_2, \dots)$ reeller Zahlen heißt geometrische Reihe, wenn es eine Zahl q gibt (den „Quotienten") so dass jedes Folgenglied das q-fache seines Vorgängers ist. In mathematischer Fachsprache: Eine Reihe $(a_0, a_0 \mid a_1, a_0 \mid a_1 \mid a_2, \dots)$ wird eine geometrische Reihe genannt, falls es eine reelle Zahl q gibt mit $a_n = q \cdot a_{n-1}$ für alle $n \geq 1$.

Es gilt dann $a_1 = q \cdot a_0$, $a_2 = q \cdot a_1 = q \cdot qa_0 = q^2 \cdot a_0$, $a_3 = q \cdot a_2 = q \cdot q^2 a_0 = q^3 \cdot a_0$, und allgemein $a_n = q^n \cdot a_0$.

Die geometrische Reihe ist also gleich

$$a_0 + q \cdot a_0 + q^2 \cdot a_0 + q^3 \cdot a_0 + \dots q^n \cdot a_0 + \dots$$
$$= a_0[1 + q + q^2 + q^3 + \dots + q^n + \dots].$$

(a) Zeigen Sie (mit Induktion nach n) folgende Aussage über die endliche geometrische Reihe:

$$1 + q + q^2 + q^3 + \ldots + q^n = (1 - q^{n+1})/(1 - q).$$

(b) Zeigen Sie, dass die unendliche geometrische Reihe konvergiert, genauer:

$$1 + q + q^2 + q^3 + \ldots = 1/(1 - q),$$

falls für q gilt $-1 < q < 1$.

Es ist im Allgemeinen schwierig, von einer gegebenen Zahl nachzuweisen, dass sie irrational ist. Auch bei so berühmten Zahlen wie π und e dauerte es lange, bis man ihre Irrationalität beweisen konnte: 1737 bewies Euler die Irrationalität von e, und für π gelang dies erst 1761 dem Mathematiker Johann Heinrich Lambert. Bis heute weiß man nicht, ob $e + \pi, e - \pi, e \cdot \pi$ oder e/π irrational sind – aber niemand zweifelt daran.

Ein wunderschöner Beweis für die Irrationalität von e geht auf den französischen Mathematiker Joseph Fourier (1768–1830) aus dem Jahre 1815 zurück.

Satz 5.2.11 (Irrationalität von e)
Die eulersche Zahl e ist irrational.

Beweis. Wir benutzen die Reihendarstellung der Zahl e, das heißt $e = \sum_{k=0}^{\infty} \frac{1}{k!}$. Ausgeschrieben sieht das so aus: $e = \frac{1}{1} + \frac{1}{1} + \frac{1}{2} + \frac{1}{6} + \frac{1}{24} + \frac{1}{120} + \ldots \approx 2{,}71828\ldots$

Angenommen, e wäre rational. Dann gäbe es natürliche Zahlen a und b mit $e = a/b$, also $be = a$. Da e offensichtlich keine ganze Zahl ist, ist sicher $b > 1$.

Nun multiplizieren wir beide Seiten mit $(b - 1)!$ und erhalten $b! \cdot e = (b - 1)! \cdot b \cdot e = (b - 1)! \cdot a$.

Die rechte Seite dieser Gleichung (nämlich $(b - 1)! \cdot a$) ist stets eine ganze Zahl. Wir zeigen, dass die linke Seite (das heißt $b! \cdot e$) keine ganze Zahl sein kann.

Dazu fassen wir in der Reihendarstellung von e die Bruchzahlen bis zum Nenner b! zusammen:

$$b! \cdot e = b! \cdot \left(\frac{1}{1} + \frac{1}{1} + \frac{1}{2} + \frac{1}{6} + \frac{1}{24} + \ldots + \frac{1}{b!} \right)$$
$$+ b! \cdot \left(\frac{1}{(b + 1)!} + \frac{1}{(b + 2)!} + \frac{1}{(b + 3)!} + \ldots \right).$$

Der erste Summand ist eine ganze Zahl, weil die einzelnen Summanden $\frac{b!}{0!}, \frac{b!}{1!}, \frac{b!}{2!}, \frac{b!}{3!}$, $\ldots, \frac{b!}{b!}$ alle ganzzahlig sind. Als Rest bleibt der zweite Summand; dieser berechnet sich als

$$b! \cdot \left(\frac{1}{(b+1)!} + \frac{1}{(b+2)!} + \frac{1}{(b+3)!} + \cdots \right)$$

$$= \frac{1}{(b+1)} + \frac{1}{(b+1)(b+2)} + \frac{1}{(b+1)(b+2)(b+3)} + \cdots$$

Wir zeigen nun noch, dass dieser Rest zwischen $1/(b+1)$ und $1/b$ liegt, also wegen $b > 1$ keine natürliche Zahl sein kann. Dies folgt so:

$$\frac{1}{b+1} < \frac{1}{(b+1)} + \frac{1}{(b+1)(b+2)} + \frac{1}{(b+1)(b+2)(b+3)} + \cdots$$

$$< \frac{1}{(b+1)} + \frac{1}{(b+1)^2} + \frac{1}{(b+1)^3} + \cdots$$

Diese geometrische Reihe hat den Wert $1/b$. $\qquad\qquad\square$

Man kann den eben benutzten Trick so modifizieren, dass man zeigen kann, dass sogar e^2 irrational ist. „Sogar" ist hier das richtige Wort, denn die Aussage, dass das Quadrat einer Zahl irrational ist, ist stärker als die Aussage, dass die Zahl selbst irrational ist. Zum Beispiel ist $\sqrt{2}$ irrational, aber das Quadrat dieser Zahl ist 2, also nicht irrational.

Satz 5.2.12 (Irrationalität von e^2)

Die Zahl e^2 ist irrational.

Beweisskizze. Angenommen, e^2 wäre rational. Dann gäbe es natürliche Zahlen a und b mit $e^2 = a/b$. Wegen $e > 2$ ist $a > 2b$. Wir schreiben diese Gleichung um und erhalten $b \cdot e = a \cdot e^{-1}$. Schließlich multiplizieren wir diese Gleichung noch mit $(a-1)!$

$$(a-1)! \cdot b \cdot e = (a-1)! \cdot a \cdot e^{-1} = a! \cdot e^{-1}.$$

Nun zeigt man, dass die linke Seite dieser Gleichung knapp über einer ganzen Zahl und die rechte Seite knapp unter einer ganzen Zahl liegt. Mit diesem Widerspruch ist die Behauptung dann bewiesen.

Für die Details siehe Aigner und Ziegler (2014). $\qquad\qquad\square$

Zur Festigung des Gelernten 5.2.13

(a) Seien a und b beliebige reelle Zahlen: Gelten folgende Implikationen? (immer, manchmal, nie):

a rational, b rational $\quad\Rightarrow\quad a+b$ rational

a rational, b irrational $\quad\Rightarrow\quad a+b$ irrational

a irrational, b irrational $\Rightarrow$ a + b irrational
a rational, b rational $\Rightarrow$ a $\cdot$ b rational
a rational, b irrational $\Rightarrow$ a $\cdot$ b irrational
a irrational, b irrational $\Rightarrow$ a $\cdot$ b irrational

(b) Vervollständigen Sie folgende „Zahlenmauern", indem Sie in jedes Feld entweder i für „irrational" oder r für „rational" schreiben. Dabei steht in jedem Feld die Summe der beiden darunter liegenden Symbole. Diese sind wie folgt zu lesen: Wenn auf zwei benachbarten Feldern ein i und ein r und darüber ein i steht, dann heißt dies, dass die Summe aus einer irrationalen und einer rationalen Zahl *immer* eine irrationale Zahl ist.

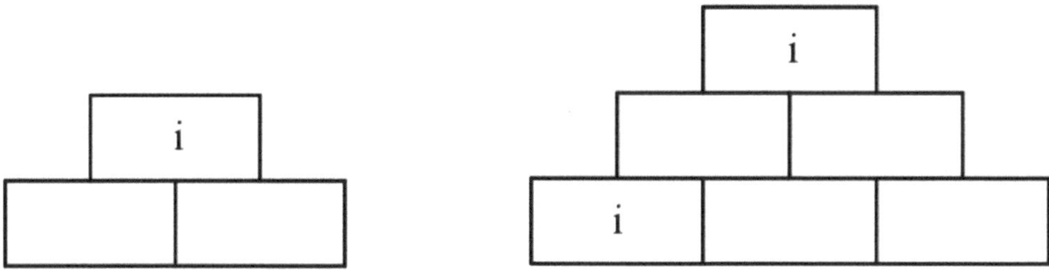

5.3   Dezimalbrüche

Im Alltag gehen wir selbstverständlich mit Dezimalbrüchen um. Wir geben Preise wie 3,99 € und Längen wie 42,195 km und sogar Zeiten wie zum Beispiel 9,87 s mit Dezimalbrüchen an. Diese „Dezimalbrüche" scheinen uns um vieles einfacher zu sein als „gewöhnliche Brüche". In der Tat haben Dezimalbrüche große Vorteile gegenüber den gewöhnlichen Brüchen; dies liegt vor allem daran, dass man viele ihrer Eigenschaften auf die entsprechenden Eigenschaften natürlicher Zahlen zurückführen kann. Ins Auge stechen vor allem folgende Eigenschaften:

- Man kann Dezimalbrüche bequem ihrer Größe nach vergleichen: Es ist keine Kunst, zu entscheiden, welche der Zahlen 3,99 und 4,20 die größere ist; bei 2/7 und 3/8 ist das viel schwieriger.
- Die Addition von Dezimalbrüchen funktioniert wie die Addition von natürlichen Zahlen: 7,32 + 1,85 ist einfach auszurechnen, während die Aufgabe 2/7 + 3/8 viel größere Schwierigkeiten bietet.
- Auch die Multiplikation von Dezimalbrüchen wird prinzipiell so ausgeführt wie die Multiplikation natürlicher Zahlen. Die einzige Schwierigkeit hierbei ist die Platzierung des Kommas, das heißt die Feststellung der Größenordnung des Produkts.

Ein früher, sehr überzeugter Kämpfer für die Dezimalbrüche war der flämische Mathematiker Simon Stevin (1548–1620). In seinem 1585 erschienen Werk *De Thiende* („Der Zehnte") schreibt er voller Enthusiasmus: „Thiende ist eine Art der Rechenkunst, durch welche man alle unter den Menschen als notwendig anfallenden Rechnungen mittels ganzer Zahlen ohne Brüche erledigt; sie wird gefunden aus der Zehnerreihe, bestehend in den Ziffern, durch man beliebige Zahlen schreiben kann."

Vor Stevin hatte schon eine ganze Reihe von Mathematikern das Dezimalsystem für sich entdeckt. Schon im 10. Jahrhundert hatte ein Mathematiker namens al-Uqlidisi aus Bagdad eine Form des Dezimalsystems benutzt. Der persische Mathematiker al-K-ashi im 15. Jahrhundert konnte π in dezimaler Schreibweise auf 16 Stellen angeben. In Europa wurde das Rechnen mit Dezimalbrüchen im 15. Jahrhundert unter dem Namen „türkische Methode" bekannt. Sowohl François Viète als auch Christoph Rudolff (1500–1543) entdeckten das Dezimalsystem für sich selbst; diese Entdeckungen hatten aber kaum einen Einfluss. Simon Stevin war in der Tat derjenige, der die Dezimalbrüche populär machte.

Rechnen mit Dezimalbrüchen scheint einfach zu sein. Deutlich schwieriger ist die Grundsatzfrage zu beantworten: Was ist ein Dezimalbruch? Ganz grob stellt sich das vermutlich jeder so vor: Bei einem Dezimalbruch steht „vor dem Komma" eine ganze Zahl, dann folgt das Komma und anschließend eine endliche oder unendliche Folge von Ziffern. Vor dem Komma stehen von rechts nach links die Einer, Zehner, Hunderter usw.; nach dem Komma von links nach rechts die Zehntel, Hundertstel, Tausendstel und so fort. In der folgenden Tabelle ist dies für die Zahl 345,678 dargestellt.

	H	Z	E	z	h	t
Ziffer	3	4	5	6	7	8
Wert	$3 \cdot 10^2$	$4 \cdot 10^1$	$5 \cdot 10^0$	$6 \cdot 10^{-1}$	$7 \cdot 10^{-2}$	$8 \cdot 10^{-3}$

Der mathematische Begriff, der uns bei der Untersuchung der Dezimalbrüche weiterhilft, ist der Begriff einer „unendlichen Reihe". Damit wird es möglich, nicht nur von Zehnteln, Hundertsteln und Tausendsteln zu sprechen, sondern von beliebigen Nachkommastellen. Wir bezeichnen die Nachkommastellen der Reihe nach mit a_{-1}, a_{-2}, a_{-3}, a_{-4}, ... Das bedeutet: a_{-1} ist die Anzahl der Zehntel (der Index ist -1, weil ein Zehntel gleich 10^{-1} ist). Entsprechend ist a_{-2} die Anzahl der Hundertstel (ein Hundertstel ist 10^{-2}), a_{-3} ist die Anzahl der Tausendstel. Und so weiter.

Wir greifen obiges Beispiel des Dezimalbruchs 345,678 auf:

Bezeichnung der Ziffern	a_2	a_1	a_0	a_{-1}	a_{-2}	a_{-3}
Zehnerpotenz	10^2	10^1	10^0	10^{-1}	10^{-2}	10^{-3}
Konkrete Ziffern	3	4	5	6	7	8

▶ **Definition: Dezimalbruch** Sei $a_{k-1}, a_{k-2}, \ldots, a_1, a_0, a_{-1}, a_{-2}, \ldots$ eine endliche oder unendliche Folge von Ziffern (das sind natürliche Zahlen zwischen 0 und 9). Dann ist der *Dezimalbruch* $a_{k-1} \, a_{k-2} \ldots a_1 \, a_0, a_{-1} \, a_{-2} \, \ldots$ definiert als die Reihe

$$a_{k-1} 10^{k-1} + a_{k-2} 10^{k-2} + \ldots + a_1 10 + a_0 + a_{-1} 10^{-1} + a_{-2} 10^{-2} + \ldots$$

Diese Reihe kann endlich oder unendlich sein.

Die Zahlen $a_{k-1}, a_{k-2}, \ldots, a_1, a_0$ sind die Ziffern einer Dezimalzahl: a_0 ist die Einerziffer (mit der Zehnerpotenz 10^0), a_1 ist die Zehnerziffer (mit 10^1) und a_2 ist die Hunderterziffer. Der *ganzzahlige Anteil* des Dezimalbruchs ist gleich $m = a_{k-1} 10^{k-1} + a_{k-2} 10^{k-2} + \ldots + a_1 10 + a_0$.

Die Ziffern „nach dem Komma" ergeben sich wie folgt: a_{-1} ist die Anzahl der Zehntel (mit der Zehnerpotenz 10^{-1}), a_{-2} ist die Anzahl der Hundertstel (mit der Zehnerpotenz 10^{-2}) und so weiter. Der „Bruchanteil" des Dezimalbruchs ist also gleich $a_{-1} 10^{-1} + a_{-2} 10^{-2} + a_{-3} 10^{-3} + \ldots$

Es stellt sich die Frage, ob ein Dezimalbruch „existiert". Genauer gefragt: Definiert jede „x-beliebige" Folge von Ziffern eine reelle Zahl? In mathematischer Sprache lautet diese Frage: Konvergiert jede Reihe der Form $a_{k-1} 10^{k-1} + a_{k-2} 10^{k-2} + \ldots + a_1 10 + a_0 + a_{-1} 10^{-1} + a_{-2} 10^{-2} + \ldots$ mit $a_i \in \{0, 1, \ldots, 9\}$?

> **Satz 5.3.1 (Dezimalbrüche sind reelle Zahlen)**
> Jeder Dezimalbruch ist eine reelle Zahl.

Beweis. Sei $m + a_{-1} 10^{-1} + a_{-2} 10^{-2} + \ldots$ ein Dezimalbruch, wobei m der ganzzahlige Anteil des Dezimalbruchs ist.

Wir betrachten die Folge der „Partialbrüche" $m, m + a_{-1} 10^{-1}, m + a_{-1} 10^{-1} + a_{-2} 10^{-2}$, $m + a_{-1} 10^{-1} + a_{-2} 10^{-2} + a_{-3} 10^{-3}$, usw. Wenn wir die Zahl $\pi = 3,14159\ldots$ als Beispiel betrachten, erkennen wir, dass die Folge der Partialbrüche wie folgt aussieht:

$$3; \, 3,1; \, 3,14; \, 3,141; \, 3,1415; \, 3,14159; \ldots$$

Schon auf den ersten Blick erkennt man, dass diese Partialbrüche die „eigentliche Zahl" immer besser annähern. Um zu zeigen, dass die Folge der Partialbrüche tatsächlich konvergiert, zeigen wir, dass die Folge monoton wachsend und beschränkt ist. In dem Beispiel erkennt man die Monotonie sofort; denn von einem Glied zum nächsten kommt immer etwas hinzu; genauer gesagt: es wird nie etwas abgezogen. Außerdem sind alle Partialbrüche kleiner als 4.

Auch im Allgemeinen bilden die Partialbrüche eine monoton wachsende Folge, denn beim Übergang vom $(n-1)$-ten zum n-ten Partialbruch kommt der Wert $a_{-n}10^{-n} \geq 0$ hinzu.

Diese Partialbrüche sind auch nach oben beschränkt, und zwar durch $m+1$. Leider kann man das nicht direkt beweisen. Wir müssen eine viel genauere Zwischenbehauptung zeigen, nämlich dass der n-te Partialbruch kleiner oder gleich $m+1-10^{-n}$ ist.

Dies folgt so: Der erste Partialbruch ist gleich $m + a_{-1}/10 \leq m + 9/10 = m+1 - 1/10$. Angenommen, die Behauptung gilt schon für den $(n-1)$-ten Partialbruch. Das bedeutet:

$$m + a_{-1}10^{-1} + a_{-2}10^{-2} + \ldots + a_{-(n-1)}10^{-(n-1)} \leq m + 1 - 10^{-(n-1)}.$$

Dann gilt für den n-ten Partialbruch

$$
\begin{aligned}
m &+ a_{-1}10^{-1} + a_{-2}10^{-2} + \ldots + a_{-(n-1)}10^{-(n-1)} + a_{-n}10^{-n} \\
&= [m + a_{-1}10^{-1} + a_{-2}10^{-2} + \ldots + a_{-(n-1)}10^{-(n-1)}] + a_{-n}10^{-n} \\
&\leq [m + 1 - 10^{-(n-1)}] + a_{-n}/10^{n} \\
&\leq m + 1 - 10^{-(n-1)} + 9/10^{n} \\
&= m + 1 - 10/10^{n} + 9/10^{n} \\
&= m + 1 - 10^{-n}.
\end{aligned}
$$

Also bilden die Partialbrüche eine monoton wachsende Folge, die nach oben beschränkt ist. Nach dem Monotoniekriterium aus Analysis I hat die Folge dieser Partialbrüche einen Grenzwert. Dieser ist der Wert des Dezimalbruches. $\square$

Bemerkung. Es gilt auch die Umkehrung von Satz 5.3.1: Es ist nicht nur so, dass jeder Dezimalbruch eine reelle Zahl darstellt, sondern umgekehrt kann auch jede reelle Zahl als Dezimalbruch geschrieben werden. Das ist eine der vielen Möglichkeiten, die reellen Zahlen zu definieren. Siehe zum Beispiel Ebbinghaus et al. (1992), Kap. 2.

Beispiel. Der Dezimalbruch $0{,}66666\ldots$ ist gleich $2/3$.

Begründung: Jeder Partialbruch dieses Dezimalbruchs ist kleiner als $2/3$. Genauer: der n-te Dezimalbruch unterscheidet sich von $2/3$ um genau $2/3 \cdot 10^{-n}$. Da diese Differenzen eine Nullfolge sind, konvergieren die Partialbrüche gegen $2/3$.

n	1	2	3	4
n-ter Partialbruch	0,6	0,66	0,666	0,6666
2/3 − n-ter Partialbruch	2/30	2/300	2/3000	2/30.000

Zur Festigung des Gelernten 5.3.2

Bestimmen Sie die Bruchzahl, die gleich 0,444 ... ist. Bestimmen Sie die Bruchzahl, die gleich 0,23232323 ... ist.

Zur Vorbereitung des Folgenden 5.3.3.

Was ist 0,999 ... ? Können Sie sich Argumente vorstellen, die nahe legen, dass 0,999 ... <1 ist? Kennen Sie Argumente, die auf 0,999 ... $= 1$ hindeuten?

Als Mathematiker, die bis hierher gekommen sind, tun wir uns leicht nachzuweisen, dass 0,999 ... $= 1$ ist. Denn der Dezimalbruch 0,999 ... ist gleich dem Grenzwert der Reihe $0,9 + 0,09 + 0,009 + \ldots$, und dieser ist gleich 1.

Dazu zwei *Bemerkungen*. 1. Dass eine Zahl verschiedene Darstellungen hat, kann uns eigentlich nicht mehr erschüttern. Wir wissen, dass jede Bruchzahl sogar durch unendlich viele Brüche dargestellt werden kann.

Bei den Dezimalbrüchen ist das Problem viel kleiner, aber gerade deswegen nicht so sehr im Fokus. Die allermeisten reellen Zahlen haben nämlich eine eindeutige Darstellung als Dezimalbruch. Nur manche periodischen Dezimalbrüche machen Schwierigkeiten: solche, die in einer unendlichen Folge von Neunen enden und solche, die in einer unendlichen Folge von Nullen enden. Es gilt zum Beispiel 0,34999 ... $= 0,35000$ ... Im Allgemeinen gilt m, $a_{-1}\, a_{-2} \ldots a_{-k}\, 999 \ldots = $ m, $a_{-1}\, a_{-2} \ldots (a_{-k} + 1)000 \ldots$ mit $a_{-k} < 9$.

2. Dass 0,999 ... $= 1$ ist, steht in (fast) jedem Analysisbuch. Man sollte aber nicht verschweigen, dass in den 50er-Jahren des vergangenen Jahrhunderts die „Nichtstandard-Analysis" entwickelt wurde, die ein Alternativmodell zur klassischen Analysis ist, in der sich die Zahlen 0,999 ... und 1 um eine „infinitesimal kleine Zahl" unterscheiden. Obwohl grundsätzlich Einiges für diese Art von Analysis spricht, hat sich diese nicht durchgesetzt. (Siehe Ebbinghaus et al. (1992), Kap. 11.)

5.4 Dezimalbrüche und rationale Zahlen

Die Frage, der wir uns in diesem Abschnitt widmen werden, heißt: Kann man an einem Dezimalbruch erkennen, ob die durch ihn dargestellte Zahl eine rationale oder eine irrationale Zahl ist?

Um zu einer Antwort zu kommen, fragen wir zunächst umgekehrt: Gegeben sei eine rationale Zahl $\frac{a}{b}$. Wie sieht der zugehörige Dezimalbruch aus?

Diese Frage ist prinzipiell einfach zu beantworten. Man muss dazu nur die Division $a : b$ auszuführen. Zum Beispiel gilt folgendes:

$$1/2 = 1 : 2 = 0{,}5$$
$$1/3 = 1 : 3 = 0{,}333\ldots$$
$$1/4 = 1 : 4 = 0{,}25$$
$$1/5 = 1 : 5 = 0{,}2$$
$$1/6 = 1 : 6 = 0{,}1666\ldots$$
$$1/7 = 1 : 7 = 0{,}142857142857142857\ldots$$
$$1/8 = 0{,}125$$
$$1/9 = 0{,}111\ldots$$

Zur Vorbereitung des Folgenden 5.4.1
Ergänzen Sie die folgende Tabelle.

Gewöhnlicher Bruch	3/10			7/8	3/16	7/80			
Dezimalbruch	0,3	0,7	0,375				0,125	0,128	0,130

▶ **Definition: endlicher Dezimalbruch** Ein Dezimalbruch wird endlich (oder auch abbrechend) genannt, wenn seine Ziffern ab einer gewissen Stelle alle Null sind.

In der Regel schreiben wir diese Nullen dann nicht. Zum Beispiel schreiben wir statt $0{,}12500000\ldots$ einfach $0{,}125$.

Satz 5.4.2 (endliche Dezimalbrüche und rationale Zahlen)

(a) Jeder endliche Dezimalbruch ist eine rationale Zahl.
(b) Wenn der Nenner b eines Bruches a/b ein Produkt aus Potenzen der Primzahlen 2 und 5 ist, das heißt, wenn $b = 2^n 5^m$ gilt, dann ist die rationale Zahl $\frac{a}{b}$ ein endlicher Dezimalbruch.

Beweis.

(a) Ein Beispiel macht die Idee klar: $4{,}237 = 4 + 237/1000$.
   Wir übertragen jetzt dieses Beispiel auf den allgemeinen Fall. Das sieht zwar auf den ersten Blick komplizierter aus, es ist aber genau die gleiche Idee:

Sei z ein beliebiger endlicher Dezimalbruch und sei 10^{-h} die kleinste Zehnerpotenz mit einer Ziffer $\neq 0$. Mit m bezeichnen wir den ganzzahligen Anteil von z. Dann ist z gleich

$$z = m + a_{-1}10^{-1} + a_{-2}10^{-2} + \ldots + a_{-h}10^{-h}.$$

Nun bringen wir den Bruchanteil von z auf den Hauptnenner 10^h:

$$z = m + a_{-1}/10^{-1} + a_{-2}/10^{-2} + \ldots + a_{-h}/10^{-h}$$
$$= m + [a_{-1}10^{h-1} + a_{-2}10^{h-2} + \ldots + a_{-h}]/10^h.$$

Da $[a_{-1}10^{h-1} + a_{-2}10^{h-2} + \ldots + a_{-h}]$ eine natürliche Zahl ist, ist dies ein gewöhnlicher Bruch mit Nenner 10^h.

(b) Auch hier beginnen wir mit einem Beispiel: $\frac{3}{4\cdot 125} = \frac{6}{8\cdot 125} = \frac{6}{1000} = 0{,}006$.

Daran sehen wir auch allgemein: Wenn der Nenner eines Bruches von der Form $2^n 5^m$ ist, kann man den Bruch so erweitern, dass der Nenner die Form $2^c 5^c = (2\cdot 5)^c = 10^c$ hat. Dieser Bruch kann als endlicher Dezimalbruch geschrieben werden.　　□

Zur Vorbereitung des Folgenden 5.4.3
Stellen Sie folgende Brüche als Dezimalbrüche dar: 1/3, 1/6, 1/11, 1/7, 1/28.

Wir sehen: Irgendwann werden diese Brüche „periodisch", das heißt, eine gewisse Folge von Ziffern wiederholt sich ab einer bestimmten Stelle ständig. In der folgenden Definition stellen wir die für die weiteren Überlegungen notwendigen Begriffe zusammen.

▶ **Definition: periodischer Dezimalbruch** Sei $m, a_{-1} a_{-2} \ldots$ ein Dezimalbruch, wobei m der ganzzahlige Anteil ist. Wir nennen diesen Dezimalbruch *periodisch*, wenn es natürliche Zahlen n* und $p \geq 1$ gibt mit folgender Eigenschaft: für alle $n \geq n^*$ gilt: $a_{-n} = a_{-(n+p)}$. Das bedeutet, dass sich die Ziffernfolge $a_{-n}, a_{-(n+1)}, \ldots, a_{-(n+p-1)}$ unablässig wiederholt. Die kleinste Zahl $p \geq 1$, für die dies gilt, heißt die *Periodenlänge* des Dezimalbruchs.

Sei nun $m, a_{-1} a_{-2} \ldots$ ein periodischer Dezimalbruch; sei jetzt n* die kleinste natürliche Zahl, ab der die Periodizität des Dezimalbruchs beginnt, also die kleinste Zahl n*, so dass für alle $n \geq n^*$ gilt: $a_{-n} = a_{-(n+p)}$.

Wir sprechen von einem *rein periodischen* Dezimalbrich, wenn $n^* = 1$ ist, wenn also die Periodizität schon an der ersten Nachkommastelle beginnt. Wenn $n^* > 1$ ist, sprechen wir manchmal auch von einem *schließlich periodischen* Dezimalbruch und nennen $(a_{-1} a_{-2} \ldots a_{-(n^*-1)})$ die *Vorperiode* des Dezimalbruchs.

Wir schreiben $m, \overline{a_{-1} \ldots a_{-p}}$ für einen rein periodischen und $m, a_{-1} a_{-2} \ldots a_{-(n^*-1)}\overline{a_{-n^*} \ldots a_{-(n^*+(p-1))}}$ für einen schließlich periodischen Dezimalbruch.

Zur Festigung des Gelernten 5.4.4

Vervollständigen Sie folgende Tabelle:

Bruchzahl	1/11	1/6	1/28			
Dezimalbruch	$0,\overline{09}$			$0,\overline{7}$	$0,0\overline{7}$	$0,2\overline{7}$
Periodenlänge	2					
Länge der Vorperiode	0					

Zur Vorbereitung des Folgenden 5.4.5

Geben Sie gewöhnliche Brüche an, die als Dezimalbrüche periodisch sind, die alle eine Vorperiode der Länge 1 haben, und deren Periodenlängen 2, 3 und 4 sind.

Bei periodischen Dezimalbrüchen ist es deutlich schwieriger zu bestimmen, welche Zahl sie darstellen; ja, man könnte sich fragen, ob diese überhaupt eine rationale Zahl ist. Angenommen, wir wollen die reelle Zahl bestimmen, die dem Dezimalbruch $0,\overline{358}$ entspricht. Wir nennen diese Zahl kurzzeitig x, also $x = 0,358\,358\,358\ldots$. Wir berechnen als erstes 1000x:

$$1000x = 358,358\,358\,358\ldots$$

Nun bilden wir die Differenz $1000x - x$:

$$999x = 1000x - x = 358,358\,358\,358\ldots - 0,358\,358\,358\ldots = 358.$$

Also ergibt sich $x = 358/999$.

In Teil (b) des folgenden Satzes wird diese Erkenntnis auf einwandfreie mathematische Art bestätigt.

Satz 5.4.6 (Dezimalbrüche und rationale Zahlen)

(a) Jede Bruchzahl ist als Dezimalbruch abbrechend oder (schließlich) periodisch.
(b) Jeder periodische oder schließlich periodische Dezimalbruch ist eine rationale Zahl.

Beweis.

(a) Sei a/b ein Bruch. Wir erhalten den zugehörigen Dezimalbruch, indem wir die Division $a : b$ durchführen. Wir unterscheiden zwei Fälle.
   1. Fall: Irgendwann tritt der Rest 0 auf. Dann tritt ab dieser Stelle immer nur der Rest 0 auf. Wir erhalten also einen abbrechenden Dezimalbruch.

2. Fall: Der Rest 0 tritt nie auf. Dann kommen nur die Reste $1, 2, \ldots, b-1$ in Frage. Da dies nur $b-1$ Reste sind, wiederholt sich spätestens nach $b-1$ Divisionsschritten ein Rest. Ab da wiederholt sich die Folge der Reste, und daher ist der Dezimalbruch periodisch. Die maximale Periodenlänge ist $b-1$.

(b) Zunächst ein *Beispiel*: Welche Bruchzahl entspricht dem Dezimalbruch $0,\overline{35}$? Dazu schauen wir uns an, welche unendliche Reihe dieser Dezimalbruch darstellt:

$$0,\overline{35} = 0{,}35\,35\,35\ldots$$
$$= 3 \cdot 10^{-1} + 5 \cdot 10^{-2} + 3 \cdot 10^{-3} + 5 \cdot 10^{-4} + 3 \cdot 10^{-5} + 5 \cdot 10^{-6} + \ldots$$

Nun sortieren wir um:

$$\ldots = 3 \cdot 10^{-1} + 3 \cdot 10^{-3} + 3 \cdot 10^{-5} + \ldots + 5 \cdot 10^{-2} + 5 \cdot 10^{-4} + 5 \cdot 10^{-6} + \ldots$$
$$= 3 \cdot (10^{-1} + 10^{-3} + 10^{-5} + \ldots) + 5 \cdot (10^{-2} + 10^{-4} + 10^{-6} + \ldots)$$
$$= 3 \cdot 10^{-1} \cdot (1 + 10^{-2} + 10^{-4} + \ldots) + 5 \cdot 10^{-2} \cdot (1 + 10^{-2} + 10^{-4} + \ldots).$$

Jetzt müssen wir nur noch den Klammerausdruck, also die unendliche Reihe $1 + 10^{-2} + 10^{-4} + \ldots$ berechnen. Nach der Formel $1/(1-q)$ für die geometrische Reihe ist dieser Ausdruck also gleich $1/(1-10^{-2})$. Wegen $1 - 10^{-2} = (10^2 - 1)/10^2 = 99/100$ ist also $1/(1 - 10^{-2}) = 100/99$.

Somit ist unser periodischer Dezimalbruch gleich

$$\ldots = 3 \cdot 10^{-1} \cdot 100/99 + 5 \cdot 10^{-2} \cdot 100/99$$
$$= 3 \cdot 10/99 + 5 \cdot 1/99$$
$$= 35/99.$$

Im Allgemeinen betrachten wir einen rein periodischen Dezimalbruch $0,\overline{a_{-1} \ldots a_{-p}}$. Wir schauen uns die p Ziffern der Reihe nach an.

1. Die Ziffer a_{-1} kommt als Koeffizient vor den Faktoren $10^{-1}, 10^{-(p+1)}, 10^{-(2p+1)}, \ldots$ vor. Der Beitrag all dieser Summanden zur Gesamtzahl ist also $a_{-1} \cdot (10^{-1} + 10^{-(p+1)} + 10^{-(2p+1)} + \ldots)$. In der Klammer steht die geometrische Reihe

$$10^{-1} + 10^{-(p+1)} + 10^{-(2p+1)} + \ldots$$
$$= 10^{-1} \cdot [1 + 10^{-p} + 10^{-2p} + \ldots]$$
$$= 10^{-1}/[1 - 10^{-p}].$$

Der Nenner ist gleich $(10^p - 1)/10^p$. Somit ist der Beitrag insgesamt gleich $a_{-1} \cdot 10^{p-1}/[10^p - 1]$.

2. Die Ziffer a_{-2} kommt als Koeffizient vor den Faktoren $10^{-2}, 10^{-(p+2)}, 10^{-(2p+2)}, \ldots$ vor. Der Beitrag all dieser Summanden zur Gesamtzahl ist also $a_{-2} \cdot (10^{-2} +$

$$10^{-(p+2)} + 10^{-(2p+2)} + \ldots) = a_{-2} \cdot 10^{-2} \cdot [1 + 10^{-p} + 10^{-2p} + \ldots] = a_{-2} \cdot 10^{-2} /$$
$$[1 - 10^{-p}] = a_{-2} \cdot 10^{p-2} / [10^p - 1].$$

$\ldots$

p. Schließlich kommt die Ziffer a_{-p} als Koeffizient vor den Faktoren 10^{-p}, 10^{-2p}, $10^{-3p}, \ldots$ vor. Der Beitrag all dieser Summanden zur Gesamtzahl ist also

$$a_{-p} \cdot (10^{-p} + 10^{-2p} + 10^{-3p} + \ldots)$$
$$= a_{-p} \cdot 10^{-p} \cdot [1 + 10^{-p} + 10^{-2p} + \ldots]$$
$$= a_{-p} \cdot 10^{-p} / [1 - 10^{-p}]$$
$$= a_{-p} \cdot 10^0 / [10^p - 1].$$

Der gesamte Dezimalbruch ist also gleich der Zahl

$$a_{-1} \cdot 10^{p-1} / [10^p - 1] + a_{-2} \cdot 10^{p-2} / [10^p - 1] + \ldots + a_{-p} \cdot 10^0 / [10^p - 1]$$
$$= [a_{-1} \cdot 10^{p-1} + a_{-2} \cdot 10^{p-2} + \ldots + a_{-p}] / [10^p - 1]. \qquad \square$$

Dieses Ergebnis sieht ein bisschen kompliziert aus, es ist aber sehr schön zu interpretieren: Der Zähler $a_{-1} \cdot 10^{p-1} + a_{-2} \cdot 10^{p-2} + \ldots + a_{-p}$ besteht einfach aus den Ziffern der Periode, die wir insgesamt als Zahl lesen. Der Nenner ist $10^p - 1$, also die Zahl, die aus p Neunen besteht.

Wenn wir zum Beispiel den periodischen Dezimalbruch $0,\overline{48}$ ausrechnen wollen, gehen wir zu einem Bruch über, dessen Zähler 48 ist. Es ist $0,\overline{48} = 48/99 = 16/33$.

Zur Festigung des Gelernten 5.4.7

Bestimmen Sie den gewöhnlichen Bruch, der gleich $0,\overline{25}$ ist.

Wie lautet die allgemeine Regel? Welche gewöhnlichen Brüche sind die periodischen Dezimalbrüche $0,\overline{ab}$, $0,\overline{abc}$, $0,a\,\overline{bc}$?

Die Sätze 5.4.2 und 5.4.6 besagen, dass man die rationalen Zahlen in der Welt der Dezimalbrüche wunderbar erkennen kann: Sie sind entweder abbrechende Dezimalbrüche oder periodische Dezimalbrüche. Im Umkehrschluss heißt dies, dass alle anderen Dezimalbrüche keine rationalen Zahlen, also irrationale Zahlen sind. Dies ist ein Rezept, mit dem man leicht beliebig viele irrationale Zahlen angeben kann: Ein Dezimalbruch, der weder endlich noch periodisch ist, stellt eine irrationale Zahl dar!

Eine besonders wichtige irrationale Zahl ist die Liouvillesche Zahl, die nach dem französischen Mathematiker Joseph Liouville (1809–1882) benannt ist. Die *Liouvillesche Zahl* ist der Dezimalbruch L, dessen Nachkommastellen nur aus Nullen und Einsen bestehen, und zwar steht an einer Stelle genau dann eine Eins, wenn die Nummer der Stelle eine Fakultät ist. Das bedeutet: L hat an der ersten Nachkommastelle eine 1 (1!), an der zweiten (2!), an der sechsten (3!), an der 24ten (4!), an der 120ten (5!), usw.:

$$L = 0,11000100000000000000000001000\ldots$$

In der Liouvilleschen Zahl kommen also beliebig lange Sequenzen von aufeinander folgenden Nullen vor. Diese Zahl wird uns im Zusammenhang mit den transzendenten Zahlen noch einmal begegnen.

Nach dem Vorbild der Liouvilleschen Zahl kann man auch andere irrationale Zahlen definieren. Wir betrachten nur Zahlen, deren Nachkommastellen Null oder Eins sind:

- Die Zahl, die an genau den Nachommastellen eine Eins hat, deren Nummer eine Quadratzahl ist,
- Die Zahl, die an genau den Nachommastellen eine Eins hat, deren Nummer eine Primzahl ist,
- ...

5.5 Anwendung: Lösung von quadratischen Gleichungen

Produkte, insbesondere Quadratzahlen und quadratische Gleichungen treten in natürlicher Weise auf, wenn man sich mit Flächeninhalten beschäftigt. Es ist belegt, dass schon die Babylonier 2000 v. Chr. entsprechende Aufgaben lösen konnten. In der antiken griechischen Mathematik wurden quadratische Gleichungen in ihrer geometrischen Form ausführlich behandelt.

Der Mathematiker Abu Dscha'far Muhammad ibn Musa al-Chwarizmi lebte etwa von 780 bis 835; er wirkte hautsächlich in Bagdad. al-Chwarizmi gehört zu den bedeutendsten Mathematikern des Mittelalters. Zwei zentrale Wörter der heutigen Mathematik gehen auf ihn zurück, nämlich „Algebra" und „Algorithmus". Sein wegweisendes Buch über Gleichungslehre, das 830 erschien, hieß in den arabischen Kurzform tatsächlich „al-dschabr" („Rechnung durch Ergänzung und Ausgleich") und wurde lateinisch als „Algebra" übersetzt. Das Wort „Algorithmus" ist der nur mäßig geglückte Versuch, den Namen „al-Chwarizmi" lateinisch auszudrücken. Eine lateinische Übersetzung seines 825 veröffentlichten Buches über die indische Zahlschrift (also das Dezimalsystem) hatte den Titel „Algoritmi de numero indorum" („al-Chwarizmi über die indischen Zahlen"). Daraus entwickelt sich der Begriff „Algorithmus" der heute im Sinne einer präzisen Rechenvorschrift benutzt wird.

In seiner al-dschabr stellte al-Chwarizmi eine Methode zur Lösung quadratischer Gleichungen vor, die in essentieller Weise geometrisch sind, aber im Grund die „quadratische Ergänzung" vorwegnehmen. Eine seiner Aufgaben lautet: *Ein Quadrat und 10 Wurzeln ergeben 39 Einheiten.*

In unserer modernen Formelsprache bedeutet dies: x^2 („ein Quadrat") $+ 10x$ („10 Wurzeln") $= 39$.

al-Chwarizmi fasst dies geometrisch auf: Ein Quadrat der unbekannten Seitenlänge x und ein Rechteck mit den Seitenlängen 10 und x haben zusammen 39 Einheiten (siehe Abb. 5.8).

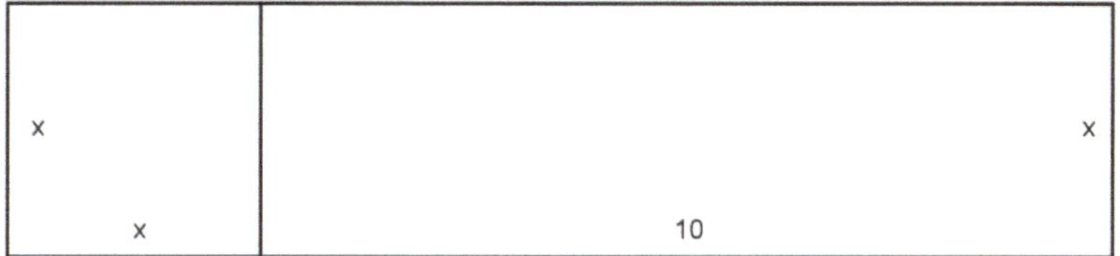

Abb. 5.8 Ein Quadrat und 10 Wurzeln

Nun macht al-Chwarizmi einen entscheidenden Schritt: Er teilt das Rechteck mit den Seitenlängen 10 und x in zwei Rechtecke mit den Seitenlängen 5 und x auf. Eines fügt er rechts an das Quadrat das andere oben an das Quadrat an (siehe Abb. 5.9).

Die Aufgabe sagt, dass auch dieser L-förmige Haken einen Flächeninhalt von 39 Einheiten hat. Diesen ergänzt al-Chwarizmi nun zu einem Quadrat, indem er rechts oben ein 5×5-Quadrat hinzufügt.

Nun schließt al-Chwarizmi so weiter: das so erhaltene große Quadrat setzt sich aus dem L und dem 5×5-Quadrat zusammen, es hat also einen Flächeninhalt von $39 + 25 = 64$ Einheiten. Damit ist seine Seitenlänge 8. Die Seitenlänge des großen Quadrats setzt sich aber zusammen aus der unbekannten Länge x und der Länge 5 des Rechtecks. Somit muss x gleich 3 sein.

Die Lösung kann auch geometrisch-konstruktiv erhalten werden: Man konstruiert ein Quadrat des Flächeninhalts 64 und zeichnet in eine Ecke ein Quadrat der Seitenlänge 5. Dann ist die Differenz der Seitenlängen eine Lösung der Aufgabe (siehe Abb. 5.10).

Abb. 5.9 Ein Quadrat und
2 mal 5 Wurzeln

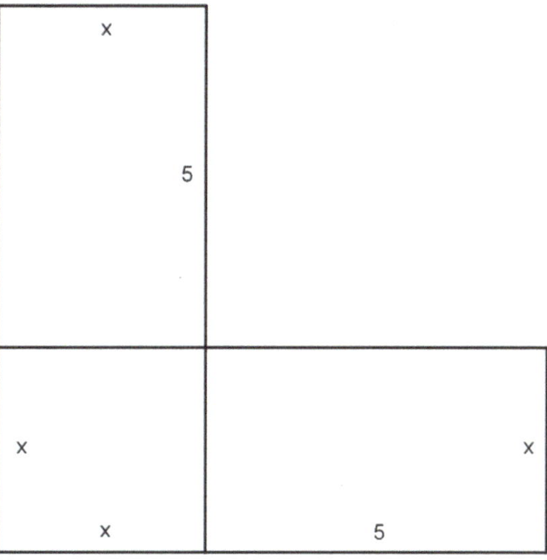

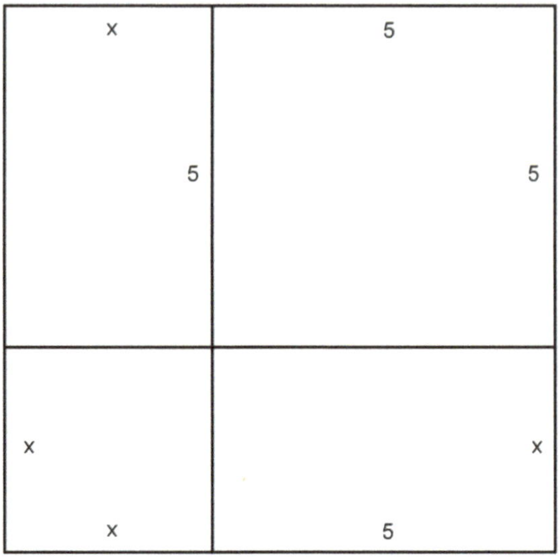

Abb. 5.10 Das ergänzte Quadrat

Zur Festigung des Gelernten 5.5.1

Lösen Sie mit der Methode von al-Chwarizmi folgende Aufgabe: *Ein Quadrat und 8 Wurzeln ergeben 20 Einheiten. Was ist die Wurzel?*

Bemerkung. Da al-Chwarizmi nach der Seitenlänge eines Quadrats fragt, kommen für ihn von vornherein nur positive Lösungen in Betracht.

Entscheidende Schritte zu einer algebraischen Behandlung von Gleichungen machten die französischen Mathematiker René Descartes und François Viète, dessen Name latinisiert Franciscus Vieta lautet.

Descartes gelang es, einen jahrtausendalten Knoten zu durchschlagen. Die griechischen Mathematiker der Antike stellten sich Zahlen geometrisch vor. Für sie war eine Zahl die Länge einer Strecke. Das Produkt zweier solcher Zahlen war der Flächeninhalt des entsprechenden Rechtecks und das Produkt von drei Zahlen das Volumen eines Quaders. So anschaulich und nützlich diese Vorstellung in vielen Fällen ist, so hat sie doch zwei entscheidende Nachteile. Zum einen konnte man eigentlich keine Produkte aus vier oder mehr Zahlen bilden, denn das war im dreidimensionalen Raum nicht möglich. Zum andern konnte man eigentlich auch keine Summen der Art $a \cdot b + c$ bilden, denn das hieße ja, einen Flächeninhalt und eine Länge zu addieren.

Descartes zeigte in seiner Schrift „La Géométrie" (1637), dass man – unter Beibehaltung der geometrischen Veranschaulichung – Zahlen sehr wohl so multiplizieren kann, dass „Länge mal Länge gleich Länge" ist. Er schreibt: „Es sei zum Beispiel AB die Einheit und es wäre BD und BC zu multiplizieren, so habe ich nur die Punkte A und C zu verbinden, dann DE parallel mit CA zu ziehen und BE ist das Product der Multiplication." (Siehe Descartes (1981).)

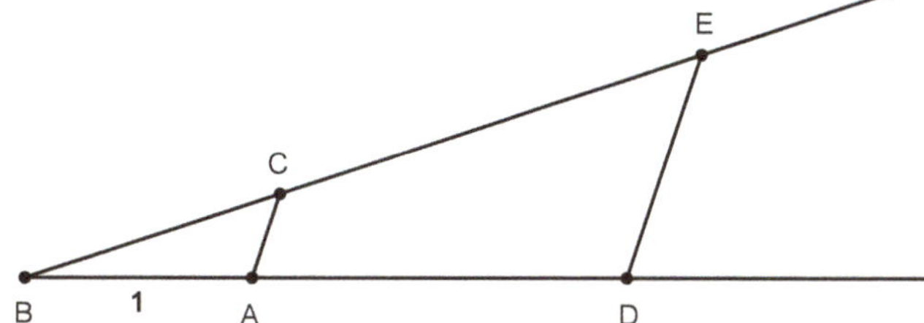

Abb. 5.11 Streckenmultiplikation nach Descartes

Descartes löst dieses Problem so:

Um die Strecke BC mit der Strecke BD zu multiplizieren, wählt man zunächst A so, dass BA die Länge 1 hat und konstruiert dann den Punkt E so wie beschrieben (siehe Abb. 5.11). Nach dem ersten Strahlensatz ist dann

$$\frac{BE}{BC} = \frac{BD}{BA}.$$

Wegen $BA = 1$ folgt daraus $BE = BD \cdot BC$.

Also ist tatsächlich Länge mal Länge = Länge! Nun kann man beliebig viele Zahlen miteinander multiplizieren, und es kommt immer eine Streckenlänge heraus!

Zur Festigung des Gelernten 5.5.2

Geben Sie eine geometrische Konstruktion an, mit der man BE durch BD dividieren kann und als Ergebnis eine Streckenlänge erhält.

Descartes sagt ausdrücklich: „Alle Probleme der Geometrie können leicht auf einen solchen Ausdruck gebracht werden, dass es nachher nur der Kenntnis der Länge gewisser Linien bedarf, um diese Probleme zu konstruieren." Diese Einsicht hat viel zum abstrakten Zahlenbegriff beigetragen. Denn wenn sowohl die Faktoren als auch das Produkt Strecken sind, dann ist es nahe liegend, die Streckenlängen irgendwann zu vergessen und nur noch an Zahlen zu denken.

Vieta hat einen unglaublich modernen und freien Blick auf Gleichungen. Er sieht einen systematischen Zusammenhang zwischen den Koeffizienten einer Gleichung und ihren Lösungen. Dabei sind Koeffizienten und Lösungen Objekte der gleichen Kategorie, nämlich Zahlen. Er braucht nicht mehr zwischen „Wurzeln" und „Einheiten" zu unterscheiden.

Nun wenden wir uns der Lösung quadratischer Gleichungen aus algebraischer Sicht zu. Wir beginnen mit der Methode von Vieta.

Satz 5.5.3 (Satz von Vieta für quadratische Gleichungen)

Sei $x^2 + px + q = 0$ eine quadratische Gleichung. Dann erfüllen die Lösungen x_1 und x_2 dieser Gleichung die folgenden Bedingungen: $q = x_1 x_2$ und $p = -(x_1 + x_2)$.

In Worten: Das Produkt der Lösungen ist das Absolutglied, die Summe der Lösungen ist der negative Koeffizient von x.

Beweis. Seien x_1 und x_2 zwei verschiedene Lösungen der Gleichung $x^2 + px + q = 0$. Das bedeutet

$$x_1^2 + px_1 + q = 0 \text{ und } x_2^2 + px_2 + q = 0.$$

Daraus folgt

$$x_1^2 + px_1 = x_2^2 + px_2,$$

also

$$x_1^2 - x_2^2 = px_2 - px_1 = p(x_2 - x_1) = -p(x_1 - x_2),$$

also

$$(x_1 + x_2)(x_1 - x_2) = -p(x_1 - x_2).$$

Da $x_1 \neq x_2$ ist, folgt $x_1 + x_2 = -p$.

Daraus folgt übrigens, dass *eine quadratische Gleichung höchstens zwei Lösungen haben kann*; denn für jede potentielle von x_1 verschiedene Lösung x_2 gilt $x_2 = -p - x_1$.

Nun setzen wir den Ausdruck für p in die Gleichung für q ein:

$$q = -x_1^2 - px_1 = -x_1^2 - -(x_1 + x_2)x_1 = x_2x_1. \qquad \square$$

Beispiele.

(a) Wie lautet die quadratische Gleichung mit den Lösungen 2 und -7? Antwort: $q = 2 \cdot (-7) = -14$ und $p = -(2 + (-7)) = 5$. Also lautet die Gleichung $x^2 + 5x - 14 = 0$.

(b) Man kann den Satz von Vieta auch dazu benutzen, Lösungen einer quadratischen Gleichung zu bestimmen, insbesondere wenn man weiß, dass die Lösungen ganze Zahlen sind. Betrachten wir zum Beispiel die Gleichung $x^2 - 11x + 10 = 0$.

Das Absolutglied kann man als $10 \cdot 1$, als $(-10) \cdot (-1)$, als $5 \cdot 2$ oder als $(-5) \cdot (-2)$ schreiben. Die einzige Möglichkeit, die Faktoren zu 11 ($=$ negativer Koeffizient von x) zu addieren ist $10 + 1$. Also sind 10 und 1 die Lösungen dieser Gleichung.

Zu Festigung des Gelernten 5.5.4

Bestimmen Sie mit Hilfe des Satzes von Vieta die Lösungen der folgenden quadratischen Gleichungen:

$$x^2 - 7x + 6 = 0$$

$$x^2 + 7x + 6 = 0$$

$$x^2 + 2x - 99 = 0$$

$$x^2 - 100x - 101 = 0.$$

(b) Angenommen, die folgenden quadratischen Gleichungen haben nur ganzzahlige Lösungen. Was kann man über p sagen?

$$x^2 + px + 7 = 0,$$
$$x^2 + px - 7 = 0.$$

Die so genannte „quadratische Ergänzung" (ein besserer Ausdruck wäre: „Ergänzung zu einem Quadrat") ist ein algebraisches Verfahren zur Lösung quadratischer Gleichungen. Es führt eine allgemeine quadratische Gleichung auf die einfach zu lösende Gleichung des Typs $(x + a)^2 = b$ zurück. Die Idee ist, den Term $x^2 + px$ als die ersten beiden Summanden des binomischen Terms $x^2 + 2ax + a^2$ aufzufassen – und so zu ergänzen, dass auch der Summand a^2 zustande kommt.

Das Verfahren von al-Chwarizmi ist die geometrische Variante dieses Verfahrens. Der folgende Satz stellt die algebraische Sicht dar; diese ermöglicht, auch Lösungen durch negative Zahlen zu betrachten.

Satz 5.5.5 (quadratische Ergänzung)

Sei $x^2 + px + q = 0$ eine quadratische Gleichung. Indem man auf beiden Seiten die Zahl $(p/2)^2 - q$ (die *Diskriminante* der Gleichung) addiert, erhält man die Gleichung

$$\left(x + \frac{p}{2}\right)^2 = \left(\frac{p}{2}\right)^2 - q.$$

Insbesondere gilt:

(a) Die quadratische Gleichung ist genau dann durch reelle Zahlen lösbar, wenn ihre Diskriminante $(p/2)^2 - q \geq 0$ ist. In diesem Fall zieht man auf beiden Seiten die Wurzel und erhält

$$x + \frac{p}{2} = \sqrt{\left(\frac{p}{2}\right)^2 - q}.$$

(b) Die quadratische Gleichung hat genau dann nur eine Lösung, wenn die Diskriminante $(p/2)^2 - q = 0$ ist. In diesem Fall ist $x = -p/2$ die Lösung. Wenn $(p/2)^2 - q > 0$ ist, hat die quadratische Gleichung zwei verschiedene reelle Lösungen.   □

Zur Festigung des Gelernten 5.5.6

Welche der folgenden quadratischen Gleichungen sind mit reellen Zahlen lösbar? Geben Sie gegebenenfalls die Lösungen an.

$$x^2 + x + 1 = 0$$
$$x^2 - x + 1 = 0$$
$$x^2 + x - 1 = 0$$
$$x^2 - x - 1 = 0$$

Wenn man sich nicht für das Verfahren der quadratischen Ergänzung interessiert, sondern nur für das Ergebnis, kommt man auf die p,q-Formel.

Satz 5.5.7 (p,q-Formel)

Sei $x^2 + px + q = 0$ eine quadratische Gleichung. Falls $(p/2)^2 - q \geq 0$ ist, sind die Lösungen der Gleichung durch

$$x_{1,2} = -\frac{p}{2} \pm \sqrt{\left(\frac{p}{2}\right)^2 - q}$$

gegeben.   □

Hinweis. Aus den Sätzen dieses Abschnitts erkennen wir, dass quadratische Gleichungen und irrationale Zahlen auf engste zusammenhängen. Denn beim Lösen quadratischer Gleichungen kommen unweigerlich irrationale Zahlen ins Spiel. Wenn man möchte, dass jede quadratische Gleichung eine Lösung hat, kommt man an komplexen Zahlen nicht vorbei. Doch diese Konsequenz haben die Mathematiker viele Jahrhunderte lang gescheut.

Literatur

Aigner, M., Ziegler, G.: Das BUCH der Beweise, 4. Aufl. Springer, Berlin (2014)

Besicovitch, A.S.: On the linear independence of fractional powers of integers. J. London Math. Soc. **15** (1940), 3-6.

Beutelspacher, A., Petri, B.: Der Goldene Schnitt, 2. Aufl. Spektrum, Heidelberg (1996)

Descartes, R.: Geometrie. Wissenschaftliche Buchgesellschaft, Darmstadt (1981). hg. von Ludwig Schlesinger

Ebbinghaus, H.-D., et al.: Zahlen, 3. Aufl. Springer, Berlin (1992)

Polynome 6

Die Bezeichnung *Polynom* geht auf François Viète zurück: In seiner *Isagoge* (1591) verwendet er den Ausdruck *polynomia magnitudo* für eine mehrgliedrige Größe. Seitdem gibt es neben der Sicht auf Gleichungen wie zum Beispiel $x^2 + 1 = 2$, die fast automatisch die Frage nach den Lösungen nach sich zieht, auch die Sicht auf ein Polynom als solches, zum Beispiel $x^2 + 1$, das als Objekt eigenen Rechts existiert und Beachtung verdient.

Mit Polynomen hat man eine unkomplizierte Möglichkeit, Rechenoperationen, insbesondere Addition, Subtraktion und Multiplikation zu erfassen. Das Verdoppeln, das schon auf dem Ishango-Knochen angedeutet ist, wird durch das Polynom $2x$ beschrieben. Quadratzahlen kann man durch x^2 erfassen. Und auch Aufgaben wie „ein Quadrat plus 10 Wurzeln" kann man durch ein Polynom, nämlich $x^2 + 10x$ erfassen.

Polynome spielen in der gesamten Mathematik eine zentrale Rolle. In der „Algebraischen Geometrie", einem wichtigen Gebiet der modernen Mathematik, werden sie zum Thema gemacht. Dort untersucht man Polynome in mehreren Variablen und ihre Nullstellengebilde.

Schließlich kann man mit Polynomen rechnen und sie daher als „Zahlen höherer Art" auffassen. Diese Idee nutzt man, um mit gewissen Mengen von Polynomen neue Körper zu konstruieren, in denen man genauso rechnen kann wie zum Beispiel in $\mathbf{Q}$.

6.1 Definition

Jeder kennt Beispiele von Polynomen: $x^2 - 1$ ist ein Polynom, $2x^4 + 7x^3 + x - 8$ ist auch ein Polynom, und auch $x^7 - 3x^{10} + 7x^2 - 15x + 8$ und $x^{1000} - 23x^{500} + 17$ sind Beispiele von Polynomen.

© Springer Fachmedien Wiesbaden GmbH 2018
A. Beutelspacher, *Zahlen, Formeln, Gleichungen*,
https://doi.org/10.1007/978-3-658-16106-4_6

Zur Vorbereitung des Folgenden 6.1.1

Welche der folgenden Terme sind Polynome in der Variablen x?

$$x, \ x^2, \ x^{-1}, \ x^3 + x^2, \ 1, \ 2^x, \ \sqrt{x}$$

In einem Polynom kommt in der Regel eine Unbekannte vor, die meist x genannt wird (aber auch y oder z oder X oder t heißen könnte). Diese Unbekannte kann in verschiedenen Potenzen auftreten, das heißt x^0 ($= 1$), x^1, x^2, x^3, ...; diese Potenzen von x dürfen jeweils noch mit einer Zahl multipliziert werden und dann können diese – endlich vielen – Terme addiert werden.

Die Reihenfolge, in der diese Terme addiert werden, spielt keine Rolle. Zum Beispiel ist $-4x^2 + 3 + 7x^4 + 2x$ ein Polynom. Gerade weil die Reihenfolge bei der Addition keine Rolle spielt, kann man jedes Polynom so schreiben, dass seine Summanden nach der Größe der Potenzen geordnet sind. Häufig beginnt man mit der größten Potenz und schreibt für das obige Polynom zum Beispiel $7x^4 - 4x^2 + 2x + 3$.

Um zu einer guten Definition zu kommen, schreiben wir die Polynome in umgekehrter Reihenfolge, das heißt so, dass wir mit dem Absolutglied beginnen und mit der größten Potenz enden: $3 + 2x - 4x^2 + 7x^4$.

Man kann ein so angeordnetes Polynom nämlich einfach durch Folge seiner Koeffizienten beschreiben. In unserem Fall entsteht folgende Folge: $(3, 2, -4, 0, 7)$. (Die Null zeigt an, dass der Koeffizient von x^3 gleich Null ist.)

Da Polynome beliebig hohe Potenzen von x enthalten können, beschreiben wir Polynome statt mit endlichen Folgen (die unterschiedlicher Länge haben müssten!) besser durch unendliche Folgen, die ab einer gewissen Stelle nur noch aus Nullen bestehen. In unserem Beispiel lautet die unendliche Folge: $(3, 2, -4, 0, 7, 0, 0, 0, \dots)$.

Zur Festigung des Gelernten 6.1.2

Studieren Sie folgende Tabelle. Füllen Sie die leeren Felder aus:

Folge	Unendliche Folge	Polynom mit x
$(1, 2, 3)$	$(1, 2, 3, 0, 0, 0 \dots)$	$1 + 2x + 3x^2$
$(3, 2, 0, 1)$		$3 + 2x + x^3$
		$x - x^3 + x^5$
	$(0, 1, 0, 0, 0, \dots)$	
		x^2
		$a_0 + a_1 x + a_2 x^2 + \dots + a_n x^n$ $= a_n x^n + a_{n-1} x^{n-1} + \dots + a_1 x + a_0$

Nun ist die mathematische Definition eines Polynoms klar:

▶ **Definition: Polynom** Sei K eine Menge, die ein „Nullelement" 0 besitzt. Ein *Polynom* mit *Koeffizienten* in K ist eine unendliche Folge mit Komponenten aus K, die nur an endlich vielen Stellen eine von 0 verschiedene Komponente hat.

Die Menge aller Polynome mit Koeffizienten in K wird mit K[x] bezeichnet (gesprochen „K-ix").

Wenn $(a_0, a_1, \ldots, a_n, 0, 0, 0, \ldots)$ ein Polynom ist, so schreiben wir oft $f = (a_0, a_1, \ldots, a_n, 0, 0, 0, \ldots)$ oder $f = a_0 + a_1 x + a_2 x^2 + \ldots + a_n x^n$.

Die „Potenzschreibweise" eines Polynoms, das heißt $a_0 + a_1 x + a_2 x^2 + \ldots + a_n x^n$ oder $a_n x^n + a_{n-1} x^{n-1} + \ldots + a_1 x + a_0$, ist aus Sicht der „Folgenschreibweise" zunächst nur komplizierter und macht die Sache unklarer: Bei einer Folge werden die Koeffizienten der Reihe aufgeschrieben, und man weiß genau, was dieses Objekt ist. Wenn man ein Polynom in der „Potenzschreibweise" notiert, muss man noch jeweils eine Potenz von x an die Koeffizienten anfügen, und man weiß, wenn man ehrlich ist, gar nicht genau, was diese Potenz von x eigentlich ist. Wir werden aber bald sehen, dass beide Schreibweisen große Vorzüge haben und sich ideal ergänzen.

Das Programm für den Rest dieses Abschnitts besteht darin, alle Eigenschaften von Polynomen dadurch herzuleiten, dass wir die Folgendefinition von Polynomen nutzen und damit alle Eigenschaften von K[x] beweisen, indem wir entsprechende Eigenschaften von K nutzen.

Im Folgenden werden die Koeffizienten der Polynome in der Regel ganze oder rationale Zahlen sein. Mit anderen Worten: Wir betrachten die Mengen $\mathbf{Z}[x]$ und $\mathbf{Q}[x]$ der Polynome mit ganzzahligen beziehungsweise rationalen Koeffizienten. Das bedeutet, dass man mit den Koeffizienten rechnen, das heißt addieren und multiplizieren kann. Diese Eigenschaften werden sich auf die Polynome übertragen: auch Polynome kann man addieren und multiplizieren.

Wir werden Polynome meist so schreiben, wie Sie es gewohnt sind, also nach den Modellen $7x^4 - 4x^2 + 2x + 3$ oder $3 + 2x - 4x^2 + 7x^4$. Aber wann immer aber Unklarheiten auftreten oder wir eine Sache ganz genau klären möchten, haben wir die Chance, zur formalen Definition mit Hilfe von unendlichen Folgen zurückzugehen und dadurch alle Probleme zu lösen.

Mit dieser Methode kann schon die Frage, was eigentlich x ist, einfach und unaufgeregt beantwortet werden: x ist gleich der Folge $(0, 1, 0, 0, 0, \ldots)$.. Das ist ein konkretes Objekt, dessen Existenz über jeden Zweifel erhaben ist.

Satz 6.1.3 (Summe von Polynomen)
Sei K eine Menge, auf der eine Addition erklärt ist, so dass K eine Gruppe mit neutralem Element 0 bildet. (Das bedeutet, dass das Assoziativgesetz gilt, dass es ein neutrales Element gibt und dass es zu jedem Element ein inverses gibt.) Dann kann man die Summe zweier Polynome „komponentenweise" definieren. Das bedeutet:

$$(a_0, a_1, a_2, \ldots) + (b_0, b_1, b_2, \ldots) := (a_0 + b_0, a_1 + b_1, a_2 + b_2, \ldots).$$

In Potenzschreibweise lautet diese Vorschrift so:

$$(a_0 + a_1x + a_2x^2 + \ldots) + (b_0 + b_1x + b_2x^2 + \ldots)$$
$$:= (a_0 + b_0) + (a_1 + b_1)x + (a_2 + b_2)x^2 + \ldots$$

Dann ist $K[x]$ zusammen mit dieser Addition eine Gruppe.

Wenn die Addition auf K kommutativ ist, ist auch die Addition auf $K[x]$ kommutativ.

Beweis. Das *Assoziativgesetz* ergibt sich so: Seien $f = (a_0, a_1, \ldots, 0, 0, 0, \ldots)$, $g = (b_0, b_1, \ldots, 0, 0, 0, \ldots)$ und $h = (c_0, c_1, \ldots, 0, 0, 0, \ldots)$ Polynome aus $K[x]$. Dann gilt:

$$[f + g] + h$$
$$= (a_0 + b_0, a_1 + b_1, \ldots, 0, 0, 0, \ldots) + (c_0, c_1, \ldots, 0, 0, 0, \ldots)$$
$$= ((a_0 + b_0) + c_0, (a_1 + b_1) + c_1, \ldots, 0, 0, 0, \ldots)$$
$$= (a_0 + (b_0 + c_0), a_1 + (b_1 + c_1), \ldots, 0, 0, 0, \ldots)$$
$$= (a_0, a_1, \ldots, 0, 0, 0, \ldots) + (b_0 + c_0, b_1 + c_1, \ldots, 0, 0, 0, \ldots)$$
$$= f + [g + h].$$

Das *neutrale Element* ist das *Nullpolynom* $n = (0, 0, 0, \ldots)$. Denn für jedes Polynom $f = (a_0, a_1, \ldots, 0, 0, 0, \ldots)$ gilt

$$f + n$$
$$= (a_0, a_1, \ldots, 0, 0, 0, \ldots) + (0, 0, 0, \ldots)$$
$$= (a_0 + 0, a_1 + 0, \ldots, 0, 0, 0, \ldots)$$
$$= (a_0, a_1, \ldots, 0, 0, 0, \ldots) = f.$$

Entsprechend ergibt sich $n + f = f$.

Das zu $f = (a_0, a_1, \ldots, 0, 0, 0, \ldots)$ *inverse Element* ist $-f := (-a_0, -a_1, \ldots, 0, 0, 0, \ldots)$.

Wenn die Addition auf K *kommutativ* ist, dann gilt für je zwei Polynome $f = (a_0, a_1, \ldots, 0, 0, 0, \ldots)$ und $g = (b_0, b_1, \ldots, 0, 0, 0, \ldots)$:

$$f + g$$
$$= (a_0, a_1, \ldots, 0, 0, 0, \ldots) + (b_0, b_1, \ldots, 0, 0, 0, \ldots)$$
$$= (a_0 + b_0, a_1 + b_1, \ldots, 0, 0, 0, \ldots)$$
$$= (b_0 + a_0, b_1 + a_1, \ldots, 0, 0, 0, \ldots)$$
$$= (b_0, b_1, \ldots, 0, 0, 0, \ldots) + (a_0, a_1, \ldots, 0, 0, 0, \ldots)$$
$$= g + f. \qquad \qquad \square$$

Zur Festigung des Gelernten 6.1.4

Seien $f = (1, 2, 3, 4, 0, 0, 0, \ldots)$ und $g = (0, 0, 0, 0, 5, 6, 7, 0, 0, 0, \ldots)$ Polynome aus $\mathbf{Q}[x]$. Bestimmen Sie die Polynome $f + g$, $f - g$ und $g - f$.

Satz 6.1.5 (Vektorraum der Polynome)

Sei K ein Körper (zum Beispiel $K = \mathbf{Q}$ oder $K = \mathbf{R}$). Dann kann man eine Multiplikation eines Körperelements mit einem Polynom aus $K[x]$ „komponentenweise" definieren:

$$k \cdot (a_0, a_1, a_2, \ldots) := (k \cdot a_0, k \cdot a_1, k \cdot a_2, \ldots).$$

In Potenzschreibweise lautet diese Vorschrift so:

$$k \cdot (a_0 + a_1 x + a_2 x^2 + \ldots) := k \cdot a_0 + k \cdot a_1 x + k \cdot a_2 x^2 + \ldots$$

Dann ist $K[x]$ mit dieser Skalarmultiplikation und der in 6.1.3 definierten Addition ein Vektorraum. Dieser Vektorraum hat unendliche Dimension. Eine Basis von $K[x]$ ist die Menge $\{1, x, x^2, x^3, \ldots\}$.

Beweis. Die Vektorraumaxiome sind einfach nachzurechnen, weil man alle Eigenschaften auf die entsprechenden Eigenschaften in den einzelnen Komponenten zurückführen kann.

Die Menge $\{1, x, x^2, x^3, \ldots\}$ ist in Wirklichkeit die Menge $\{e_0, e_1, e_2, \ldots\}$ der Folgen e_i, wobei e_i die Folge ist, die an der i-ten Stelle eine 1 und sonst nur Nullen hat.

Es ist klar, dass diese Menge linear unabhängig ist und dass jede Folge, die an nur endlich vielen Stellen von Null verschiedene Elemente hat, eine Linearkombination der e_i ist.

Da die Basis $\{1, x, x^2, x^3, \ldots\}$ von $K[x]$ unendlich viele Elemente hat, hat der Vektorraum $K[x]$ unendliche Dimension. $\qquad\qquad\square$

Zur Festigung des Gelernten 6.1.6

Weisen Sie die Vektorraumaxiome für $K[x]$ explizit nach.

[Zur Erinnerung: Das Musterbeispiel eines Vektorraums ist der $\mathbf{R}^3$. Die Vektoren dieses Vektorraums sind die Tripel (a, b, c) reeller Zahlen, und der zugrundeliegende Körper ist der Körper $\mathbf{R}$ der reellen Zahlen.

Allgemein gehören zu einem Vektorraum eine Menge von Vektoren und ein Körper.

(1) Die Vektoren kann man addieren, und zwar in dem Sinne „problemlos" als dass sie eine Gruppe bilden (Assoziativgesetz, Nullvektor, negative Vektoren).

(2) Zum zweiten liegt jedem Vektorraum ein *Körper* K zugrunde. (Die Elemente von K werden manchmal auch Skalare genannt.)

(3) Schließlich kann man Körperelemente und Vektoren problemlos miteinander multiplizieren. Das heißt, dass man Ausdrücke wie k(v + w), (k + h)v, (kh)v ausrechnen kann und dass $1 \cdot v = v$ gilt.

Siehe zum Beispiel Beutelspacher (2014), Kap. 3.]

Aspekte des Polynombegriffs

Man kann verschiedene Aspekte des Polynombegriffs unterscheiden.

Die Definition beschreibt den *formalen* Aspekt von Polynomen. Durch die formale Definition ist ein Polynom als unendliche Folge zwar mathematisch sauber definiert, aber es sind noch längst nicht alle Vorstellungen eines Polynoms aktiviert.

Ein Polynom („poly" (griech.) = viel) ist aus vielen *Monomen* („mono" (griech.) = eins), das heißt Termen der Form $a_k x^{k\cdot}$ zusammengesetzt. Man kann Polynome addieren und multiplizieren. Das ist der *algebraische Aspekt* von Polynomen. Wenn wir die Unbekannte x betonen wollen, schreiben wir für ein Polynom f auch f(x).

Beim Einsetzen von Zahlen in Polynome oder bei der Suche nach Nullstellen kommt der *Einsetzungsaspekt* von Polynomen ins Spiel.

Schließlich muss man zwischen einem Polynom und der zugehörigen Polynomfunktion unterscheiden. Ein Polynom an sich ist keine Abbildung. Man erhält aus einem Polynom eine Abbildung, indem man Werte einsetzt. Zum Beispiel gehört zu dem Polynom $f = x^2 + x + 2$ aus $\mathbf{R}[x]$ die „Polynomfunktion", die jeder reellen Zahl r die reelle Zahl $r^2 + r + 2$ zuordnet. Solche Funktionen nennt man auch *ganzrationale Funktionen*. Dies ist der *funktionale Aspekt* von Polynomen.

Man kann jedem Polynom eine Zahl zuordnen, die in gewisser Weise die „Größe" dieses Polynoms misst. Dies ist die größte Zahl n, bei der der Koeffizient vor x^n ungleich Null ist. Man nennt diese Zahl den Grad des Polynoms.

Zum *Beispiel* hat $x^4 + 1$ den Grad 4 und $-7x^3 - 2x + 1$ den Grad 3.

▶ **Definition: Grad eines Polynoms** Der Grad eines Polynoms $f = (a_0, a_1, a_2, \dots)$ ist die größte natürliche Zahl n, so dass $a_n \neq 0$ ist. Man schreibt $n = \mathrm{Grad}(f)$.

Wenn es kein solches n gibt, dann ist $f = (0, 0, 0, \dots)$ das Nullpolynom. Dem Nullpolynom ordnet man den Grad $-\infty$ zu. (Mit dem Symbol $-\infty$ wird so gerechnet: $-\infty + n = -\infty$ für jede natürliche Zahl n.)

Zur Vorbereitung des Folgenden 6.1.7

Wie kann man den Grad einer *Summe* von Polynomen bestimmen? Füllen Sie die leeren Felder der folgenden Tabelle aus:

f	Grad(f)	g	Grad(g)	f + g	Grad(f + g)
$x^2 + x + 1$	2	$x^3 - 1$	3		
$x^3 - x^2 + x - 1$				$x^3 + x^2 + x + 1$	
$x^2 + x + 1$		$x^2 - x - 1$			
$x^2 + x + 1$				$x - 1$	

Satz 6.1.8 (Grad der Summe von Polynomen)

Seien f, g Polynome aus $K[x]$, wobei K eine Gruppe bezüglich der Addition ist. Dann gilt:

(a) Wenn $\mathrm{Grad}(f) \neq \mathrm{Grad}(g)$, dann ist $\mathrm{Grad}(f+g) = \max\{\mathrm{Grad}(f), \mathrm{Grad}(g)\}$.
(b) Wenn $\mathrm{Grad}(f) = \mathrm{Grad}(g)$, dann ist $\mathrm{Grad}(f+g) \leq \mathrm{Grad}(f)$.

Beweis. Generell kann $f+g$ höchstens an den Stellen einen Koeffizienten ungleich Null haben, an denen die Polynome f oder g einen Koeffizienten ungleich Null haben. Also ist der Grad von $f+g$ höchsten so groß wie der Grad von f oder der Grad von g. Das zeigt schon die Aussage (b).

(a) Sei $\mathrm{Grad}(f) > \mathrm{Grad}(g)$. Dann ist das Maximum der Grade gleich $\mathrm{Grad}(f)$. Sei $f = a_m x^m + \ldots$ Dann ist auch der Koeffizient von x^m in $f+g$ gleich a_m, da der entsprechende Koeffizient von g Null ist. Somit ist $\mathrm{Grad}(f+g) = \mathrm{Grad}(f)$. $\qquad\square$

Satz 6.1.9

Sei K ein Körper (zum Beispiel $K = \mathbf{Q}$ oder $K = \mathbf{R}$). Für eine natürliche Zahl n sei $K[x]^{(n)}$ die Menge der Polynome mit Grad $\leq n$. Dann ist $K[x]^{(n)}$ ein Vektorraum der Dimension $n+1$. Eine Basis ist $\{1, x, x^2, \ldots, x^n\}$.

Beweis. Da nach 6.1.8 die Summe zwei Polynome vom Grad $\leq n$ wieder ein Polynom vom Grad $\leq n$ ist, folgt, dass $K[x]^{(n)}$ ein Unterraum des Vektorraums $K[x]$ ist.

Da die Menge $B := \{1, x, x^2, \ldots, x^n\}$ linear unabhängig ist und offenbar $K[x]^{(n)}$ erzeugt, ist B eine Basis. Insbesondere hat $K[x]^{(n)}$ die Dimension $n+1$. $\qquad\square$

6.2   Multiplikation von Polynomen

Man kann Polynome auch multiplizieren. Dazu stellen wir uns zunächst vor, dass wir das Produkt zweier Polynome dadurch erhalten, dass wir diese einfach ausmultiplizieren:

$$(x^2 + 3x - 1) \cdot (2x^3 - 4x + 1) = 2x^5 + 6x^4 - 6x^3 - 11x^2 + 7x - 1.$$

Dabei behandeln wir die Unbekannte x so, also ob sie eine Zahl wäre, mit der man rechnen kann, das heißt auf die man auch das Assoziativ-, Distributiv-, und Kommutativgesetz anwenden kann.

Selbstverständlich ist es auch möglich, diese Vorstellung des Produkts auf die entsprechenden Folgen umzuschreiben und so die leicht nebulöse Aussage, dass man so rechnet „als ob x eine Zahl wäre", zu klären:

$$(a_0, a_1, a_2, \ldots) \cdot (b_0, b_1, b_2, \ldots) := (a_0 b_0, a_0 b_1 + a_1 b_0, a_0 b_2 + a_1 b_1 + a_2 b_0, \ldots).$$

Zur Vorbereitung des Folgenden 6.2.1

(a) Berechnen Sie mit dieser Methode $(1, 2, 3, 0, 0, 0, \ldots) \cdot (4, 5, 6, 0, 0, 0, \ldots)$.
(b) Sei $(a_0, a_1, a_2, \ldots) \cdot (b_0, b_1, b_2, \ldots) =: (c_0, c_1, c_2, \ldots)$. Bestimmen Sie c_3.

▶ **Definition: Produkt von Polynomen** Seien $f = (a_0, a_1, a_2, \ldots)$ und $g = (b_0, b_1, b_2, \ldots)$ Polynome über dem Körper K. Dann ist das *Produkt* $(c_0, c_1, c_2, \ldots)$ dieser Polynome durch die Koeffizienten $c_0, c_1, c_2, \ldots$ gegeben, die auf folgende Weise berechnet werden:

$$c_0 := a_0 b_0, \quad c_1 = a_0 b_1 + a_1 b_0, \quad c_2 = a_0 b_2 + a_1 b_1 + a_2 b_0.$$

Allgemein:

$$c_k := a_0 b_k + a_1 b_{k-1} + a_2 b_{k-2} + \ldots + a_{k-1} b_1 + a_k b_0.$$

In Summenschreibweise sieht die Vorschrift so aus: $c_k = \sum_{r=0}^{k} a^r b^{k-r}$.

Satz 6.2.2 (Produkt von Polynomen)
Das Produkt zweier Polynome ist wieder ein Polynom.

Beweis. Wir müssen zeigen, dass die Folge $(c_0, c_1, c_2, \ldots)$ nur endlich viele Glieder ungleich Null enthält. Sei m der Grad von f und n der Grad von g. Wir behaupten: Wenn $k > m + n$, dann ist $c_k = 0$.

Dies folgt so: In der Summe $c_k = a_0 b_k + a_1 b_{k-1} + a_2 b_{k-2} + \ldots + a_{k-1} b_1 + a_k b_0$ gilt für jeden Summanden $a_i b_j$, dass $i > m$ oder $j > n$ ist. (Wären $i \leq m$ und $j \leq n$, dann wäre $k = i + j \leq m + n$: Widerspruch.) Also ist mindestens ein Faktor von $a_i b_j$ gleich Null. Somit ist jeder Summand c_k mit $k > m + n$ gleich Null. $\square$

Als Folgerung können wir festhalten, dass für je zwei natürliche Zahlen m und n gilt $x^m \cdot x^n = x^{m+n}$. Das heißt: die formale Beschreibung der Potenzen von x als Folgen, die nur eine Eins und sonst Nullen hat, ist kompatibel mit der algebraischen Vorstellung der Multiplikation von Potenzen.

Zur Festigung des Gelernten 6.2.3
Seien $f = (1, 2, 3, 0, 0, 0, \ldots)$ und $g = (-1, -2, -2, 2, 3, 0, 0, 0, \ldots)$ Polynome aus $\mathbf{Q}[x]$. Bestimmen Sie das Polynom $f \cdot g$ sowie das Polynom h mit $fh = g$.

Zur algebraischen Beschreibung von K[x] eignet sich der Begriff „Ring". Musterbeispiel eines Ringes ist die Menge der ganzen Zahlen: In $\mathbf{Z}$ klappt die Addition so gut wie man sich das nur vorstellen kann, und auch die Multiplikation funktioniert gut. Nur bei der Division bleiben Wünsche offen, denn man kann durch die meisten Zahlen nicht dividieren. Kurz: Ein Ring ist eine Menge zusammen mit einer Addition und einer Multiplikation, wobei die Addition perfekt funktionieren soll, wir von der Multiplikation aber nur eine Art Existenzminimum fordern:

▶ **Definition: Ring** Eine Menge R zusammen mit einer Addition $+$ und einer Multiplikation $\cdot$ ist ein *Ring*, wenn folgende Eigenschaften gelten:

- R ist zusammen mit der Addition eine kommutative Gruppe.
- Die Multiplikation auf R ist assoziativ.
- Es gilt das Distributivgesetz.

Ein Ring wird *kommutativ* genannt, wenn auch die Multiplikation kommutativ ist. Ein Ring heißt *Ring mit Eins*, falls er ein neutrales Element bezüglich der Multiplikation hat.

Ein *Körper* ist ein kommutativer Ring mit Eins, in dem jedes von 0 verschiedene Element ein multiplikatives Inverses hat.

Zur Vorbereitung des Folgenden 6.2.4
Welche der folgenden Strukturen sind Ringe?

$$\mathbf{N}, \ \mathbf{Z}, \ 2\mathbf{N}, \ 2\mathbf{Z}, \ \mathbf{Q}, \ \mathbf{Q}+.$$

Dabei verstehen wir unter $2\mathbf{N}$ die Menge aller Zahlen der Form $2n$ mit $n \in \mathbf{N}$; mit anderen Worten: $2\mathbf{N}$ ist die Menge der geraden natürlichen Zahlen.

Daher ist zum Beispiel $2\mathbf{Z} = \{2z \mid z \in \mathbf{Z}\}$.

Satz 6.2.5 (Polynomring)

(a) Wenn K ein Ring ist, dann ist auch K[x] ein Ring.
(b) Wenn K ein kommutativer Ring ist, dann ist auch K[x] ein kommutativer Ring.
(c) Wenn K ein Ring mit Eins ist, dann ist K[x] ein Ring mit Eins.

Beweis.

(a) Wir müssen das Assoziativgesetz der Multiplikation und das Distributivgesetz zeigen.
Wir zeigen das *Assoziativgesetz:* $f = (a_0, a_1, a_2, \ldots)$, $g = (b_0, b_1, b_2, \ldots)$ und $h = (d_0, d_1, d_2, \ldots)$ Polynome aus K[x]. Behauptung: Der Koeffizient von x^k in dem Produkt

(fg)h ist gleich $\sum_{\substack{r,s,t\geq 0 \\ r+s+t=k}}^{k} a^r b^s d^t$. Ebenso zeigt man, dass dieser Ausdruck auch der Koeffizient von x^k in f(gh) ist. Daraus ergibt sich dann (fg)h = f(gh).

Sei fg = $(c_0, c_1, c_2, \dots)$. Dann ist

$$
\begin{aligned}
&(fg)h \\
&= (c_0, c_1, c_2, \dots) \cdot (d_0, d_1, d_2, \dots) \\
&= (c_0 d_0, c_0 d_1 + c_1 d_0, c_0 d_2 + c_1 d_1 + c_2 d_0, \dots) \\
&= ((a_0 b_0)d_0, (a_0 b_0)d_1 + (a_0 b_1 + a_1 b_0)d_0, (a_0 b_0)d_2 + (a_0 b_1 + a_1 b_0)d_1 \\
&\quad + (a_0 b_2 + a_1 b_1 + a_2 b_0)d_0, \dots) \\
&= (a_0 b_0 d_0, a_0 b_0 d_1 + a_0 b_1 d_0 + a_1 b_0 d_0, a_0 b_0 d_2 + a_0 b_1 d_1 + a_1 b_0 d_1 + a_0 b_2 d_0 + a_1 b_1 d_0 \\
&\quad + a_2 b_0 d_0, \dots)
\end{aligned}
$$

Zur Festigung des Gelernten 6.2.6

Bestimmen Sie den Koeffizienten von x^3 in (fg)h.

Fortsetzung des Beweises.

(b) Für den Koeffizienten c_k des Produkts fg gilt $c_k = a_0 b_k + a_1 b_{k-1} + \dots + a_{k-1} b_1 + a_k b_0$. Dies ist aber gleich dem Element $b_k a_0 + b_{k-1} a_1 + \dots + b_1 a_{k-1} + b_0 a_k$. Da die Multiplikation in K nach Voraussetzung kommutativ ist, ist dieses Element gleich $b_0 a_k + b_1 a_{k-1} + \dots + b_{k-1} a_1 + b_k a_0$, also gleich dem Koeffizienten von x^k des Produkts gf. Somit stimmen die Koeffizienten von fg und gf überein. Also ist fg = gf.

(c) Wenn 1 das Einselement in K ist, dann ist $(1, 0, 0, \dots)$ das Einselement in K[x]. $\square$

Zur Festigung des Gelernten 6.2.7

Beweisen Sie das Distributivgesetz in K[x].

Die für uns wichtigste Folgerung aus Satz 6.2.5 ist, dass $\mathbf{Z}[x]$, also die Menge der Polynome mit ganzzahligen Koeffizienten, ein kommutativer Ring mit Eins ist.

Zur Vorbereitung des Folgenden 6.2.8

Wir fragen uns, ob man den Grad des Produkts von Polynomen aus den Graden der Faktoren berechnen kann. Die folgende Tabelle gibt erste Hinweise. Bestimmen Sie die leeren Felder.

f	Grad(f)	g	Grad(g)	fg	Grad(fg)
$x^2 + 1$	2	$x - 1$	1		
$x^2 + x + 1$	2	$x^2 - x + 1$	2		
		$x - 1$	1	$x^5 - 1$	5

> **Satz 6.2.9 (Gradformel)**
>
> Sei K ein „nullteilerfreier" Ring (das heißt: $ab = 0 \Rightarrow a = 0$ oder $b = 0$). Dann gilt
> für je zwei Polynome f, g $\in$ K[x]:
>
> $$\mathrm{Grad}(fg) = \mathrm{Grad}(f) + \mathrm{Grad}(g).$$

Beweis. Seien $\mathrm{Grad}(f) = m$ und $\mathrm{Grad}(g) = n$. Seien $f = a_m x^m + \ldots$ und $g = b_n x^n + \ldots$

Im Beweis von 6.2.2 haben wir schon gesehen, dass $\mathrm{Grad}(fg) \leq m + n$ ist.

Andererseits ist der Koeffizient von x^{m+n} in fg gleich $a_m b_n$. Da $a_m \neq 0$ und $b_n \neq 0$ gelten, folgt nach Voraussetzung $a_m b_n \neq 0$. Also ist $\mathrm{Grad}(fg) \geq m + n$.

Zusammen folgt $\mathrm{Grad}(fg) = m + n$.   □

Die Gradformel gilt somit in den für uns wichtigsten Polynomringen, nämlich in $\mathbf{Z}[x]$, in $\mathbf{Q}[x]$ und in $\mathbf{R}[x]$. Allgemein gilt sie in K[x], wenn K ein Körper ist. Denn sowohl $\mathbf{Z}$ als auch jeder Körper sind nullteilerfrei.

So wie in $\mathbf{Z}$ gibt es auch in K[x] nur sehr wenige Elemente, die ein multiplikatives Inverses haben:

> **Folgerung 6.2.10 (invertierbare Polynome)**
>
> Sei K ein nullteilerfreier Ring. Dann sind die einzigen multiplikativ invertierbaren
> Polynome in K[x] die konstanten Polynome $\neq 0$.

Beweis. Sei f ein Polynom aus K[x], zu dem es ein „inverses Polynom" gibt, das heißt ein Polynom g aus K[x] mit $f \cdot g = 1$.

Da das Polynom auf der rechten Seite den Grad 0 hat, muss auch das Polynom auf der linken Seite den Grad 0 haben. Nach der Gradformel ist dessen Grad aber $\mathrm{Grad}(f) + \mathrm{Grad}(g)$. Somit ist $\mathrm{Grad}(f) + \mathrm{Grad}(g) = 0$.

Da die Grade natürliche Zahlen oder $-\infty$ sind, folgt daraus $\mathrm{Grad}(f) = \mathrm{Grad}(g) = 0$. Also ist f ein konstantes Polynom $\neq 0$.   □

Beispiele. Gegeben seien zwei Polynome f und g. Zum Beispiel $f = x^4 + x^2 + 1$.

(a) Sei $g = x^2 + x + 1$. Wenn wir versuchen, f durch g zu „teilen", stellen wir fest, dass das aufgeht: $x^4 + x^2 + 1 = (x^2 + x + 1) \cdot (x^2 - x + 1)$. In diesem Fall sagen wir, dass g ein Teiler von f ist, dass g das Polynom f teilt, dass f das Polynom g als Faktor hat usw.

(b) Sehr häufig ist es allerdings so, dass von zwei gegebenen Polynomen keines das andere teilt. Dann können wir wie bei den ganzen Zahlen zum „Teilen mit Rest" übergehen.

Sei zum Beispiel $g = x^3 + 1$. Dann gilt $x^4 + x^2 + 1 = (x^3 + 1) \cdot x + (x^2 - x + 1)$. Der „Rest" ist das Polynom $x^2 - x + 1$.

Im Fall $g = x^2 - 1$ ergibt sich $x^4 + x^2 + 1 = (x^2 - 1) \cdot (x^2 + 2) + 3$; hier ist der „Rest" das konstante Polynom 3.

Zur Festigung des Gelernten 6.2.11

Im Allgemeinen schreiben wir $f = qg + r$ mit $\mathrm{Grad}(r) < \mathrm{Grad}(g)$. Füllen Sie die leeren Felder in folgender Tabelle aus.

f	g	q	r
$x^4 - 1$	$x - 1$		
$x^4 - 1$	$x + 1$		
$x^4 - x^3 + 1$			$-x^2 + 2$
$2x^2 + 5x - 7$	$x - 5$		

Der folgende Satz ist die Grundlage für alle weiteren Untersuchungen über Polynome.

Satz 6.2.12 (Polynomdivision)

Seien f und g Polynome über dem Körper K. Wenn g nicht das Nullpolynom ist, dann gibt es eindeutig bestimmte Polynome q, r aus $K[x]$ mit.

$$f = qg + r \quad \text{und} \quad \mathrm{Grad}(r) < \mathrm{Grad}(g).$$

Beweis. Zunächst zeigen wir die *Existenz* von q und r. Dies geschieht durch Induktion nach $m := \mathrm{Grad}(f)$.

Sei n der Grad von g.

Induktionsbasis. Sei $m < n$. Wir definieren $q := 0$ (Nullpolynom) und $r := f$. Dann gilt

$$f = 0 \cdot g + f = qg + r \quad \text{mit} \quad \mathrm{Grad}(r) = \mathrm{Grad}(f) = m < n = \mathrm{Grad}(g).$$

Induktionsschritt. Sei $m \geq n$, und sei die Aussage richtig für alle natürlichen Zahlen kleiner als m.

Die Idee ist, aus f ein Polynom kleineren Grades zu machen. Dazu ziehen wir von f ein Polynom ab, das den gleichen Grad m hat und den gleichen höchsten Koeffizienten besitzt. Als Polynom vom Grad m wählen wir $g \cdot x^{m-n}$. Dieses hat in der Regel nicht den gleichen höchsten Koeffizienten wie f. Wir können aber dieses Polynom so mit einem Körperelement a multiplizieren, dass $g' := a \cdot g \cdot x^{m-n}$ bei x^m den gleichen Koeffizienten wie f hat.

Daher ist $h = f - g'$ ein Polynom, dessen Grad kleiner als m ist. Nach Induktionsannahme gibt es also Polynome q' und r mit

$$h = q'g + r \quad \text{und} \quad \text{Grad}(r) < \text{Grad}(g).$$

Nun rechnen wir f aus:

$$f = h + g' = q'g + r + a \cdot x^{n-m} \cdot g = (q' + a \cdot x^{n-m}) \cdot g + r = qg + r,$$

wobei $q = q' + a \cdot x^{m-n}$ ist.

Damit haben wir Polynome q und r gefunden, die die Behauptung erfüllen.

Nun zeigen wir noch die *Eindeutigkeit* der Polynome q und r.

Seien q, r sowie q', r' Polynome mit

$$f = qg + r \quad \text{und} \quad \text{Grad}(r) < \text{Grad}(g)$$

und

$$f = q'g + r' \quad \text{und} \quad \text{Grad}(r') < \text{Grad}(g).$$

Durch Gleichsetzen und anschließendes Umformen ergibt sich

$$(q - q')g = qg - q'g = r' - r.$$

Da die rechte Seite dieser Gleichung ein Polynom ist, dessen Grad kleiner als $\text{Grad}(g)$ ist, muss auch die linke Seite einen Grad kleiner als $\text{Grad}(g)$ haben. Da die linke Seite aber ein Vielfaches von g ist, kann dies nur dann der Fall sein, wenn das fragliche Vielfache von g das Nullpolynom ist. Das heißt $q' - q = 0$, und also $q' = q$.

Damit ist auch die rechte Seite das Nullpolynom. Das heißt $r - r' = 0$, und somit $r = r'$. $\qquad\qquad\square$

Zur Festigung des Gelernten 6.2.13

Dividieren Sie das Polynom $f = x^3 - 1$ mit Rest durch die Polynome $x - 1$, $x + 1$, $x^2 + 1$, $x^2 + x + 1$

6.3 Nullstellen

Nullstellen von Polynomen sind ein außerordentlich wichtiges Thema der Algebra, das während der gesamten Geschichte der Mathematik großes Interesse fand. Bevor wir über Nullstellen reden, müssen wir uns darüber Klarheit verschaffen, was es bedeutet, eine Zahl in ein Polynom „einzusetzen".

Zur Vorbereitung des Folgenden 6.3.1

(a) Setzen Sie die Zahlen 0, 1 und 2 in das Polynom $f = x^5 - x^4 + x^3 - x^2 + x - 1$ ein.
(b) Setzen Sie die Zahl $\sqrt{2}$ in das Polynom $f = x^3 + x^2 - 2x - 2$ ein.

Diese Beispiele machen klar, dass man in ein Polynom auch Objekte einsetzen möchte, die ganz anderer Natur sind als die Zahlen aus dem Bereich, aus dem die Koeffizienten stammen. Konkret: In ein Polynom mit Koeffizienten aus $\mathbf{Z}$ können wir auch rationale Zahlen, irrationale Zahlen, Matrizen usw. einsetzen.

Ganz allgemein stammen die Elemente, die wir einsetzen wollen, aus einem Ring R, der K enthält. In einer solchen Situation kann man nun genau erklären, was Einsetzen bedeutet:

▶ **Definition: Einsetzen** Seien K und R Ringe mit Einselement 1 mit $K \subseteq R$, so dass die Einschränkung der Addition und Multiplikation von R auf K die Addition und Multiplikation von K ergibt. Man nennt dann K einen *Teilring* von R.

Sei $f = a_0 \cdot x^0 + a_1 \cdot x + a_2 \cdot x^2 + \ldots + a_m \cdot x^m \in K[x]$ ein Polynom. Für jedes Element $r \in R$ definieren wir:

$$f(r) := a_0 \cdot 1 + a_1 \cdot r + a_2 \cdot r^2 + \ldots + a_m \cdot r^m.$$

Man sagt, dass $f(r) \in R$ durch *Einsetzen* von r in f entsteht.

Wir werden den nächsten Satz hauptsächlich in den Situationen $K = \mathbf{Z}$ oder $K = \mathbf{Q}$ und $R = \mathbf{Q}$ oder $R = \mathbf{R}$ anwenden, wir formulieren ihn aber ein bisschen allgemeiner.

Satz 6.3.2 (Einsetzungshomomorphismus)
Seien K und R kommutative Ringe mit Einselement, so dass K ein Teilring von R ist. Dann gilt für alle Polynome f, $g \in K[x]$:

$$(f + g)(r) = f(r) + g(r), \text{ und}$$
$$(f \cdot g)(r) = f(r) \cdot g(r).$$

Beweis. Seien $f = a_0 x^0 + a_1 x + a_2 x^2 + \ldots$ und $g = b_0 x^0 + b_1 x + b_2 x^2 + \ldots$
Zunächst zeigen wir die Additivität:

$$(f + g)(r)$$
$$= (a_0 + b_0) + (a_1 + b_1)r + (a_2 + b_2)r^2 + \ldots$$
$$= [a_0 + a_1 r + a_2 r^2 + \ldots] + [b_0 + b_1 r + b_2 r^2 + \ldots]$$
$$= f(r) + g(r).$$

Nun zum Produkt $f \cdot g$.
Zunächst ein *Beispiel*. Seien $f = x^2 + x + 1$ und $g = x^2 - x + 1$, und sei $r = 3$. Dann ist

$$f(3) = 3^2 + 3 + 1(= 13) \text{ und } g(3) = 3^2 - 3 + 1(= 7).$$

Es ist

$$fg = x^4 + x^2 + 1, \text{ also } fg(3) = 3^4 + 3^2 + 1(= 91).$$

In der Tat ist $13 \cdot 7 = 91$, oder, ein bisschen instruktiver:

$$(3^2 + 3 + 1)(3^2 - 3 + 1) = 3^4 + 3^2 + 1.$$

Nun zum allgemeinen Fall. Der Koeffizient c_k von x^k in $f g$ ist

$$c_k = \sum_{i=0}^{k} a_i b_{k-i}.$$

Also ergibt sich

$$(f \cdot g)(r) = a_0 b_0 \cdot 1 + (a_0 b_1 + a_1 b_0) \cdot r + \ldots + \left(\sum_{i=0}^{k} a_i b_k - i \right) \cdot r^k + \ldots$$

$$= a_0 b_0 \cdot 1 + (a_0 b_1 \cdot r + a_1 b_0) \cdot r + \ldots + \sum_{i=0}^{k} a_i b_{k-i} r^k + \ldots$$

Andererseits ist

$$f(r) \cdot g(r)$$
$$= a_0 b_0 \cdot 1 + a_0(b_1 \cdot r) + (a_1 \cdot r) b_0 + a_0(b_2 \cdot r^2) + (a_1 \cdot r)(b_1 \cdot r) + a_2(b_0 \cdot r^2) + \ldots$$
$$+ \sum_{i=0}^{k} a_i \cdot r^i b_{k-i} \cdot r^{k-i} + \ldots$$

Da R kommutativ ist, kann man den allgemeinen Summanden $\sum_{i=0}^{k} a_i \cdot r^i b_{k-i} \cdot r^{k-i}$ von $f(r) \cdot g(r)$ wie folgt umformen:

$$\sum_{i=0}^{k} a_i \cdot r^i b_{k-i} \cdot r^{k-i} = \sum_{i=0}^{k} a_i \cdot b_{k-i} \cdot r^i \cdot r^{k-i} = \sum_{i=0}^{k} a_i \cdot b_{k-i} \cdot r^k.$$

Da dies der allgemeine Summand von $(f \cdot g)(r)$ ist, ergibt sich $(fg)(r) = f(r) \cdot g(r)$. $\square$

Die Nullstellen sind *das* Mittel, um Polynome zu „verstehen", das heißt, ihre Bestandteile kennenzulernen. Denn wenn man Nullstellen eines Polynoms kennt, kann man viele Eigenschaften des Polynoms auf Polynome kleineren Grades zurückführen.

Zum Beispiel sieht man leicht, dass das Polynom $f = x^5 - x^4 + x^3 - x^2 + x - 1$ die Nullstelle 1 hat; denn Einsetzen liefert $f(1) = 1^5 - 1^4 + 1^3 - 1^2 + 1 - 1 = 0$. Daraus ergibt sich, dass das Polynom f den Faktor $x - 1$ hat; in der Tat ist $f = (x^4 + x^2 + 1)(x - 1)$.

Zur Festigung des Gelernten 6.3.3

Bestimmen Sie zwei Nullstellen des Polynoms $f = x^5 - 2x^4 + 3x^3 - 4x^2 - 6x + 4$. Zerlegen Sie das Polynom in drei Faktoren.

▶ **Definition: Nullstelle** Sei $K[x]$ der Polynomring über dem Körper K. Sei $f \in K[x]$. Man nennt ein Körperelement k eine *Nullstelle* von f, falls $f(k) = 0$ ist.

Der folgende Satz, der nach dem italienischen Mathematiker Paolo Ruffini (1765–1822) benannt ist, verbindet zwei Aspekte von Polynomen, nämlich den Einsetzungsaspekt (Nullstelle) und den algebraischen Aspekt (Faktor abspalten). Mit anderen Worten: Wenn man eine Nullstelle eines Polynoms kennt, kennt man auch das Polynom selbst (seine Struktur) besser.

Satz von Ruffini 6.3.4

Sei k eine Nullstelle des Polynoms $f \in K[x]$. Dann gibt es ein Polynom $q \in K[x]$ mit $f = q \cdot (x - k)$.

Kurz: Wenn k eine Nullstelle von f ist, dann ist $x - k$ ein Faktor von f.

Beweis. Idee: Um zu testen, ob $x - k$ ein Teiler von f ist, teilen wir f durch $x - k$.

Sei $g := x - k$. Der Satz über Polynomdivision ergibt

$$f = q \cdot (x - k) + r \ \text{ mit } \ \mathrm{Grad}(r) < \mathrm{Grad}(g) = 1.$$

Daher hat r den Grad 0 oder ist das Nullpolynom. In jedem Fall ist r ein konstantes Polynom.

Durch Einsetzen und Verwendung der Homomorphieeigenschaften (6.3.2) sieht man, dass $r(k) = 0$ ist:

$$r(k) = [f - q \cdot (x - k)](k) = f(k) - q(k) \cdot (x - k)(k) = 0 - q(k) \cdot 0 = 0.$$

Das einzige konstante Polynom mit einer Nullstelle ist aber das Nullpolynom. Somit ist $f = q \cdot (x - k)$. Das ist die Behauptung. $\square$

▶ **Definition: Vielfachheit einer Nullstelle** Sei k eine Nullstelle des Polynoms $f \in K[x]$. Dann heißt die größte natürliche Zahl v, so dass $(x - k)^v$ das Polynom f teilt, die *Vielfachheit* der Nullstelle k von f.

Wenn v die Vielfachheit der Nullstelle k von f ist, dann kann man f schreiben als $f = (x - k)^v \cdot q$ für ein geeignetes Polynom $q \in K[x]$ mit $q(k) \neq 0$.

Zur Festigung des Gelernten 6.3.5

Bestimmen Sie die Vielfachheiten der Nullstelle 1 des Polynoms $f = x^6 - x^5 - x^4 + x^2 + x - 1$.

Satz 6.3.6 (Nullstellen eines Polynoms)

Sei f ein Polynom aus $K[x]$. Seien $k_1, k_2, \ldots, k_s$ paarweise verschiedene Nullstellen mit Vielfachheiten $v_1, v_2, \ldots, v_s$ von f. Dann kann man f schreiben als

$$f = (x - k_1)^{v_1} \cdot (x - k_2)^{v_2} \cdot \ldots \cdot (x - k_s)^{v_s} \cdot q$$

für ein geeignetes Polynom $q \in K[x]$.

Beweis durch Induktion nach s.

Induktionsbasis. Sei $s = 1$. Dann reduziert sich die Behauptung auf $f = (x - k_1)^{v_1} \cdot q$, was nichts anderes als die Definition der Vielfachheit von k_1 ist.

Induktionsschritt. Sei $s > 1$, und sei die Aussage richtig für $s - 1$. Dann existiert $g \in K[x]$ mit

$$f = (x - k_1)^{v_1} \cdot (x - k_2)^{v_2} \cdot \ldots \cdot (x - k_{s-1})^{v_{s-1}} \cdot g(x).$$

Nun setzen wir die Nullstelle k_s in f ein und beachten, dass das Einsetzen ein Homomorphismus ist:

$$
\begin{aligned}
0 = f(k_s) \\
= [(x - k_1)^{v_1} \cdot (x - k_2)^{v_2} \cdot \ldots \cdot (x - k_{s-1})^{v_{s-1}} \cdot g(x)](k_s) \\
= (x - k_1)^{v_1}(k_s) \cdot (x - k_2)^{v_2}(k_s) \cdot \ldots \cdot (x - k_{s-1})^{v_{s-1}}(k_s) \cdot g(x)(k_s) \\
= (k_s - k_1)^{v_1} \cdot (k_s - k_2)^{v_2} \cdot \ldots \cdot (k_s - k_{s-1})^{v_{s-1}} \cdot g(k_s).
\end{aligned}
$$

Da dieses Produkt gleich Null ist, muss mindestens einer der Faktoren gleich Null sein. Da k_s verschieden von den Nullstellen $k_1, k_2, \ldots, k_{s-1}$ ist, sind die Faktoren $(k_s - k_1)^{v_1}, (k_s - k_2)^{v_2}, \ldots, (k_s - k_{s-1})^{v_{s-1}}$ alle verschieden von Null. Daher muss $g(k_s) = 0$ sein. Sei v_s die Vielfachheit der Nullstelle k_s in g. Das heißt $g = (x - k_s)^{v_s} \cdot q$. Zusammen folgt

$$
\begin{aligned}
f &= (x - k_1)^{v_1} \cdot (x - k_2)^{v_2} \cdot \ldots \cdot (x - k_{s-1})^{v_{s-1}} \cdot g(x) \\
&= (x - k_1)^{v_1} \cdot (x - k_2)^{v_2} \cdot \ldots \cdot (x - k_{s-1})^{v_{s-1}} \cdot (x - k_s)^{v_s} \cdot q.
\end{aligned}
$$

Das ist die Behauptung. $\qquad\square$

Die wichtigste Folgerung aus diesem Satz ist folgende Aussage:

Satz 6.3.7 (Anzahl der Nullstellen eines Polynoms, René Descartes 1637)
Ein Polynom vom Grad n über einem Körper hat höchstens n verschiedene Nullstellen.

Beweis. Wir zerlegen f so weit wie möglich in Linearfaktoren. Das heißt:

$$f = (x - k_1)^{v_1} \cdot (x - k_2)^{v_2} \cdot \ldots \cdot (x - k_s)^{v_s} \cdot q,$$

wobei q ein Polynom ist, das keine Nullstelle hat. Wir betrachten jetzt das Polynom

$$f^* = (x - k_1)^{v_1} \cdot (x - k_2)^{v_2} \cdot \ldots \cdot (x - k_s)^{v_s}.$$

Da f^* die Faktoren $(x - k_1)^{v_1}$, $(x - k_2)^{v_2}$, ..., $(x - k_s)^{v_s}$ hat, ist der Grad von f^* genau $v_1 + v_2 + \ldots + v_s$. Insbesondere gilt für die Anzahl s aller Nullstellen von f:

$$s \leq v_1 + v_2 + \ldots + v_s = \mathrm{Grad}(f^*) \leq \mathrm{Grad}(f) = n.$$

Also hat f höchstens n Nullstellen. $\square$

6.4   Irreduzible Polynome

Die irreduziblen Polynome spielen unter den Polynomen eine ähnliche Rolle wie die Primzahlen im Reich der Zahlen. Die Vorstellung ist, dass ein Polynom irreduzibel ist, falls es nicht in „kleinere" Polynome zerlegbar ist.

Zum Beispiel ist das Polynom $f = x^2 + 1$ irreduzibel: Denn wenn $x^2 + 1$ ein Produkt von zwei Polynomen vom Grad 1 wäre, dann könnte man f schreiben als $f = x^2 + 1 = (x - a)(x - b)$. Also hätte f die Nullstellen a und b. Das Polynom $x^2 + 1$ hat aber in **R** keine Nullstelle (denn für jede reelle Zahl x ist x^2 gleich Null oder positiv; also ist $x^2 + 1$ immer positiv, und somit nie Null).

Auch das Polynom $x^2 - 2$ ist irreduzibel, jedenfalls über dem Körper **Q**. Denn die Zerlegung von $x^2 - 2$ ist $x^2 - 2 = (x + \sqrt{2})(x - \sqrt{2})$. Da diese Faktoren einen irrationalen Koeffizienten enthalten, sind sie nicht Polynome aus **Q**[x]. Somit $x^2 - 2$ nicht in Polynome mit rationalen Koeffizienten zerlegbar.

Wir sehen schon hier, dass die Irreduzibilität beziehungsweise die Zerlegbarkeit eines Polynoms ganz wesentlich von dem Körper (oder Ring) abhängt, über dem man das Polynom betrachtet: das Polynom $x^2 - 2$ ist über **Q** irreduzibel, aber nicht über **R**, das Polynom $x^2 + 1$ ist über **R** irreduzibel, nicht aber über dem Körper **C** der komplexen Zahlen.

Da man einem Polynom nicht ansieht, über welchem Körper man es betrachten möchte ($x^2 + 1$ kann als Polynom über $\mathbf{Z}$, über $\mathbf{Q}$, über $\mathbf{R}$, über $\mathbf{C}$ und noch vielen anderen Körpern betrachtet werden), muss man das immer dazu sagen.

Zur Festigung des Gelernten 6.4.1

Welche der folgenden Polynome sind irreduzibel über $\mathbf{Q}$, welche über $\mathbf{R}$?

$$x^2, \ x^2 - x - 1, \ x^2 - 2x + 1.$$

Bei einem Polynom f vom Grad 2 oder 3 über einem Körper K kann man die Irreduzibilität dadurch überprüfen, dass man untersucht, ob f eine Nullstelle hat. Denn wenn f reduzibel ist, muss einer der Faktoren von f den Grad 1 haben. Da dieser eine Nullstelle hat, hat damit auch f eine Nullstelle. Daher kann man bei Polynomen vom Grad ≤ 3 (und nur bei diesen!) umgekehrt schließen: Wenn f keine Nullstelle hat, dann ist f irreduzibel.

Zur Festigung des Gelernten 6.4.2

Zeigen Sie dass jedes Polynom aus $\mathbf{R}[x]$ vom Grad 3 mindestens eine Nullstelle in $\mathbf{R}$ hat.

▶ **Definition: reduzibles Polynom, irreduzibles Polynom** Ein Polynom $f \in K[x]$ ist *reduzibel* über K, falls man f schreiben kann als $f = gh$, wobei g, h Polynome aus $K[x]$ sind mit $\mathrm{Grad}(g) \geq 1$ und $\mathrm{Grad}(h) \geq 1$.

Ein Polynom $f \in K[x]$ ist *irreduzibel* über K, falls es nicht reduzibel ist („ir"reduzibel = nicht reduzibel). Das heißt, dass f irreduzibel ist, falls es keine Polynome g, $h \in K[x]$ mit $\mathrm{Grad}(g) \geq 1$ und $\mathrm{Grad}(h) \geq 1$ gibt mit $f = gh$.

Anders ausgedrückt: Wenn ein irreduzibles Polynom f als Produkt $f = gh$ dargestellt ist, muss entweder g oder h ein konstantes Polynom sein.

Es ist ausgesprochen schwierig, einer großen natürlichen Zahl anzusehen, ob sie eine Primzahl ist. Erstaunlicherweise ist das bei Polynomen anders: In vielen Fällen kann man an den Koeffizienten eines Polynoms einfach ablesen, ob es irreduzibel ist. Es gibt ein Kriterium, das uns erlaubt, in vielen Fällen die Irreduzibilität eines Polynoms zu erkennen und irreduzible Polynome (über $\mathbf{Q}$) in beliebiger Anzahl zu produzieren.

Ein wichtiger Schritt auf dem Weg dahin ist das Lemma von Gauß. Um dieses zu beweisen, benötigen wir folgenden Hilfssatz.

Zur Vorbereitung des Folgenden 6.4.3

Wir stellen uns zwei Polynome $f = a_0 + a_1 x + a_2 x^2 + \ldots$ und $g = b_0 + b_1 x + b_2 x^2 + \ldots$ aus $\mathbf{Z}[x]$ vor. Dann ist auch das Produkt fg ein Polynom mit ganzzahligen Koeffizienten. Wir nehmen nun an, dass jeder Koeffizient des Produkts *gerade* ist. Wir zeigen, dass dann auch alle Koeffizienten von f oder alle Koeffizienten von g gerade sein müssen.

Dazu nehmen wir an, dass nicht alle Koeffizienten b_i von g gerade sind und zeigen, dass dann alle Koeffizienten a_j von f gerade sind.

(a) Zunächst nehmen wir an, dass b_0 ungerade ist. Dann schauen wir uns die Koeffizienten des Produkts fg der Reihe nach an:

Das Absolutglied von fg ist $a_0 b_0$. Da diese Zahl nach Voraussetzung gerade ist, aber b_0 ungerade ist, muss a_0 gerade sein.

Der Koeffizient von x des Polynoms fg ist $a_1 b_0 + a_0 b_1$. Da diese Zahl gerade ist und da a_0 gerade ist, muss auch $a_1 b_0$ gerade sein. Da b_0 ungerade ist, ist also auch a_1 gerade.

Zeigen Sie, dass auch a_2 und a_3 gerade sind.

(b) Nun muss es natürlich nicht so sein, dass b_0 ungerade ist; wir wissen ja nur dass irgendein b_i ungerade ist. Wir betrachten nun die Situation, dass b_0 und b_1 gerade sind, aber b_2 ungerade ist.

Nach Voraussetzung sind alle Koeffizienten von fg gerade; das sind folgende Zahlen:

$$a_0 b_0$$

$$a_0 b_1 + a_1 b_0$$

$$a_0 b_2 + a_1 b_1 + a_2 b_0$$

$$a_0 b_3 + a_1 b_2 + a_2 b_1 + a_3 b_0$$

und so weiter.

Aus den beiden ersten Zahlen können wir keine Information entnehmen. Wir betrachten die dritte Zahl, also $a_0 b_2 + a_1 b_1 + a_2 b_0$. Da diese Zahl, aber auch b_0 und b_1 gerade sind, muss auch $a_0 b_2$ gerade sind. Da nun aber b_2 ungerade ist, folgt, dass a_0 gerade sein muss.

Zeigen Sie, dass auch a_1 und a_2 gerade sind.

Hilfssatz 6.4.4

Seien f und g Polynome mit Koeffizienten aus $\mathbf{Z}$. Wenn es eine Primzahl p gibt, die jeden Koeffizienten des Produkts fg teilt, dann teilt p jeden Koeffizienten von f oder jeden Koeffizienten von g.

Beweis. Seien $f = a_0 + a_1 x + a_2 x^2 + \ldots$ und $g = b_0 + b_1 x + b_2 x^2 + \ldots$

Angenommen, p teilt nicht alle Koeffizienten b_i von g. Wir müssen zeigen, dass dann p jeden Koeffizienten von f teilt.

Wir nehmen an, dass p die Zahlen $b_0, b_1, \ldots, b_{s-1}$ teilt, und dass b_s der erste Koeffizient von g ist, der von p nicht geteilt wird (s kann 0 sein).

Wir betrachten nun die Koeffizienten von x^s, x^{s+1}, x^{s+2}, ... des Polynoms fg. Diese sind

$$c_s = a_0 b_s + a_1 b_{s-1} + a_2 b_{s-2} + \ldots + a_{s-1} b_1 + a_s b_0,$$

$$c_{s+1} = a_0 b_{s+1} + a_1 b_s + a_2 b_{s-1} + \ldots + a_s b_1 + a_{s+1} b_0,$$

$$c_{s+2} = a_0 b_{s+2} + a_1 b_{s+1} + a_2 b_s + \ldots + a_{s+1} b_1 + a_{s+2} b_0,$$

$$\ldots$$

Zunächst betrachten wir c_s: Da p nach Voraussetzung den Koeffizienten c_s teilt und nach Definition von s auch ein Teiler der Zahlen b_0, b_1, ..., b_{s-1} ist, teilt p auch den Summanden $a_0 b_s$. Da p kein Teiler von b_s ist, muss p nach dem Lemma von Euklid (1.6.3) die Zahl a_0 teilen.

Nun betrachten wir c_{s+1}: Da p ein Teiler von c_{s+1} und der Zahlen b_0, b_1, ..., b_{s-1}, sowie von a_0 ist, teilt p auch den Summanden $a_1 b_s$. Wieder mit dem Lemma von Euklid folgt jetzt, dass p auch a_1 teilt.

Und so weiter.   □

Zur Festigung des Gelernten 6.4.5

Zeigen Sie, dass p auch a_2 und a_3 teilt.

Wenn wir nur Polynome mit ganzzahligen Koeffizienten betrachten, ist es prinzipiell einfach, die Irreduzibiltät eines Polynoms zu testen. Denn bei einem ganzzahliges Polynom kommen nur endlich viele ganzzahlige Polynome als Teiler in Frage.

Wir machen uns das an einem Beispiel klar. Wir überprüfen den Aufwand, das Polynom $x^4 - 10x^3 + 2x^2 - 3x + 6$ in zwei ganzzahlige Polynome $f = a_2 x^2 + a_1 x + a_0$ und $g = b_2 x^2 + b_1 x + b_0$ vom Grad 2 zu zerlegen. Wenn wir die Koeffizienten des Produkts fg berechnen, erhalten wir

$$a_0 b_0 = 6,$$

$$a_0 b_1 + a_1 b_0 = -3,$$

$$a_0 b_2 + a_1 b_1 + a_2 b_0 = 2,$$

$$a_1 b_2 + a_2 b_1 = -10,$$

$$a_2 b_2 = 1.$$

Aus der ersten und der letzten Gleichung ergibt sich sofort, dass für a_0, b_0 sowie a_2 und b_2 nur endlich viele Möglichkeiten zur Verfügung stehen, nämlich die Teiler von $c_0 = 6$ beziehungsweise $c_4 = 1$. Nun halten wir eine Wahl von a_0, b_0 sowie a_2, b_2 fest.

Wenn wir die Koeffizienten a_0, b_0, a_2, b_2 fest wählen, ergibt die mittlere Gleichung $a_1 b_1 = 2 - a_0 b_2 - a_2 b_0$. Somit gibt es auch für a_1 und b_1 nur die endlich vielen Möglichkeit der Teiler der Zahl $2 - a_0 b_2 - a_2 b_0$.

Dies können wir uns auch allgemein plausibel machen. Wenn wir ein gegebenes ganzzahliges Polynom vom Grad $m + n$ in ein Produkt von zwei ganzzahligen Polynomen $f = a_m x^m + \ldots + a_1 x + a_0$ und $g = b_n x^n + \ldots + b_1 x + b_0$ vom Grad m beziehungsweise Grad n zerlegen wollen, müssen wir die $(m + 1) + (n + 1)$ unbekannten Koeffizienten

$a_m, \ldots, a_1, a_0$ und $b_n, \ldots, b_1, b_0$ von f und g bestimmen. Dazu stehen uns zunächst nur $m + n + 1$ Gleichungen zur Verfügung, nämlich die Gleichungen für die Koeffizienten c_0, $c_1, \ldots, c_{m+n}$ des Produkts.

Die erste dieser Gleichungen lautet $c_0 = a_0 b_0$, und die letzte heißt $c_{m+n} = a_m b_n$. Daraus ergibt sich, dass es für a_0 und b_0, sowie für a_m und b_n jeweils nur endlich viele Möglichkeiten gibt.

Wenn wir eine solche Kombination fest wählen, stehen uns zur Bestimmung der restlichen $(m+1) + (n+1) - 4$ Koeffizienten noch $m + n + 1 - 2$ Gleichungen zur Verfügung. Also gibt es sogar mehr Gleichungen als Unbekannte; damit kann man diese bestimmen.

Bei ganzzahligen Polynomen kleinen Grades kann man die Irreduzibilität auch noch anders feststellen. Wir betrachten zum Beispiel das Polynom $f = x^3 - x + 1$. Wenn f in $\mathbf{Z}[x]$ reduzibel wäre, müsste f eine Nullstelle haben. Nun ist die Funktion $x^3 - x + 1$ für $x \geq 1$ positiv und für $x \leq -1$ negativ. Da 0 keine Nullstelle ist, hat f keine ganzzahlige Nullstelle. Also ist f über $\mathbf{Z}$ irreduzibel.

Zur Festigung des Gelernten 6.4.6

Untersuchen Sie die Polynome $x^3 - 2x + 1$, $x^3 - 3x + 1$, $x^3 - 4x + 1$ auf Irreduzibilität über $\mathbf{Z}$.

Es ist viel schwieriger zu entscheiden, ob ein solches Polynom auch über $\mathbf{Q}$ irreduzibel ist; wenn man das naiv angeht, müsste man unendlich viele Faktoren überprüfen. In dieser Situation rettet uns das „Lemma von Gauß", das er in seinen *Disquisitiones Arithmeticae* 1801 veröffentlicht hat. Es sagt nämlich, dass ein über $\mathbf{Z}$ irreduzibles Polynom automatisch auch über $\mathbf{Q}$ irreduzibel ist! Man braucht also bei einem Polynom mit ganzzahligen Koeffizienten nur die Irreduzibilität über $\mathbf{Z}$ zu überprüfen, und hat dann bereits alles geschafft.

Satz 6.4.7 (Lemma von Gauß)

Sei f ein Polynom mit Koeffizienten aus $\mathbf{Z}$. Dann gilt: Wenn f über $\mathbf{Q}$ reduzibel ist, dann ist f auch über $\mathbf{Z}$ reduzibel. Das kann man auch so ausdrücken: Wenn f über $\mathbf{Z}$ irreduzibel ist, dann ist f auch über $\mathbf{Q}$ irreduzibel.

Beweis. Angenommen, es gibt Polynome g, $h \in \mathbf{Q}[x]$ mit $f = gh$.

Die Koeffizienten von g und h sind rationale Zahlen. Wir multiplizieren die Gleichung mit dem Hauptnenner all dieser Bruchzahlen, den wir mit r bezeichnen. Wir erhalten $r \cdot f = g^* h^*$, wobei r eine ganze Zahl ist und g^* und h^* Polynome mit ganzzahligen Koeffizienten sind.

Sei r die kleinste natürliche Zahl, so dass $r \cdot f$ als ein Produkt von Polynomen mit ganzzahligen Koeffizienten geschrieben werden kann. Wenn $r = 1$ ist, sind wir fertig, denn dann ist $1 \cdot f = f$ reduzibel über $\mathbf{Z}$. Wir nehmen als an, dass $r > 1$ ist.

Wegen $r > 1$ gibt es eine Primzahl p, die r teilt. Dann teilt p alle Koeffizienten des Polynoms $r \cdot f$, also auch alle Koeffizienten des Polynoms g*h*.

Nach dem Hilfssatz 6.4.4 teilt p also alle Koeffizienten von g* oder alle Koeffizienten von h*. Wir nehmen an, dass p jeden Koeffizienten von g* teilt. Sei g** das Polynom, das aus g* entsteht, indem man jeden Koeffizienten durch p teilt. Dann ist g** auch ein Polynom mit Koeffizienten aus $\mathbf{Z}$.

Wir erhalten die Gleichung $r \cdot f = g^*h^* = p \cdot g^{**}h^*$, also $r/p \cdot f = g^{**}h^*$ mit g**, $h^* \in \mathbf{Z}[x]$. Da r/p eine natürliche Zahl $< r$ ist erhalten wir einen Widerspruch zur Minimalität von r. $\qquad\square$

Nun brauchen wir noch eine Methode, mit der wir entscheiden können, ob ein Polynom mit ganzzahligen Koeffizienten irreduzibel über $\mathbf{Z}$ ist. An dieser Stelle hilft uns das „Eisensteinkriterium" weiter, ein genialer Einfall des jungen (und jung verstorbenen) deutschen Mathematikers Ferdinand Gotthold Max Eisenstein (1823–1852). Eisenstein veröffentlichte das nach ihm benannte Kriterium im Jahre 1850. Schon vier Jahre zuvor hatte allerdings der Gymnasialprofessor Theodor Schönemann (1812–1868), ein Schüler von Jacobi und Steiner, eine allgemeinere Version dieses Satzes veröffentlicht (siehe Cox (2011)). Daher wird das Kriterium manchmal (und zu Recht) *Schönemann-Eisenstein-Kriterium* genannt. Das Erstaunliche dieses Kriteriums ist, dass man in vielen Fällen schon durch Betrachten der Koeffizienten erkennen kann, ob ein Polynom irreduzibel ist.

Satz 6.4.8 (Eisensteinkriterium)

Sei $f = a_m x^m + \ldots + a_1 x + a_0$ ein Polynom mit ganzzahligen Koeffizienten. Wenn es eine Primzahl p gibt mit folgenden Eigenschaften

p   teilt nicht a_m
p   teilt jeden der Koeffizienten $a_{m-1}, \ldots, a_1, a_0$
p^2 teilt nicht a_0,

dann ist f irreduzibel über $\mathbf{Q}$.

Wir stellen zunächst fest, dass die drei Eigenschaften grundsätzlich leicht nachgeprüft werden können. In vielen Fällen ist es zudem so, dass der höchste Koeffizient a_n gleich 1 ist; dann ist dieser durch keine Primzahl teilbar. Oft sind viele andere Koeffizienten gleich Null; diese sind durch jede Primzahl teilbar.

Zum Beispiel erfüllen die Polynome $x^n - 2$, $x^n - 3$, $x^n - 6$, $x^n - 12$ (für $n \geq 2$) alle die Voraussetzungen des Eisensteinkriteriums (mit $p = 2$, $p = 3$, $p = 2$ oder 3), sind also irreduzibel.

Allgemein ist auch für jede Primzahl p das Polynom $x^n - p \in \mathbf{Q}[x]$ irreduzibel. Daraus folgt, dass $\sqrt[n]{p}$ eine irrationale Zahl ist. (Denn wenn $\sqrt[n]{p}$ rational wäre, hätte das Polynom $x^n - p$ eine rationale Nullstelle, wäre also über $\mathbf{Q}$ reduzibel.)

Zur Festigung des Gelernten 6.4.9

Bestimmen Sie die ganze Zahl $a \neq 0$ so, dass die folgenden Polynome irreduzibel über $\mathbf{Q}$ sind: $x^5 - 6x^3 + 30x^2 - ax + 12$, $x^5 - 35x^3 + 21x^2 - 49x + a$, $3x^5 - 15x^3 + ax^2 - 30x + 10$.

Beweis des Eisensteinkriteriums. Nach dem Lemma von Gauß genügt es zu zeigen, dass f über $\mathbf{Z}$ irreduzibel ist.

Angenommen, dies ist nicht der Fall. Dann gibt es ganzzahlige Polynome $g = r_0 + r_1 x + r_2 x^2 + \ldots$ und $h = s_0 + s_1 x + s_2 x^2 + \ldots$ mit $f = gh$.

Wir drücken die Koeffizienten von f mit Hilfe der Koeffizienten von g und h aus:

$$a_0 = r_0 s_0$$
$$a_1 = r_0 s_1 + r_1 s_0$$
$$a_2 = r_0 s_2 + r_1 s_1 + r_2 s_0$$
$$a_3 = r_0 s_3 + r_1 s_2 + r_2 s_1 + r_3 s_0$$
$$\ldots$$

Nun schauen wir uns die Gleichungen der Reihe nach an.

Nach Voraussetzungen teilt p, aber nicht p^2, das Absolutglied $a_0 = r_0 s_0$ von f. Daher teilt die Primzahl p genau eine der Zahlen r_0 oder s_0. Wir können ohne Einschränkung voraussetzen, dass p die Zahl r_0, aber nicht s_0 teilt. Wir werden nun zunächst zeigen, dass p alle Koeffizienten $r_0, r_1, \ldots, r_u$ von g teilt.

Dazu betrachten wir die zweite Gleichung $a_1 = r_0 s_1 + r_1 s_0$. Da p sowohl a_1 als auch $r_0 s_1$ teilt, muss p auch den Summanden $r_1 s_0$ teilen. Da p kein Teiler von s_0 ist, teilt p nach dem Lemma von Euklid (1.6.3) auch die Zahl r_1.

Damit folgt aus der zweiten Gleichung, dass p die Zahl $r_2 s_0$, also auch r_2 teilt.

So zeigt man Schritt für Schritt (formal mit Induktion), dass p jeden Koeffizienten von g teilt.

Insbesondere teilt p den Koeffizienten r_u. Nach der letzten Gleichung müsste p daher auch die Zahl a_n teilen. Dies steht aber im Widerspruch zur Voraussetzung des Satzes.

Also ist f irreduzibel. $\square$

6.5 Polynome als Bausteine für Körper

Mit Polynomen lässt sich wunderbar rechnen; das einzige was uns zum Glück fehlt, ist die Division. Denn wir haben gesehen, dass nur die (uninteressanten) konstanten Polynome eine multiplikative Inverse haben.

Auch in $\mathbf{Z}$ haben nur die Zahlen 1 und -1 ein multiplikatives Inverses. Wenn wir aber zu $\mathbf{Z}_n$, also zum Rechnen mit Restklassen übergehen, haben viele Elemente ein multiplikatives Inverses. Wenn $n = p$ eine Primzahl ist, dann ist $\mathbf{Z}_p$ sogar ein Körper, das heißt jedes von Null verschiedene Element hat ein Inverses.

Wenn wir die Analogie von $\mathbf{Z}$ und $K[x]$ aufnehmen und insbesondere die vergleichbaren Rollen, die die Primzahlen beziehungsweise die irreduziblen Polynome in den jeweiligen Strukturen spielen, beachten, dann liegt der Gedanke nahe, auch mit $K[x]$ unter Zuhilfenahme eines irreduziblen Polynoms einen Körper zu konstruieren.

Dabei konzentrieren wir uns nicht mehr auf ein einziges Polynom, sondern wir betrachten sehr viele Polynome, zum Beispiel alle Polynome, deren Grad kleiner als eine bestimmte Zahl n ist. Dass diese Polynome einen Körper bilden, bedeutet, dass man mit ihnen so rechnen kann wie zum Beispiel mit den rationalen Zahlen. In diesem Sinne sind die Polynome sozusagen Zahlen „höherer Art".

Wir beginnen mit einem *Beispiel*, das wir ausführlich behandeln. Das Polynom $f = x^2 - 2$ ist irreduzibel über $\mathbf{Q}$. Wir betrachten die Menge K aller Polynome aus $\mathbf{Q}[x]$ vom Grad ≤ 1. Auf dieser Menge K definieren wir eine Addition und eine Multiplikation. Die Addition erfolgt komponentenweise und die Multiplikation ist wie folgt definiert: Um $g \cdot h$ in K zu bestimmen, multiplizieren wir die Polynome g und h zunächst als Polynome von $\mathbf{Q}[x]$, und reduzieren das Ergebnis dann „modulo f". Das heißt wir dividieren gh durch f und betrachten den Rest.

Seien zum Beispiel $g = x + 1$, $h = 2x - 3$. Dann ist $gh = (x + 1)(2x - 3) = 2x^2 - x - 3$. Dieses Polynom schreiben wir als $2x^2 - x - 3 = 2(x^2 - 2) - x + 1$. Also ist das Produkt von $x + 1$ und $2x - 3$ in K gleich $-x + 1$.

Die folgende Tabelle ist ein Auszug aus der Multiplikationstafel von K. Füllen Sie die Felder aus:

	$x + 1$	$x - 1$	$2x - 3$
$x + 1$			$-x + 1$
$x - 1$			
$2x - 3$	$-x + 1$		

Nun kann man sich auch fragen, ob ein Polynom g aus K ein multiplikatives Inverses hat. Genauer lautet die Frage: Gibt es zu g ein Polynom g' mit $g \cdot g' = 1$.

Beispiel. Um das inverse Polynom zu $g = x + 1$ zu bestimmen, setzen wir dieses als $g' = a'x + b'$ an. Dann ist

$$g \cdot g' = (x + 1)(a'x + b') = a'x^2 + (a' + b')x + b'$$
$$= a'(x^2 - 2) + (a' + b')x + b' + 2a'.$$

Also ist das Produkt in K gleich $(a' + b')x + b' + 2a'$. Wenn dieses Polynom gleich dem konstanten Polynom 1 sein soll, folgt $a' + b' = 0$ und $b' + 2a' = 1$, also $a' = 1$ und $b' = -1$. Das heißt $g' = x - 1$.

Zur Festigung des Gelernten 6.5.2

Berechnen Sie die multiplikativen Inversen folgender Polynome in K: $x - 1$, $2x - 1$, $3x + 2$.

Hilfssatz 6.5.3

In K hat jedes Polynom $\neq 0$ ein multiplikatives Inverses. Insbesondere ist K ein Körper.

Beweis. Sei $g = ax + b$ ein beliebiges Polynom $\neq 0$ in K. Wir setzen ein potentielles inverses Polynom an als $g' = a'x + b'$. Dann gilt

$$
\begin{aligned}
gg' &= (ax + b)(a'x + b') \\
&= aa'x^2 + (ab' + ba')x + bb' \\
&= aa'(x^2 - 2) + (ab' + ba')x + bb' + 2aa'.
\end{aligned}
$$

Wenn dies modulo f das konstante Polynom 1 sein soll, muss $ab' + ba' = 0$ und $bb' + 2aa' = 1$ sein.

Daraus folgen

$$bab' = -b^2a' \quad \text{und} \quad abb' = a - 2a^2a'$$

also $-b^2a' = a - 2a^2a'$, und somit

$$(2a^2 - b^2)a' = a.$$

Daraus ergeben sich $a' = \frac{a}{2a^2-b^2}$ und $b' = \frac{-ba'}{a} = \frac{-b}{2a^2-b^2}$. $\qquad\qquad\square$

Zur Festigung des Gelernten 6.5.4

Betrachten Sie das irreduzible Polynom $f = x^3 + x + 1 \in \mathbf{Q}[x]$. Zeigen Sie dass die Menge aller Polynome vom Grad ≤ 2 aus $\mathbf{Q}[x]$ zusammen mit der Addition von Polynomen und der Multiplikation „modulo f" einen Körper bildet.

Wir werden dieses Phänomen nun allgemein untersuchen. Dazu greifen wir Begriffe auf, die wir schon benutzt haben und die uns aus dem Kontext der ganzen Zahlen vertraut sind.

▶ **Definition: Teiler eines Polynoms** Sei K ein Körper und seien f und g Polynome aus K[x].

(a) Wir sagen, dass g ein *Teiler* von f ist (und schreiben dafür auch g | f), falls es ein Polynom $q \in K[x]$ gibt mit $g \cdot q = f$.

(b) Wir nennen die Polynome f und g *teilerfremd*, falls es kein Polynom vom Grad ≥ 1 aus $K[x]$ gibt, das sowohl f als auch g teilt.

Zur Festigung des Gelernten 6.5.5

Welche der folgenden Polynome aus $\mathbf{Q}[x]$ sind teilerfremd zu $f = x^3 - 1$? x^2, $x^2 - 1$, $x^2 + x + 1$, $x^2 + 1$?

Ob zwei Polynome teilerfremd sind, kann man mit dem euklidischen Algorithmus bestimmen. Das liegt an folgender Tatsache, die besagt, dass man die Teilerfremdheit von Polynomen großen Grades (nämlich f und g) auf die Teilerfremdheit von Polynomen kleinen Grades (g und r) zurückführen kann.

Hilfssatz 6.5.6

Seien f und g Polynome aus $K[x]$. Ferner seien q, r Polynome aus $K[x]$ mit $f = qg + r$. Dann gilt:

  f und g sind teilerfremd $\Leftrightarrow$ g und r sind teilerfremd.

Beweis. „$\Rightarrow$": Sei h ein Polynom, das sowohl g als auch r teilt. Dann ist h auch ein Teiler von qg, und damit auch von $qg + r = f$. Damit teilt h die teilerfremden Polynome f und g und muss also Grad 0 haben. $\square$

Zur Festigung des Gelernten 6.5.7

Beweisen Sie die zweite Richtung des Hilfssatzes 6.5.6.

Der folgende Hilfssatz ist das Lemma von Bézout (vgl. 1.5.10) für Polynome.

Hilfssatz 6.5.8

Seien f und g teilerfremde Polynome aus dem Polynomring $K[x]$, wobei K ein Körper ist. Dann gibt es Polynome $f', g' \in K[x]$ mit $ff' + gg' = 1$.

Beweis durch Induktion nach der kleineren der beiden Zahlen Grad(g) und Grad(f).

Induktionsbasis. Sei zum Beispiel Grad(g) = 0. Dann ist g ein konstantes Polynom $\neq 0$. Also hat g ein inverses Element g^{-1} in K. Dann gilt $f \cdot 0 + gg^{-1} = 1$.

Induktionsschritt. Sei nun k eine natürliche Zahl mit k > 1, und sei die Aussage richtig für alle Situationen, in denen eines der teilerfremden Polynome einen Grad < k hat.

Sei nun g ein Polynom vom Grad k. Seien q und r die Polynome mit $f = qg + r$ und $\mathrm{Grad}(r) < \mathrm{Grad}(g)$. Nach 6.5.6 sind g und r teilerfremd. Da $\mathrm{Grad}(r) < k$ ist, können wir auf das Paar (g, r) Induktion anwenden. Daher gibt es Polynome g_1 und r_1 mit $gg_1 + rr_1 = 1$. Es folgt

$$1 = rr_1 + gg_1 = (f - qg)r_1 + gg_1$$
$$= fr_1 + (g_1 - qr_1)g.$$

Damit folgt die Behauptung mit $f' = r_1$ und $g' := g_1 - qr_1$. $\qquad\square$

Zur Festigung des Gelernten 6.5.9

Berechnen Sie für $f = x^3 - 1$ und $g = x^2 + 1$ die Polynome f' und g' mit $ff' + gg' = 1$.

▶ **Definition (Produkt modulo f)** Sei K ein Körper und sei f ein Polynom aus K[x].

(a) Das Produkt zweier Polynome g, h ∈ K[x] *modulo* f ist gleich dem Rest, der bei Division des Produkts gh bei Division durch f entsteht. Das bedeutet: Man multipliziert g und h als Polynome und bestimmt dann die Polynome q und r mit $gh = qf + r$. Das *Produkt modulo* f ist dann gleich r.

(b) Mit $K[x]_f$ bezeichnen wir die Menge aller Polynome aus K[x] vom Grad < Grad(f) zusammen mit der Addition von Polynomen und der Multiplikation modulo f.

Satz 6.5.10 (Konstruktion von Körpern)

Sei K ein Körper und sei f ein Polynom aus K[x]. Sei g ein Polynom aus $K[x]_f$. Dann gilt:

(a) Genau dann hat g eine multiplikative Inverse in $K[x]_f$, wenn f und g teilerfremd sind.

(b) Genau dann ist $K[x]_f$ ein Körper, wenn f irreduzibel über K ist.

Beweis.

(a) Zunächst seien f und g nicht teilerfremd. Dann gibt es ein Polynom h, das mindestens den Grad 1 hat und sowohl f als auch g teilt. Angenommen, es gäbe in $K[x]_f$ ein zu g inverses Polynom g'. Dann gilt in $K[x]_f$ die Gleichung $gg' = 1$. Das bedeutet, dass $gg' - f$ ein Vielfaches von f ist. Daher gilt $gg' = qf + 1$ für ein geeignetes Polynom q. Da das Polynom h sowohl g als auch f teilt, teilt h auch $gg' - qf = 1$. Das ist ein Widerspruch. Nun seien f und g teilerfremd. Nach dem Lemma von Bézout für Polynome (6.5.8) gibt es Polynome f' und g' mit $ff' + gg' = 1$. Dann ist g' die multiplikative Inverse von g.

(b) Wenn f irreduzibel ist, ist f teilerfremd zu jedem Polynom aus $K[x]_f$.

Wenn f reduzibel ist, dann ist $f = gh$ mit Polynomen g und h, deren Grade mindestens 1 und kleiner als Grad(f) sind. Das heißt, dass g und h Polynome in $K[x]_f$ sind, die nach (a) keine Inverse modulo f haben. Also ist $K[x]_f$ kein Körper. $\qquad\square$

Satz 6.5.10 löst das Problem der Konstruktion eines Körpers in vielen Fällen durch die Angabe eines irreduziblen Polynoms. Wir haben gesehen, dass dieses Problem in konkreten Fällen oft einfach zu lösen ist.

Durch die Angabe eines über $\mathbf{Q}$ irreduziblen Polynoms kommt man zu einem Körper, der eine „Erweiterung von $\mathbf{Q}$" beziehungsweise ein „Unterkörper von $\mathbf{R}$" ist. Da man diese Körper allein durch Polynome aus $\mathbf{Q}[x]$ beschreiben kann, braucht man zu der Konstruktion dieser Körper nicht die reellen Zahlen.

Es gibt auch Polynome, die über $\mathbf{R}$ irreduzibel sind, zum Beispiel $f = x^2 + 1$. (Dieses Polynom hat wegen $x^2 \geq 0$ für alle x keine Nullstelle in $\mathbf{R}$; wenn es reduzibel wäre, müsste es aber eine Nullstelle besitzen.) Wenn man die entsprechende Erweiterung von $\mathbf{R}$ konstruiert, kommt man zu den komplexen Zahlen, das heißt zu einem Körper, der isomorph zu $\mathbf{C}$ ist. Zum Beispiel spielt das Polynom x die Rolle der imaginären Einheit i. Denn es ist $x \cdot x = x^2 + 1 - 1 = f - 1$; also ist $x \cdot x$ modulo f gleich -1.

Die einzigen irreduziblen Polynome über $\mathbf{R}$ haben Grad 1 oder Grad 2. Dies liegt am Fundamentalsatz der Algebra (siehe Kap. 9).

Eine ausführliche Diskussion der Körpererweiterungen findet man zum Beispiel in Karpfinger und Meyberg (2012).

6.6 Endliche Körper

Zum Abschluss dieses Kapitels werden wir noch eine Reihe von endlichen Körpern konstruieren. Darunter versteht man Körper, die nur eine endliche Anzahl von Elementen besitzen. Wir haben schon eine ganze Reihe von endlichen Körpern kennengelernt, nämlich die „Restklassenkörper" $\mathbf{Z}_p$, wobei p eine Primzahl ist (siehe 3.3.5).

Wir werden auf Basis dieser Körper noch weitere konstruieren. Dazu müssen wir ein klein bisschen ausholen.

► **Definition: Charakteristik** Sei K ein Körper mit dem Einselement 1. Wir bilden die Summen $1 + 1, 1 + 1 + 1, 1 + 1 + 1 + 1, \ldots$ Allgemein bezeichnen wir mit $n \cdot 1$ die Summe aus n Einsen. Nun gibt es zwei Möglichkeiten:

1. Fall: Alle Elemente der Form $n \cdot 1$ sind verschieden.
2. Fall: In der Folge $1 \cdot 1, 2 \cdot 1, 3 \cdot 1, \ldots$ gibt es zwei gleiche Elemente. Das heißt genauer, es gibt natürliche Zahlen m und n mit $m < n$, so dass $m \cdot 1 = n \cdot 1$ gilt.

Im zweiten Fall ist $(n - m) \cdot 1 = n \cdot 1 - m \cdot 1 = 0$. In diesem Fall nennen wir die kleinste positive Zahl k mit $k \cdot 1 = 0$ die *Charakteristik* von K. Falls es keine positive natürliche Zahl k mit $k \cdot 1 = 0$ gibt, sagen wir, dass K die Charakteristik Null hat.

Zur Festigung des Gelernten 6.6.1

Welche Charakteristik haben die Körper $\mathbf{Z}_2$, $\mathbf{Z}_3$, $\mathbf{Z}_5$ und allgemein $\mathbf{Z}_p$?

Beispiel. Wir konstruieren einen Körper mit 4 Elementen. Dazu nehmen wir an, dass es einen Körper K mit 4 Elementen gibt und erschließen schrittweise die Additions- und Multiplikationsvorschriften.

Da jeder Körper die Elemente 0 und 1 enthalten muss, enthält auch K diese Elemente. Seien a und b die weiteren Elemente von K. Das heißt, $K = \{0, 1, a, b\}$.

Die Multiplikationstabelle ergibt sich einfach. Da 1 das neutrale Element ist, sieht der Anfang der Multiplikationstabelle so aus.

$$
\begin{array}{c|ccc}
\cdot & 1 & a & b \\
\hline
1 & 1 & a & b \\
a & a & & \\
b & b & &
\end{array}
$$

Nun nutzen wir noch aus, dass in jeder Zeile und jeder Spalte jedes der Elementen 1, a, b vorkommen muss. Daher kann b in der Zeile von a nicht an der letzten Stelle stehen, muss als an der zweiten Stelle stehen. Damit ergeben sich die restlichen Einträge automatisch:

$$
\begin{array}{c|ccc}
\cdot & 1 & a & b \\
\hline
1 & 1 & a & b \\
a & a & b & 1 \\
b & b & 1 & a
\end{array}
$$

Jetzt tasten wir uns an die Addition heran. Wir betrachten das Element $a + 1$. Dies muss eines der Elemente von K sein. Nun ist sicher $a + 1 \neq a$ und $a + 1 \neq 1$ (denn sonst wäre $1 = 0$ oder $a = 0$). Also ist $a + 1 = b$ oder $a + 1 = 0$. Wir zeigen $a + 1 = b$. (Angenommen, $a + 1 = 0$. Dann wäre $0 = a(a + 1) = a^2 + a = b + a$ (siehe Multiplikationstafel). Also wäre $b = -a = 1$. Dies ist ein Widerspruch.)

Ganz entsprechend folgt auch $b + 1 = a$.

Als nächstes zeigen wir $a + a = 0$. Sicher ist $a + a \neq a$ und $a + a \neq b$ (denn sonst wäre $a + a = b = a + 1$, also $a = 1$). Angenommen, $a + a = 1$. Dann wäre

$$a + 1 = b = b \cdot 1 = b(a + a) = ba + ba = 1 + 1,$$

also a = 1, ein Widerspruch. Somit ist a + a = 0 und entsprechend b + b = 0. Damit kann man die Additionstabelle komplett ausfüllen:

+	0	1	a	b
0	0	1	a	b
1	1	0	b	a
a	a	b	0	1
b	b	a	1	0

Wir haben damit festgestellt, dass die Addition und die Multiplikation eindeutig festgelegt sind. Das zeigt die Eindeutigkeit eines Körpers mit 4 Elementen. Man müsste jetzt noch anhand der Additions- und Multiplikationstafeln zeigen, dass Assoziativ- und Distributivgesetze gelten.

Zur Festigung des Gelernten 6.6.2
Welche Charakteristik hat der eben konstruierte Körper K mit 4 Elementen?

Wir beschäftigen uns jetzt mit dem kleinsten Unterkörper eines Körpers K. Es wird sich zeigen, dass es hierbei einen großen Unterschied macht, ob K die Charakteristik 0 oder eine Charakteristik $\neq 0$ hat.

Satz 6.6.3 (Primkörper)
Sei K ein Körper mit Charakteristik Null. Dann enthält K einen Körper der isomorph zu $\mathbf{Q}$ ist. Dieser Körper ist der kleinste Unterkörper von K; man nennt ihn den *Primkörper* von K.

Beweis.

(a) Wir zeigen zunächst, dass die Elemente der Form $z \cdot 1$ für $z \in \mathbf{Z}$ eine Teilmenge bilden, die isomorph zu $\mathbf{Z}$ ist. Die Abbildung f: $z \to z \cdot 1$ ist ein solcher Isomorphismus. (Die Abbildung f ist surjektiv, da jedes Element der Form $z \cdot 1$ als Bild vorkommt. Sie ist auch injektiv; denn aus $z \cdot 1 = z' \cdot 1$ mit $z < z'$ folgt $0 = (z' - z) \cdot 1$ mit $z' - z \neq 0$. Also wäre die Charakteristik von K nicht Null.)
Ferner gelten $f(z + z') = (z + z') \cdot 1 = z \cdot 1 + z' \cdot 1 = f(z) + f(z')$ und $f(z \cdot z') = zz' \cdot 1 = (z \cdot 1) \cdot (z' \cdot 1) = f(z) \cdot f(z')$.
(b) Nun zeigen wir, dass die Menge $P := \{ z \cdot 1 / z' \cdot 1 \mid z, z' \in \mathbf{Z}, z' \neq 0\}$ ein Unterkörper von K ist, der isomorph zu $\mathbf{Q}$ ist. Dass P ein Unterkörper von K ist, ergibt sich aus folgenden Aussagen:
  - P ist abgeschlossen bezüglich Addition und Multiplikation,
  - P enthält die neutralen Elemente bezüglich Addition $(0 \cdot 1 / 1 \cdot 1)$ und Multiplikation $(1 \cdot 1 / 1 \cdot 1)$,

- Jedes Element $z \cdot 1 / z' \cdot 1$ aus P hat ein additives Inverses, nämlich $-z \cdot 1 / z' \cdot 1$, und jedes von Null verschiedene Element $z \cdot 1 / z' \cdot 1$ von P hat ein multiplikatives Inverses, nämlich $z' \cdot 1 / z \cdot 1$.

Ein Isomorphismus von Q in P ist durch die Abbildung $f(z/z') := z \cdot 1 / z' \cdot 1$ gegeben. $\qquad\qquad\square$

Satz 6.6.4 (Charakteristik p)

Sei K ein Körper mit Charakteristik $\neq 0$. Dann gilt:

(a) Die Charakteristik von K ist eine Primzahl p.
(b) Die Elemente $0, 1, 1 + 1, \ldots, (p - 1) \cdot 1$ bilden einen Körper P (den so genannte *Primkörper* von K).
(c) K ist ein Vektorraum über seinem Primkörper P.
(d) Sei n die Dimension des Vektorraums K über dem Körper P. Falls K ein endlicher Körper ist, ist n eine natürliche Zahl, und K hat genau p^n Elemente.

Beweis.

(a) Sei n die Charakteristik von K. Angenommen, n ist keine Primzahl. Dann ist $n = ab$, wobei a und b natürliche Zahlen sind mit $1 < a, b < n$. Damit gilt

$$0 = n \cdot 1 = ab \cdot 1 = (a \cdot 1) \cdot (b \cdot 1).$$

Es ergibt sich, dass einer der Faktoren $a \cdot 1$ oder $b \cdot 1$ gleich Null sein muss. Dies steht im Widerspruch zur Minimalität von n.

(b) Sei nun p die Charakteristik von K. Dann gilt $p \cdot 1 = 0$ und allgemein $qp \cdot 1 = 0$ für jede ganze Zahl q.
Wegen $p \cdot 1 = 0$ bilden die Elemente $0 \cdot 1, 1 \cdot 1, \ldots, (p - 1) \cdot 1$ eine Gruppe bezüglich der Addition in K. (Zum Beispiel gilt $a \cdot 1 + b \cdot 1 = (a + b \bmod p) \cdot 1$.)
Die Menge P ist auch bezüglich der Multiplikation abgeschlossen, denn es gilt $(a \cdot 1) \cdot (b \cdot 1) = (ab \bmod p) \cdot 1$.
Wir zeigen jetzt noch, dass jedes von Null verschiedene Element $a \cdot 1$ aus P ein multiplikativ Inverses hat. Nach 3.1.11 gibt es eine positive natürliche Zahl $a' < p$ mit $aa' \bmod p = 1$, das heißt $aa' = 1 + qp$. Damit folgt

$$(a \cdot 1) \cdot (a' \cdot 1) = aa' \cdot 1 = (1 + qp) \cdot 1 = 1 \cdot 1 + qp \cdot 1 = 1 + 0 = 1.$$

(c) Die Vektorraumaxiome ergeben sich automatisch. (Wenn man K als Vektorraum über P betrachtet, blendet man aus, dass man auch Elemente von K\P miteinander multiplizieren kann.)

(d) Wenn K nur endlich viele Elemente enthält, kann seine Dimension n nicht unendlich sein. Sei $B = \{v_1, v_2, \ldots, v_n\}$ eine Basis von K über P. Dann hat jedes Element von K eine eindeutige Darstellung als Linearkombination von B. Daher ist die Anzahl der Elemente in K gleich der Anzahl der n-Tupel von Koeffizienten. Da die Koeffizienten aus P stammen, gibt es genau p^n Koordinatentupel und deswegen genauso viele Elemente von K. $\square$

Wir halten fest, dass jeder endliche Körper die Mächtigkeit einer Primzahlpotenz hat. Es kann daher keine Körper der Mächtigkeiten 6, 10, 12, 14, 15, 18 geben.

Zur Festigung des Gelernten 6.6.5

Bestimmen Sie die natürlichen Zahlen $m < 50$, so dass es keinen Körper mit der Mächtigkeit m gibt.

Umgekehrt kann man beweisen, dass es zu jeder Potenz p^n einer Primzahl p einen Körper der Mächtigkeit p^n gibt. Die Idee dafür ist klar:

- Man startet mit dem Körper $P = \mathbf{Z}_p$.
- Man sucht ein Polynom vom Grad n, das über $\mathbf{Z}_p$ irreduzibel ist.
- Man wendet Satz 6.5.4(b) an und erhält den entsprechenden Körper.

Der zweite Schritt ist erstaunlich schwierig (das Eisensteinkriterium ist nicht anwendbar!). Deshalb führen wir das Verfahren an einigen Beispielen durch.

Wir betrachten Erweiterungen des kleinsten Körpers $\mathbf{Z}_2 = \{0, 1\}$. In diesem Körper gilt $1 + 1 = 0$, also ist $-1 = +1$. Da $\mathbf{Z}_2$ nur die Elemente 0 und 1 besitzt, haben Polynome über $\mathbf{Z}_2$ nur die Koeffizienten 0 und 1. Daher gibt es nur zwei Polynome vom Grad 1, nämlich x und $x + 1$, und vier Polynome vom Grad 2, nämlich x^2, $x^2 + x$, $x^2 + 1$ und $x^2 + x + 1$.

Von den Polynomen vom Grad 2 sind x^2 und $x^2 + x$ reduzibel, weil sie die Nullstelle 0 haben, und auch $x^2 + 1$ ist reduzibel weil dieses Polynom die Nullstelle 1 hat; denn in $\mathbf{Z}_2$ gilt $1 \cdot 1 + 1 = 1 + 1 = 0$. Also gibt es nur ein irreduzibles Polynom vom Grad 2 über $\mathbf{Z}_2$, nämlich $x^2 + x + 1$.

Zur Festigung des Gelernten 6.6.6

(a) Bestimmen Sie die irreduziblen Polynome vom Grad 3 über $\mathbf{Z}_2$.

(b) Um die irreduziblen Polynome vom Grad 4 über $\mathbf{Z}_2$ zu bestimmen, stellen wir Folgendes fest:

- Polynome mit Absolutglied 0 sind reduzibel, da sie die Nullstelle 0 haben.
- Polynome, die aus zwei oder vier Monomen bestehen, sind reduzibel, da sie die Nullstelle 1 haben.

- Polynome, die Produkte aus irreduziblen Polynomen vom Grad 2 sind, sind ebenfalls reduzibel. Da es über $\mathbf{Z}_2$ nur ein irreduzibles Polynom vom Grad 2 gibt, nämlich $x^2 + x + 1$, kann man mit diesem Argument nur das Polynom $(x^2 + x + 1)(x^2 + x + 1)$ ausschließen.

Bestimmen Sie alle irreduziblen Polynome vom Grad 4 über $\mathbf{Z}_2$.

Nach Satz 6.5.10 können wir einen Körper mit $4 = 2^2$ Elementen wie folgt konstruieren: Die *Elemente* sind alle Polynome vom Grad <2, also die Polynome 0, 1 x, x + 1. Die *Addition* ist die gewöhnliche Addition von Polynomen über $\mathbf{Z}_2$. Diese wird durch folgende Additionstafel beschrieben:

+	0	1	x	x + 1
0	0	1	x	x + 1
1	1	0	x + 1	x
x	x	x + 1	0	1
x + 1	x + 1	x	1	0

Die *Multiplikation* ist schwieriger – und interessanter, denn man multipliziert modulo $x^2 + x + 1$. Um zum Beispiel das Produkt von x und x + 1 zu bestimmen, multipliziert man diese Polynome und reduziert das Ergebnis $x^2 + x$ modulo $x^2 + x + 1$. Es ergibt sich 1. (Denn in $\mathbf{Z}_2$ ist $-1 = 1$.) Die Multiplikationstafel ist die folgende.

·	0	1	x	x + 1
0	0	0	0	0
1	0	1	x	x + 1
x	0	x	x + 1	1
x + 1	0	x + 1	1	x

Beachten Sie, wie entspannt diese Konstruktion funktioniert, insbesondere wenn Sie diese mit der Konstruktion zu Beginn dieses Abschnitts vergleichen.

Um einen Körper mit $8 = 2^3$ Elementen zu konstruieren, brauchen wir ein irreduzibles Polynom f vom Grad 3 über $\mathbf{Z}_2$. Sei zum Beispiel $f = x^3 + x + 1$. Die Elemente sind die Polynome über $\mathbf{Z}_2$ vom Grad ≤ 2, die Addition ist die normale Addition von Polynomen. Nur die Multiplikation ist interessant und hängt von der Auswahl von f ab.

Zur Festigung des Gelernten 6.6.7

Vervollständigen Sie folgende Multiplikationstafel für einen Körper mit 8 Elementen.

$\cdot$	1	x	$x+1$	x^2	x^2+1	x^2+x	x^2+x+1
1	1	x	$x+1$	x^2	x^2+1	x^2+x	x^2+x+1
x	x	x^2	x^2+x	$x+1$	1	x^2+x+1	x^2+1
$x+1$	$x+1$	x^2+x	x^2+1			1	
x^2	x^2	$x+1$		x^2+x		x^2+1	
x^2+1	x^2+1	1			x^2+x+1	$x+1$	
x^2+x	x^2+x	x^2+x+1	1	x^2+1	$x+1$	x	x^2
x^2+x+1	x^2+x+1	x^2+1				x^2	

Zur Festigung des Gelernten 6.6.8

(a) Bestimmen Sie die irreduziblen Polynome vom Grad 2 über dem Körper $\mathbf{Z}_3$.

(b) Konstruieren Sie explizit einen Körper mit 9 Elementen.

Man bezeichnet einen endlichen Körper, der aus genau p^n Elementen besteht, oft mit $GF(p^n)$. Dazu sind zwei Erläuterungen notwendig.

Zum einen legt eine solche Bezeichnung nahe, dass es „bis auf Isomorphie" nur einen Körper mit p^n Elementen gibt. („bis auf Isomorphie" bedeutet, dass je zwei endliche Körper gleicher Mächtigkeit isomorph sind, das heißt, sich nur in der Bezeichnung ihrer Elemente und der Operationen unterscheiden.) Dies ist tatsächlich so.

Zum anderen sind die Buchstaben „GF" erklärungsbedürftig. Der Buchstabe „F" steht für „field", und das ist das englische Wort für einen (algebraischen) Körper. Der Buchstabe „G" erinnert an den französischen Mathematiker Évariste Galois (1811–1832), der in seinem kurzen Leben außerordentlich bedeutende Beiträge zur Algebra geleistet hat. Er wird uns in Kap. 9 wieder begegnen.

Insgesamt spricht man GF(8) als „Ge-Eff 8" aus oder spricht vom „Galoisfeld" mit 8 Elementen.

Die Theorie der endlichen Körper kann schön in Kurzweil (2008) nachgelesen werden.

Literatur

Beutelspacher, A.: Lineare Algebra. Eine Einführung in die Wissenschaft der Vektoren, Abbildungen und Matrizen, 7. Aufl. Springer Spektrum, Heidelberg (2014)

Cox, D.A.: Why Eisenstein proved the Eisenstein criterion and why Schönemann discovered it first. Am Math Mon **118**, 3–21 (2011)

Karpfinger, C., Meyberg, K.: Algebra: Gruppen – Ringe – Körper, 3. Aufl. Springer Spektrum, Heidelberg (2012)

Kurzweil, H.: Endliche Körper. Verstehen, Rechnen, Anwenden, 2. Aufl. Springer, Heidelberg (2008)

Algebraische Zahlen 7

Üblicherweise wird die Zahl $\sqrt{2}$ definiert als diejenige positive Zahl, die mit sich selbst multipliziert 2 ergibt. In der Sprache der Gleichungen kann man das ohne Schwierigkeiten auch so ausdrücken: $\sqrt{2}$ ist die (positive) Lösung der Gleichung $x^2 = 2$, oder gleichwertig dazu, die positive Nullstelle des Polynoms $x^2 - 2$.

Auf den ersten Blick scheinen diese Beschreibungen fast identisch zu sein. Aber in Wahrheit vollzieht sich eine entscheidende Veränderung des Blickwinkels: Bislang haben wir zu einer Zahl ein Polynom gesucht, das diese Zahl beschreibt. Nun gehen wir von Polynomen aus und halten Ausschau nach all den Zahlen, die von Polynomen beschrieben werden. Aus dieser Sicht zeigt sich eine neue Welt von Zahlen: Wir entdecken neue Zahlen, für deren Behandlung auch neue Methoden entwickelt werden müssen, und neue, spektakuläre Anwendungen.

Es ist wie bei einer Wanderung im Gebirge: Wir gehen einen Schritt vorwärts, schauen um eine Ecke und erblicken großartige und faszinierende Welten, zu deren Eroberung man neue Hilfsmittel braucht.

7.1 Algebraische Zahlen

Statt nur nach einer Wurzel wie zum Beispiel $\sqrt[n]{2}$ zu fragen, das heißt nach einer Zahl, die Lösung einer Gleichung des Typs $x^n - a = 0$ ist, betrachten wir jetzt alle Zahlen, die Nullstellen irgendeines Polynoms mit rationalen Koeffizienten sind.

Beispiele.

(a) $\sqrt[4]{7}$ ist Lösung der Gleichung $x^4 - 7 = 0$.
(b) $\sqrt{2} + \sqrt{3}$ ist Lösung der Gleichung $x^4 - 10x^2 + 1 = 0$. Dies sieht man auf folgende Weise: Setze $a := \sqrt{2} + \sqrt{3}$. Dann ist $a^2 = (\sqrt{2} + \sqrt{3})^2 = 2 + 2\sqrt{2}\sqrt{3} + 3 = 5 + 2\sqrt{6}$,

© Springer Fachmedien Wiesbaden GmbH 2018
A. Beutelspacher, *Zahlen, Formeln, Gleichungen*,
https://doi.org/10.1007/978-3-658-16106-4_7

also gilt $a^2 - 5 = 2\sqrt{6}$. Wenn wir wieder quadrieren, erhalten wir $a^4 - 10a^2 + 25 = 4 \cdot 6$, also $a^4 - 10a^2 + 1 = 0$.

(c) Um eine Gleichung für $\sqrt[3]{2} + \sqrt[3]{3}$ zu erhalten, benutzen wir die binomische Formel $(x + y)^3 = x^3 + 3x^2y + 3xy^2 + y^3 = x^3 + 3xy(x + y) + y^3$.
Wenn wir $a := \sqrt[3]{2} + \sqrt[3]{3}$ setzen, erhalten wir

$$a^3 = (\sqrt[3]{2} + \sqrt[3]{3})^3$$
$$= 2 + 3 \cdot \sqrt[3]{2} \cdot \sqrt[3]{3} \cdot (\sqrt[3]{2} + \sqrt[3]{3}) + 3$$
$$= 5 + 3 \cdot \sqrt[3]{2} \cdot \sqrt[3]{3} \cdot a,$$

also

$$a^3 - 5 = 3 \cdot \sqrt[3]{2} \cdot \sqrt[3]{3} \cdot a.$$

Wenn man diese Gleichung mit 3 potenziert, erhält man ein ganzzahliges Polynom vom Grad 9 in a:

$$a^9 - 15a^6 + 75a^3 - 125 = (a^3 - 5)^3 = (3 \cdot \sqrt[3]{2} \cdot \sqrt[3]{3} \cdot a)^3 = 27 \cdot 2 \cdot 3 \cdot a^3.$$

Zur Festigung des Gelernten 7.1.1
Bestimmen Sie Polynome mit ganzzahligen Koeffizienten, die die folgenden Zahlen als Nullstellen haben: $\sqrt{7} - \sqrt{3}$, $\sqrt{2} + \sqrt{5}$, $2 + \sqrt{5}$, $\sqrt[3]{5} - \sqrt[3]{2}$.

▶ **Definition: algebraische Zahl** Eine reelle Zahl a heißt *algebraisch*, wenn es ein Polynom $f \neq 0$ mit rationalen Koeffizienten gibt, das a als Nullstelle hat, für das also gilt $f(a) = 0$.

Satz 7.1.2 (Satz vom Minimalpolynom)
Sei a eine algebraische Zahl.

(a) Es gibt unendlich viele Polynome aus $\mathbf{Q}[x]$, die a als Nullstelle haben.
(b) Es gibt (unendlich viele) Polynome aus $\mathbf{Z}[x]$, die a als Nullstelle haben. Insbesondere ist jede algebraische Zahl auch Nullstelle eines Polynom $f \neq 0$ mit ganzzahligen Koeffizienten.
(c) Es gibt ein Polynom $\neq 0$ kleinsten Grades aus $\mathbf{Q}[x]$, das a als Nullstelle hat.
(d) Es gibt ein eindeutig bestimmtes Polynom $\neq 0$ kleinsten Grades aus $\mathbf{Q}[x]$, das a als Nullstelle hat und dessen höchster Koeffizient gleich 1 ist.

Beweis. Sei $f \neq 0$ ein Polynom aus $\mathbf{Q}[x]$, das a als Nullstelle hat.

(a) Jedes Produkt von f mit einem Polynom aus $\mathbf{Q}[x]$ hat a als Nullstelle.

(b) Wenn man f mit dem Produkt aller Nenner der Koeffizienten von f multipliziert, erhält man ein Polynom f* mit ganzzahligen Koeffizienten, das a als Nullstelle hat. Jedes Produkt von f* mit einem Polynom aus $\mathbf{Z}[x]$ hat a als Nullstelle.

(c) Wir betrachten die Menge M der Grade von Polynomen $\neq 0$ aus $\mathbf{Q}[x]$, die a als Nullstelle haben. Da a algebraisch ist, ist M nicht die leere Menge. Da jede nichtleere Menge natürlicher Zahlen ein Minimum hat, folgt die Behauptung.

(d) Existenz: Sei f ein Polynom $\neq 0$ minimalen Graden aus $\mathbf{Q}[x]$, das a als Nullstelle hat. Man kann f so mit einer rationalen Zahl multiplizieren, dass der höchste Koeffizient 1 ist.

Eindeutigkeit: Seien $f = x^n + a_{n-1} x^{n-1} + \ldots$ und $g = x^n + b_{n-1} x^{n-1} + \ldots$ Polynome $\neq 0$ minimalen Grades n aus $\mathbf{Q}[x]$, die a als Nullstelle haben. Dann ist $f - g$ ein Polynom vom Grad $< b$, das a als Nullstelle hat. Wegen der Minimalität von n muss $f - g$ das Nullpolynom sein. Das heißt $f = g$. $\qquad\square$

▶ **Definition: Minimalpolynom** Sei a eine algebraische Zahl. Dann nennt man das nach 7.1.2 existierende eindeutige Polynom $\neq 0$ kleinsten Grades aus $\mathbf{Q}[x]$, das a als Nullstelle hat und dessen höchster Koeffizient gleich 1 ist, das *Minimalpolynom* von a.

Beispiele.

(a) Jede rationale Zahl ist auch algebraisch. Genauer gesagt hat eine rationale Zahl r das Polynom $x - r$ als Minimalpolynom. Die rationalen Zahlen sind genau die algebraischen Zahlen, die ein Minimalpolynom vom Grad 1 haben.

(b) Das Minimalpolynom von $\sqrt{2}$ ist $x^2 - 2$. (Denn zum einen ist $\sqrt{2}$ eine Nullstelle von $x^2 - 2$. Zum anderen kann das Minimalpolynom von $\sqrt{2}$ nicht den Grad 1 haben, da $\sqrt{2}$ irrational ist.)

Zur Festigung des Gelernten 7.1.3
Bestimmen das Minimalpolynom von $\sqrt{7}$.

Mit den bisherigen Methoden können wir das Minimalpolynom von $\sqrt[3]{2}$ nicht bestimmen, denn wir können noch nicht entscheiden, ob es Grad 2 oder Grad 3 hat. Dieses Problem werden wir mit den folgenden Sätzen bequem lösen können. Im Hilfssatz 7.1.5 wird genau beschrieben, wie man alle Polynome findet, die eine gegebene algebraische Zahl a als Nullstelle haben.

Zur Vorbereitung des Folgenden 7.1.4

(a) Verifizieren Sie, dass $\sqrt{3}$ eine Nullstelle von $f = x^3 + 2x^2 - 3x - 6$ und $g = x^3 - x^2 - 3x + 3$ ist.

(b) Ist $\sqrt{3}$ auch eine Nullstelle von $f - g$?

Hilfssatz 7.1.5

Sei a eine algebraische Zahl, und sei f das Minimalpolynom von a. Sei $g \in \mathbf{Q}[x]$ irgendein Polynom mit $f(a) = 0$. Dann gilt $f|g$. Das heißt, es gibt ein Polynom q mit $g = q \cdot f$. In Worten: Jedes Polynom, das a als Nullstelle hat, ist ein „Vielfaches" des Minimalpolynoms.

Beweis. Nach dem Satz über die Polynomdivision (6.2.12) gibt es Polynome q und r mit

$$g = q \cdot f + r \quad \text{und} \quad \mathrm{Grad}(r) < \mathrm{Grad}(f).$$

Wir setzen nun die Zahl a in diese Gleichung ein und erhalten

$$g(a) = q(a) \cdot f(a) + r(a).$$

Da $g(a) = 0$ und $f(a) = 0$ ist, muss auch $r(a) = 0$ sein. Wegen $\mathrm{Grad}(r) < \mathrm{Grad}(f)$ folgt aus der Definition des Minimalpolynoms, dass r das Nullpolynom sein muss. Also ist $g = q \cdot f$. □

Der folgende Satz beschreibt den engen Zusammenhang zwischen Minimalpolynomen und irreduziblen Polynomen.

Satz 7.1.6 (Minimalpolynom = irreduzibles Polynom)

Sei a eine reelle Zahl, und sei $f \neq 0$ ein normiertes Polynom mit $f(a) = 0$.

(a) Wenn f das Minimalpolynom von a ist, dann ist f irreduzibel.
(b) Wenn f irreduzibel ist, dann ist f das Minimalpolynom von a.

Beweis.

(a) Angenommen, f wäre reduzibel. Dann gäbe es Polynome g und h mit $\mathrm{Grad}(g)$, $\mathrm{Grad}(h) < \mathrm{Grad}(f)$ mit $f = gh$. Also wäre $0 = f(a) = gh(a) = g(a)h(a)$.
Daher muss eine der Zahlen $g(a)$ oder $h(a)$ gleich Null sein. Das heißt: a ist eine Nullstelle von g oder von h im Widerspruch zur Minimalität von f.
(b) Angenommen, es gäbe ein Polynom g mit $0 \leq \mathrm{Grad}(g) < \mathrm{Grad}(f)$ mit $g(a) = 0$. Dann schließen wir wie im Beweis von 7.1.2, dass $f = q \cdot g$ ist. Dies steht im Widerspruch zur Irreduzibilität von f. □

Beispiel. Wir bestimmen das Minimalpolynom der algebraischen Zahl $a = \sqrt[3]{2}$. Als Kandidat fällt uns sofort das Polynom $f = x^3 - 2$ ein. In der Tat ist f das Minimalpolynom von a. Denn f hat die Nullstelle a und ist nach dem Eisensteinkriterium irreduzibel. Also folgt aus 7.1.6(b), dass f das Minimalpolynom von a ist.

Zur Festigung des Gelernten 7.1.7
Bestimmen Sie das Minimalpolynom von $\sqrt[4]{5}$.

7.2 Adjunktion einer Zahl

In diesem Abschnitt machen wir einen weiteren großen Schritt. Wir betrachten nicht nur eine algebraische Zahl a als Objekt an sich, sondern wir benutzen a, um die nächste „Zahlenmenge" zu erschließen, nämlich einen Körper, der $\mathbf{Q}$ und a enthält.

Dabei lassen wir uns von der Vorstellung Bernard Bolzanos (1781–1848) leiten, dass Zahlen etwas sind, womit man rechnen kann. In seiner *Reinen Zahlenlehre* spricht er von einer „Zahlenmenge, die gegenüber den vier Grundrechenarten abgeschlossen ist". Mit heutigen Worten könnten wir das so ausdrücken: Wir fordern von Zahlen, dass sie einen Körper bilden. Und umgekehrt: Mit Objekten, die einen Körper bilden, kann man „wie mit Zahlen" rechnen.

Um diese Untersuchung zu starten, müssen wir zunächst klären, was ein Unterkörper eines Körpers ist. Das ist genau das, was man als Mathematiker darunter versteht. Das Modell ist das Verhältnis der Körper $\mathbf{Q}$ und $\mathbf{R}$.

▶ **Definition: Unterkörper** Sei L ein Körper, und sei K eine Teilmenge von L. Wir nennen K einen *Unterkörper* von L, falls K zusammen mit den Einschränkung der Addition und Multiplikation von L auf K auch ein Körper ist. In dieser Situation nennt man L eine *Erweiterung* (manchmal auch einen *Oberkörper*) von K.

Kurz: Ein Körper K ist ein Unterkörper des Körpers L, wenn die Addition und die Multiplikation in beiden Körpern „die gleiche" ist.

Beispiel. $\mathbf{Q}$ ist ein Unterkörper von $\mathbf{R}$. Die rationalen Zahlen bilden allerdings einen ganz besonderen Unterkörper von $\mathbf{R}$, nämlich den kleinsten.

Satz 7.2.1
Jeder Unterkörper von $\mathbf{R}$ enthält $\mathbf{Q}$.

Beweis. Sei K ein Unterkörper von $\mathbf{R}$.

Als Körper muss K die Zahlen 0 und 1 enthalten, also auch $1 + 1, 1 + 1 + 1, \ldots$, sowie $0 - 1, 0 - 1 - 1, \ldots$ Das heißt $\mathbf{Z} \subseteq K$.

Da K auch alle Quotienten enthält, gilt auch $\mathbf{Q} \subseteq K$.

Nun betrachten wir die Körper, die aus $\mathbf{Q}$ entstehen, indem wir eine algebraische Zahl a hinzufügen (man sagt dazu auch „adjungieren"). Man bezeichnet den so entstandenen Körper mit $\mathbf{Q}(a)$. Das heißt: $\mathbf{Q}(a)$ ist der „kleinste" Körper, der $\mathbf{Q}$ und a enthält. Diese vage Vorstellung wollen wir präzisieren. Dazu betrachten wir zunächst ein Beispiel.

Beispiel. Wir betrachten die Menge $K := \{r + s\sqrt{2} \mid r, s \in \mathbf{Q}\}$. Um nachzuweisen, dass K der „kleinste" Körper ist, der $\sqrt{2}$ enthält, zeigen wir erstens

(1) K ist ein Körper,

und zweitens

(2) Jeder Körper, der $\mathbf{Q}$ und $\sqrt{2}$ enthält, enthält auch K.

Zu (1): Dass K alle Anforderungen an die Addition erfüllt, ist leicht zu zeigen, denn die Addition ist gewissermaßen „komponentenweise" definiert.

Zur Multiplikation. Das Produkt zweier Elemente $r+s\sqrt{2}$ und $u+v\sqrt{2}$ von K berechnet man als $(r + s\sqrt{2}) \cdot (u + v\sqrt{2}) := ru + 2sv + (rv + su)\sqrt{2}$.

Daraus ergibt sich insbesondere, dass die Multiplikation abgeschlossen ist (denn das Produkt ist auch ein Element der Form $r' + s'\sqrt{2}$) und dass die Zahl 1 $(= 1 + 0 \cdot \sqrt{2})$ ein neutrales Element ist. Ferner ist auch klar, dass die Multiplikation kommutativ ist.

Das Assoziativgesetz und das Distributivgesetz gelten, weil diese sogar für alle reellen Zahlen gelten.

Man muss noch zeigen, dass jedes von Null verschiedene Element $r + s\sqrt{2}$ ein multiplikativ inverses Element in K hat.

„Von Null verschieden" bedeutet, dass zumindest eine der Zahlen r oder s ungleich Null ist. Wir suchen ein Element $r' + s'\sqrt{2}$ aus K mit $(r + s\sqrt{2}) \cdot (r' + s'\sqrt{2}) = 1 = 1 + 0 \cdot \sqrt{2}$.

Wenn man das Produkt gemäß der Definition ausrechnet und dann den „Realteil" des Produkts gleich 1 und den Vorfaktor von $\sqrt{2}$ gleich 0 setzt, erhält man zwei Gleichungen für die beiden Unbekannten r' und s'.

Zur Festigung des Gelernten 7.2.2

Bestimmen Sie r' und s' und geben Sie das Element $r' + s'\sqrt{2}$ an.

Nun zur Behauptung (2): Sei L ein Körper, der $\mathbf{Q}$ und $\sqrt{2}$ enthält. Da L ein Körper ist, ist L abgeschlossen gegenüber Multiplikation und Addition. Also liegen für beliebige r und s aus $\mathbf{Q}$ auch $s\sqrt{2}$ und $r + s\sqrt{2}$ in L. Da K aus genau diesen Zahlen besteht, gilt $K \subseteq L$.

Wir bezeichnen den soeben beschrieben Körper K auch mit $\mathbf{Q}(\sqrt{2})$.

Zur Festigung des Gelernten 7.2.3

Geben Sie eine explizite Beschreibung von $\mathbf{Q}(\sqrt{3})$ an.

Wir definieren nun zunächst einmal $\mathbf{Q}(a)$ allgemein. Dazu brauchen wir einen kleinen Hilfssatz.

Hilfssatz 7.2.4 (Durchschnitt von Unterkörpern)

Seien $K_1, K_2, \ldots$ Unterkörper von $\mathbf{R}$. Dann ist der Durchschnitt $K := K_1 \cap K_2 \cap \ldots \ldots$ all dieser Unterkörper wieder ein Unterkörper.

Beweis. Wir müssen folgendes zeigen:

$0, 1 \in K$. (Da $K_1, K_2, \ldots$ Körper sind, gilt $0, 1 \in K_i$ für alle i. Also liegen 0 und 1 auch im Durchschnitt K aller K_i.)

K ist abgeschlossen bezüglich der Addition. (Seien $a, b \in K$. Dann gilt auch $a, b \in K_i$ für alle i. Da jedes K_i ein Körper ist, gilt $a + b \in K_i$ für alle i. Daher ist $a + b \in K$.)

K ist abgeschlossen bezüglich der Bildung negativer Elemente. (Sei $a \in K$. Dann gilt auch $a \in K_i$ für alle i. Da jedes K_i ein Körper ist, gilt $-a \in K_i$ für alle i. Daher ist $-a \in K$.).

$\qquad\qquad\qquad\qquad\qquad\qquad\qquad\qquad\qquad\qquad\qquad\qquad\qquad\square$

Zur Festigung des Gelernten 7.2.5

Zeigen Sie, dass K auch abgeschlossen bezüglich der Multiplikation und der Inversenbildung ist.

▶ **Definition: Adjunktion einer Zahl** Sei a eine algebraische Zahl. Dann definieren wir $\mathbf{Q}(a)$ als den Durchschnitt aller Unterkörper von $\mathbf{R}$, die a enthalten.

Wenn $a_1, a_2, \ldots, a_n$ algebraische Zahlen sind, so definieren wir entsprechend $\mathbf{Q}(a_1, a_2, \ldots, a_n)$ als den Durchschnitt aller Unterkörper von $\mathbf{R}$, die $a_1, a_2, \ldots, a_n$ enthalten.

Im Allgemeinen kann man auch definieren: Sei K ein Unterkörper des Körpers L, und sei $a \in L$. Dann ist $K(a)$ der Durchschnitt aller Unterkörper von L, die K und a enthalten.

Wir sprechen davon, dass $\mathbf{Q}(a)$ durch *Adjunktion* von a aus $\mathbf{Q}$ entsteht. Manchmal wird $\mathbf{Q}(a)$ auch als „$\mathbf{Q}$ adjungiert a" gelesen.

An obigem Beispiel von $\mathbf{Q}(\sqrt{2})$ können wir schon sehen, dass man den zunächst nur vage vorstellbaren Körper $\mathbf{Q}(\sqrt{2})$ („Durchschnitt aller Unterkörper von $\mathbf{R}$, die $\sqrt{2}$ enthalten") sehr präzise beschreiben kann, nämlich als Menge aller Elemente der Form $r + s\sqrt{2}$ mit $r, s \in \mathbf{Q}$. Man braucht nicht einmal zu wissen, was die reellen Zahlen sind, sondern kann alle Elemente von $\mathbf{Q}(\sqrt{2})$ konkret angeben. In der Tat könnte man sagen: $\mathbf{Q}(\sqrt{2})$ besteht aus allen Paaren (r, s) rationaler Zahlen, wobei die Addition komponentenweise erklärt ist und die Multiplikation wie folgt definiert ist: $(r, s) \cdot (u, v) := (ru + 2sv, rv + us)$. Eine entsprechende Beschreibung wünscht man sich für jede algebraische Zahl.

Ein erster Schritt in diese Richtung ist der folgende Hilfssatz.

Satz 7.2.6
Sei a eine algebraische Zahl. Dann ist $\mathbf{Q}(a)$ ein Körper. Es gibt keinen Unterkörper M von $\mathbf{R}$, der a enthält und für den gilt $\mathbf{Q} \subset M \subset \mathbf{Q}(a)$. In diesem Sinne ist $\mathbf{Q}(a)$ der „kleinste" Unterkörper von $\mathbf{R}$, der a enthält.

Beweis. Dass $\mathbf{Q}(a)$ ein Körper ist, folgt aus 7.2.4, denn $\mathbf{Q}(a)$ ist ein Durchschnitt von Unterkörpern von $\mathbf{R}$.

Sei M ein Unterkörper von $\mathbf{R}$, der a enthält. Dann ist M einer der Körper, über den bei der Bildung von $\mathbf{Q}(a)$ der Durchschnitt gebildet wird. Da der Durchschnitt eine Teilmenge von M ist, folgt $\mathbf{Q}(a) \subseteq M$.   □

Zur Vorbereitung des Folgenden 7.2.7
Geben Sie eine explizite Beschreibung von $K = \mathbf{Q}(\sqrt[3]{2})$ an. Zeigen Sie, dass K bezüglich Addition und Multiplikation abgeschlossen ist und bestimmen Sie das multiplikativ inverse Element zu einem von Null verschiedenen Element aus K.

Der folgende Satz beschreibt sehr klar und konkret, aus welchen Zahlen ein Körper der Form $\mathbf{Q}(a)$ besteht.

Satz 7.2.8 (explizite Beschreibung von Q(a))
Sei a eine algebraische Zahl, und sei m der Grad des Minimalpolynoms von a. Dann gilt

$$\mathbf{Q}(a) = \{a_0 + a_1 a + a_2 a^2 + \ldots + a_{m-1} a^{m-1} \mid a_0, a_1, \ldots, a_{m-1} \in \mathbf{Q}\}.$$

Dabei ist die Multiplikation „modulo dem Minimalpolynom f" definiert. Das heißt, man multipliziert Polynome zunächst als Polynome in $\mathbf{Q}[x]$ und reduziert diese dann modulo f.

Beweis. Wir zeigen zunächst, dass $K := \{a_0 + a_1 a + \ldots + a_{m-1} a^{m-1} \mid a_0, a_1, \ldots, a_{m-1} \in \mathbf{Q}\}$ ein Unterkörper von $\mathbf{R}$ ist.

Dass K bezüglich der Addition eine Gruppe ist, ist klar.

Auch dass K bezüglich der Multiplikation das Assoziativ- und Kommutativgesetz, sowie das Distributivgesetz erfüllt, und 1 als neutrales Element besitzt, ist offensichtlich, denn K ist eine Teilmenge von $\mathbf{R}$.

Nun zur Abgeschlossenheit bezüglich der Multiplikation. Da das Minimalpolynom f den Grad m hat, kann man es wie folgt schreiben: $f = x^m - a_{m-1} x^{m-1} - \ldots - a_1 x - a_0$. Also gilt: $a^m = a_{m-1} a^{m-1} + \ldots + a_1 a + a_0$. Das bedeutet, dass man a^m und höhere Potenzen von a als Linearkombinationen von $a^{m-1}, \ldots, a, 1$ ausdrücken kann.

Damit folgt die Abgeschlossenheit ganz einfach: Seien zwei Elemente $a_0 + a_1 a + a_2 a^2 + \ldots + a_{m-1} a^{m-1}$ und $b_0 + b_1 a + b_2 a^2 + \ldots + b_{m-1} a^{m-1}$ aus K gegeben. Wir berechnen das Produkt, indem wir zunächst die Zahlen „ganz normal" multiplizieren, die Klammern auflösen und dann die Potenzen a^n von a mit $n \geq m$ gemäß obiger Gleichung reduzieren. So erhalten wir wieder ein Element aus K.

Die Abgeschlossenheit bezüglich der Inversenbildung ergibt sich aus der Tatsache, dass f irreduzibel ist. Zu jedem Element $a_0 + a_1 a + a_2 a^2 + \ldots + a_{m-1} a^{m-1}$ aus $\mathbf{Q}(a)$ gehört das Polynom $g = a_0 + a_1 x + a_2 x^2 + \ldots + a_{m-1} x^{m-1}$. Nach 6.5.10(a) hat g ein multiplikativ inverses Polynom $g' = b_0 + b_1 x + b_2 x^2 + \ldots + b_{m-1} x^{m-1}$ in $K[x]_f$. Dann ist das Element $b_0 + b_1 a + b_2 a^2 + \ldots + b_{m-1} a^{m-1}$ aus K das multiplikativ inverse von $a_0 + a_1 a + a_2 a^2 + \ldots + a_{m-1} a^{m-1}$. $\qquad\square$

7.3 Der Grad einer Körpererweiterung

Um zu erkennen, wie zwei algebraische Zahlen a und b interagieren, müssen wir die Erweiterungen $\mathbf{Q}(a)$ und $\mathbf{Q}(b)$ und deren Verhältnis betrachten. Es wird sich zeigen, dass dafür – und für viele andere Zwecke – der „Grad" einer Körpererweiterung ein Schlüsselbegriff ist.

Beispiel. Wir betrachten die Erweiterung $\mathbf{Q}(\sqrt{2})$ von $\mathbf{Q}$ und fragen uns, von wie vielen Elementen $\mathbf{Q}(\sqrt{2})$ erzeugt wird. Das soll bedeuten: Wir suchen eine minimale Menge von Elementen (eine „Basis"), so dass jedes Element aus $\mathbf{Q}(\sqrt{2})$ eine Linearkombination der Basis-Elemente mit Koeffizienten aus $\mathbf{Q}$ ist.

Es ist klar, das $\mathbf{Q}(\sqrt{2})$ von zwei Elementen erzeugt werden kann, zum Beispiel von 1 und $\sqrt{2}$. Andererseits kann $\mathbf{Q}(\sqrt{2})$ nicht von einem Element erzeugt werden. Denn dies wäre entweder eine rationale Zahl (von dieser werden aber nur rationale Zahlen erzeugt) oder ein Element der Form $a + b\sqrt{2}$ mit $b \neq 0$ (im Erzeugnis dieses Elements liegt aber keine rationale Zahl $\neq 0$). Also wird $\mathbf{Q}(\sqrt{2})$ von genau zwei Elementen erzeugt; man sagt dazu, dass der Grad von $\mathbf{Q}(\sqrt{2})$ gleich 2 ist.

Zur Festigung des Gelernten 7.3.1
Bestimmen Sie den Grad von $\mathbf{Q}(\sqrt{3})$.

Zur Vorbereitung des Folgenden 7.3.2
Sei K ein Unterkörper eines Körpers L. Zeigen Sie, dass dann L ein Vektorraum über dem Körper K ist.

▶ **Definition: Grad einer Erweiterung** Sei K ein Unterkörper des Körpers L. Sei n die Dimension des Vektorraums L über K. Dann nennt man die Zahl n den *Grad* der Erweiterung von L über K und schreibt $n = [L : K]$.

Insbesondere sprechen wir bei einer Erweiterung $\mathbf{Q}(a)$ vom Grad der Erweiterung $\mathbf{Q}(a)$ und bezeichnen diese Zahl mit $[\mathbf{Q}(a) : \mathbf{Q}]$.

Der folgende Satz zeigt, wie perfekt der Begriff des Grads einer Erweiterung zum Begriff des Grads eines Polynoms passt.

Satz 7.3.3 (Grad Erweiterung = Grad Minimalpolynom) Sei a eine algebraische Zahl, und sei m der Grad des Minimalpolynoms von a. Dann gelten folgende Aussagen:

(a) $\{1, a, a^2, \ldots, a^{m-1}\}$ ist eine Basis des Vektorraums $\mathbf{Q}(a)$ über dem Körper $\mathbf{Q}$.

(b) $[\mathbf{Q}(a) : \mathbf{Q}] = m$. Kurz: Grad der Körpererweiterung = Grad des Minimalpolynoms.

Beweis.

(a) Nach 7.2.8 wird der $\mathbf{Q}$-Vektorraum $\mathbf{Q}(a)$ von der Menge $\{1, a, a^2, \ldots, a^{m-1}\}$ erzeugt. Zu zeigen: $\{1, a, a^2, \ldots, a^{m-1}\}$ ist linear unabhängig: Wenn diese Menge linear abhängig wäre, dann gäbe es rationale Zahlen $a_0, a_1, \ldots, a_{m-1}$, die nicht alle gleich Null sind, mit $a_0 + a_1 a + \ldots + a_{m-1} a^{m-1} = 0$. Dann wäre das rationale Polynom $g = a_0 + a_1 x + \ldots + a_{m-1} x^{m-1}$ nicht das Nullpolynom und hätte a als Nullstelle. Wegen $\mathrm{Grad}(g) < m$ wäre dies ein Widerspruch zur Definition des Minimalpolynoms.

(b) Da der $\mathbf{Q}$-Vektorraum $\mathbf{Q}(a)$ nach (a) eine Basis mit m Elementen hat, ist seine Dimension gleich m. $\qquad\square$

Ein außerordentlich schlagkräftiges Hilfsmittel bei der Untersuchung von Körpererweiterungen ist der Gradsatz. Dieser bringt die Grade von drei „ineinander geschachtelten" Körpererweiterungen in einen starken Zusammenhang.

Gradsatz 7.3.4

Seien K und L Unterkörper von $\mathbf{R}$ mit $K \subseteq L$. Dann gilt

$$[L : \mathbf{Q}] = [L : K] \cdot [K : \mathbf{Q}].$$

Beispiel. Zwischen $\mathbf{Q}$ und $\mathbf{Q}(\sqrt{2})$ liegt kein Körper. Denn der Grad von $\mathbf{Q}(\sqrt{2})$ über $\mathbf{Q}$ ist 2. Jeder Körper K, der echt zwischen $\mathbf{Q}(\sqrt{2})$ und $\mathbf{Q}$ liegt, hätte einen Grad, der ein Teiler von 2 ist. Also wäre der Grad entweder gleich 1 (und dann wäre $L = \mathbf{Q}$) oder gleich 2 (und dann wäre $L = \mathbf{Q}(\sqrt{2})$).

Zur Festigung des Gelernten 7.3.5

Gibt es einen Körper zwischen $\mathbf{Q}$ und $\mathbf{Q}(\sqrt[3]{2})$?

Beweis des Gradsatzes. Seien $[L:K] = t$ und $[K:\mathbf{Q}] = s$. Dann gibt es eine Basis $B = \{b_1, \ldots, b_t\}$ von L über K und eine Basis $A = \{a_1, \ldots, a_s\}$ von K über $\mathbf{Q}$.

Mit Hilfe dieser Basen konstruieren wir auf folgende Weise eine Basis C für den Vektorraum L über $\mathbf{Q}$: Da die Zahlen a_i und b_j Elemente des Körpers L sind, können wir sie multiplizieren. Wir erhalten $s \cdot t$ Elemente $a_i \cdot b_j$ ($i \in \{1, \ldots, s\}, j \in \{1, \ldots, t\}$).

Wir zeigen, dass die Menge $C := \{a_i \cdot b_j \mid i \in \{1, \ldots, s\}, j \in \{1, \ldots, t\}\}$ eine Basis von L über $\mathbf{Q}$ ist. Dann folgt $[L:\mathbf{Q}] = s \cdot t = [L:K] \cdot [K:\mathbf{Q}]$.

Zunächst zeigen wir, dass C ein *Erzeugendensystem* ist. Sei dazu $a \in L$ beliebig. Wir gehen in zwei Stufen vor:

Schritt 1.   Da B eine Basis von L über K ist, gibt es $k_1, \ldots, k_t \in K$ mit

$$a = k_1 \cdot b_1 + \ldots + k_t \cdot b_t.$$

Schritt 2.   Nun drücken wir die $k_i \in K$ als Linearkombination der Basis A von K über $\mathbf{Q}$ aus:

$$k_1 = q_{11}a_1 + \ldots + q_{s1}a_s, \ldots, k_i = q_{1i}a_1 + \ldots + q_{si}a_s, \ldots, k_t = q_{1t}a_1 + \ldots + q_{st}a_t.$$

Zusammen ergibt sich

$$
\begin{aligned}
a &= k_1 \cdot b_1 + \ldots + k_t \cdot b_t \\
&= (q_{11}a_1 + q_{21}a_2 + \ldots + q_{s1}a_s) \cdot b_1 + \ldots + (q_{1t}a_1 + q_{2t}a_2 + \ldots + q_{st}a_s) \cdot b_t \\
&= q_{11} \cdot a_1b_1 + q_{21} \cdot a_2b_1 + \ldots + q_{s1} \cdot a_sb_1 + \ldots + q_{1t} \cdot a_1b_t + q_{2t} \cdot a_2b_t + \ldots \\
&\quad + q_{st} \cdot a_sb_t \\
&= \sum_{\substack{i=1,\ldots,s \\ j=1,\ldots,t}} q_{ij} \cdot a_ib_j.
\end{aligned}
$$

Das bedeutet, dass die Menge C tatsächlich ein Erzeugendensystem von L über $\mathbf{Q}$ ist.

Nun zeigen wir noch, dass C *linear unabhangig* ist. Auch hier gehen wir zweistufig vor. Seien dazu $q_{ij} \in \mathbf{Q}$ mit $\sum_{\substack{i=1,\ldots,s \\ j=1,\ldots,t}} q_{ij} \cdot a_ib_j = 0$.

Das bedeutet

$$
\begin{aligned}
0 &= \sum_{\substack{i=1,\ldots,s \\ j=1,\ldots,t}} q_{ij} \cdot a_ib_j \\
&= q_{11}a_1b_1 + q_{21}a_2b_1 + \ldots + q_{s1}a_sb_1 + \ldots + q_{1t}a_1b_t + q_{2t}a_2b_t + \ldots + q_{st}a_sb_t \\
&= (q_{11}a_1 + \ldots + q_{s1}a_s) \cdot b_1 + \ldots + (q_{1t}a_1 + \ldots + q_{st}a_s) \cdot b_t.
\end{aligned}
$$

Schritt 1. Da die Elemente a_i in K liegen, sind die Ausdrücke in den Klammern, das heißt die Ausdrücke $(q_{11}a_1 + \ldots + q_{t1}a_t), \ldots, (q_{1s}a_1 + \ldots + q_{ts}a_t)$ Elemente von K. Also ist die rechte Seite der obigen Gleichungskette eine Linearkombination der Basis B von L über K, die gleich dem Nullvektor ist. Somit sind alle Koeffizienten Null; das heißt:

$$q_{11}a_1 + \ldots + q_{s1}a_s = 0, \ldots, q_{1t}a_1 + \ldots + q_{st}a_s = 0.$$

Schritt 2. Diese Gleichungen sind Linearkombinationen der Basis A von K über **Q**, die jeweils den Nullvektor ergeben. Daher müssen alle Koeffizienten gleich Null sein. Das heißt

$$q_{11} = q_{21} = \ldots = q_{s1} = \ldots = q_{1t} = q_{2t} = \ldots = q_{st} = 0.$$

Somit ist die Menge C auch linear unabhängig. $\qquad\qquad\square$

Zur Festigung des Gelernten 7.3.6

(a) Geben Sie eine Basis von $\mathbf{Q}(\sqrt{2})$ über **Q** und eine Basis von $\mathbf{Q}(\sqrt{2}, \sqrt{3})$ über $\mathbf{Q}(\sqrt{2})$ an.

(b) Setzen Sie aus diesen Basen entsprechend dem Beweis des Gradsatzes eine Basis von $\mathbf{Q}(\sqrt{2}, \sqrt{3})$ über **Q** zusammen.

Anwendung. Es gibt keinen Körper, der zwischen **Q** und $\mathbf{Q}(\sqrt[17]{1024})$ liegt: Da der Körper $\mathbf{Q}(\sqrt[17]{1024})$ den Grad 17 über **Q** hat, müsste ein potentieller „echter" Zwischenkörper eine der Zahlen 2, 3, 4, ..., 16 als Grad haben. Damit ist die Gleichung aus 7.3.4 nicht in natürlichen Zahlen lösbar.

Bemerkung. Wenn man sich den Beweis von 7.3.4 genau anschaut, sieht man, dass wir etwas mehr bewiesen haben, als im Satz formuliert ist, nämlich: Wenn L : K eine endliche Erweiterung vom Grad s und K : **Q** eine endliche Erweiterung vom Grad t ist, dann ist auch L : K eine endliche Erweiterung, und ihr Grad ist st.

Allgemein gilt:

Satz 7.3.7 (Grad eines Unterkörpers)
Seien K und L Unterkörper von **R** mit $K \subseteq L$, so dass $[L : \mathbf{Q}]$ endlich ist. Dann gilt

(a) Die Zahlen $[L : K]$ und $[K : \mathbf{Q}]$ sind Teiler der Zahl $[L : \mathbf{Q}]$.

(b) Wenn der Grad $[L : \mathbf{Q}]$ eine Primzahl ist, dann gibt es keinen Körper $K \neq \mathbf{Q}, L$, der zwischen **Q** und L liegt.

Beweis.

(a) Die Gleichung $[L : \mathbf{Q}] = [L : K] \cdot [K : \mathbf{Q}]$ sagt, dass die beiden Zahlen auf der rechten Seite Teiler der linken Seiten sind.
(b) Ein Zwischenkörper K mit $\mathbf{Q} \subseteq K \subseteq L$ müsste den Grad 1 oder p haben. Im ersten Fall wäre er gleich $\mathbf{Q}$, im zweiten gleich L. $\qquad\square$

7.4 Algebraische Erweiterungen

Manche Erweiterungen von $\mathbf{Q}$ bestehen ausschließlich aus algebraischen Zahlen. Zum Beispiel ist jedes Element $r + s\sqrt{2}$ aus $\mathbf{Q}(\sqrt{2})$ algebraisch über $\mathbf{Q}$. (Sei $a := r + s\sqrt{2}$. Dann ist $a - r = s\sqrt{2}$, also $(a - r)^2 = 2s^2$, und somit $a^2 - 2ra + r^2 - 2s^2 = 0$. Also ist a eine Nullstelle des Polynoms $x^2 - 2rx + r^2 - 2s^2$.)

Zur Festigung des Gelernten 7.4.1
Zeigen Sie, dass alle Zahlen aus $\mathbf{Q}(\sqrt{3})$ algebraische Zahlen sind.

▶ **Definition: algebraischer Körper** Sei K ein Unterkörper von $\mathbf{R}$. Wir sagen, dass der Körper K *algebraisch* ist, wenn jedes Element von K eine algebraische Zahl ist.

Der folgende Satz ist ein sehr starkes Kriterium, mit dem man oft erkennen kann, dass eine Erweiterung algebraisch ist.

Satz 7.4.2 (endliche Erweiterungen sind algebraisch)
Sei K ein Unterkörper von $\mathbf{R}$. Wenn der Grad $[K : \mathbf{Q}]$ eine endliche Zahl ist, dann ist K algebraisch.

Beweis. Sei $m := [K : \mathbf{Q}] < \infty$. Sei a ein beliebiges Element aus K. Wir müssen zeigen, dass a algebraisch ist. Dazu betrachten wir die $m + 1$ Potenzen $1, a, a^2, \ldots, a^m$. Dies sind $m + 1$ Elemente, also mehr als die Dimension des $\mathbf{Q}$-Vektorraums K. Daher sind diese Elemente linear abhängig.

Somit gibt es rationale Zahlen $a_0, a_1, \ldots, a_m$, die nicht alle gleich Null sind, mit $a_0 + a_1 a + \ldots + a_m a^m = 0$. Dann ist das rationale Polynom $g := a_0 + a_1 x + \ldots + a_m x^m$ nicht das Nullpolynom und hat a als Nullstelle. Also ist a algebraisch. $\qquad\square$

Aus diesem Satz folgt insbesondere, dass alle Erweiterungen der Form $\mathbf{Q}(a)$ algebraisch sind, falls a eine algebraische Zahl ist. Denn nach 7.3.3(b) ist der Grad von $\mathbf{Q}(a)$ gleich dem Grad des Minimalpolynoms von a, also endlich.

> **Hauptsatz 7.4.3 (Körper der algebraischen Zahlen)**
> Sei $\mathbf{A}$ die Menge aller algebraischen Zahlen. Dann ist $\mathbf{A}$ zusammen mit der auf $\mathbf{R}$ definierten Addition und Multiplikation ein Körper. Man nennt $\mathbf{A}$ den *Körper der algebraischen Zahlen.*

Beweis. Wir müssen im Wesentlichen nur die Abgeschlossenheit von A bezüglich Addition und Multiplikation zeigen.

Denn die Kommutativ-, Assoziativ- und Distributivgesetze gelten, weil sie in $\mathbf{R}$ gelten. Die neutralen Elemente 0 und 1 liegen schon in $\mathbf{Q}$. Ferner liegt das negative Element und das inverse Element einer algebraischen Zahl a in A, denn diese Elemente liegen schon in $\mathbf{Q}(a)$, und, da $\mathbf{Q}(a)$ algebraisch ist, ist $\mathbf{Q}(a)$ eine Teilmenge von A.

Seien a und b algebraische Zahlen. Wir müssen beweisen, dass auch ab und $a + b$ algebraisch sind. Um das zu zeigen, müssen wir mit Kanonen auf Spatzen schießen. Denn wir werden ganze Körpererweiterungen betrachten, um über zwei einzelne Elemente eine Aussage machen zu können.

Wir betrachten die Erweiterungen $K = \mathbf{Q}(a)$ und $L := \mathbf{Q}(a, b)$. Den Körper L kann man auch so erhalten, dass man an den Körper K das Element b adjungiert; in formaler Sprache heißt dies $L = \mathbf{Q}(a, b) = \mathbf{Q}(a)(b) = K(b)$.

Daher sind sowohl die Erweiterung $K = \mathbf{Q}(a)$ über $\mathbf{Q}$ als auch die Erweiterung $L = K(b)$ über K endlich. Nach der Gradformel ist also auch $[L : \mathbf{Q}] = [L : K] \cdot [K : \mathbf{Q}]$ eine endliche Zahl.

Also ist L nach 7.4.2 eine algebraische Erweiterung. Insbesondere sind die Elemente ab und $a + b$ algebraisch, weil sie in L liegen. $\qquad\square$

Der Körper $\mathbf{A}$ der algebraischen Zahlen enthält alle Erweiterungen $\mathbf{Q}(a)$ für eine algebraische Zahl a, ist aber viel größer als diese „einfachen" Erweiterungen.

> **Satz 7.4.4**
> Der Grad von $\mathbf{A}$ über $\mathbf{Q}$ ist unendlich.

Beweis. Angenommen, der Grad $[\mathbf{A} : \mathbf{Q}]$ wäre gleich einer (endlichen) natürlichen Zahl n.

Um einen Widerspruch zu erhalten, betrachten die $(n + 1)$-te Wurzel von 2. Diese bezeichnen wir mit a. Dann ist a eine Nullstelle des Polynoms $x^{n + 1} - 2 \in \mathbf{Q}[x]$.

Aufgrund des Eisensteinkriteriums ist dieses Polynom irreduzibel, und somit ist es nach 7.1.6(b) das Minimalpolynom von a. Damit hat $\mathbf{Q}(a)$ den Grad $n + 1$. Wegen $\mathbf{Q}(a) \subseteq \mathbf{A}$ ist dies ein Widerspruch. $\qquad\square$

Bemerkung. Der Körper **A** hat noch eine spezielle Eigenschaft. Wenn man zu **A** noch die imaginäre Einheit i adjungiert, erhält man den Körper $\mathbf{A}(i) = \{a + bi \mid a, b \in \mathbf{A}\}$. Dies ist ein Unterkörper des Körpers **C** der komplexen Zahlen. Der Körper **A**(i) ist „algebraisch abgeschlossen". Das bedeutet, dass nicht nur jedes Polynom mit rationalen Koeffizienten in **A**(i) in Linearfaktoren zerfällt, sondern dies gilt sogar für jedes Polynom mit Koeffizienten aus **A**(i). Insofern ist der Begriff „abgeschlossen" hier durchaus berechtigt.

7.5 Konstruierbare Zahlen

Die Geometrie erlebte im antiken Griechenland eine erste große Blütezeit. Davon zeugt das Buch „Die Elemente", das Euklid etwa 300 v. Chr. verfasst hat. In diesem Buch findet man einen Reichtum an geometrischen Erkenntnissen und Einsichten, der uns heute noch begeistert: Die Griechen kannten den Satz des Thales und den Satz des Pythagoras, sie kannten die Kongruenzsätze und Strahlensätze, sie konnten Flächen berechnen und die platonischen Körper klassifizieren, sie konnten eine Strecke in drei gleich große Strecken aufteilen und einen Winkel halbieren – und das alles mit Zirkel und Lineal. Das bedeutet, dass sie zur Konstruktion nur den Zirkel verwenden haben, um Kreise zu schlagen, und das Lineal, um zwei Punkte durch eine Gerade zu verbinden.

Fast könnte man meinen, dass die griechischen Mathematiker der Antike alles konnten. Man könnte glauben, dass sie mit Zirkel und Lineal alle geometrischen Objekte konstruieren konnten. Diesen Traum hatten die griechischen Mathematiker sicher auch, aber dieser Traum wurde für sie zum Alptraum, denn an drei Problemen bissen sie sich die Zähne aus. Und dies sind die drei *ungelösten Probleme der Antike*:

- Die *Verdoppelung des Würfels*, auch das „Delische Problem" genannt. Die Bezeichnung kommt daher, dass die Einwohner der Insel Delos (die Delier) eine würfelförmigen Altar verdoppeln wollten und bei der Akademie des Philosophen Platon (429–349 v. Chr.) um Unterstützung bei der Lösung des Problems nachsuchten.

  Die exakte Formulierung des Problems lautet: Gegeben sei ein Würfel der Kantenlänge 1 (also vom Volumen 1). Konstruiere nur mit Zirkel und Lineal einen Würfel mit dem doppelten Volumen! Das läuft mathematisch darauf hinaus, eine Strecke der Länge $\sqrt[3]{2}$ zu konstruieren.

- Die berühmt-berüchtigte *Quadratur des Kreises*. Gegeben ist ein Kreis mit dem Radius 1. Konstruiere nur mit Zirkel und Lineal ein Quadrat, das exakt den gleichen Flächeninhalt wie der Kreis hat.

  Dazu ist es notwendig, eine Strecke der Länge $\sqrt{\pi}$ zu konstruieren. Wir werden bald sehen, dass es gleichwertig dazu ist, eine Strecke der Länge π zu konstruieren.

- Die *Dreiteilung des Winkels*. Dabei geht es darum, einen *beliebigen* Winkel nur mit Zirkel und Lineal in drei gleich große Winkel zu teilen.

Für manche Winkel ist diese Aufgabe lösbar, zum Beispiel für den rechten Winkel, denn man kann Winkel der Größe 30° konstruieren. Die Frage ist, ob man *jeden* Winkel dritteln kann. Es wird sich zeigen, dass der Winkel von 60° kritisch ist.

Die antiken Mathematiker konnten diese Probleme formulieren, aber nicht lösen. Dies wurde erst möglich, als man jede geometrische Aufgabe auch als Aufgabe über Zahlen ausdrücken konnte, kurz: als man jedes geometrische Problem in Algebra übersetzen konnte.

Die Grundlage dazu legte der große französische Philosoph und Mathematiker René Descartes (1596–1650) mit der Erfindung der „Analytischen Geometrie". Man kann die Einführung von Koordinaten auf Descartes' Abhandlung *La géometrie* zurückführen, die 1637 als Anhang seines *Discours de la Méthode* erschien. Descartes war sich der Bedeutung seiner Erfindung wohl bewusst, denn er schrieb schon 1619 an den niederländischen Mathematiker Isaac Beeckmann, dass er eine völlig neue Wissenschaft entdeckt habe, mit der er alle Problem der Geometrie lösen könne.

Die analytische Geometrie verbindet in der Tat die Geometrie mit der Algebra: Jeder Punkt wird durch Zahlen dargestellt: in der Ebene durch zwei Koordinaten, im Raum durch drei. Und jedes geometrische Objekt wird durch eine Gleichung (oder durch mehrere Gleichungen) beschrieben. Das ist uns allen wohlvertraut: Ein Kreis wird durch eine Gleichung des Typs $x^2 + y^2 = r^2$ dargestellt; das heißt, dass ein Punkt $(x|y)$ genau dann auf dem Kreis liegt, wenn seine Koordinaten die Gleichung $x^2 + y^2 = r^2$ erfüllen.

Dieser Ansatz eröffnet völlig neue Möglichkeiten, denn man kann geometrische Probleme durch Rechnen lösen. Ja man kann jedes geometrische Problem in eine algebraische Frage übersetzen. Unsere Frage an die Algebra lautet nun: kann man einer Zahl „ansehen", ob eine Stecke mit dieser Länge konstruierbar ist?

Genau diese Frage soll im Folgenden beantwortet werden. Dazu müssen wir zunächst rekapitulieren, welche Konstruktionen man mit Zirkel und Lineal durchführen kann.

▶ Definition: konstruierbarer Punkt

(A1) Gegeben sei eine Strecke der Länge 1; diese ist durch ihre Endpunkte gegeben.

(A2) Durch je zwei konstruierte oder vorgegebene Punkte kann man eine Gerade ziehen.

(A3) Um jeden konstruierten oder vorgegebenen Punkt kann man einen Kreis konstruieren mit einem Radius, der eine Verbindungsstrecke zweier bereits konstruierter Punkte ist.

(A4) Schnittpunkte von Geraden mit Geraden, Geraden mit Kreisen, Kreisen mit Kreisen, die nach (A1), (A2) oder (A3) konstruiert wurden, sind *konstruierbare Punkte*.

▶ **Definition: konstruierbare Zahl** Wir betrachten das kartesische Koordinatensystem. Wir identifizieren die Punkte der Zeichenebene mit Paaren $(x|y)$ reeller Zahlen. Nach (A1) nehmen wir $(0|0)$ und $(0|1)$ als gegeben an. Eine Zahl $a \in \mathbf{R}$ heißt *konstruierbar*, wenn der Punkt $(a|0)$ in endlich vielen Schritten nach den Regeln (A1), (A2), (A3), (A4) konstruierbar ist.

Zur Festigung des Gelernten 7.5.1

Zeigen Sie, dass die Zahlen 2, 3, 4, 5, … sowie $\sqrt{2}$, $\sqrt{3}$, $\sqrt{\sqrt{3}+2}$ und $\sqrt{\sqrt{3+\sqrt{5}}+1}$ konstruierbar sind.

Satz 7.5.2 (Körper der konstruierbaren Zahlen)

Wenn die reellen Zahlen a, b konstruierbar sind, dann sind auch die Zahlen $-a$, $a+b$, ab, b/a $(a \neq 0)$ und für $a > 0$ auch $\sqrt{a}$ konstruierbar. Insbesondere bilden die konstruierbaren Zahlen einen Körper.

Beweis. Wir zeigen die Aussagen konstruktiv.

(a) Da die Zahl a konstruierbar ist, ist der Punkt $(a|0)$ konstruierbar. Der Kreis mit Mittelpunkt $(0|0)$ durch $(a|0)$ schneidet die x-Achse auch im Punkt $(-a|0)$. Also ist die Zahl $-a$ konstruierbar.

(b) Seien a und b konstruierbare Zahlen. Das bedeutet, dass die Punkte $(a|0)$ und $(b|0)$ konstruierbar sind; insbesondere ist die Zahl b (die Länge der Strecke zwischen $(0|0)$ und $(b|0)$) ein möglicher Radius. Der Kreis mit Mittelpunkt $(a|0)$ und Radius b schneidet die x-Achse auch im Punkt $(a+b|0)$; somit ist die Zahl $a+b$ konstruierbar.

(c) Seien a und b konstruierbare Zahlen. Dann sind $(a|0)$ und $(0|b)$ konstruierbare Punkte. Nun brauchen wir zum ersten Mal den „Einheitspunkt" $(1|0)$ beziehungsweise den entsprechenden Punkt $(0|1)$ auf der y-Achse (siehe Abb. 7.1)

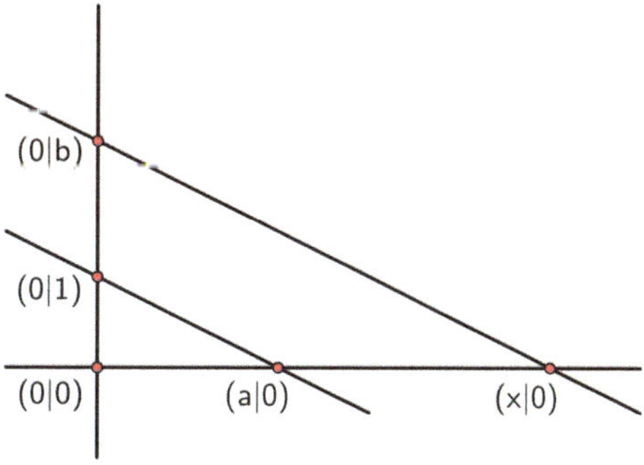

Abb. 7.1 Multiplikation konstruierbarer Zahlen

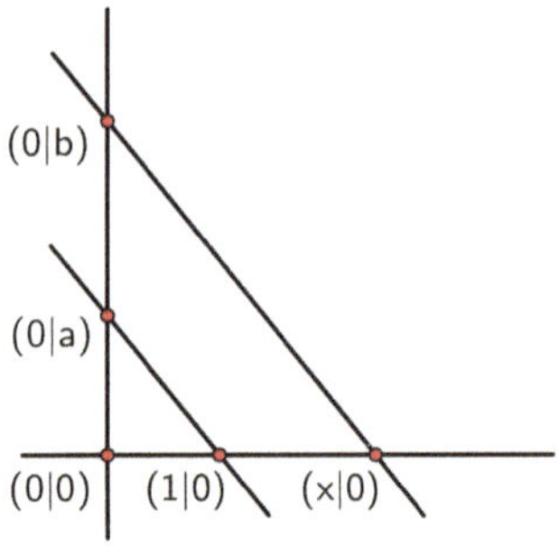

Abb. 7.2 Division konstruierbarer Zahlen

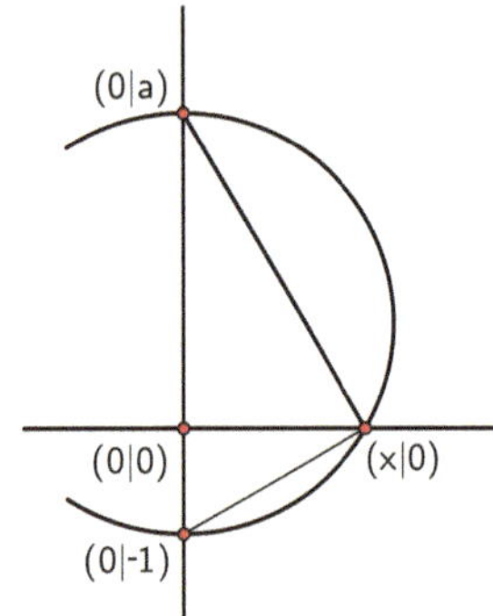

Abb. 7.3 Wurzel aus einer
positiven konstruierbaren Zahl

Die Parallele zu der Geraden durch $(0|1)$ und $(a|0)$ durch den Punkt $(0|b)$ schneidet die
x-Achse in einem Punkt $(x|0)$. Nun wenden wir den Strahlensatz mit Zentrum $(0|0)$ an
und erhalten $1/b = a/x$ und somit $x = ab$.

(d) Seien a und b konstruierbare Zahlen mit $a \neq 0$. Wir gehen ähnlich vor wie bei (c):
Die Parallele zu der Geraden durch $(0|a)$ und $(1|0)$ durch den Punkt $(0|b)$ schneidet
die x-Achse in einem Punkt $(x|0)$. Der Strahlensatz ergibt $b/a = x/1$, also $x = b/a$ (vgl.
Abb. 7.2).

(e) Sei a eine positive konstruierbare Zahl. Um $\sqrt{a}$ zu konstruieren, bilden wir den Tha-
leskreis über der Strecke mit den Endpunkten $(0|-1)$ und $(0|a)$. Dieser Kreis schneidet
die positive x-Achse in einem Punkt $(x|0)$ (siehe Abb. 7.3).
Das Dreieck aus diesen Punkten ist rechtwinklig, daher können wir den Höhensatz
anwenden und erhalten $x^2 = a \cdot 1$, also $x = \sqrt{a}$. $\qquad\square$

Neben der Möglichkeit, geometrische Probleme in Zahlen zu übersetzen, ist die zweite
Komponente zur Lösung der antiken Probleme die Möglichkeit, diese Zahlen algebraisch
zu untersuchen. Dazu werden wir den in Satz 7.5.2 beschriebenen Prozess algebraisch
weiter verfolgen und dabei ein Kriterium herleiten, mit dem man „ohne Mühe" erkennen
kann, ob eine Zahl konstruierbar ist. Dabei starten wir mit dem Körper **Q** der rationalen
Zahlen und adjungieren, wann immer nötig, eine Quadratwurzel. Auf Basis dieser Methode werden wir dann die ungelösten Probleme der Antike behandeln können.

Zur Vorbereitung des Folgenden 7.5.3

Berechnen Sie die Schnittpunkte der Geraden mit den Gleichungen $y = 2x - 3$ und $y = -3x + 7$, sowie die Schnittpunkte der Geraden mit der Gleichung $y = x + 1$ mit dem Kreis mit der Gleichung $x^2 + y^2 = 4$.

Notieren Sie, welche Rechenoperationen Sie dabei genutzt haben (Addition, …).

Sei K ein Unterkörper von **R**. Wir bilden nun Punkte, Geraden und Kreise, indem wir die konstruierbaren Zahlen in K benutzen. Neue konstruierbare Punkte ergeben sich beim Schnitt von zwei Geraden, einer Gerade und einem Kreis und von zwei Kreisen. Diese Fälle behandeln wir nun systematisch.

Zur Festigung des Gelernten 7.5.4

Zeigen Sie, dass ein Punkt $(x_1 \mid y_1)$ genau dann konstruierbar ist, wenn seine Koordinaten x_1 und y_1 konstruierbar sind.

- Seien $(x_1 \mid y_1)$ und $(x_2 \mid y_2)$ konstruierbare Punkte mit Koordinaten in K. Ihre Verbindungsgerade hat die Steigung $m := (y_2 - y_1)/(x_2 - x_1)$ und den y-Achsenabschnitt $b = y_1 - x_1(y_2 - y_1)/(x_2 - x_1)$. Nach 7.5.2 sind m und b konstruierbare Zahlen, die in K liegen.

Kurz: Wenn zwei Punkte mit Zahlen aus K konstruierbar sind, dann auch ihre *Verbindungsgerade*.

- Gegeben seien zwei nichtparallele Geraden $y = mx + b$ und $y = m'x + b'$, wobei m, b, m' und b' konstruierbare Zahlen aus K sind. Der Schnittpunkt der beiden Geraden hat die Koordinaten $x = (b' - b)/(m - m')$ und $y = (mb' - bm')/(m - m')$. Nach 7.5.2 sind x und y konstruierbare Zahlen, die in K liegen.

Kurz: Der *Schnittpunkt zweier nichtparalleler Geraden*, die mit Zahlen aus K konstruierbar sind, ist auch mit Zahlen aus K konstruierbar.

- Gegeben sei eine Gerade $y = mx + b$ und ein Kreis mit der Gleichung $(x - u)^2 + (y - v)^2 = r^2$, wobei m, b, u, v, r konstruierbare Zahlen aus K sind. Die Berechnung der Schnittpunkte führt auf eine quadratische Gleichung. Die Diskriminante D dieser Gleichung lässt sich aus den Koeffizienten, letztlich also aus m, b, u, v, r durch Anwendung der vier Grundrechenarten berechnen, ist also eine konstruierbare Zahl aus K. Wenn diese Diskriminante d nichtnegativ ist, dann hat die Gleichung eine Lösung. Für positves d liegt aber $\sqrt{d}$ nicht notwendigerweise in K. Dann liegen die Koordinaten der Schnittpunkte in der Erweiterung $K(\sqrt{d})$.

Kurz: Die *Schnittpunkte einer Geraden und eines Kreises*, die mit Zahlen aus K konstruierbar sind, sind auch konstruierbar, und zwar mit Zahlen aus $K(\sqrt{d})$, wobei $d \in K$ konstruierbar ist.

- Schließlich seien zwei Kreise durch ihre Gleichungen $(x - u)^2 + (y - v)^2 = r^2$ und $(x - u')^2 + (y - v')^2 = r'^2$ gegeben, wobei die Zahlen u, u', v, v', r, $r' \in K$ konstruierbar sind. Wenn man die Gleichungen subtrahiert, fallen x^2 und y^2 weg, das heißt, man erhält eine lineare Gleichung in x und y, also die Gleichung einer Geraden. Diese Gerade wird traditionell *Potenzgerade* (oder *Chordale*) genannt. Die Koeffizienten dieser Gleichung errechnet man aus u, u', v, v', r, r' durch Anwendung der vier Grundrechenarten; das heißt auch die Koeffizienten sind konstruierbare Zahlen aus K. Somit ist die Potenzgerade mit Zahlen aus K konstruierbar.

  Wenn sich die beiden Kreise in zwei Punkten treffen, ist die Potenzgerade die Gerade durch diese beiden Punkte; wenn sich die Kreise berühren, ist die Potenzgerade die gemeinsame Tangente in diesem Punkt.

  Für uns ist wichtig, dass sich auch die Schnittpunkte zweier Kreise als Schnittpunkte eines Kreises und einer Geraden berechnen lassen. Daher geht es auch um eine quadratische Gleichung; um die Koordinaten der Schnittpunkte berechnen zu können, muss man daher eventuell die Wurzel einer Zahl aus K zu K adjungieren.

Kurz: Auch die *Schnittpunkte zweier Kreise*, die mit Zahlen aus K konstruierbar sind, sind konstruierbar, und zwar mit Zahlen aus $K(\sqrt{d})$, wobei $d \in K$ konstruierbar ist.

Hauptsatz 7.5.5 (Charakterisierung konstruierbarer Zahlen)
Eine positive reelle Zahl a ist genau dann konstruierbar, wenn a in einem Unterkörper K_n von $\mathbf{R}$ liegt, der auf folgende Weise entsteht: Es gibt eine Folge von ineinander geschachtelten Unterkörpern K_0, K_1, K_2, ..., K_n von $\mathbf{R}$:

$$\mathbf{Q} = K_0 \subseteq K_1 \subseteq K_2 \subseteq \ldots \subseteq K_n \subseteq \mathbf{R},$$

(einen so genannten „Körperturm"), bei dem K_{i+1} aus K_i durch Adjunktion einer Quadratwurzel $\sqrt{d_i}$ einer positiven Zahl $d_i \in K_i$ entsteht.

Beweis. Sei zunächst a eine konstruierbare Zahl. Dann entsteht a durch Anwendung von nur endlich vielen Konstruktionsschritten (A1), ..., (A4) und die zugehörigen Berechnungen von Geraden- und Kreisgleichungen sowie der Koordinaten von Schnittpunkten. Insbesondere wird (A4) nur endlich oft angewendet. Das bedeutet, dass nur endlich oft Schnittpunkte eines Kreises mit einer Geraden oder Schnittpunkte von zwei Kreisen berechnet werden. Nur in solchen Fällen muss man zur Bestimmung der Koordinaten eine quadratische Gleichung lösen. In allen anderen Fällen handelt es sich um lineare Gleichungen, deren Lösungen keinen Anlass zur Körpererweiterungen geben.

Beim ersten Auftreten dieser Situation mit einer Diskriminante d_1, die keine Quadratzahl ist, braucht man die Wurzel w_1 von d_1. Man adjungiert diese Quadratwurzel zu $\mathbf{Q}$ und erhält die Erweiterung $K_1 := \mathbf{Q}(\sqrt{d_1})$.

Im weiteren Verlauf der Konstruktion kann wieder eine Situation auftreten, in der man eine quadratische Gleichung lösen muss, deren positive Diskriminante d_2 die Eigenschaft hat, dass ihre Wurzel $\sqrt{d_2}$ nicht in K_1 liegt. Dann adjungiert man diese Quadratwurzel. Das heißt, man geht zu dem Körper $K_2 := K_1(\sqrt{d_2})$ über.

Und so weiter. Da man bei der Konstruktion von a nur eine endlich Anzahl n von Adjunktionen von Quadratwurzeln zu machen braucht, liegt a in K_n.

Sei umgekehrt a eine positive reelle Zahl aus K_n. Wir zeigen durch Induktion nach n, dass a konstruierbar ist.

Induktionsbasis. Sei $n = 0$. Dann ist $K_n = K_0 = \mathbf{Q}$. Da alle rationalen Zahlen konstruierbar sind, gilt die Behauptung in diesem Fall.

Induktionsschritt. Sei nun $n > 0$, und sei die Behauptung richtig für $n - 1$. Dann sind alle positiven Zahlen aus K_{n-1} konstruierbar. Der Körper K_n möge aus K_{n-1} durch Adjunktion von $w := \sqrt{d_{n-1}}$ entstehen, wobei d_{n-1} eine positive Zahl aus K_{n-1} ist.

Dann ist $a \in K_n$ wie jedes Element aus K_n von der Form $a = r + sw$ mit $r, s \in K_{n-1}$. Da a, b und w konstruierbar sind, ist auch a konstruierbar. $\qquad\square$

Satz 7.5.6

Wenn eine reelle Zahl a konstruierbar ist, dann liegt a in einem Unterkörper K von $\mathbf{R}$, dessen Grad eine Potenz von 2 ist: $[K : \mathbf{Q}] = 2^k$.

Beweis. Nach dem Hauptsatz 7.5.5 gibt es einen Körperturm

$$\mathbf{Q} = K_0 \subseteq K_1 \subseteq K_2 \subseteq \ldots \subseteq K_n = K \subseteq \mathbf{R} \text{ mit } a \in K \text{ und } [K_{i+1} : K_i] \leq 2.$$

Mit dem Gradsatz folgt

$$[K : \mathbf{Q}] = [K_1 : K_0] \cdot [K_2 : K_1] \cdot [K_3 : K_2] \cdot \ldots = 2^k.$$

Mit Hilfe des folgenden Satzes, der 1837 von dem französischen Mathematiker Pierre Wantzel (1814–1848) bewiesen wurde, werden wir entscheiden können, ob die *ungelösten* Probleme der Antike tatsächlich *unlösbar* sind.

Der folgende Satz sagt nicht nur, dass die konstruierbaren Zahlen algebraische Zahlen sind, sondern dass sie ganz spezielle algebraische Zahlen sind.

Satz 7.5.7 (Grad einer konstruierbaren Zahl)

(a) Jede konstruierbare Zahl ist algebraisch.
(b) Wenn eine reelle Zahl a konstruierbar ist, dann ist ihr Grad eine Potenz von 2.

Beweis.

(a) Sei a eine konstruierbare Zahl. Dann liegt a in einer Erweiterung K von $\mathbf{Q}$ vom Grad 2^k, also in einer endlichen Erweiterung. Nach 7.4.2 ist jedes Element aus K, insbesondere a algebraisch.

(b) Die konstruierbare Zahl a liegt in einer Erweiterung K von $\mathbf{Q}$ vom Grad 2^k. Da die Erweiterung $\mathbf{Q}(a)$ in K liegt, ist nach dem Gradsatz der Grad von $\mathbf{Q}(a)$ ein Teiler von 2^k. Somit ist der Grad von $\mathbf{Q}(a)$ selbst eine Zweierpotenz 2^h. Da der Grad von a gleich dem Grad von $\mathbf{Q}(a)$ ist, folgt $\mathrm{Grad}(a) = 2^h$. $\qquad\qquad\square$

Satz 7.5.8 (Unmöglichkeit der Verdoppelung des Würfels, Wantzel 1837)
Es ist nicht möglich, mit Zirkel und Lineal allein einen Würfel des Volumens 2 zu konstruieren. Mit anderen Worten: Die Zahl $\sqrt[3]{2}$ ist nicht konstruierbar.

Beweis. Die reelle Zahl $\sqrt[3]{2}$ ist Nullstelle des Polynoms $x^3 - 2$. Dieses Polynom ist normiert und irreduzibel, also das Minimalpolynom von $\sqrt[3]{2}$. Damit ist $\mathrm{Grad}(\sqrt[3]{2}) = 3$. Nach 7.5.7(b) ist $\sqrt[3]{2}$ also nicht konstruierbar. $\qquad\qquad\square$

Satz 7.5.9 (Unmöglichkeit der Quadratur des Kreises)
Es ist unmöglich nur mit Zirkel und Lineal ein Quadrat zu konstruieren, das genau so groß ist wie der Einheitskreis. Mit anderen Worten: Die Zahl $\sqrt{\pi}$ ist nicht konstruierbar.

Beweis. Wenn $\sqrt{\pi}$ konstruierbar wäre, dann wäre auch π konstruierbar. Insbesondere müsste π nach 7.5.7(a) algebraisch sein. Nun ist π aber nach einem Satz, den Ferdinand Lindemann (1852–1939) im Jahre 1882 bewiesen hat, nicht algebraisch (sondern „transzendent"). Einen vergleichsweise elementaren Beweis für die Transzendenz von π hat David Hilbert im Jahre 1893 gefunden (siehe Hilbert 1893). $\qquad\qquad\square$

Zur Vorbereitung des Folgenden 7.5.10
Welche konstruierbaren Winkel kennen Sie? 90°? 60°? 30°? 45°? 54°?

Satz 7.5.11 (Unmöglichkeit der Dreiteilung des Winkels, Wantzel 1837)
Nicht jeder Winkel kann mit Zirkel und Lineal allein gedrittelt werden. Das heißt, es gibt eine konstruierbare Winkelgröße φ, so dass der Winkel der Größe $\varphi / 3$ nicht konstruierbar ist.

Beweis. Wir zeigen, dass der Winkel von $20°$ nicht konstruierbar ist. Das bedeutet, dass der Winkel der Größe $60°$ nicht gedrittelt werden kann.

Zunächst ist klar: Genau dann ist ein Winkel der Größe α konstruierbar, wenn die Zahl $\cos(\alpha)$ konstruierbar ist.

Wir zeigen nun, dass die Zahl $\cos(20°)$ nicht konstruierbar ist. Genauer zeigen wir, dass das Minimalpolynom von $\cos(20°)$ den Grad 3 hat.

Wir bringen die Zahlen $\cos(\alpha)$ und $\cos(3\alpha)$ in Verbindung, wobei α zunächst eine beliebige Winkelgröße ist. Um die Verbindung herzustellen, wenden wir zweimal die Eulersche Identität $e^{i\varphi} = \cos(\varphi) + i \cdot \sin(\varphi)$ an:

$$
\begin{aligned}
&\cos(3\alpha) + i \cdot \sin(3\alpha) \\
&= e^{3ia} = (e^{ia})^3 = (\cos(\alpha) + i \cdot \sin(\alpha))^3 \\
&= \cos(\alpha)^3 + 3i \cdot \cos(\alpha)^2 \sin(a) - 3\cos(\alpha)\sin(\alpha)^2 - i \cdot \sin(\alpha)^3 .
\end{aligned}
$$

Nun setzen wir die Realteile der beiden Seiten gleich:

$$
\begin{aligned}
\cos(3\alpha) &= \cos(\alpha)^3 - 3\cos(\alpha)\sin(\alpha)^2 \\
&= \cos(\alpha)[\cos(\alpha)^2 - 3\sin(\alpha)^2] \\
&= \cos(\alpha)[-3\cos(\alpha)^2 - 3\sin(\alpha)^2 + 4\cos(\alpha)^2] \\
&= \cos(\alpha)[-3 + 4\cos(\alpha)^2] \\
&= 4 \cdot \cos^3(\alpha) - 3 \cdot \cos(\alpha) .
\end{aligned}
$$

Jetzt spezialisieren wir zu $\alpha = 20°$. Dann ist die linke Seite gleich $\cos(60°) = 1/2$. Wenn wir die Gleichung mit 2 multiplizieren und $\cos(20°)$ als Unbekannte auffassen, sehen wir, dass $\cos(20°)$ eine Nullstelle des Polynoms $8x^3 - 6x - 1$ ist.

Dieses Polynom ist nicht das Minimalpolynom von $\cos(20°)$, aber fast:

Denn dieses Polynom ist irreduzibel. Denn wäre es über $\mathbf{Z}$ reduzibel, müsste es eine ganzzahlige Nullstelle besitzen. Allerdings ist $8x^3 - 6x - 1$ für $x \leq 0$ negativ und für $x \geq 1$ positiv. Also kann dieses Polynom keine Nullstelle in $\mathbf{Z}$ haben. Es ist also über $\mathbf{Z}$ irreduzibel. Nach dem Lemma von Gauß (6.4.7) ist es somit auch über $\mathbf{Q}$ irreduzibel.

Nun multiplizieren wir $8x^3 - 6x - 1$ mit $1/8$ und erhalten das normierte Polynom $x^3 - 3/4x - 1/8$, das ebenfalls irreduzibel ist. Da es $\cos(20°)$ als Nullstelle hat, ist es das Minimalpolynom von $\cos(20°)$.

Daher hat das Minimalpolynom von $\cos(20°)$ den Grad 3. Somit ist $\cos(20°)$ nach 7.5.7 (b) nicht konstruierbar. $\qquad\square$

Zur Festigung des Gelernten 7.5.12

(a) Machen Sie sich klar: Wenn ein Winkel der Größe α konstruierbar ist, dann sind auch Winkel der Größen 2α, 3α, ..., sowie $\alpha/2$ konstruierbar. Wenn die Winkel α und β ($\alpha \geq \beta$) konstruierbar sind, dann auch Winkel der Größen $\alpha + \beta$ und $\alpha - \beta$.

(b) Welche der Winkel $1°$, $2°$, $3°$ sind konstruierbar?

(c) Zeigen Sie: Ein Winkel mit ganzzahliger Größe α ist genau dann konstruierbar, wenn α durch 3 teilbar ist.

Ausblick: Konstruktion regulärer Vielecke.
Am 29. März 1796 schreibt der 18-jährige Carl Friedrich Gauß in einem Brief: *Durch angestrengtes Nachdenken … glückte es mir bei einem Ferienaufenthalte in Braunschweig am Morgen … (ehe ich aus dem Bette aufgestanden war), diesen Zusammenhang auf das Klarste anzuschauen, so daß ich die spezielle Anwendung auf das 17-Eck … auf der Stelle machen konnte.*

Was Gauß hier schreibt, ist nichts weniger, als dass ihm die Konstruktion des regelmäßigen 17-Ecks geglückt war. Er veröffentlichte diese Entdeckung wenige Tage später und merkt dabei an, dass dieses Ergebnis *eigentlich nur ein Corollarium einer noch nicht ganz vollendeten Theorie* sei. Diese Theorie, in der unter anderem die Frage, welche regulären Vielecke mit Zirkel und Lineal konstruiert werden können, vollständig beantwortet wird, lieferte er wenige Jahre später in den *Disquisitiones Arithmeticae* (geschrieben 1798, veröffentlicht 1801) nach.

Zur Vorbereitung des Folgenden 7.5.13
Für welche der Zahlen $n = 3, 4, 5, 6, 7, 8, 9, 10$ kennen Sie eine Konstruktion mit Zirkel und Lineal des regulären n-Ecks?

▶ **Definition: reguläres Vieleck** Ein konvexes n-Eck heißt *regulär*, wenn seine Seiten gleich lang und seine Innenwinkel gleich groß sind.

Sei V ein reguläres n-Eck. Wir nummerieren die Ecken von V fortlaufend entgegen dem Uhrzeigersinn: $P_1, P_2, \ldots, P_n$. Ferner sei w_1 die Winkelhalbierende im Punkt P_1, w_2 die Winkelhalbierende im Punkt P_2, und so weiter.

Abb. 7.4 Der Mittelpunkt eines regulären Vielecks

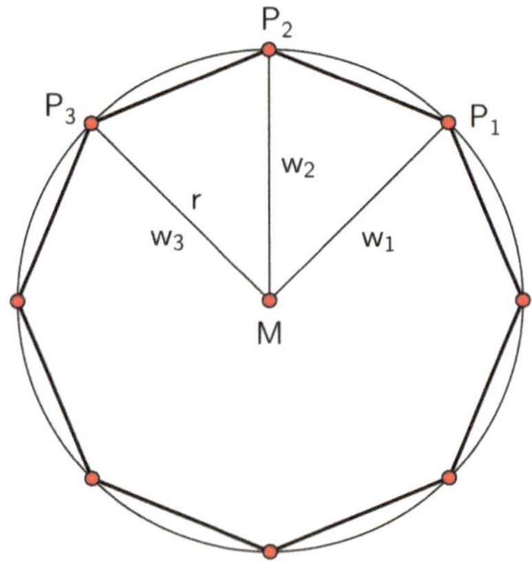

Abb. 7.5 Der Mittelpunktswinkel eines regulären n-Ecks

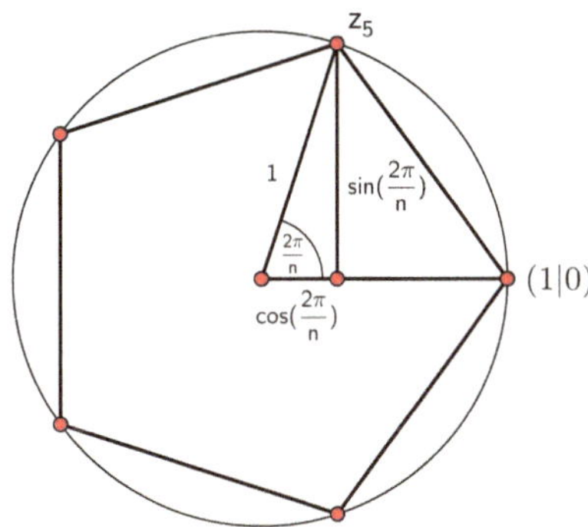

Zwei aufeinanderfolgende Winkelhalbierende w_i und w_{i+1} schneiden sich in einem Punkt S_i. Alle Dreiecke $\triangle\, P_i\, P_{i+1} S_i$ sind kongruent und gleichschenklig. (Denn alle diese Dreiecke haben die Vielecksseite $P_i P_{i+1}$ gemeinsam; die anliegenden Winkel haben jeweils die halbe Größe der Vieleckswinkel. Also sind die Dreiecke nach dem Kongruenzsatz WSW kongruent. Da die Basiswinkel an der Vielecksseite gleich groß sind, sind die Dreiecke gleichschenklig.) Sei r die Länge der beiden Schenkel (vgl. Abb. 7.4).

Nun zeigen wir, dass alle Punkte S_i identisch sind. Um zu sehen dass $S_1 = S_2$ ist, beobachten wir, dass S_1 und S_2 auf der Geraden w_2 liegen, den gleichen Abstand r von P_2 haben und sich im Innern des Vielecks befinden. Somit sind die Punkte identisch.

Wir nennen nun den gemeinsamen Schnittpunkt aller Winkelhalbierenden M. Dieser Punkt M hat den gleichen Abstand r zu allen Ecken von V. Diese liegen also auf einem Kreis um den Mittelpunkt M. Dieser Kreis ist der *Umkreis* von V.

Die Winkel, die aus den Verbindungsstrecken des Mittelpunkts des Umkreises mit zwei aufeinanderfolgenden Ecken bestehen (die sogenannten *Mittelpunktswinkel*), haben alle das Maß $2\pi/n$ (oder $360°/n$). Gleichwertig zur Konstruktion eines regulären n-Ecks ist offenbar der Nachweis der Konstruierbarkeit der Zahl $2\pi/n$. Diese Zahl ist genau dann konstruierbar, wenn die Zahlen $\sin(2\pi/n)$ und $\cos(2\pi/n)$, also die komplexe Zahl $z_n :=$ $\cos(2\pi/n) + i \cdot \sin(2\pi/n)$ konstruierbar ist (siehe Abb. 7.5). Eine Einführung in die komplexen Zahlen finden Sie in Abschn. 9.1.

Wir stellen uns nun das n-Eck V in der kartesische Ebene vor, und zwar so, dass der Mittelpunkt M gleich $(0|0)$ und $P_1 = (1|0)$ ist. Dann kann man nachrechnen, dass $(z_n)^n = 1$ ist. Formal könnte man also sagen, dass z_n eine „n-te Wurzel aus 1" ist; man nennt z_n eine n-te *Einheitswurzel*.

Der folgende Satz reduziert die Aufgabe, ein reguläres n-Eck zu konstruieren, enorm.

Satz 7.5.14

(a) Wenn ein reguläres n-Eck konstruierbar ist, dann ist auch ein reguläres 2n-Eck (und damit ein reguläres $2^s \cdot$ n-Eck für jede natürliche Zahl s) konstruierbar.

(b) Wenn ein reguläres m-Eck und ein reguläres n-Eck konstruierbar sind und wenn
   $ggT(m, n) = 1$ gilt, dann ist auch ein reguläres mn-Eck konstruierbar.

Zur Festigung des Gelernten 7.5.15

Wenn man als Ausgangspunkt nimmt, dass reguläre 3-, 4- und 5-Ecke konstruiert werden können, welche anderen regulären n-Ecke kann man dann aufgrund von Satz 7.5.14
konstruieren? (Diese Erkenntnis war der Stand der Antike, die bis Gauß nicht weiterentwickelt wurde.)

Beweis von Satz 7.5.14.

(a) Die Mittellote auf den Seiten schneiden den Umkreis des regulären n-Ecks. Diese
   Schnittpunkte bilden zusammen mit den Punkten des n-Ecks ein reguläres 2n-Eck.
(b) Nach Voraussetzung sind die Winkel $\alpha = 360°/m$ und $\beta = 360°/n$ konstruierbar, da
   sie Mittelpunktswinkel des regulären m-Ecks beziehungsweise n-Ecks sind. Wegen
   $ggT(m,n) = 1$ gibt es nach dem Lemma von Bézout (1.5.10) natürliche Zahlen a und b
   mit $an - bm = 1$. Wir tragen den Winkel α genau a-mal gegen den Uhrzeigersinn und
   den Winkel β genau b-mal im Uhrzeigersinn ab und erhalten einen Winkel der Größe $a \cdot 360°/m - b \cdot 360°/n = (an - bm) \cdot 360°/mn = 360°/mn$. Dies ist der Mittelpunktswinkel eines regulären mn-Ecks. $\square$

Die wesentlichen Ergebnisse von Gauß zur Konstruierbarkeit regulärer Vielecke stecken in folgendem Satz.

Satz 7.5.16 (Konstruktion regulärer p-Ecke)

Sei p eine ungerade Primzahl.

(a) Ein reguläres p-Eck ist genau dann konstruierbar, wenn $p - 1$ eine Potenz von 2
   ist (das heißt, wenn $p = 2^s + 1$ ist).
(b) Ein reguläres p^2-Eck ist nicht konstruierbar.

Beweisskizze. Sei $n = p$ bzw. $n = p^2$. Dann ist die n-te Einheitswurzel z_n eine Nullstelle
von $x^n - 1$. Dieses Polynom ist allerdings reduzibel.

(a) Im Fall $n = p$ gilt: $x^p - 1 = (x - 1)(x^{p-1} + x^{p-2} + \ldots + x + 1)$. Wegen $z_p \neq 1$ ist z_p
   eine Nullstelle von $f = x^{p-1} + x^{p-2} + \ldots + x + 1$. Zeige: Dieses Polynom ist irreduzibel (schwierig!), ist also das Minimalpolynom von z_p. Wenn z_p konstruierbar ist,
   muss daher $Grad(z_p) = p - 1$ gleich 2^s sein.

(b) Im Fall $n = p^2$ gilt: $x^n - 1 = (x^p - 1)(x^{p(p-1)} + x^{p(p-2)} + x^p + 1)$. Zeige $f = x^{p(p-1)} + x^{p(p-2)} + x^p + 1$ ist irreduzibel (schwierig!), also das Minimalpolynom von z_n. Da der Grad $p(p-1)$ aber keine Potenz von 2 sein kann, ist z_n nicht konstruierbar. $\square$

Damit kann man genau beschreiben, welche regulären Vielecke mit Zirkel und Lineal konstruierbar sind:

Satz 7.5.17 (Konstruktion regulärer n-Ecke)

Ein reguläres n-Eck ist genau dann mit Zirkel und Lineal konstruierbar, wenn n folgende Form hat:

$$n = 2^k \cdot p_1 \cdot p_2 \cdot \ldots \cdot p_s,$$

wobei $p_1, p_2, \ldots, p_s$ paarweise verschiedene „Fermatsche Primzahlen" sind, das heißt Primzahlen der Form $2^{2^t} + 1$.

Beweis. Zunächst sei $n = 2^k \cdot p_1 \cdot p_2 \ldots p_s$ mit paarweise verschiedenen Fermatschen Primzahlen p_i. Nach dem Satz von Gauß (7.5.16) sind die regulären p_i-Ecke konstruierbar. Nach 7.5.14 ist daher auch ein reguläres Vieleck mit $n = 2^k \cdot p_1 \cdot p_2 \ldots p_s$ Ecken konstruierbar.

Nun sei umgekehrt ein reguläres n-Eck konstruierbar. Sei $n = u \cdot v$ mit natürlichen Zahlen u und v. Wenn man nur jede u-te Ecke betrachtet, erhält man ein reguläres v-Eck. Das heißt, dass für jeden Teiler v von n auch ein reguläres v-Ecke konstruierbar ist. Daher kann nach dem Satz von Gauß (7.5.16) die Zahl n weder vom Quadrat einer ungeraden Primzahl noch von einer ungeraden Primzahl, die keine Fermatsche Primzahl ist, geteilt werden.

Damit hat n die im Satz angegebene Form. $\square$

Zur Festigung des Gelernten 7.5.18

Welche natürlichen Zahlen kleiner als 50 haben die Eigenschaft, dass man *kein* reguläres n-Eck konstruieren kann?

Bemerkung. Man kennt bislang Fermatsche Primzahlen nur für die folgenden Werte

$$t = 0: p = 2^{2^0} + 1 = 2^1 + 1 = 3,$$

$$t = 1: p = 2^{2^1} + 1 = 2^2 + 1 = 5,$$

$$t = 2: p = 2^{2^2} + 1 = 2^4 + 1 = 17,$$

$$t = 3: p = 2^{2^3} + 12^8 + 1 = 257,$$

$$t = 4: p = 2^{2^4} + 1 = 2^{16} + 1 = 65.537.$$

7.6 Transzendente Zahlen

Wir sind von den natürlichen Zahlen über die ganzen Zahlen zu den rationalen Zahlen gekommen; wir haben die irrationalen Zahlen entdeckt und die algebraischen Zahlen behandelt. Natürlich kann man fragen: Gibt es noch mehr reelle Zahlen?

Die Antwort darauf ist ein eindeutiges und kräftiges „Ja, aber". „Ja", weil man leicht zeigen kann, dass die algebraischen Zahlen nur einen winzigen Teil aller reellen Zahlen ausmachen, und dass daher die allermeisten reellen Zahlen andere Zahlen, so genannte „transzendente" Zahlen sind. „Aber", weil es außerordentlich schwierig ist, von konkreten Zahlen nachzuweisen, dass sie transzendent sind.

Die erste Zahl, von der nachgewiesen wurde, dass sie nicht algebraisch ist, ist die so genannte *Liouvillesche Konstante* L. Diese ist als Dezimalbruch definiert, und zwar so, dass er an der i-ten Nachkommastelle genau dann eine Eins hat, wenn i eine Fakultät ist, und an allen anderen Stellen eine Null hat. Mit anderen Wort: die Zahl L hat nur an den Nachkommastellen mit den Nummern 1, 2, 6, 24, 120, ... eine Eins. Es gilt also

$$L = \sum_{n=1}^{\infty} 10^{-n!} = 0{,}110001000000000000000001\ldots$$

Man sieht schon auf den ersten Blick dass die Abstände zwischen die vereinzelten Einsen dramatisch größer werden. Unter Verwendung dieser Eigenschaft konnte der französische Mathematiker Joseph Liouville (1809–1882) im Jahre 1844 beweisen, dass L nicht algebraisch ist (siehe 7.6.1).

Im 19. Jahrhundert konnte man auch beweisen, dass e und π transzendent sind (Charles Hermite 1873 beziehungsweise Ferdinand von Lindemann 1882). Die Transzendenz von π ist auch der Schüssel für die Unmöglichkeit der „Quadratur des Kreises" (siehe 7.5.9). Der Nachweis der Transzendenz konkreter Zahlen ist nach wie vor außerordentlich schwierig. Zu den großen Leistungen der Mathematik des 20. Jahrhunderts gehört der Satz von Gelfond und Schneider 1934, der folgendes aussagt: Wenn a $\neq$ 0, 1 eine algebraische Zahl und b eine irrationale algebraische Zahl ist, dann ist die Zahl a^b transzendent. So ist zum Beispiel die Zahl $2^{\sqrt{2}}$ transzendent.

Man weiß aber bis heute nicht, ob die Zahlen $\pi + e$, $\pi \cdot e$, π^e oder e^e transzendent sind.

Ausblick: Die Kreiszahl pi

Es war schon immer eine praktische Notwendigkeit, den Umfang eines Kreises zu bestimmen und es war schon immer eine theoretische Herausforderung, das Verhältnis von Umfang und Durchmesser genau zu bestimmen, das heißt zu „verstehen". Seit Euler wird das Verhältnis von Umfang und Durchmesser eines Kreises mit dem griechischen Buchstaben π („pi" – für „Perimeter" (griech.) = Durchmesser) bezeichnet. Das heißt, man kann aus einem gegebenen Durchmesser d den Umfang U des zugehörigen Kreises berechnen mit Hilfe der Gleichung $U = \pi \cdot d$.

Daher haben sich die Mathematiker seit Jahrtausenden bemüht, die Zahl π beziehungsweise das Verhältnis U/d zu bestimmen. Schon im ersten überlieferten Rechenbuch, dem sogenannten „Papyrus Rhind" (ca. 1650 v. Chr.) wurde dafür die Zahl $(16/9)^2 \approx 3{,}1605$

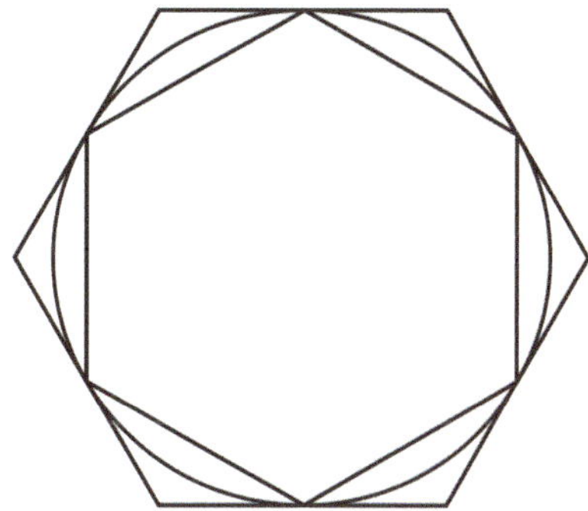

Abb. 7.6 Die Abschätzung des Umfangs eines Kreises nach Archimedes

angegeben (Ägypter), während die Babylonier etwa gleichzeitig die Näherung $3 + 1/8 = 3{,}125$ benutzten. Häufig wurde auch einfach mit 3 gerechnet. So kann man zum Beispiel auch eine Stelle aus der Bibel interpretieren: „Er machte das ‚Meer' (ein rituelles Waschbecken). Dieses … maß 10 Ellen von einem Rand zum anderen; es war völlig rund und … eine Schnur von 30 Ellen konnte es rings umspannen" (1. Kön. 7, 23).

Es war Archimedes (287–212 v. Chr.), der erste mathematische beweisbare Abschätzungen für π angab. Seine Grundidee war folgenden: Es ist schwierig, zu gegebenem Durchmesser den Umfang des Kreises zu berechnen; aber den Umfang eines einbeschriebenen Sechsecks kann man berechnen (siehe Abb. 7.6), und auch den eines einbeschriebenen 12- und 24-Ecks. Natürlich sind die Umfänge diese Vielecke kleiner als der Umfang des Kreises, aber durch die Berechnung eines 96-Ecks konnte Archimedes die Abschätzung $\pi > 3 + 10/71 \approx 3{,}1408$. Indem er nicht nur einbeschriebene, sondern auch umbeschriebene Vielecke betrachtete, konnte er auch beweisen $\pi < 3 + 1/7 \approx 3{,}1429$. Die Abschätzungen von Archimedes sind also schon auf zwei Stellen genau.

Diese geometrische Methode der Berechnung von π war zwei Jahrausende lang die einzige. Der niederländische Fechtlehrer und Mathematiker Ludolph von Ceulen (1540–1610) berechnete π auf 35 Stellen, wofür er einen Großteil seines Lebens verwendete. Dazu benutzte er Vielecke mit 2^{62} Ecken. 35 ist die größte Zahl von Stellen, die man mit der geometrischen Methode berechnet hat.

Denn daran schloss sich das Zeitalter der unendlichen Reihen an. Eine berühmte Reihe für π ist die Leibnizsche Reihe

$$\frac{\pi}{4} = 1 - \frac{1}{3} + \frac{1}{5} - \frac{1}{7} + \frac{1}{9} - \frac{1}{11} + \cdots$$

Diese Reihe ist wunderschön und zeigt eine Regelmäßigkeit, die man π gar nicht zutraut. Aber für praktische Zwecke ist sie völlig unbrauchbar: Um die erste Stelle nach dem Komma zu bekommen, muss man schon fünf Summanden berücksichtigen, und um zwei Stellen zu berechnen muss man fünfzig Bruchzahlen addieren und subtrahieren.

Andere Formeln sind längst nicht so schön, aber viel effizienter. Ein Beleg für diese These ist die Formel, die das indische Zahlengenie Srinivasa Ramanujan (1887–1920) im

Jahre 1910 notierte

$$\frac{1}{\pi} = \frac{\sqrt{8}}{9801} \sum_{n=0}^{\infty} \frac{(4n)!/1103 + 26.390n)}{(n!)^4 3964n}.$$

Eine unglaubliche Formel, die alles andere als „schön" ist, und bei der man sich fragt, wie jemand eine solche Formel finden kann – aber sie ist außerordentlich effizient! Mit jedem neuen Summanden (also $n = 0$, $n = 1$, $n = 2$ usw.) erhält man acht Dezimalstellen von π!

Der Weltrekord beim händischen Rechnen von π lag bei 707 Stellen. Diesen stellte der englische Mathematiker William Shanks (1812–1882), der ein kleines Internat leitete, im Jahre 1873 auf. Allerdings stellte sich – erst lange nach dem Tod von Shanks – heraus, dass nur die ersten 527 Stellen korrekt waren.

Der Einsatz des Computers ermöglichte eine sehr effiziente Nutzung der unendlichen Reihen, und so hat man immer neue Rekorde bei der Berechnung der Stellen von π aufgestellt. Derzeit kennt man π auf mehrere zig Billionen Stellen.

All diese Anstrengungen machten klar, dass π eine ganz besondere Zahl ist. Sie ist in der Tat auch mathematisch gesehen eine außerordentlich interessante Zahl.

Erst 1761 konnte der Mathematiker Johann Heinrich Lambert (1728–1777) etwas beweisen, das viele Mathematiker vor ihm vermutet oder zumindest geahnt hatten, nämlich dass π eine irrationale Zahl ist. Das bedeutet, dass π als Dezimalbruch weder endlich noch periodisch ist. Mit anderen Worten: Bei π ist jede neue Ziffer eine Überraschung!

Und erst mehr als 100 später, im Jahre 1882, bewies der deutsche Mathematiker Ferdinand von Lindemann (1852–1939), dass π eine transzendente Zahl ist. Wir nennen eine Zahl „transzendent", wenn sie nicht algebraisch ist. Leonhard Euler beschreibt diese in seinem Buch „Introductio in Analysin Infinitorum" so: „Die transzendenten Zahlen überschreiten (transzendieren) die Wirksamkeit algebraischer Methoden." Er wie auch Leibniz waren sich sicher, dass es solche Zahlen gibt, obwohl sie dies von keiner Zahl nachweisen konnten. Einen vergleichsweise einfachen Beweis für die Transzendenz von π hat der große Mathematiker David Hilbert (1862–1943) im Jahre 1893 gefunden (siehe auch Ebbinghaus 1992).

Schließlich gibt es noch eine Eigenschaft, die die Zahl π vermutlich hat. Wenn man die Nachkommastellen von π betrachtet, meint man ein komplettes Durcheinander von Ziffern zu sehen. Es wirkt so, als ob die Ziffern zufällig gezogen worden wären. Natürlich ist an π nichts zufällig. Man kann sich aber trotzdem fragen, ob die Folge der Ziffern von π Ähnlichkeiten mit einer Zufallsfolge hat.

Man könnte sich zum Beispiel fragen, ob jede Ziffer vorkommt. Kommt die Null vor? Das war lange Zeit nicht klar, denn die erste Null erscheint erst an der 32. Nachkommastelle. Ludolph von Ceulen hatte viele, viele Jahre rechnen müssen, bis er die erste Null bei π sah. Man würde sogar erwarten, dass – auf lange Sicht – jede Ziffer mit der Häufigkeit von 10 % vorkommt. Entsprechend kann man in π auch Zahlenpaare suchen, also die Paare 11, 22, aber auch 57 oder 83. Bei einer zufälligen Folge wird man erwarten, dass jede solche Folge mit der Häufigkeit von 1 % vorkommt. Allgemein sollte jede k-stellige

Folge die Häufigkeit 10^{-k} haben. Wenn dies so ist, nennt man die Zahl normal. Bei einer normalen Zahl kommt insbesondere jede Folge einmal vor (denn ihre Häufigkeit 10^{-k} ist größer als Null.) Wenn π normal ist, dann kommt in π Ihr Geburtsdatum und Ihre Telefonnummer vor, ja sogar ein Video, das Ihr gesamtes Leben zeigt, denn ein solches Video ist auch nur eine Folge von Nullen und Einsen.

Das ist aber bislang nur eine Vermutung. Man weiß nicht, ob π normal ist. Man weiß noch nicht einmal, ob in π eine Folge von 1000 aufeinanderfolgenden Nullen vorkommt.

Nun wenden wir uns den transzendenten Zahlen zu.

▶ **Definition: transzendente Zahl** Eine reelle Zahl, die nicht algebraisch ist, wird *transzendent* genannt. Eine Zahl t ist transzendent, wenn es kein rationales Polynom $\neq 0$ gibt, das t als Nullstelle hat.

Es ist grundsätzlich schwierig, die Tanszendenz einer Zahl nachzuweisen, da die Transzendenz ein „negatives" Kriterium ist („es gibt *kein* rationales Polynom mit ...") Die Zahl, anhand derer die Existenz von transzendenten Zahlen erstmals bewiesen wurde, ist die Liouvillesche Konstante.

Satz 7.6.1 (Liouvillesche Konstante ist transzendent)
Die Liouvillesche Konstante L ist eine transzendente Zahl.

Beweis. Der Beweis ist „elementar" in dem Sinne, dass man nicht viele theoretische Kenntnisse braucht, um ihn zu verstehen. Er ist aber dennoch nicht einfach, denn man muss sich die Liouvillesche Konstante L und ihre Potenzen sehr genau vorstellen.

Wir zeigen, dass L keine Nullstelle eines ganzzahligen Polynoms ist.

Da L weder ein endlicher noch ein periodischer Dezimalbruch ist, ist L keine rationale Zahl, also keine Nullstelle eines Polynoms vom Grad 1. Wir machen uns zunächst klar, dass L auch keine Nullstelle eines Polynoms vom Grad 2 sein kann.

Schritt 1. Wir versuchen, uns die Zahl L^2 so konkret wie möglich vorzustellen. Grundsätzlich ist klar, wie L^2 berechnet wird: Wenn bei L an den Stellen h und k die Einträge a_h und a_k stehen, dann steht bei L^2 an der Stelle $h + k$ das Produkt $a_h a_k$.

Wenn man L^2 ausrechnet (oder ausrechnen lässt), sieht man folgendes:

$$L^2 = 0{,}0121002200010000000000220002\ldots$$

Können wir diese Folge von Nullen, Einsen und Zweien verstehen? Da in L nur an den Stellen mit Nummern der Form n! ein Eintrag verschieden von Null steht, hat L^2 nur an den Stellen der Form $n! + m!$ einen von Null verschiedenen Eintrag.

$$24 = 4! \qquad\qquad\qquad\qquad\qquad\qquad\qquad\qquad\qquad\qquad\qquad\qquad 120 = 5!$$
$$30 = 4!+3! \quad 48 = 2\times4!$$

Abb. 7.7 Von Null verschiedene Stellen von L und L^2

Dabei müssen wir unterscheiden, ob $n = m$ oder $n \neq m$ ist. Im Fall $n = m$ betrachten wir die Stelle mit der Nummer $2n!$ von L^2. Diese hat den Eintrag $1 \cdot 1 = 1$. Wenn $n \neq m$ ist, steht an der Stelle $n! + m!$ die Summe $a_{n!}a_{m!} + a_{m!}a_{n!} = 1 \cdot 1 + 1 \cdot 1 = 2$.

Zusammengefasst: Die Zahl L^2 hat

- an den Stellen der Form $2n!$ eine Eins (diese entsteht durch die Multiplikation $10^{-n!} \cdot 10^{-n!} = 10^{-2n!}$),
- an den Stellen der Form $n! + m!$ ($n \neq m$) eine 2 (diese entsteht durch die Produkte $10^{-n!} \cdot 10^{-m!} + 10^{-m!} \cdot 10^{-n!}$),
- und an allen anderen Stellen eine Null.

Schritt 2. Wir schauen uns jetzt die Verteilung der von Null verschiedenen Einträge von L und L^2 an. Wenn man die Summen aus zwei Fakultäten $k!$ betrachtet mit $k \leq n$, dann ist die größte Zahl, die man damit erreichen kann, $2n!$ und die zweitgrößte Zahl $n! + (n - 1)!$ Der Abstand dieser beiden Zahlen ist $2n! - [n! + (n - 1)!] = n! - (n - 1)! = (n - 1)!(n - 1)$.

Die nächste Stelle, die einen von Null verschiedenen Eintrag hat, ist $(n + 1)!$, und zwar hat dort L den Eintrag 1. Der Abstand dieser Zahl zu $2n!$ ist $(n + 1)! - 2n! = n![(n + 1) - 2] = n!(n - 1)$.

Es zeigt sich also folgendes Bild: Wenn wir, von $n!$ startend, auf dem Zahlenstrahl weiter gehen und die von Null verschiedenen Einträge von L und L^2 betrachten, dann sehen wir zunächst eine ganze Reihe von Einträgen vom Wert 2, zum Beispiel bei $n! + 1$, $n! + 2$, $n! + 6$ usw. Das geht bis $n! + (n - 1)!$. Das interessiert uns eigentlich gar nicht.

Wichtig ist aber, dass danach eine Lücke bis zu $2n!$ kommt. Diese Lücke hat die Länge $(n - 1)!(n - 1)$. „Lücke" bedeutet, dass an diesen Stellen sowohl bei L als auch bei L^2 nur Nullen stehen. Danach folgt eine weitere Lücke der Länge $n!(n - 1)$ bis zu $(n + 1)!$; dort steht eine 1, die von L herrührt.

In Abb. 7.7 ist die Situation für $n = 4$ dargestellt, wobei die roten Punkte die Stellen zeigen, an denen L^2 einen von Null verschiedenen Eintrag hat, und die blauen Punkte die Stellen andeuten, an denen der Eintrag von L ungleich Null ist.

Zur Festigung des Gelernten 7.6.2

An welcher Stelle von L^2 befinden sich die nächsten Einträge $\neq 0$?

Auf diese beiden Lücken wird es im Folgenden ankommen. Wir halten fest, dass man durch Vergrößerung von n diese Lücken beliebig groß manchen kann.

Schritt 3. Sei jetzt $ax^2 + bx + c$ ein potentielles ganzzahliges Polynom vom Grad 2, das L als Nullstelle hat. Dann gilt $aL^2 + bL = -c$. Da c ganzzahlig ist, muss auch $aL^2 + bL$ ganzzahlig sein. Das bedeutet, dass in der Summe $aL^2 + bL$ alle von Null verschiedenen Nachkommastellen verschwinden müssen.

Wir könnten zum Beispiel das Polynom $511x^2 - 450x + 49$ betrachten. Dann müssten bei $511L^2 - 450L$ alle Nachkommastellen verschwinden. Nun wird aber der Koeffizient 511 mit dem Eintrag an der Stelle Nr. 48, also mit 10^{-48} multipliziert. Das heißt, dass zwischen der Stelle Nr. 30 und der Stelle Nr. 48 irgendeine Stelle von Null verschieden ist.

Nun könnte man einwenden, dass sich kleinere Beiträge so aufaddieren könnten, dass die gerade betrachteten Beiträge aufgehoben werden. Nun ist aber die Lücke zwischen 48 und 120 so groß ist, dass $-450 \cdot 10^{-120}$ zuzüglich einiger mit 511 multiplizierten Einträge an den Stellen 121, 122, 126 usw. die Stellen Nr. 48 nicht beeinflussen können.

Kehren wir zurück zur allgemeinen Situation $aL^2 + bL = -c$. Wir wählen n so groß, dass

- die Lücke zwischen $n! + (n-1)!$ und $2n!$ größer als die Stellenzahl von a ist, und
- die Lücke zwischen $2n!$ und $(n+1)!$ so groß ist, dass das, was an der Stelle $(n+1)!$ und den folgenden Stellen zusammenkommt, eine so kleine Zahl ist, dass sie nicht bis zu $2n!$ reicht.

Die erste Bedingung garantiert, dass zwischen den Stellen Nr. $n! + (n-1)!$ und $2n!$ ein von Null verschiedener Eintrag auftritt, der von $a \cdot 1/10^{-2n!}$ kommt. Die zweite Bedingung garantiert, dass dieser von Null verschiedene Eintrag nicht von Beiträgen, die von Stellen weiter hinten kommen, aufgehoben werden kann.

Schritt 4. Wenn wir zeigen wollen, dass L keine Nullstelle eines beliebigen Polynoms sein kann, müssen wir die Potenzen L^k von L kennen.

Die Zahl L^k hat nur an den Stellen einen von Null verschiedenen Eintrag, deren Nummer eine Summe von höchstens k Fakultäten ist.

Wenn wir uns fragen, ob L eine Nullstelle eines Polynoms vom Grad m sein kann kommt es auf die Potenzen $L, L^2, L^3, \ldots, L^m$ an. Deren von Null verschiedenen Komponenten sind nur an solchen Stellen, die Summe von höchstens m Fakultäten sind.

Wir schauen wieder auf die Verteilung der von Null verschiedenen Einträge zwischen $n!$ und $(n+1)!$. Vor $(n+1)!$ befindet sich eine große Lücke, die bis $m \cdot n!$ reicht. Der nächste von Null verschiedene Eintrag davor befindet sich an der Stelle $(m-1)n! + (n-1)!$. Beide Lücken können durch Vergrößerung von n beliebig groß gemacht werden.

Nun gehen wir vor wie im Fall $m = 2$. Wir machen die Lücken so groß, dass

- der von Null verschiedene Beitrag, den der Koeffizient von x^m an der Stelle $m \cdot n!$ liefert, sich an mindestens einer Stelle mit einer Nummer $\leq m \cdot n!$ zeigt, und
- dieser Eintrag nicht durch Beiträge, die aus den Stellen $(n+1)1$ und folgende entstehen, aufgehoben wird. $\qquad\qquad\square$

Wir wenden uns nun von der akribischen Behandlung einzelner Zahlen ab und schauen auf das große Ganze.

Als Georg Cantor (1845–1918) in den 70er-Jahren des 19. Jahrhunderts darüber nachdachte, ob, und gegebenenfalls wie, man unendliche Mengen ihrer Größe nach vergleichen könne, da standen ihm genau die Probleme vor Augen, die wir hier behandeln, zum Beispiel die Frage: Wie viele transzendente Zahlen gibt es? Ein Ziel Cantors war ein einfacher Beweis für die Existenz vieler transzendenter Zahlen. (Vgl. Purkert und Ilgauds 1987.)

Sein Schlüssel zur Erforschung dieses Problems war eine Definition, die die „unterste Stufe der Unendlichkeit" erfasst; es handelt sich um den Begriff der Abzählbarkeit einer Menge. Die Vorstellung ist, dass eine Menge abzählbar ist, wenn man ihre Elemente nummerieren, also der Reihe nach auflisten kann. Zum Beispiel ist die Menge der geraden Zahlen abzählbar, denn man kann sie der Reihe nach aufschreiben: $2, 4, 6, 8, \ldots$ Auch die Menge $\mathbf{Z}$ der ganzen Zahlen ist abzählbar, denn man kann die ganzen Zahlen in eine Reihe bringen, die einen Anfang hat und dann schrittweise alle ganzen Zahlen erfasst: $\mathbf{Z} = \{0, 1, -1, 2, -2, 3, -3, \ldots\}$.

Zur Vorbereitung des Folgenden 7.6.3

(a) Betrachten Sie die Abzählung $\mathbf{Z} = \{0, 1, -1, 2, -2, 3, -3, \ldots\}$. Geben Sie eine Formel an, die sagt, an welcher Stelle dieser Auflistung die natürliche Zahl n und an welcher Stelle ihr Negatives $-n$ auftaucht

(b) Ist die Menge $\mathbf{N} \times \mathbf{N}$ abzählbar? Können Sie eine Abzählung angeben, bei der man ausrechnen kann, welche Nummer ein gewisses Element (m, n) hat?

▶ **Definition: abzählbare Menge** Eine Menge M wird *abzählbar* genannt, wenn es eine surjektive Abbildung von $\mathbf{N}$ auf M gibt.

Das klingt abschreckend, ist aber – in präziser mathematischer Sprache – genau das, was wir meinen: Wenn die surjektive Abbildung die natürliche Zahl n auf das Objekt m abbildet, dann erhält m die Nummer n. „Surjektiv" sagt in diesem Zusammenhang nur, dass jedes Element von M nummeriert wird.

Cantors erster Coup war folgender Satz:

Satz 7.6.4 (rationale Zahlen sind abzählbar)
Die Menge $\mathbf{Q}$ der rationalen Zahlen ist abzählbar.

Beweis. Wir schauen uns folgendes Schema an:

$$
\begin{array}{ccccccc}
 & & & 1/1 & & & \\
 & & 1/2 & & 2/1 & & \\
 & & 1/3 & 2/2 & 3/1 & & \\
 & 1/4 & 2/3 & & 3/2 & 4/1 & \\
 & 1/5 & 2/4 & 3/3 & 4/2 & 5/1 & \\
1/6 & 2/5 & 3/4 & & 4/3 & 5/2 & 6/1
\end{array}
$$

Wir haben die positiven Brüche nach der Summe ihrer Zähler und Nenner angeordnet: In der ersten Zeile ist die Summe 2, in der zweiten ist die Summe 3, dann ist die Summe 4 und so weiter. So erhält jeder Bruch eine eindeutige Stelle: Der Bruch 17/29 steht in der 47. Zeile an der Stelle 17.

Man könnte sogar die Nummer eines Bruches ausrechnen: Da in der n-ten Zeile genau die n Brüche $1/n$, $2/(n-1)$, ..., $n/1$ stehen, enthalten die ersten 46 Zeilen genau $1 + 2 + \ldots + 46 = 46 \cdot 47/2 = 1081$ Brüche. Der Bruch 17/29 hat also die Nummer $1081 + 17 = 1098$.

Nun sind wir nicht an einer Abzählung der *Brüche*, sondern an der Abzählung der *Bruchzahlen* interessiert. Diese erhalten wir dadurch, dass wir die Brüche, die noch gekürzt werden können, einfach streichen, aber ansonsten das Schema beibehalten.

$$
\begin{array}{cccccc}
 & & & \dfrac{1}{1} & & & \\[2ex]
 & & \dfrac{1}{2} & & \dfrac{2}{1} & & \\[2ex]
 & & \dfrac{1}{3} & & \dfrac{3}{1} & & \\[2ex]
 & \dfrac{1}{4} & \dfrac{2}{3} & & \dfrac{3}{2} & \dfrac{4}{1} & \\[2ex]
 & \dfrac{1}{5} & & & & \dfrac{5}{1} & \\[2ex]
\dfrac{1}{6} & \dfrac{2}{5} & \dfrac{3}{4} & & \dfrac{4}{3} & \dfrac{5}{2} & \dfrac{6}{1}
\end{array}
$$

Dann stehen in der n-ten Zeile höchstens n Bruchzahlen, und die Bruchzahl 17/29 hat eine Nummer ≤ 1098.

Damit ist nicht nur die Menge der positiven Bruchzahlen abzählbar, sondern auch die Menge $\mathbf{Q}$ aller Bruchzahlen: Dazu verwenden wir eine Abzählung der positiven Bruchzahlen: $q_1, q_2, q_3, \ldots$. Wir erhalten dann nach folgendem Schema eine Abzählung aller Bruchzahlen: $0, q_1, -q_1, q_2, -q_2, q_3, -q_3, \ldots$ $\qquad\qquad\square$

Zur Festigung des Gelernten 7.6.5

Wie lautet die nächste Zeile in obiger Abzählung der Bruchzahlen?

Nur wenig komplizierter als die Abzählbarkeit der rationalen Zahlen ist der Beweis, dass auch die Menge der algebraischen Zahlen abzählbar ist.

Satz 7.6.6 (algebraische Zahlen sind abzählbar)

Die Menge $\mathbf{A}$ der algebraischen Zahlen ist abzählbar.

Beweis. Wir wissen: Die algebraischen Zahlen sind die Nullstellen von Polynomen mit ganzzahligen Koeffizienten.

Die Idee des Beweises ist die Tatsache, dass jedes Polynom nur endlich viele Nullstellen hat. Somit reduziert sich die Aufgabe darauf, die ganzzahligen Polynome abzuzählen. Dazu dient der Begriff der „Höhe" eines Polynoms.

Für jedes Polynom $g = a_n x^n + a_{n-1} x^{n-1} + \ldots + a_1 x + a_0 \in \mathbf{Z}[x]$ definieren wir seine *Höhe* als $h(g) := n + |a_n| + |a_{n-1}| + \ldots + |a_1| + |a_0|$. Dabei bezeichnen wir mit $|a|$ den Absolutbetrag der ganzen Zahl a. Zum Beispiel gelten $|5| = 5$ und $|-7| = 7$.

Da dieser Begriff noch ungewohnt ist, betrachten wir einige Beispiele.

Ein Polynom der Höhe 0 hätte nur Koeffizienten, die gleich Null sind. Also wäre es das Nullpolynom. Da das aber den Grad $-\infty$ hat, hat dieses Polynom auch die Höhe $-\infty$.

Zur Festigung des Gelernten 7.6.7

Vervollständigen Sie folgende Tabelle durch Angabe der Polynome der Höhe 4.

Höhe	Grad 0	Grad 1	Grad 2	Grad 3
1	± 1			
2	± 2	$\pm x$		
3	± 3	$\pm x \pm 1, \pm 2x$	$\pm x^2$	
4	± 4			

Es ist klar, dass es zu einer festen Zahl h nur endlich viele Polynome aus $\mathbf{Z}[x]$ der Höhe h gibt. Außerdem hat jedes Polynom nur endlich viele Nullstellen. Also gibt es nur endlich viele algebraische Zahlen, die von Polynomen einer festen Höhe h stammen.

Wir können also die algebraischen Zahlen so ordnen, dass zunächst die algebraischen Zahlen aufgelistet werden, die Nullstellen von Polynomen der Höhe 1 sind, dann die, die Nullstellen von Polynomen der Höhe 2 sind, und so weiter. Da in dieser Liste jede algebraische Zahl vorkommt, ist die Menge $\mathbf{A}$ abzählbar. $\qquad\square$

Cantors zweiter Coup war der Beweis der Überabzählbarkeit der reellen Zahlen. Cantor hat alle diese Sätze in einer Arbeit im Jahr 1874 veröffentlicht.

Satz 7.6.8 (reelle Zahlen sind nicht abzählbar)

(a) Die Menge $\mathbf{R}$ der reellen Zahlen ist nicht abzählbar. Man sagt, sie ist „überabzählbar".

(b) Insbesondere ist die Menge der transzendenten Zahlen überabzählbar.

Beweis.

(a) Um über die Menge der reellen Zahlen Aussagen treffen zu können, müssen wir eine Vorstellung davon haben, was eine reelle Zahl ist. Das ist nicht einfach und wird in der Analysis diskutiert. Stichworte dazu sind, Vollständigkeit, Intervallschachtelung, Dedekindscher Schnitt und Cauchyfolgen.

Für unsere Zwecke ist es ausreichend, sich vorzustellen, dass eine reelle Zahl ein (in der Regel unendlicher) Dezimalbruch ist und umgekehrt jeder unendliche Dezimalbruch eine reelle Zahl darstellt.

Die Beweis erfolgt durch Widerspruch: Angenommen, es gibt eine Liste $z_1, z_2, z_3, \ldots$, die alle reellen Zahlen zwischen Null und Eins enthält.

Wir werden zeigen, dass mindestens eine reelle Zahl zwischen Null und Eins existiert, die nicht auf dieser Liste auftaucht. Die neue Zahl z^* wird so konstruiert, dass sie sich an der ersten Stelle von z_1 unterscheidet, an der zweiten Stelle von z_2, an der dritten Stelle von z_3 und so weiter. Dann ist z^* verschieden von z_n für jede natürliche Zahl n, denn z^* unterscheidet sich ja von z_n zumindest an der n-ten Stelle.

Eine Kleinigkeit müssen wir noch beachten, nämlich das Problem „$0{,}999\ldots = 1{,}000\ldots$", also die Mehrdeutigkeit der Darstellung gewisser reeller Zahlen. Zum Beispiel ist vorstellbar, dass $z_1 = 0{,}1999\ldots$ ist und wir z^* als $z^* = 0{,}2000\ldots$ gewählt haben. Dann wäre zwar die Ziffernfolge von z^* neu, nicht aber die Zahl, denn in diesem Fall wäre ja $z^* = z_1$. Allerdings: Wenn $z^* = 0{,}2000\ldots$ wäre, dann dürfte keine Zahl z_n mit $n \geq 2$ auf der Liste eine Null an der n-ten Stelle haben. Dann wären aber definitiv nicht alle reellen Zahlen zwischen Null und Eins in der Liste enthalten, zum Beispiel schon der endliche Dezimalbruch $0{,}101$ nicht.

Wenn wir wollen, können wir jetzt den Beweis auch noch ein bisschen technischer aufschreiben. Wir bezeichnen die n-te Nachkommastelle von z_m mit a_{mn}:

$$z_1 = 0{,}a_{11}\,a_{12}\,a_{13}\ldots$$

$$z_2 = 0{,}a_{21}\,a_{22}\,a_{23}\ldots$$

$$z_3 = 0{,}a_{31}\,a_{32}\,a_{33}\ldots$$

$$\ldots$$

Die Zahl $z^* := 0{,}b_1\,b_2\,b_3\ldots$ wird jetzt so definiert, dass $b_1 \neq a_{11}, b_2 \neq a_{22}, b_3 \neq a_{33}, \ldots$ ist. Dann kommt die Zahl z^* nicht in der Liste vor.

Also kann keine Liste alle reellen Zahlen zwischen Null und Eins enthalten. Somit ist diese Menge reeller Zahlen, und damit erst recht die Menge aller reellen Zahlen nicht abzählbar.

(b) Da $\mathbf{R}$ überabzählbar, $\mathbf{A}$ aber nur abzählbar ist, muss die Differenzmenge $\mathbf{T} := \mathbf{R} \setminus \mathbf{A}$ überabzählbar sein. Denn sonst wäre $\mathbf{R}$ als Vereinigung der beiden abzählbaren Mengen $\mathbf{A}$ und $\mathbf{T}$ auch abzählbar. $\qquad\square$

Man kann den letzten Satz auch so ausdrücken: nur null Prozent aller reellen Zahlen sind algebraische Zahlen. Anders ausgedrückt: fast alle reellen Zahlen sind transzendent – und doch ist es so schwer, konkrete transzendente Zahlen anzugeben.

Literatur

Hilbert, D.: Über die Transcendenz der Zahlen e und π. Math Ann **43**, 216–219 (1893)
Purkert, W., Ilgauds, H.J.: Georg Cantor 1845–1918. Birkhäuser, Basel (1987)
Ebbinghaus, H.-D., et al.: Zahlen, 3. Aufl. Springer, Berlin (1992)

Gruppen 8

8.1 Ein erster Eindruck

Auf unserer Tour durch die algebraische Landschaft sind wir immer wieder auf Strukturen gestoßen, mit denen man gut rechnen konnte. „Gut rechnen können" heißt dabei, alle die Eigenschaften verwenden zu können, die wir vom Rechnen mit ganzen Zahlen so sehr gewohnt sind, dass wir sie nicht mehr missen möchten. Mathematisch kann man dieses großzügige Rechnen durch die folgenden Eigenschaften ausdrücken: Die Verknüpfung soll das Assoziativgesetz erfüllen, es soll ein neutrales Element geben und zu jedem Element ein inverses. Eine Struktur mit dieser Eigenschaft nennt man eine Gruppe. Oft wünscht man sich auch das Kommutativgesetz.

Wenn man anfängt, nach Gruppen zu suchen, stößt man bald auf eine unglaubliche Fülle von Gruppen. Fast überall, wo man – mathematisch – hinschaut, zeigt sich eine Gruppe. Die Aufgabe für die Mathematik besteht dann, unter anderem, darin, durch Begriffe und Sätze in dieser Vielfalt Ordnung zu schaffen.

In diesem ersten Abschnitt überzeugen wir uns davon, dass es wirklich viele Gruppen gibt.

Gruppen aus Zahlen

Man kann ganze Zahlen im obigen Sinne großzügig addieren, das gilt aber auch für die geraden Zahlen oder allgemein für die durch n teilbaren ganzen Zahlen. In präziserer Sprache drückt man das so aus: $(\mathbf{Z}, +)$, $(2\mathbf{Z}, +)$ und allgemein $(n\mathbf{Z}, +)$ sind Gruppen. Ebenso sind $(\mathbf{Q}, +)$, $(\mathbf{R}, +)$, aber auch $(\mathbf{Z}_n, +)$ Gruppen.

Auch mit der Multiplikation als Verknüpfung erhält man Gruppen. Dabei muss man in der Regel die Null aus der Menge entfernen, denn der Ausdruck $a : 0$ ist häufig sinnlos, was man gewöhnlich dadurch ausdrückt, dass man sagt „0 hat kein multiplikatives Inverses" beziehungsweise „durch 0 darf man nicht teilen".

© Springer Fachmedien Wiesbaden GmbH 2018
A. Beutelspacher, *Zahlen, Formeln, Gleichungen*,
https://doi.org/10.1007/978-3-658-16106-4_8

Die von Null verschiedenen rationalen Zahlen kann man großzügig multiplizieren: es gilt das Assoziativgesetz, es gibt ein neutrales Element (die Zahl 1) und jede von Null verschiedene rationale Zahl $\frac{a}{b}$ hat eine multiplikative Inverse (nämlich $\frac{b}{a}$). Mit anderen Worten: $(\mathbf{Q}^*, \cdot)$ ist eine Gruppe. Entsprechend sind auch $(\mathbf{R}^*, \cdot)$ und $(\mathbf{Z}_n^*, \cdot)$ Gruppen. (Mit K^* bezeichnet man allgemein die Menge der multiplikativ invertierbaren Elemente eines Bereichs K. Die Menge $\mathbf{Q}^*$ besteht also aus allen von Null verschiedenen rationalen Zahlen, während $\mathbf{Z}_{10}^*$ nur die Zahlen 1, 3, 7, 9 enthält.)

Zur Festigung des Gelernten 8.1.1

Welche der folgenden Strukturen sind Gruppen? Wenn die Struktur keine Gruppe ist, überlegen Sie genau, welche Eigenschaft verletzt ist.

- $(\mathbf{N}, +)$
- $(\mathbf{N}, -)$
- $(\mathbf{N}, \cdot)$
- $(\mathbf{N}/\{0\}, \cdot)$
- $(5\mathbf{Z}, +)$
- $(5\mathbf{Z}, -)$
- $(5\mathbf{Z}+1, +)$

Gruppen aus Matrizen

Das Gruppenkonzept ist jedoch viel allgemeiner, es umfasst auch „höhere Zahlen", wie zum Beispiel Matrizen: Die Menge $K^{m \times n}$ aller $m \times n$-Matrizen über einem Körper K bildet zusammen mit der Addition von Matrizen eine Gruppe.

Die Menge aller $n \times n$-Matrizen über einem Körper K, deren Determinante ungleich Null ist, bilden eine Gruppe bezüglich der Multiplikation von Matrizen.

Die Matrizen aus $K^{n \times n}$ mit Determinante 1 oder -1 und die Menge der Matrizen aus $K^{n \times n}$ mit Determinante 1 bilden multiplikative Gruppen.

Zur Festigung des Gelernten 8.1.2

(a) Welche der folgenden Mengen von reellen 2×2-Matrizen $\left(\begin{smallmatrix} a & b \\ c & d \end{smallmatrix}\right)$ sind Gruppen bezüglich der Addition? Wenn die Struktur keine Gruppe ist, überlegen Sie genau, welche Eigenschaft verletzt ist.
  - $a = 0$
  - $a = 1$
  - $a = 0$ und $d = 0$
  - $a + d = 0$
  - $a + d = 1$

(b) Welche der folgenden Mengen von reellen 2×2-Matrizen $A = \left(\begin{smallmatrix} a & b \\ c & d \end{smallmatrix}\right)$ sind Gruppen bezüglich der Multiplikation? Wenn die Struktur keine Gruppe ist, überlegen Sie genau, welche Eigenschaft verletzt ist.

- $\det(A) = 0$
- $\det(A) \neq 0$
- $\det(A) > 0$
- $\det(A) < 0$
- $0 < \det(A) < 1$

Zur Vorbereitung des Folgenden 8.1.3

Auf wie viele Weisen können sich drei Personen mit den Namen 1, 2, 3 auf drei Stühle mit den Nummern 1, 2, 3 setzen?

▶ **Definition: Permutation** Eine *Permutation* ist eine bijektive Abbildung einer endlichen Menge in sich. Dabei bedeutet „bijektiv", dass jedes Element der Menge genau ein Urbild hat.

Man kann eine Permutation π – wie jede Abbildung – dadurch beschreiben, dass man für jedes Element sein Bild angibt. Bei einer Permutation π schreibt man das nach folgendem Modell:

$$\pi = \begin{pmatrix} 1 & 2 & 3 & 4 & 5 & 6 & 7 & 8 \\ 3 & 4 & 5 & 6 & 1 & 2 & 8 & 7 \end{pmatrix}.$$

Das bedeutet, dass die Permutation π das Element 1 auf 3, 2 auf 4, 3 auf 5, 4 auf 6, 5 auf 1, 6 auf 2, 7 auf 8 und 8 auf 7 abbildet.

Allgemein kann eine Permutation der Menge $\{1, 2, \ldots, n\}$ wie folgt geschrieben werden:

$$\pi = \begin{pmatrix} 1 & 2 & \cdots & i & \cdots & n-1 & n \\ \pi(1) & \pi(2) & \cdots & \pi(i) & \cdots & \pi(n-1) & \pi(n) \end{pmatrix}.$$

Daraus erkennt man auch unmittelbar, dass die Anzahl aller Permutationen einer n-elementigen Menge gleich n! ist. (Denn für das Bild von 1 stehen n Möglichkeiten zur Verfügung, für das Bild von 2 nur noch $n - 1$, nämlich alle, der verschieden von $\pi(1)$ sind. Für das Bild von 3 sind noch alle Möglichkeiten $\neq \pi(1)$, $\pi(2)$ erlaubt, also $n - 2$ Möglichkeiten. Und so weiter. Insgesamt gibt es also $n \cdot (n - 1) \cdot (n - 2) \cdot \ldots \cdot 2 \cdot 1 = n!$ Möglichkeiten, eine Permutation auszuwählen.).

▶ **Definition: symmetrische Gruppe** Wir bezeichnen die Menge aller Permutationen der Menge $\{1, 2, \ldots, n\}$ mit $\mathbf{S_n}$ und nennen $\mathbf{S_n}$ die *symmetrische Gruppe* der Menge $\{1, 2, \ldots, n\}$.

Die Permutationen einer Menge bilden eine Gruppe bezüglich der Hintereinanderausführung, die man oft durch das Symbol ∘ bezeichnet. Diese erfolgt nach folgendem Muster: Wenn wir die Hintereinanderausführung $\begin{pmatrix} 1 & 2 & 3 \\ 2 & 3 & 1 \end{pmatrix} \circ \begin{pmatrix} 1 & 2 & 3 \\ 2 & 1 & 3 \end{pmatrix}$ bestimmen wollen, beginnen wir mit der rechts stehenden Permutation: Diese bildet das Element 1 auf 2 ab; die zweite (= links stehende) Permutation bildet 2 auf 3 ab. Also wird insgesamt 1 auf 3 abgebildet. Entsprechend wird 2 über 1 auf 2 und 3 über 3 auf 1 abgebildet, so dass das Produkt insgesamt so aussieht: $\left(\begin{smallmatrix} 1 & 2 & 3 \\ 3 & 2 & 1 \end{smallmatrix}\right)$.

Zur Festigung des Gelernten 8.1.4

Berechnen Sie alle Produkte der Permutation $\left(\begin{smallmatrix} 1 & 2 & 3 \\ 2 & 3 & 1 \end{smallmatrix}\right)$ mit den Permutationen der Menge $\{1, 2, 3\}$.

Es ist leicht einzusehen, dass S_n bezüglich der Hintereinanderausführung eine Gruppe ist. Denn die Hintereinanderausführung von Abbildungen ist generell assoziativ, die Identität ist das neutrale Element, und jede Permutation $\pi = \left(\begin{smallmatrix} 1 & 2 & \cdots \\ \pi(1) & \pi(2) & \cdots \end{smallmatrix}\right)$ hat die Permutation $\pi^{-1} = \left(\begin{smallmatrix} \pi(1) & \pi(2) & \cdots \\ 1 & 2 & \cdots \end{smallmatrix}\right)$ als Inverse.

Eine wichtige Sorte von Permutationen sind die *zyklischen Permutationen* oder kurz *Zyklen* genannt. Dies sind Permutationen, die eine gewisse Menge von Symbolen zyklisch vertauschen und alle anderen Symbole festlassen. Zyklische Permutationen können übersichtlich so notiert werden: Der Zyklus (2 6 5 1 3) ist die Permutation $2 \to 6 \to 5 \to 1 \to 3 \to 2$.

Zyklische Permutationen, bei denen nur zwei Symbole bewegt werden, heißen *Transpositionen*. Zum Beispiel sind (1 2) und (2 5) Transpositionen. Ein Zyklus, in dem nur ein Symbol steht, bezeichnet einen *Fixpunkt*, also ein Element, das auf sich selbst abgebildet wird. So hat zum Beispiel die Permutation (1)(2 3 5)(4) die Fixpunkte 1 und 4.

Zur Festigung des Gelernten 8.1.5

Beschreiben Sie die zyklischen Permutationen (1 2 3), (1 3 5), (1 2 3 4 5), (1 2) der Menge $\{1, 2, 3, 4, 5\}$ in der Standardschreibweise für Permutationen.

Auch Zyklen kann man bequem hintereinander ausführen. Wir lesen wieder von rechts nach links:

$$(1\ 2\ 3)(2\ 3\ 4) = (1\ 2)(3\ 4)$$
$$(2\ 3\ 4)(1\ 2\ 3) = (1\ 3)(2\ 4)$$
$$(1\ 2\ 3)(3\ 4\ 5) = (1\ 2\ 3\ 4\ 5)$$
$$(3\ 4\ 5)(1\ 2\ 3) = (1\ 2\ 4\ 5\ 3).$$

Man kann jede Permutation als Produkt disjunkter Zyklen schreiben, das heißt von Zyklen, die kein Element gemeinsam haben. Die Idee ist, dass man zunächst die „Bahn" eines Elementes bestimmt, dann die „Bahn" eines Elementes, das in der ersten Bahn nicht vorkommt und so weiter.

Wir machen uns das an der Permutation $\left(\begin{smallmatrix} 1 & 2 & 3 & 4 & 5 & 6 & 7 & 8 & 9 & 10 \\ 5 & 9 & 8 & 7 & 3 & 6 & 4 & 1 & 10 & 2 \end{smallmatrix}\right)$ aus S_{10} klar: Die „Bahn" des Elements 1 ist $1 \to 5 \to 3 \to 8 \to 1$. Diese entspricht der zyklischen Permutation (1 5 3 8). Die Bahn des Elements 2 ist $2 \to 9 \to 10 \to 2$; diese gehört zu der zyklischen Permutation (2 9 10). Das Element 4 hat die Bahn $4 \to 7 \to 4$, welche dem Zyklus (4 7) entspricht. Schließlich hat 6 die Bahn $6 \to 6$; das Element 6 ist also ein Fixpunkt; die zugehörige zyklische Permutation ist (6). Insgesamt ist die Permutation gleich dem Produkt (1 5 3 8)(2 9 10)(4 7)(6).

Üblicherweise schreibt man Zyklen der Länge 1 nicht. Eine Ausnahme bildet die Identität, die man zum Beispiel als id. $= (1)$ schreibt.

Zur Festigung des Gelernten 8.1.6

Nehmen Sie eine Menge Spielkarten, für die es irgendeine Ordnung gibt. Zum Beispiel können Sie ein Skatblatt zunächst nach Farben sortieren (Karo – Herz – Pik – Kreuz) und innerhalb jeder Farbe in der Reihenfolge 7, 8, 9, 10, Bube, Dame, König, Ass. Irgendwie bringen sie die Karten in eine Ordnung, so dass jede Karte eine Nummer hat: 1, 2, 3, ...

Nun mischen Sie den Stapel gründlich. Sie erhalten eine Permutation der Spielkarten. (Wenn der Stapel von oben aus den Karten 12, 23, 5, ... besteht, handelt es sich um die Permutation $\left(\begin{smallmatrix} 1 & 2 & 3 & \cdots \\ 12 & 23 & 5 & \cdots \end{smallmatrix} \right)$.)

Bestimmen Sie die Darstellung dieser Permutation als Produkt disjunkter Zyklen.

Zur Festigung des Gelernten 8.1.7

Vervollständigen Sie die folgende Verknüpfungstafel für $\mathbf{S}_3$:

$\circ$	(1)	$(1\,2)$	$(1\,3)$	$(2\,3)$	$(1\,2\,3)$	$(1\,3\,2)$
(1)						
$(1\,2)$		(1)				
$(1\,3)$				$(1\,3\,2)$		
$(2\,3)$						
$(1\,2\,3)$					$(1\,3\,2)$	(1)
$(1\,3\,2)$						

Woran erkennen Sie, dass diese Gruppe nicht kommutativ ist?

Jede zyklische Permutation ist ein Produkt von Transpositionen, wobei diese Transpositionen in der Regel nicht disjunkt sind. So gilt zum Beispiel

$$(1\,3\,4\,7) = (1\,3)(3\,4)(4\,7).$$

Daher ist auch jede Permutation ein Produkt von Transpositionen. Die Darstellung einer Permutation als Produkt von Transpositionen ist alles andere als eindeutig. Eindeutig und charakteristisch für eine gegebene Permutation ist aber, ob man eine gerade oder eine ungerade Anzahl von Transpositionen zu ihrer Darstellung braucht. (Siehe zum Beispiel Beutelspacher 2014, Kap. 7.3). Entsprechend unterscheidet man *gerade* und *ungerade* Permutationen.

Man bezeichnet die Menge der geraden Permutationen von $\{1, 2, \ldots, n\}$ mit $\mathbf{A}_n$. Diese Menge bildet eine Gruppe. Insbesondere ist das Produkt zweier gerader Permutationen wieder gerade. (Denn wenn die erste Permutation ein Produkt aus 10 Transpositionen und die zweite ein Produkt aus 26 Transpositionen ist, kann man das Produkt der beiden Permutationen als ein Produkt von $10 + 26$ Transpositionen schreiben.) Man nennt $\mathbf{A}_n$ die *alternierende Gruppe*. Diese hat genau n!/2 Elemente.

Zur Festigung des Gelernten 8.1.8

Bestimmen Sie die geraden Permutationen der Menge $\{1, 2, 3, 4\}$, das heißt die Elemente von $\mathbf{A}_4$.

Gruppen in der Geometrie

Auch in der Geometrie findet man Gruppen, und zwar auch solche, die für die Algebra wichtig sind. Dazu betrachtet man so genannte *Kongruenzabbildungen*; diese werden manchmal auch *Bewegungen* oder *Isometrien* genannt. Siehe dazu Martin (1975, Chap. 19) und Weigand et al. (2014, Kap. VIII). Es handelt sich um Abbildungen der Menge der Punkte der reellen Ebene in sich, die zwei Punkte stets so abbilden, dass die Bildpunkte den gleichen Abstand wie die Urbildpunkte haben. Man kann zeigen, dass jede Kongruenzabbildung jedes Dreieck auf ein kongruentes Dreieck abbildet. Insofern erhalten Kongruenzabbildungen auch die Winkelmaße. Konkret interessieren wir uns für die Kongruenzabbildungen (Achsen-)Spiegelungen und Drehungen. Vervollständigt werden die Kongruenzabbildungen durch die Translationen (Verschiebungen) und die sogenannten Gleitspiegelungen (oder „Schubspiegelungen").

▶ **Definition: Spiegelung, Drehung**

(a) Sei g eine Gerade. Die *Spiegelung* an der *Achse* g ist die Abbildung σ_g der Ebene in sich, bei der das Bild $P' = \sigma_g(P)$ eines Punktes P wie folgt konstruiert wird: $P' = P$ für alle Punkte P auf g.

Für P außerhalb von g fällt man zunächst das Lot von P auf g; dann ist P' der Punkt auf g, der auf der anderen Seite von g wie P liegt und den gleichen Abstand zu g hat wie P (siehe Abb. 8.1).

(b) Sei Z ein Punkt, und sei φ ein Winkelmaß, das heißt eine Zahl zwischen 0 und 360. Dann ist die *Drehung* um das *Zentrum* Z mit dem Drehwinkel φ die folgendermaßen definierte Abbildung δ:

1. $\delta(Z) = Z$.
2. Für jeden Punkt $P \neq Z$ ist $P' = \delta(P)$ so definiert: P' liegt auf dem Kreis mit Mittelpunkt Z durch P, und der Winkel $\angle P'ZP$ hat die Größe φ (siehe Abb. 8.1).

Bei einer Spiegelung mit Achse g bleibt also jeder Punkt auf g fest, während jeder Punkt außerhalb von g auf einen anderen Punkt abgebildet wird. Wenn durch eine Spiegelung der Punkt P auf P' abgebildet wird, dann wird P' auf P abgebildet.

Bei einer Drehung um das Zentrum Z, die nicht die Identität ist, wird jeder Punkt $P \neq Z$ auf einen anderen Punkt abgebildet.

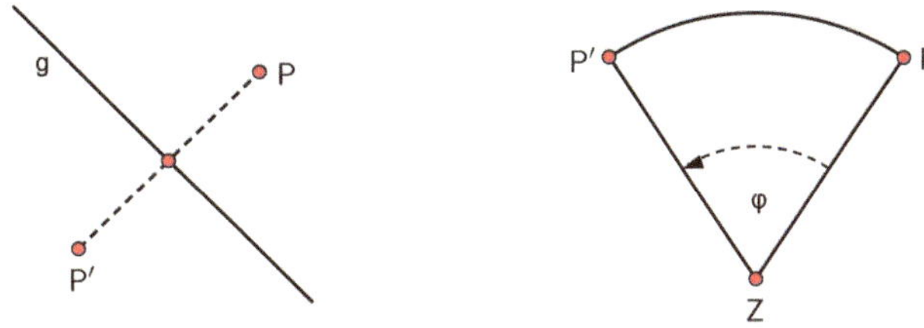

Abb. 8.1 Spiegelungen und Drehungen

Zur Festigung des Gelernten 8.1.9

Welche Geraden werden bei einer Spiegelung auf sich selbst abgebildet? Kann es sein, dass eine Drehung $\neq$ id. eine Gerade auf sich selbst abbildet?

Kongruenzabbildungen werden wie allgemein Abbildungen verknüpft, indem man sie hintereinander ausführt. Damit ergeben sich schon einige Gruppen, zum Beispiel:

- Die Menge aller Kongruenzabbildungen bildet eine Gruppe,
- die Menge aller Translationen bildet eine Gruppe,
- die Menge aller Drehungen mit festem Zentrum bildet eine Gruppe.

Wenn man zwei Spiegelungen hintereinander ausführt, erhält man eine Translation oder eine Drehung. Wenn die Spiegelachsen parallel sind, ist die Verknüpfung eine Verschiebung. Die Verschieberichtung ist senkrecht zu den Spiegelachsen. Wenn sich die Achsen in einem Punkt Z schneiden, ist die Verknüpfung der beiden Spiegelungen eine Drehung mit Zentrum Z. Der Drehwinkel ist doppelt so groß wie der Winkel zwischen den beiden Spiegelachsen.

Man kann die Kongruenzabbildungen in zwei Klassen einteilen: solche, die die Orientierung erhalten, und solche, die die Orientierung umkehren. Verschiebungen und Drehungen sind orientierungserhaltend (eine rechte Hand wird bei Anwendung einer solchen Abbildung in eine rechte Hand überführt), während Spiegelungen und Schubspiegelungen die Orientierung nicht erhalten (aus einer rechten Hand wird eine linke).

Die Menge der orientierungserhaltenden Kongruenzabbildungen ist abgeschlossen bezüglich der Hintereinanderausführung; sie bildet eine Gruppe.

Eine Drehung ist durch zwei Urbild-Bild-Paare eindeutig festgelegt. Das heißt: Seien P, P' und Q, Q' Punktepaare; dann gibt es höchstens eine Drehung, die P auf P' und Q auf Q' abbildet. (Angenommen es gäbe zwei solcher Drehungen δ und δ'. Aus $d(P) = P'$, $d'(P) = P'$ und $d(Q) = Q'$, $d'(Q) = Q'$ folgt $\delta^{-1}\delta'(P) = \delta^{-1}(P') = P$ und entsprechend $\delta^{-1}\delta'(Q) = Q$. Daher ist $\delta^{-1}\delta'$ eine Kongruenzabbildung, die die beiden Punkte P und Q festlässt. Daher muss diese Abbildung eine Spiegelung oder die Identität sein (denn Translationen und Schubspiegelungen haben keinen Fixpunkt und eine Drehung nur einen). Da die Abbildungen δ und δ' orientierungserhaltend sind, muss auch ihr Produkt $\delta^{-1}\delta'$ orientierungserhaltend sein. Daher ist $\delta^{-1}\delta'$ keine Spiegelung und somit die Identität. Das heißt $\delta' = \delta$.)

Abb. 8.2 Symmetrien eines
gleichseitigen Dreiecks

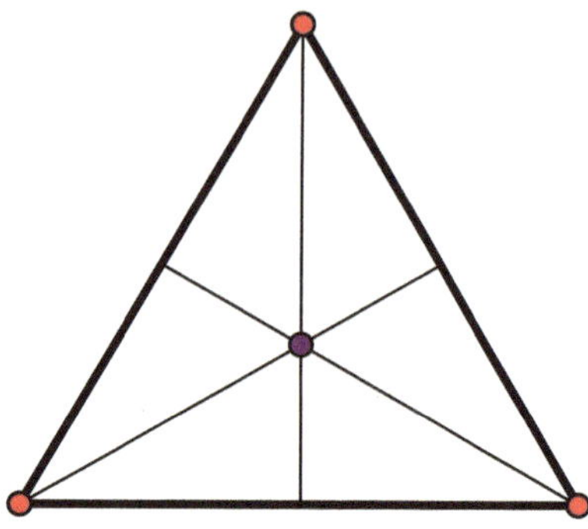

Zur Festigung des Gelernten 8.1.10

Wie viele Urbild-Bild-Paare (P, P') mit $P \neq P'$ legen eine Spiegelung eindeutig fest?

Welche Abbildungen führen eine geometrische Figur in sich selbst über? Betrachten wir zum Beispiel ein gleichseitiges Dreieck. Dieses hat drei Symmetrieachsen, die jeweils eine Ecke mit der gegenüberliegenden Seitenmitte verbinden. Ferner führen auch die Drehungen, die den Mittelpunkt des Dreiecks als Zentrum und die Winkel 120 und 240° als Drehwinkel haben, das Dreieck in sich über. Schließlich nimmt man noch die Identität (Drehung um 0°) als Symmetrieabbildung hinzu. Insgesamt hat ein gleichseitiges Dreieck somit sechs Symmetrieabbildungen (siehe Abb. 8.2).

▶ **Definition: Symmetrie einer Figur** Sei F eine „Figur", das heißt irgendeine Menge von Punkten der reellen Ebene. Eine Symmetrie (oder Symmetrieabbildung) von F ist eine Kongruenzabbildung, die F auf sich abbildet. Genauer gesagt: Zu einer Kongruenzabbildung α betrachten wir die Menge $\alpha(F) := \{\alpha(P) | P \in F\}$. Die Kongruenzabbildung α ist eine *Symmetrieabbildung* von F, falls $\alpha(F) = F$ gilt.

Bemerkung. Die Bedingung $\alpha(F) = F$ kann man in zwei Bedingungen zerlegen:

- $\alpha(F) \subseteq F$ bedeutet, dass jedes Bild $\alpha(P)$ eines Punktes P aus F wieder in F liegt.
- $F \subseteq \alpha(F)$ heißt, dass jeder Punkt P aus F auch Bild eines Punktes P* aus F ist.

Zur Festigung des Gelernten 8.1.11

Bestimmen Sie die Symmetrieabbildungen eines Quadrats, sowie die Symmetrien eines Rechtecks, das kein Quadrat ist.

Wenn wir die Symmetrien einer endlichen, das heißt begrenzten Figur, zum Beispiel eines n-Ecks oder eines Kreises, betrachten, können wir Translationen und Schubspieglungen außer Betracht lassen. Wir machen uns das für die Verschiebungen klar: Angenommen, es gibt eine Verschiebung τ (die nicht die Identität ist), die eine Symmetrieabbildung einer Figur F ist, wobei F nicht die leere Menge sein soll. Dann enthält F einen Punkt P. Dieser wird durch die Translation ein Stückchen in eine Richtung verschoben. Wenn diese Translation eine Symmetrie der Figur ist, ist auch der verschobene Punkt t(P) ein Punkt von F. Auch auf diesen können wir die Translation anwenden. Wir erhalten den Punkt $\tau(\tau(P)) = \tau^2(P)$. Der Abstand von $\tau(P)$ und $\tau^2(P)$ ist der gleiche wie der von P nach $\tau(P)$. Auch der Punkt $\tau^2(P)$ ist ein Punkt von F. Indem wir immer wieder die Translationen τ anwenden, erhalten wir eine Folge P, $\tau(P)$, $\tau^2(P)$, $\tau^3(P)$, ... von Punkten von F, die auf einer Geraden liegen und von denen sich jeder von seinem Vorgänger um eine festen Abstand unterscheidet. Da diese Folge von Punkten alle Grenzen überschreitet, kann die Figur nicht endlich sein.

Die Symmetrien einer Figur, wie etwa die Symmetrien eines gleichseitigen Dreiecks sind nicht nur eine Menge, sondern man kann sie verknüpfen: Wenn man zwei Symmetrien hintereinander ausführt, ergibt sich wieder eine Symmetrie. Tatsächlich ist es so, dass die Symmetrien einer Figur eine Gruppe bilden, wobei die Operation die Hintereinanderausführung ist.

Im Beispiel des gleichseitigen Dreiecks bezeichnen wir die Spiegelungen mit $\sigma_1, \sigma_2, \sigma_3$ (gegen den Uhrzeigersinn nummeriert) die Drehung um 120° (gegen den Uhrzeigersinn) mit δ_1, die Drehung um 240° mit δ_2, und die Identität mit ε. Dann kann man sich für jedes Paar von Symmetrien fragen, welche Abbildung sich bei der Hintereinanderausführung ergibt.

Es zeigt sich, dass die Hintereinanderausführung von zwei Symmetrien wieder eine Symmetrie ist.

Zur Festigung des Gelernten 8.1.12

(a) Machen Sie sich die Einträge in folgender Verknüpfungstafel der Symmetrien eines gleichseitigen Dreiecks klar. (Eine Methode besteht darin, die Abbildungen auf die drei Ecken des Dreiecks zu beschränken. Dann sind die Abbildungen Permutationen aus S_3, von denen Sie wissen, wie man sie multipliziert.)

(b) Vervollständigen Sie die Verknüpfungstafel.

$\circ$	ε	δ_1	δ_2	σ_1	σ_2	σ_3
ε	ε	δ_1	δ_2	σ_1	σ_2	σ_3
δ_1	δ_1		c	σ_2	σ_3	σ_1
δ_2	δ_2	ε	δ_1			
σ_1	σ_1			ε	δ_2	δ_1
σ_2	σ_2				ε	
σ_3	σ_3					ε

Satz 8.1.13 (Symmetriegruppe)
Für jede Figur F bilden die Symmetrien von F eine Gruppe bezüglich der Hintereinanderausführung.

Beweis. Im Wesentlichen müssen wir nur zeigen, dass die Menge Sym(F) der Symmetrien von F abgeschlossen bezüglich der Hintereinanderausführung ist. Seien dazu α und β zwei Symmetrien von F. Wir müssen zwei Dinge zeigen:

- Für jeden Punkt $P \in F$ gilt $\alpha\beta(P) \in F$. (Da β eine Symmetrie ist, ist $P' := \beta(P)$ ein Punkt von F. Nun wenden wir auf diesen Punkt die Abbildung α an. Da α eine Symmetrieabbildung von F ist, ist $\alpha(P') = \alpha(\beta(P)) = \alpha\beta(P)$ ein Punkt von F.)
- Für jeden Punkt $P \in F$ gibt es einen Punkt $Q \in F$ mit $\alpha\beta(Q) = P$. (Da α eine Symmetrie von F ist, gibt es einen Punkt $P' \in F$ mit $\alpha(P') = P$. Da β eine Symmetrie von F ist, existiert ein Punkt $Q \in F$ mit $\beta(Q) = P'$. Zusammen folgt $\alpha\beta(Q) = \alpha(\beta(Q) = \alpha(P') = P$.)

Die Operation ist assoziativ, da die Hintereinanderausführung auf der Menge aller Kongruenzabbildungen assoziativ ist. Ferner ist die Identität eine Symmetrie von F.

Schließlich ist die inverse Abbildung α^{-1} einer Symmetrieabbildung α von F auch eine Symmetrieabbildung von F: Denn wegen $F \subseteq \alpha(F)$, hat jeder Punkt $P \in F$ sein Urbild $P^* := \alpha^{-1}(P)$ in F. Also ist auch α^{-1} eine Symmetrieabbildung von F. $\qquad\square$

► **Definition: n-Eck** Ein n-*Eck* ist eine (zyklisch angeordnete) Folge $P_1, P_2, \ldots, P_n$ von n Punkten, von denen keine drei auf einer gemeinsamen Geraden liegen. Man nennt die Strecken P_iP_{i+1} die *Seiten* und die Winkel $\angle P_{i-1}P_iP_{i+1}$ die *Winkel* des n-Ecks (i = 1, 2, $\ldots$, n). Wenn man sich nicht für die Anzahl der Ecken interessiert, spricht man auch einfach von einem Vieleck.

Zur Vorbereitung des Folgenden 8.1.14
Welche der folgenden Vielecke sind konvex?

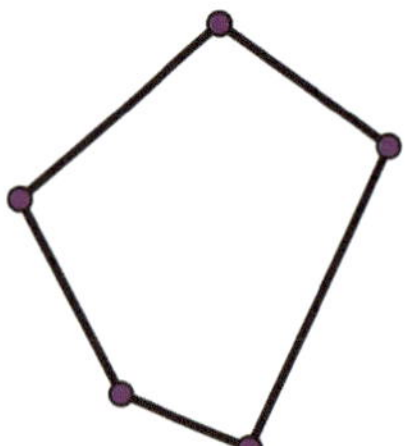
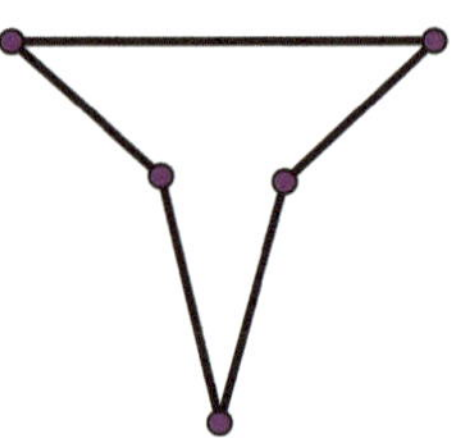
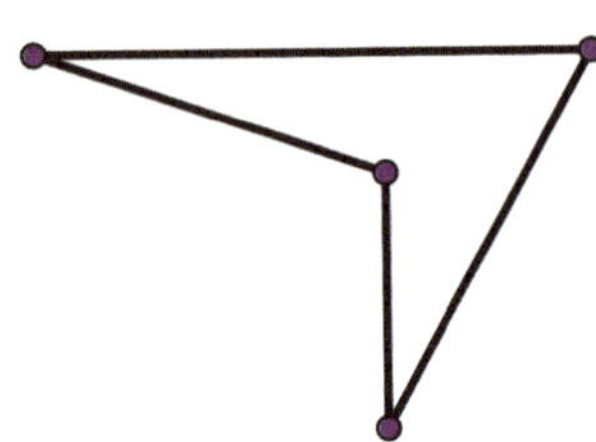

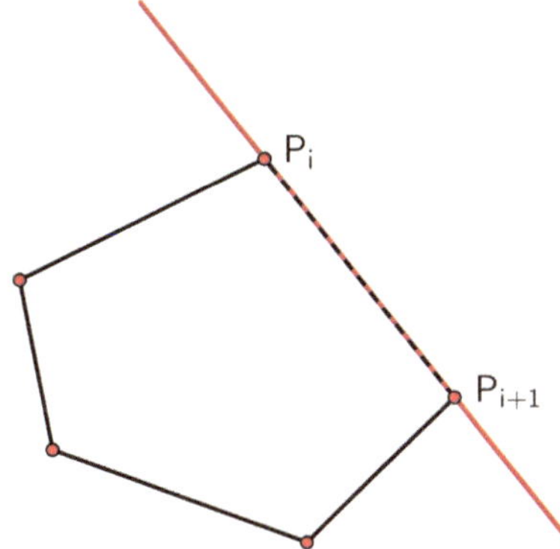

Abb. 8.3 Ein konvexes Fünf-eck

Wir kennen die mathematische Beschreibung der Konvexität eine Menge: Eine Menge F von Punkten ist konvex, falls für je zwei Punkte P, Q in F auch alle Punkte der Strecke PQ in F enthalten sind.

Diese Definition ist für n-Ecke nicht direkt anwendbar. Denn ein n-Eck besteht aus kümmerlichen n Punkten und vielleicht noch den Kanten. Aber die Verbindungsstrecken von zwei nicht benachbarten Ecken sind nicht in dem n-Eck enthalten.

Zum Glück können wir die Konvexität von Vielecken auf andere Weise ganz einfach erklären: Wir nennen ein n-Eck P_1, P_2, ..., P_n *konvex*, falls für jede Kante P_iP_{i+1} alle Ecken $\neq P_i$, P_{i+1} auf einer Seite (in einer „Halbebene") der Geraden P_iP_{i+1} liegen (siehe Abb. 8.3).

Zur Vorbereitung des Folgenden 8.1.15

Bestimmen Sie für jedes der folgenden Sechsecke die Drehungen und Spiegelungen, die Symmetrien dieses Sechsecks sind. Wie viele gibt es jeweils?

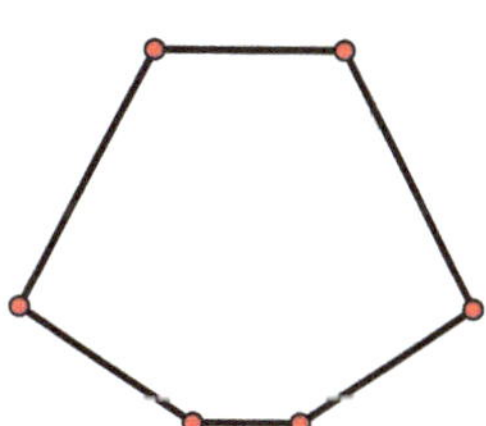 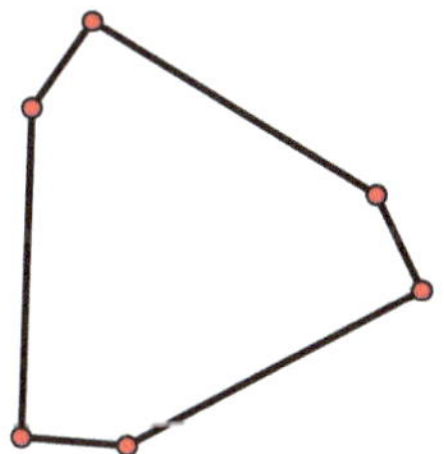 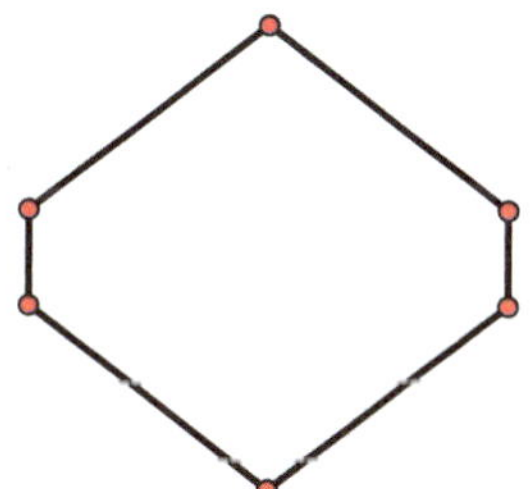

Wenn wir von Symmetrien eines Vielecks V sprechen, denken wir zunächst daran, dass die Ecken von V permutiert werden. Allerdings führt jede Symmetrie von V auch Kanten von V in Kanten über. Genauer gesagt; Wenn eine Symmetrieabbildung α von V die Ecke P in die Ecke P' überführt, dann bildet α auch die an P angrenzenden Kanten auf die an P' angrenzenden Kanten ab.

Satz 8.1.16 (Symmetrien eines n-Ecks)

Ein konvexes n-Eck hat höchstens 2n Symmetrien, darunter sind höchstens n Drehungen (inklusive der Identität) und höchstens n Spiegelungen.

Wenn ein n-Eck tatsächlich 2n Symmetrien hat, dann ist es regulär. (Das heißt, dass seine Seiten gleich lang und seine Winkel gleich groß sind.)

Beweis. Sei V ein konvexes n-Eck.

(a) Zunächst zeigen wir: Zu je zwei verschiedenen Punkten P, P′ von V gibt es höchstens eine Drehsymmetrie (das heißt eine Drehung, die eine Symmetrie von V ist), die P auf P′ abbildet.

(Seien δ, δ' Drehsymmetrien, die P auf P′ abbilden. Wir betrachten die Kanten k_1, k_2 von V an P mit ihren zweiten Endpunkten Q_1, Q_2 sowie die Kanten $k_1{}'$ und $k_2{}'$ von V an P′ und deren Endpunkte $Q_1{}'$, $Q_2{}'$. Da δ und δ' Symmetrien von V sind, wird sowohl von δ als auch δ' die Kante k_1 auf $k_1{}'$ oder $k_2{}'$ abgebildet und entsprechend Q_1 auf $Q_1{}'$ oder $Q_2{}'$.

Wenn $\delta(Q_1) = \delta'(Q_1)$ ist, dann folgt $\delta' = \delta$, da auch $\delta(P) = \delta'(P)$ gilt. Sei also $\delta(Q_1) = Q_1{}'$ und $\delta'(Q_1) = Q_2{}'$. Dann ist auch $\delta(Q_2) = Q_2{}'$ und $\delta'(Q_2) = Q_1{}'$.

Wir betrachten die Symmetrie $\delta^{-1}\delta'$ von V. Es gilt

$$\delta^{-1}\delta'(P) = \delta^{-1}(P') = P$$
$$\delta^{-1}\delta'(Q_1) = \delta^{-1}(Q_2') = Q_2,$$
$$\delta^{-1}\delta'(Q_2) = \delta^{-1}(Q_1') = Q_1.$$

Die Abbildung $\delta^{-1}\delta'$ hält also P fest und vertauscht Q_1 und Q_2. Da $\delta^{-1}\delta'$ orientierungserhaltend ist und einen Fixpunkt hat, muss $\delta^{-1}\delta'$ eine Drehung sein. Da $\delta^{-1}\delta'$ zwei Punkte vertauscht, ist diese Abbildung also eine Drehung um 180°. Da P das Zentrum dieser Drehung ist und die Punkte Q_1 und Q_2 vertauscht werden, liegen Q_1, P und Q_2 auf einer Geraden. Dies ist ein Widerspruch zur Definition eines Vielecks.)

(b) Es gibt höchstens n Drehungen in Sym(V).

(c) Die Anzahl der Spiegelungen ist höchstens so groß wie die Anzahl der Drehungen.

(Seien $\sigma_1, \ldots, \sigma_t$ die Spiegelungen aus Sym(V). Das Produkt von je zwei Spiegelungen ist entweder eine Translation (wenn ihre Achsen parallel sind) oder eine Drehung (um den Schnittpunkt der Achsen). Da eine begrenzte Figur keine Translationen als Symmetrien hat, müssen die Abbildungen $\sigma_1\sigma_2, \ldots, \sigma_1\sigma_t$ verschiedene Drehungen $\neq$ id. sein. Also gibt es mindestens $t-1$ Drehungen $\neq$ id., also insgesamt mindestens t Drehungen in Sym(V). Das heißt: Die Anzahl t der Spiegelungen in Sym(V) ist höchsten so groß wie die Anzahl der Drehungen.)

(d) Nun setzen wir voraus, dass das n-Eck V genau 2n Symmetrien hat. Dann besteht Sym(V) aus n Drehungen und n Spiegelungen. Nach Teil (a) des Beweises werden dann je zwei Ecken von V durch eine Drehsymmetrie aufeinander abgebildet; also sind alle Ecken „gleichberechtigt" und insbesondere alle Winkel gleich groß.

Nun betrachten wir die Symmetrien aus Sym(V), die eine Ecke P festlassen. Das ist neben der Identität auch eine Spiegelung. Diese Spiegelung vertauscht die beiden Kanten, die an P anstoßen. Also sind diese Kanten gleich lang. Somit sind je zwei benachbarte Kanten gleich lang, also sind alle Kanten gleich lang.

Daher ist V regulär. $\square$

Zur Vorbereitung des Folgenden 8.1.17

Bestimmen Sie die Menge der Symmetrien eines regulären Fünfecks.

Jedes reguläre n-Eck hat n Drehsymmetrien und n Spiegelsymmetrien. Da ein reguläres n-Eck einen Umkreis besitzt (siehe Abschn. 7.5), muss der Mittelpunkt M dieses Umkreises bei jeder Symmetrieabbildung festbleiben. Daher hat jede Drehsymmetrie den Punkt M als Zentrum, und die Achse jeder Spiegelsymmetrie geht durch M.

▶ **Definition: Diedergruppe** Wir nennen die Symmetriegruppe eines regulären Vielecks eine *Diedergruppe* (sprich: „Di-eder"). Wir bezeichnen die Diedergruppe, die Symmetriegruppe eines regulären n-Ecks ist, mit D_{2n}. Das bedeutet: D_{10} ist die Symmetriegruppe des regulären Fünfecks.

8.2 Die Definition

Nun setzen wir noch einmal an und definieren, was wir unter einer Gruppe verstehen wollen.

▶ **Definition: Gruppe** Sei G eine Menge und sei · eine Operation auf G, die jedem Paar (g, h) von Elementen von G wieder ein Element zuordnet, das wir mit g·h bezeichnen (Abgeschlossenheit der Operation). Wir nennen G zusammen mit der Operation · eine *Gruppe*, falls folgende Aussagen gelten:

(A) Die Operation ist *assoziativ*, das heißt: Für alle g, h, k ∈ G gilt g·(h·k) = (g·h)·k.

(N) G besitzt ein *neutrales Element*. Das ist ein Element e ∈ G mit e·g = g für alle g ∈ G.

(I) Jedes Element g aus G hat ein *inverses Element*; das ist ein Element h ∈ G mit h·g = e. Wir werden bald zeigen, dass h eindeutig bestimmt ist; dann können wir statt h auch g^{-1} schreiben.

Wenn die Operation einer Gruppe G auch kommutativ ist, wenn also gilt:

(K) Für alle g, h ∈ G gilt g·h = h·g,

dann heißt die Gruppe G *kommutativ* oder *abelsch*.

Die Bezeichnung „abelsch" erinnert an den norwegischen Mathematiker Niels Henrik Abel (1802–1829).

Bei Gruppen gibt es ein kleines Problem mit der Notation. Wir haben die Definition – wie allgemein üblich – so aufgeschrieben, dass wir die Gruppenoperation multiplikativ denken. Oft wird dann das neutrale Element mit 1 bezeichnet und das zu g inverse Element mit g^{-1}. Wir haben aber im ersten Abschnitt schon gesehen, dass es viele wichtige Gruppen gibt, bei denen die Operation eine Addition ist. In solchen Fällen wäre es naheliegend, das neutrale Element mit 0 und das zu g inverse Element mit $-g$ zu bezeichnen. Diese Schwierigkeit ist unausweichlich. Lassen Sie sich nicht verwirren!

Der erste Satz klärt Sachverhalte, die „eigentlich klar" sind. Dennoch muss man beim Beweis sehr genau hinschauen. Wenn Ihnen das zu lästig ist, überspringen Sie den Beweis zunächst einfach und schauen sich ihn später einmal an.

Satz 8.2.1

Sei G eine Gruppe.

(a) Sei h ein inverses Element von g. Dann gilt nicht nur $h \cdot g = e$, sondern auch $g \cdot h = e$.

(b) Für jedes neutrale Element e von G gilt auch $g \cdot e = g$ für alle $g \in G$.

(c) In G gibt es nur ein neutrales Element; dieses ist eindeutig bestimmt. Wir werden es standardmäßig mit e bezeichnen.

(d) Für jedes Element $g \in G$ gibt es nur ein inverses Element; wir bezeichnen dies mit g^{-1} (beziehungsweise $-g$, falls die Operation additiv geschrieben ist).

Beweis.

(a) Sei h' ein zu h inverses Element. Dann gilt

$$gh = e(gh) = (h'h)(gh) = h'((hg)h) = h'(eh) = h'h = e.$$

(b) Dies folgt so:

$$ge = g(hg) = (gh)g = eg = g.$$

(c) Seien e, e* neutrale Elemente. Da e* neutral ist, gilt $e* \cdot e = e$. Da e ein neutrales Element ist, folgt aus (b) auch $e* \cdot e = e*$. Zusammen heißt das $e = e*$.

(d) Seien h und h* inverse Elemente von g. Dann folgt sowohl $h = he = h(gh*)$ als auch $h* = eh* = (hg)h*$. Also ist $h = h*$. $\square$

Mit diesem Satz können wir schon erste kleine Aussagen über die Elemente einer Gruppe beweisen. Zum Beispiel gilt: Wenn man die inversen Elemente von g und h kennt, dann kennt man auch das inverse Element des Produkts gh. Das kann man viel präziser ausdrücken: $(gh)^{-1} = h^{-1}g^{-1}$. (Man beachte die Vertauschung der Reihenfolge!) Dazu müssen wir nur nachweisen, dass das Element gh verknüpft mit der behaupteten Inversen das neutrale Element ergibt. Das ist einfach: $gh \cdot (h^{-1}g^{-1}) = g \cdot (h\,h^{-1}) \cdot g^{-1} = g \cdot e \cdot g^{-1} = g \cdot g^{-1} = e$.

Zur Vorbereitung des Folgenden 8.2.2

Viele Gruppen enthalten Teilmengen, die selbst wieder Gruppen sind.

(a) Welche der folgenden Teilmengen von $\mathbf{Z}$ sind Gruppen bezüglich der Addition in $\mathbf{Z}$?
  - Die Menge der geraden Zahlen
  - Die Menge der ungeraden Zahlen
  - Die Menge der durch 10 teilbaren Zahlen
  - Die Menge der nichtnegativen ganzen Zahlen

(b) Welche der folgenden Teilmengen von $\mathbf{Q}$ bilden eine Gruppe bezüglich der Multiplikation in $\mathbf{Q}$?
  - Die Menge der positiven rationalen Zahlen
  - Die Menge der rationalen Zahlen $\neq 0$ mit ungeradem Nenner
  - Die Menge der rationalen Zahlen mit ungeradem Zähler
  - Die Menge der rationalen Zahlen $\neq 0$, deren Nenner eine Quadratzahl ist

▶ **Definition: Untergruppe** Sei G eine Gruppe. Eine Teilmenge U wird eine *Untergruppe* von G genannt, falls U zusammen mit der Operation auf G (genauer gesagt mit der Einschränkung der Operation auf U) auch eine Gruppe ist.

Zur Festigung des Gelernten 8.2.3

(a) Sei $n\mathbf{Z} := \{nz \mid z \in \mathbf{Z}\}$ für ein $n \in \mathbf{Z}$. Bestimmen Sie alle Untergruppenbeziehungen zwischen den Gruppen $2\mathbf{Z}$, $3\mathbf{Z}$, $4\mathbf{Z}$, $5\mathbf{Z}$ $6\mathbf{Z}$.

(b) Welche Untergruppen hat die Symmetriegruppe eines Quadrats?

Man kann grundsätzlich einfach feststellen, ob eine gegebene Teilmenge U eine Gruppe eine Untergruppe ist.

Satz 8.2.4 (Untergruppenkriterium)

Sei G eine Gruppe, und sei U eine Teilmenge von G. Dann ist U genau dann eine Untergruppe, wenn die folgenden Aussagen gelten:

- $U \neq \emptyset$.

- Abgeschlossenheit der Verknüpfung: Für alle u, u′ ∈ U ist auch uu′ ein Element von U.
- Abgeschlossenheit bezüglich der Inversenbildung: Für jedes u ∈ U ist auch u^{-1} ein Element von U.

Beweis. Da eine Untergruppe eine Gruppe ist, erfüllt sie die drei Kriterien.

Sei nun umgekehrt U eine Teilmenge von G, die diese Kriterien erfüllt. Es ist zu zeigen, dass U eine Gruppe ist.

(A) Das Assoziativgesetz gilt für die Elemente aus U, da es ja sogar für die Elemente von G gilt.

(N) Da U nicht die leere Menge ist, gibt es ein Element u in U. Wegen der Abgeschlossenheit bezüglich der Inversenbildung ist auch u^{-1} ein Element von U. Wegen der Abgeschlossenheit bezüglich der Verknüpfung ist somit auch $e = uu^{-1}$ ein Element aus U.

(I) Die Existenz eines inversen Elements in U ergibt sich direkt aus der Abgeschlossenheit bezüglich der Inversenbildung.   □

Zur Festigung des Gelernten 8.2.5

Welche der folgenden Teilmengen von **Z** sind Untergruppen bezüglich der Addition in **Z**?

- Die Menge der geraden Zahlen
- Die Menge der ungeraden Zahlen
- Die Menge der Zahlen, die kleiner als 100 sind
- Die Menge der Zahlen, die durch eine Primzahl p teilbar sind
- Die Menge der Quadratzahlen

Zur Festigung des Gelernten 8.2.6

Welche der folgenden Aussagen gilt? Seien m und n natürliche Zahlen mit m|n.

Z_m ist eine Untergruppe von Z_n
Z_n ist eine Untergruppe von Z_m
$Z_m{}^*$ ist eine Untergruppe von $Z_n{}^*$
$Z_n{}^*$ ist eine Untergruppe von $Z_m{}^*$

Wir erinnern uns an die Definition einer Restklasse von **Z**: Für eine ganze Zahl a besteht die Restklasse [a] modulo n aus allen ganzen Zahlen, die bei Division durch n den Rest a ergeben. In einer Formel: $[a] = \{z \in \mathbf{Z} \mid z$ hat den gleichen Rest wie a bei Division durch n$\}$.

Man könnte die Restklasse [a] aus einem anderen Blickwinkel so beschreiben. Wir betrachten die Untergruppe $n\mathbf{Z}$ von $\mathbf{Z}$. Nun addieren wir zu der festen Zahl a alle Elemente der Untergruppe. Das heißt, wir betrachten die Menge $\{a + nz \mid z \in \mathbf{Z}\}$, die wir kurz mit $a + n\mathbf{Z}$ bezeichnen.

Behauptung: $a + n\mathbf{Z}$ ist genau die Restklasse [a]. Denn jedes Element aus $a + n\mathbf{Z}$ hat bei Division durch n den gleichen Rest wie a. Und umgekehrt lässt sich jede Zahl, die bei Division durch n den gleichen Rest wie a liefert, schreiben als $a + nz$. Somit gilt $[a] = a + n\mathbf{Z}$.

Diese Beschreibung erlaubt uns, den Begriff der Restklasse zu verallgemeinern. Denn wir können $\mathbf{Z}$ und $n\mathbf{Z}$ ersetzen durch eine beliebige Gruppe mit einer Untergruppe. Dies führt auf den Begriff der Nebenklasse.

▶ **Definition: Nebenklasse** Sei G eine multiplikativ geschriebene Gruppe, und sei U eine Untergruppe von G. Für ein Element $g \in G$ definieren wir $gU := \{gu \mid u \in U\}$ und nennen gU die *Nebenklasse* von G nach U. Man kann das auch so ausdrücken: Die Nebenklasse gU besteht aus den Produkten von g mit allen Elementen aus U. Man nennt g einen Repräsentanten der Nebenklasse gU.

Wenn G eine additiv geschrieben Gruppe ist, schreibt man für die Nebenklasse $g + U$; diese ist definiert durch $g + U := \{g + u \mid u \in U\}$.

Beispiele.

(a) Oben haben wir uns klar gemacht, dass die Mengen $a + n\mathbf{Z}$ Nebenklassen der additiven Gruppe $\mathbf{Z}$ nach der Untergruppe $n\mathbf{Z}$ sind.
(b) Die Untergruppe $\mathbf{Q}+$ der positiven rationalen Zahlen hat in der Gruppe $\mathbf{Q}^*$ der rationalen Zahlen $\neq 0$ zwei Nebenklassen, nämlich die Menge $\mathbf{Q}^+$ der positiven rationalen Zahlen und die Nebenklasse $-1 \cdot \mathbf{Q}^+$ der negativen rationalen Zahlen.
(c) Sei G die Symmetriegruppe des Quadrats. Dann hat die Untergruppe D der Drehungen ebenfalls zwei Nebenklassen: Einerseits die Menge D selbst und andererseits die Menge der Spiegelungen.

Erinnerung. Zwei Restklassen [a] und [b] modulo n sind gleich, falls $b - a$ durch n teilbar ist. Mit anderen Worten, falls $b - a$ in der Untergruppe $n\mathbf{Z}$ liegt (vgl. 3.2.3). Dieses Kriterium lässt sich ohne weiteres verallgemeinern:

Satz 8.2.7 (Kriterium zur Gleichheit von Nebenklassen)

Sei G eine Gruppe und U eine Untergruppe von G. Seien g und h zwei Elemente von G. Dann gilt:

$$gU = hU \Leftrightarrow g^{-1}h \in U.$$

Insbesondere gilt $gU = U$ für alle $g \in U$.

Beweis. Sei zunächst $gU = hU$. Da das Element h ($= $ he) in hU liegt, liegt es auch in gU. Also gibt es ein $u \in U$ mit $h = gu$, also $g^{-1}h = u \in U$.

Sei umgekehrt $g^{-1}h$ gleich einem Element u aus U. Dann gilt $h = gu$. Daraus folgt $hU \subseteq gU$. (Denn sei hu* ein beliebiges Element aus hU. Dann ist $hu* = (gu)u* = g(uu*) \in gU$, da uu* in der Untergruppe U liegt.)

Aus $g^{-1}h = u$ folgt aber auch $g = hu^{-1}$. Damit ergibt sich entsprechend $gU \subseteq hU$. (Sei $gu* \in gU$ beliebig. Dann ist $gu* = (hu^{-1})u* = h(u^{-1}u*) \in hU$, da $u^{-1}u* \in U$.) $\qquad\square$

Beweis.

(a) Jedes Element g von G liegt in mindestens einer Nebenklasse, nämlich in gU. Es bleibt zu zeigen, dass je zwei verschiedene Nebenklassen disjunkt sind: Seien gU und hU Nebenklassen, die ein Element k gemeinsam haben. Wir zeigen, dass dann die Nebenklassen gleich sind. Es gilt $k = gu$ und $k = hu'$. Somit ist $gu = hu'$, und somit $uu'^{-1} = g^{-1}h$. Also ist $g^{-1}h$ ein Element von U, und daher sind gU und hU nach 8.2.7 gleich.

(b) Offenbar ist die Abbildung f surjektiv. Wir zeigen, dass sie auch injektiv ist: Sei $f(gu) = f(gu')$. Das bedeutet $hu = hu'$, also (indem wir die Gleichung mit h^{-1} multiplizieren) $u = u'$. Somit ist auch $gu = gu'$. Das heißt, die Bilder von f sind nur dann gleich, wenn die Urbilder gleich sind. Das heißt, dass f injektiv ist. $\qquad\square$

8.3　Endliche Gruppen

Wenn man anfängt, über Gruppen nachzudenken, fallen einem zunächst viele Gruppen ein, die unendlich viele Elemente haben: Die additiven Gruppen über **Z**, **Q** und **R** sind unendlich, ebenso wie die multiplikativen Gruppen **Q*** und **R***. Jedoch gibt es auch viele wichtige Gruppen, die nur endlich viele Elemente besitzen, zum Beispiel $\mathbf{Z}_n$, $\mathbf{Z}_n$*, die Symmetriegruppen von n-Ecken, die symmetrische Gruppe $\mathbf{S}_n$.

▶ **Definition: endliche Gruppe** Eine Gruppe wird *endlich* genannt, wenn sie nur endlich viele Elemente besitzt. Die Anzahl der Elemente einer endlichen Gruppe G wird *Ordnung* von G genannt.

Wenn eine Gruppe endlich ist, dann ist alles an ihr endlich: jede Untergruppe ist endlich, jede Nebenklasse hat nur endlich viele Elemente, die Anzahl der Nebenklassen ist endlich und so weiter.

Eine entscheidende Frage ist, welche Aussagen man über die Mächtigkeit einer Untergruppe einer endlichen Gruppe G machen kann. Natürlich hat eine Untergruppe höchstens so viele Elemente wie G. Der folgende Satz von Lagrange (damit ist der italienische Mathematiker Giuseppe Ludovico Lagrangia, 1736–1813, gemeint) zeigt, dass die Mächtigkeit einer Untergruppe viel weitgehender eingeschränkt ist. Im Allgemeinen kommen nur wenige Zahlen dafür in Frage. Der Satz von Lagrange ist – so einfach seine Formulierung und sein Beweis sind – der mit Abstand wichtigste Satz der Gruppentheorie. Wenn man dieses Mittel nicht hätte, käme man bei der Untersuchung von endlichen Gruppen nur mühsam vom Fleck.

Satz 8.3.1 (Satz von Lagrange)

Sei G eine endliche Gruppe, und sei U eine Untergruppe von G. Mit $[G:U]$ bezeichnen wir die Anzahl der Nebenklassen von G nach U. Dann gilt:

$$|G| = |U| \cdot [G:U].$$

Insbesondere ist die Mächtigkeit $|U|$ der Untergruppe ein Teiler der Gruppenordnung $|G|$.

Beispiele.

(a) Eine Gruppe der Ordnung 100 hat neben der Untergruppe der Ordnung 1 (nämlich $\{e\}$) und der Untergruppe der Ordnung 100 (nämlich G), potentiell nur noch Untergruppen der Ordnungen 2, 4, 5, 10, 20, 25, 50.

(b) Eine Gruppe G von Primzahlordnung p hat überhaupt nur die „trivialen" Untergruppen $\{e\}$ und G.

Beweis. Nach 8.2.8(a) liegt jedes Element von G in genau einer Nebenklasse von G nach U. Da nach 8.2.8(b) alle Nebenklassen gleich viele Elemente haben, hat jede Nebenklasse genau $|U|$ Elemente. (Denn U ist auch eine Nebenklasse.)

Somit ist die Anzahl der Elemente, die in irgendeiner Nebenklasse liegen, gleich $|U| \cdot [G:U]$. Da dies alle Elemente von G sind, folgt die Behauptung. $\qquad\square$

Zur Festigung des Gelernten 8.3.2

Welche Ordnung kann eine Untergruppe von $\mathbf{Z}_{15}$ haben?

Gibt es zu jeder dieser Zahlen eine Untergruppe von $\mathbf{Z}_{15}$?

Abb. 8.4 Eine Permutation
von Spielkarten

Zur Vorbereitung des Folgenden 8.3.3

Nehmen Sie zwölf Spielkarten, zum Beispiel Karten, die die Zahlen 1, ..., 12 zeigen, und legen Sie diese zeilenweise in einem Rechteck mit 3 Spalten und 4 Zeilen aus. Die erste Zeile lauten also 1, 2, 3, die zweite 4, 5, 6, die dritte 7, 8, 9 und die vierte 10, 11, 12. Anschließend sammeln Sie diese Karten *spaltenweise* ein und legen sie wieder *zeilenweise* aus. Man hat den Eindruck, die Karten seien vollkommen durcheinander (siehe Abb. 8.4)

Wiederholen Sie den Vorgang: spaltenweise einsammeln und zeilenweise austeilen. Am „Durcheinander" hat sich nichts geändert.

(a) Erhält man auf diese Weise überhaupt irgendwann mal wieder die ursprüngliche Ordnung?

(b) Wenn ja, nach wie vielen Schritten?

Zur Vorbereitung des Folgenden 8.3.4

In der Grundschule verwendet man das „Einmaleinsbrett". Das ist ein Holzbrett, in das in einer kreisförmigen Anordnung zehn Nägel eigeschlagen sind, die mit den Zahlen 1, ..., 10 bezeichnet sind, wobei man statt 10 einfach 0 schreibt.

Nun nimmt man einen Faden, bindet den an dem Nagel mit der 0 fest und zählt jeweils eine gewisse Zahl a weiter. Wenn man zum Beispiel die Zahl $a = 3$ wählt, dann verbindet der Faden der Reihe nach die Nägel mit den Nummern 3, 6, 9, 2, 5, 8, 1, 4, 7 und 0. In diesem Fall hat man 10 Schritte gebraucht bis man die 0 wieder erreicht hat.

Stellen Sie für die Zahlen $1, \ldots, 9$ fest, wie viele Schritte man braucht, bis man zur Null kommt.

a	1	2	3	4	5	6	7	8	9
Anzahl der Schritte bis zur 0			10						

Wir betrachten nun ein einzelnes Element g einer Gruppe G und multiplizieren g beliebig oft mit sich selbst. Das heißt: Wir bilden die Potenzen g, $g \cdot g = g^2$, $g \cdot g \cdot g = g^3$, g^4, g^5, und so weiter. Wir fragen uns, ob es passieren kann, dass alle diese Elemente verschieden sind oder ob irgendeine Potenz von g gleich einer Potenz ist, die schon vorher aufgetreten ist? Die Antwort ist einfach: beide Fälle sind möglich.

(a) Sei τ eine Verschiebung, die nicht die Identität ist. Sei d die Distanz, um die τ die Punkte der Ebene verschiebt. Dann verschiebt τ^2 (die Hintereinanderausführung von τ mit sich selbst) die Punkte um die Distanz 2d, die Translation τ^3 verschiebt um 3d, und so weiter. Das heißt, alle Potenzen von τ sind verschieden.

(b) Sei δ eine Drehung um das Zentrum Z um den Winkel 60°. Dann sind die Potenzen δ^2, δ^3, δ^4, ... von δ auch Drehungen um das Zentrum Z, und zwar um die Winkel 120°, 180°, 240°, 300°, 360°, 420°, ... Da eine Drehung um 420° gleich einer Drehung um 60° ist, ist also $\delta^7 = \delta$.

Die erste Beobachtung ist die folgende: Wenn es so ist, dass zwei Potenzen g^a und g^b mit unterschiedlichen Exponenten a und b gleich sind, d. h. $g^a = g^b$, dann kann man das daran erkennen, dass es eine Potenz g^k $(k \geq 1)$ von g gibt mit $g^k = e$. (Sei $g^a = g^b$ mit $a > b$. Indem man die Gleichung mit g^{-b} $(= (g^{-1})^b)$ multipliziert, erhält man $g^{a-b} = e$. Wegen $a > b$ ist $a - b \geq 1$.)

▶ **Definition: Ordnung eines Elements** Sei g ein Element einer Gruppe G. Falls es eine positive ganze Zahl k gibt mit $g^k = e$, so nennen wir die kleinste solche Zahl die *Ordnung* von g und bezeichnen diese Zahl mit ord(g). Falls es keine positive ganze Zahl k gibt mit $g^k = e$, sagen wir, g habe *unendliche Ordnung* und schreiben dafür ord(g) $= \infty$.

Beispiele.

(a) Das neutrale Element einer Gruppe hat immer die Ordnung 1; denn $e^1 = e$. Außerdem ist e das einzige Element der Ordnung 1, alle anderen haben eine größere Ordnung. (Falls ein Element g die Ordnung 1 hat, ist nach Definition der Ordnung $g^1 = e$. Nach Definition der Potenz ist aber $g^1 = g$. Also ist $g = e$.)

(b) Alle Elemente $\neq 0$ aus $\mathbf{Z}$ haben unendliche Ordnung. (Wenn n eine positive ganze
     Zahl ist, ist die Folge n, 2n $(= n + n)$, 3n, 4n, ... einen monoton wachsende Folge.
     Wenn n' eine negative ganze Zahl ist, sind entsprechend alle Zahlen n', $2n'$, $3n'$, ...
     negativ.)
(c) In der additiven Gruppe $\mathbf{Z}_{12}$ haben die Elemente folgende Ordnungen: $\mathrm{ord}(0) = 1$,
     $\mathrm{ord}(1) = 12$, $\mathrm{ord}(2) = 6$, $\mathrm{ord}(3) = 4$, $\mathrm{ord}(4) = 3$, $\mathrm{ord}(5) = 12$, $\mathrm{ord}(6) = 2$, $\mathrm{ord}(7) = 12$,
     $\mathrm{ord}(8) = 3$, $\mathrm{ord}(9) = 4$, $\mathrm{ord}(10) = 6$, $\mathrm{ord}(11) = 12$.

Zur Festigung des Gelernten 8.3.5

(a) Welche Ordnungen haben die Elemente aus $\mathbf{Z}_{10}$?
(b) Bestimmen Sie die Ordnungen der Elemente von $\mathbf{Z}_{10}{}^*$.
(c) Bestimmen Sie die Ordnungen der Elemente der Symmetriegruppe eines Quadrats.
(d) Welche Elemente der multiplikativen Gruppe $\mathbf{Q}^*$ haben endliche Ordnung?

Wie kann man die Ordnung eines Elementes g bestimmen? Angenommen, wir haben
eine Potenz g^a gefunden, für die $g^a = e$ gilt. Ist dann a die Ordnung von g? Nicht notwendigerweise, denn die Ordnung von g ist der kleinste positive Exponent. Man müsste in
unserem Fall jetzt „nur noch" alle positiven ganzen Zahlen kleiner als a testen. Es geht
aber noch viel effizienter: Denn man muss nur die Teiler von a überprüfen. Es gilt nämlich
folgende Aussage: Wenn a eine positive ganze Zahl ist mit $g^a = e$, dann ist die Ordnung
von g ein Teiler von a. (Sei $k = \mathrm{ord}(g)$. Wir dividieren a durch k mit Rest: $a = qk + r$ mit
$0 \leq r < k$. Es ist zu zeigen, dass $r = 0$ ist. Da a die Ordnung von g ist, gilt $g^k = e$ und damit
auch $g^{qk} = (g^k)^q = e^q = e$. Damit folgt:

$$e = g^a = g^{qk+r} = g^{qk} \cdot g^r = e \cdot g^r = g^r.$$

Also ist $g^r = e$. Da k der kleinste positive Exponent mit dieser Eigenschaft ist und da
$0 \leq r < k$ gilt, muss $r = 0$ sein. Damit ist k ein Teiler von a.)

Insbesondere gilt folgendes: Wenn es eine Primzahl p gibt mit $g^p = e$ und $g \neq e$ ist,
dann hat g die Ordnung p.

Die Wahl des gleichen Wortes „Ordnung" für die Anzahl der Elemente einer Gruppe
und der Ordnung eines einzelnen Elementes suggeriert, dass diese Zahlen etwas miteinander zu tun haben. Das ist richtig, aber man sollte sich klar machen, dass diese beiden
Begriffe sehr unterschiedlicher Natur sind: Die „Ordnung eine Gruppe" ist eine – zumindest scheinbar – sehr oberflächliche Information. Man kann diese Zahl jedenfalls
bestimmen, ohne irgendwelche Kenntnisse über die Verknüpfung zu benutzten, also „ohne
Algebra". Die Frage nach der Ordnung eines Elements ist zum einen sehr detailliert (man
richtet den Blick auf ein Element) und fragt zum andern in sehr expliziter Weise nach den
Auswirkungen der Gruppenoperation. Daher ist es außerordentlich erstaunlich, wie eng
der Zusammenhang zwischen diesen beiden Konzepten ist, genauer, wie viel man über
die Ordnungen der Elemente einer Gruppe aussagen kann, wenn man „nur" die Ordnung

der Gruppe kennt. Die erste Antwort ist einfach zu erhalten, aber bereits sehr einschneidend:

Satz 8.3.6 (Ordnung eines Gruppenelements)

Sei G eine Gruppe der endlichen Ordnung n. Dann kommen als Ordnungen von Elementen von G nur solche natürlichen Zahlen in Frage, die Teiler von n sind.

Beweis. Sei g ein beliebiges Element der Gruppe G. Dann ist die Ordnung von g endlich; denn sonst gäbe es unendlich viele verschiedene Potenzen von g. Sei k die Ordnung von g.

Behauptung: Die Menge $<g> := \{e, g, g^2, g^3, \ldots, g^{k-1}\}$ ist eine Untergruppe von G mit genau k Elementen.

Wenn wir das bewiesen haben, dann folgt mit dem Satz von Langrange einfach $k|n$.

Beweis der Behauptung: (1) $<g>$ ist Untergruppe. Wir wenden das Untergruppenkriterium an.

- Offenbar ist $<g>$ nicht die leere Menge.
- Abgeschlossenheit der Verknüpfung: Seien g^a und g^b aus $<g>$. Dann ist $g^a \cdot g^b = g^{a+b}$. Wenn $a + b < k$, dann ist g^{a+b} in $<g>$. Wenn $a + b \geq k$, dann ist $a + b = k + c$ mit $0 \leq c < k$. Es folgt $g^{a+b} = g^{k+c} = g^k \cdot g^c = e \cdot g^c = g^c \in <g>$.
- Abgeschlossenheit bezüglich der Inversenbildung: Das inverse Element von g^a ist g^{k-a}.

(2) Die Elemente $e, g, g^2, g^3, \ldots, g^{k-1}$ sind paarweise verschieden. Angenommen, es gibt natürliche Zahlen a, b mit $a < b < k$ und $g^a = g^b$. Dann ist $g^{b-a} = g^b \cdot (g^a)^{-1} = e$, da ja g^a und g^b gleich sind. Also gäbe es einen Exponenten $b - a$, der kleiner als k und größer als 0 ist mit $g^{b-a} = e$. Dieser Widerspruch zeigt die Behauptung. $\square$

Satz 8.3.7.

(a) Sei G eine endliche Gruppe der Ordnung n. Dann gilt für jedes Element g von G die Gleichung $g^n = e$.

(b) Sei n eine natürliche Zahl, und sei a eine natürliche Zahl $< n$, die teilerfremd zu n ist. Dann gilt $a^{\varphi(n)} \bmod n = 1$.

Beweis.

(a) Da $\operatorname{ord}(g)$ ein Teiler von $|G| = n$ ist, gilt $\operatorname{ord}(g) \cdot h = n$. Also ist

$$g^n = g^{\operatorname{ord}(g) \cdot h} = (g^{\operatorname{ord}(g)})^h = e^h = e.$$

(b) Das ist der Spezialfall $G = \mathbf{Z}_n{}^*$. Inhaltlich ist dies der Satz von Euler (vergleiche 3.5.7). $\qquad\qquad\square$

Zur Vorbereitung des Folgenden 8.3.8

Sei g ein Element der Ordnung n einer Gruppe G. Zeigen Sie $\mathrm{ord}(g^{-1}) = \mathrm{ord}(g) = n$. Tipp: Berechnen Sie $(g^{-1})^n (g)^n$.

Satz 8.3.6 liefert eine notwendige Bedingung für Ordnungen von Elementen. Die Frage nach hinreichenden Bedingungen ist die folgende: Für welche Teiler k der Ordnung einer Gruppe G kann man garantieren, dass es Elemente der Ordnung k in G gibt?

Zunächst fragen wir nach Elementen der Ordnung 2. Nach 8.3.6 können solche nur in Gruppen gerader Ordnung existieren. Dort existieren diese aber auch wirklich:

Satz 8.3.9 (Elemente der Ordnung 2)

Sei G eine endliche Gruppe, deren Ordnung eine gerade Zahl ist. Dann gibt es in G mindestens ein Element der Ordnung 2.

Beweis. Wir fassen die Elemente von G zu Paaren zusammen, und zwar stellen wir jeweils ein Element g und sein Inverses g^{-1} zusammen.

Es gibt nun zwei Möglichkeiten für g: Entweder ist $g^{-1} \neq g$ oder $g^{-1} = g$. Die Paare (g, g^{-1}) mit $g^{-1} \neq g$ erfassen insgesamt eine gerade Anzahl von Elementen von G. Da die Gesamtanzahl der Elemente von G gerade ist, muss auch die Anzahl der Paare (g, g^{-1}) mit $g^{-1} = g$ gerade sein. Sicher ist (e, e) ein solches Paar. Daher muss es mindestens ein weiteres Paar (g, g^{-1}) mit $g^{-1} = g$ und $g \neq e$ geben.

Aus $g^{-1} = g$ folgt aber $g^2 = g \cdot g = g \cdot g^{-1} = e$. Somit ist g ein Element der Ordnung 2. $\qquad\qquad\square$

Nun untersuchen wir die Existenz von Elementen der Ordnung 3. Nach 8.3.6 können solche nur in Gruppen existieren, deren Ordnung durch 3 teilbar ist.

Satz 8.3.10 (Elemente der Ordnung 3)

Sei G eine endliche Gruppe, deren Ordnung durch 3 teilbar ist. Dann gibt es in G mindestens ein Element der Ordnung 3.

Beweis. Wir versuchen, die Idee des Beweises von 8.3.9 zu verallgemeinern. In diesem haben wir Paare (g, h) betrachtet mit $h = g^{-1}$, das heißt gh = e. Nun betrachten wir Tripel (g, h, k) von Gruppenelementen mit $g \cdot h \cdot k = e$.

Wie viele solche Tripel gibt es? Für die beiden ersten Komponenten gibt es keine Einschränkung, also haben wir dafür genau $|G| \cdot |G|$ Möglichkeiten. Das dritte Element des Tripels ist aber durch die beiden ersten eindeutig festgelegt, denn k ist bestimmt durch $k = (g \cdot h)^{-1}$. Also gibt es insgesamt $|G|^2$ Tripel. Da $|G|$ eine durch 3 teilbare Zahl ist, ist auch die Anzahl der Tripel durch 3 teilbar.

Von diesen Tripeln gibt es zwei Sorten:

Tripel „erster Art":   die Tripel, in denen alle Elemente gleich sind. Dazu gehört das Tripel (e, e, e). Wenn wir ein weiteres solches Tripel (g, g, g) mit $g \neq e$ finden, dann ist der Satz bewiesen, denn für dieses Element gilt ja nach Definition der Tripel $g^3 = g \cdot g \cdot g = e$.

Tripel „zweiter Art": die Tripel, in denen nicht alle Elemente gleich sind. Wenn (g, h, k) ein solches Tripel ist, bei dem zum Beispiel $g \neq h$ ist, dann sind die zyklisch verschobenen Tripel, also (g, h, k), (h, k, g) und (k, g, h) alle verschieden. Die Anzahl aller dieser Tripel ist also ein Vielfaches von 3.

Da die Anzahl aller Tripel ein Vielfaches von 3 ist, muss die Anzahl der Tripel erster Art ein Vielfaches von 3 sein. Insbesondere gibt es neben (e, e, e) noch ein weiteres Tripel dieser Art, und somit ein Element der Ordnung 3. $\qquad\qquad\square$

Diese Technik kann weiter verallgemeinert werden; dies führt dann zu einem Satz, der nach dem französischen Mathematiker Augustin-Louis Cauchy (1789–1857) benannt ist.

> **Satz 8.3.11 (Satz von Cauchy)**
> Sei G eine endliche Gruppe, und sei p eine Primzahl. Wenn die Ordnung von G durch p teilbar ist, dann gibt es in G mindestens ein Element der Ordnung p.

Beweis. Nun betrachten wir p-Tupel $(g_1, g_2, \ldots, g_p)$ von Elementen von G mit $g_1 \cdot g_2 \cdot \ldots \cdot g_p = e$. Man kann also das letzte Element g_p so bestimmen: $g_p = (g_1 \cdot g_2 \cdot \ldots \cdot g_{p-1})^{-1}$. Somit ist die Anzahl dieser p-Tupel gleich $|G|^{p-1}$. Da $|G|$ eine durch p teilbare Zahl ist, ist auch die Anzahl dieser p-Tupel durch p teilbar.

Wie in den vorigen Sätzen unterscheiden wir zwei Sorten von p-Tupeln.

Zum einen p-Tupel *erster Art*: die p-Tupel, die aus gleichen Elementen bestehen. Dazu gehört $(e, e, \ldots, e)$. Wenn es ein weiteres solches p-Tupel $(g, g, \ldots, g)$ gibt mit $g \neq e$, dann ist g ein Element der Ordnung p.

Zum andern p-Tupel *zweiter Art*: die p-Tupel $(g_1, g_2, \ldots, g_p)$, bei denen nicht alle Elemente gleich sind. Ein solches p-Tupel ergibt mit seinen zyklischen Verschiebungen $(g_2, g_3, \ldots, g_p, g_1)$, $(g_3, g_4, \ldots, g_1, g_2)$, $\ldots$, $(g_p, g_1, \ldots, g_{p-1})$ insgesamt p solcher p-Tupel. Also ist die Anzahl aller p-Tupel zweiter Art ein Vielfaches von p.

Da die Anzahl aller betrachteter p-Tupel ein Vielfaches von p ist, muss auch die Anzahl der p-Tupel erster Art ein Vielfaches von p sein. Da diese Zahl nicht 0 ist (denn $(e, e, \ldots, e)$ ist ein solches Tupel), ist sie mindestens p. Also gibt es mindestens ein p-Tupel $(g, g, \ldots, g)$ erster Art (sogar mindestens $p - 1$ solche Tupel). Daher hat G mindestens $p - 1$ Elemente der Ordnung p. $\square$

Zur Festigung des Gelernten 8.3.12

Man kann fragen, ob man auch die Existenz von Elementen, deren Ordnung keine Primzahl ist, aus der Gruppenordnung ableiten kann. Dass dies nicht ohne Zusatzvoraussetzung geht, zeigt folgende Beispiel einer Gruppe der Ordnung 2^n, die aber nur Elemente der Ordnung 1 und 2 hat: Sei G die Menge aller binären n-Tupel, wobei die Verknüpfung die komponentenweise Addition modulo 2 ist.

(a) Bestimmen Sie im Fall $n = 2$ die Elemente von G und stellen Sie eine Additionstafel auf.

(b) Machen Sie sich klar, dass auch im Allgemeinen jedes binäre n-Tupel zu sich selbst addiert das Nulltupel ergibt.

(c) Konstruieren Sie eine Gruppe der Ordnung 3^n, die nur Elemente der Ordnung 1 und 3 hat.

Ausblick: Der Satz von Sylow

Man kann die Frage nach einer Umkehrung des Satzes von Lagrange stellen, indem man fragt, ob es zu jedem Teiler der Gruppenordnung eine Untergruppe dieser Ordnung gibt. Die allgemeine Antwort lautet nein. Allerdings gibt es einen großartigen Satz, der die Existenz vieler Untergruppen sichert. Dies ist der „Satz von Sylow". Ludwig Sylow (1832–1918) war ein norwegischer Mathematiker.

Satz 8.3.13 (Satz von Sylow)

Sei G eine endliche Gruppe der Ordnung n. Sei p^a eine Potenz einer Primzahl p, so dass p^a ein Teiler von n ist. Dann besitzt G eine Untergruppe der Ordnung p^a.

Das bedeutet: Wenn p^e die höchste Potenz von p ist, die n teilt, dann besitzt G Untergruppen der Ordnungen $p, p^2, p^3, \ldots, p^e$.

Einen Beweis dieses „ersten" Satzes von Sylow finden Sie zum Beispiel in Karpfinger und Meyberg (2012).

8.4 Zyklische Gruppen

Zur Vorbereitung des Folgenden 8.4.1

Eine ganze Reihe von Gruppen, die wir kennen gelernt haben, werden von einem einzigen Element „erzeugt".

Zum Beispiel wird die Gruppe $\mathbf{Z}_6$ von der Zahl 1 erzeugt, denn $\mathbf{Z}_6$ besteht aus den Zahlen 1, $1+1\ (=2)$, $1+1+1\ (=3)$, $\ldots$, $1+1+1+1+1\ (=5)$, $1+1+1+1+1+1\ (=0)$.

(a) Machen Sie sich klar, dass auch $\mathbf{Z}_7$ von der Zahl 1 erzeugt wird. Gibt es weitere Elemente von $\mathbf{Z}_7$, die $\mathbf{Z}_7$ erzeugen?

Auch die Gruppe $\mathbf{Z}_7{}^*$ hat die Eigenschaft, dass sie von einer Zahl erzeugt wird, zum Beispiel von der Zahl 3. Denn die Potenzen von 3 in $\mathbf{Z}_7{}^*$ sind $\mathbf{3}$, $3^2 = 9 = \mathbf{2}$, $3^3 = 2 \cdot 3 = \mathbf{6}$, $3^4 = 6 \cdot 3 = 18 = \mathbf{4}$, $3^5 = 4 \cdot 3 = 12 = \mathbf{5}$, $3^6 = 5 \cdot 3 = 15 = \mathbf{1}$.

(b) Zeigen Sie, dass auch $\mathbf{Z}_{10}{}^*$ von einem Element erzeugt wird.

(c) Auch die Gruppe D der Drehungen, die ein reguläres Sechseck in sich überführen, wird von einer Drehung erzeugt. Geben Sie eine solche Drehung an.

▶ **Definition: zyklische Gruppe** Eine Gruppe G heißt *zyklisch*, wenn es ein Element g aus G gibt, so dass sich jedes Element h aus G in der Form $h = g^z$ mit $z \in \mathbf{Z}$ darstellen lässt. Ein Element g mit dieser Eigenschaft heißt ein *erzeugendes Element* von G.

Eine zyklische Gruppe mit erzeugendem Element g besteht also aus den Elementen
$\ldots, g^{-3}, g^{-2}, g^{-1}, e\ (=g^0), g\ (=g^1), g^2, g^3, \ldots$

Wenn die zyklische Gruppe G additiv geschrieben wird, besteht sie aus den Elementen
$\ldots, -3g, -2g, -g, 0\ (=0 \cdot g), g, 2g, 3g, \ldots$

▶ **Definition: Erzeugnis eines Elements** In jeder Gruppe finden sich in natürlicher Weise zyklische Untergruppen, nämlich diejenigen Untergruppen, die von einem Element erzeugt werden. Für ein Element g einer Gruppe G definieren wir

$$\langle g\rangle = \{g^z \mid z \in \mathbf{Z}\}$$

und nennen $\langle g\rangle$ die von g *erzeugte Untergruppe* oder kurz das *Erzeugnis* von g.

Man kann also sagen: Eine Gruppe G ist genau dann zyklisch, wenn es ein Element g in G gibt mit $G = \langle g\rangle$.

Eine erste Orientierung innerhalb der Welt der zyklische Gruppen bietet der folgende einfache Satz:

Satz 8.4.2

Jede zyklische Gruppe ist abelsch.

Beweis. Sei G eine zyklische Gruppe mit erzeugendem Element g.

Seien g^a und g^b zwei beliebige Elemente von G. Dann gilt:

$$g^a \cdot g^b = g^{a+b} = g^{b+a} = g^b \cdot g^a.$$

$\square$

Man kann zwei Sorten von zyklischen Gruppen unterscheiden. Es kann sein, dass alle Elemente g^z mit $z \in \mathbf{Z}$ verschieden sind, oder dass es zwei ganze Zahlen y und z gibt mit $y < z$ und $g^y = g^z$.

Hilfssatz 8.4.3

Sei G eine zyklische Gruppe mit erzeugendem Element g. Wenn es zwei ganze Zahlen y und z gibt mit $y < z$ und $g^y = g^z$, dann gibt es eine positive ganze Zahl n mit $G = \{e, g, g^2, \ldots, g^{n-1}\}$.

Beweis. Sei $n := z - y$. Dann ist n eine positive ganze Zahl mit $g^n = g^{z-y} = g^z \cdot (g^y)^{-1} =$ e. Sei nun g^m ein beliebiges Element aus G. Wir dividieren m durch n mit Rest: $m = qn + r$ mit $0 \leq r < k$. Dann gilt:

$$g^m = g^{qn+r} = g^{qn} \cdot g^r = (g^n)^q \cdot g^r = e^q \cdot g^r = e \cdot g^r = g^r \in \{e, g, g^2, \ldots, g^{n-1}\}. \quad \square$$

Zur Vorbereitung des Folgenden 8.4.4

Sie haben vermutlich schon an verschiedenen Stellen innerhalb der Mathematik den Begriff „Isomorphismus" kennen gelernt. Darunter versteht man immer eine bijektive Abbildung, die die entsprechenden Strukturen ineinander überführt.

Zum Beispiel haben die Gruppen $\mathbf{Z}_2 = (\{[0], [1]\}, +)$ und $G = (\{+1, -1\}, \cdot)$ die „gleiche Struktur". Dies kann man so ausdrücken, dass man eine Abbildung f von $\mathbf{Z}_2$ nach G angibt, die bijektiv und „mit den Operationen verträglich" ist. Wenn wir die Abbildung f definieren durch $f([0]) := +1$, $f([1]) = -1$, dann ist f bijektiv und es gilt zum Beispiel

$$f([1] + [1]) = f([0]) = +1 = -1 \cdot -1 = f([1]) \cdot f([1]).$$

Das bedeutet, dass durch f nicht nur die Umbenennung der Elemente (von [0] auf $+1$ und [1] auf -1) erfolgt, sondern dass durch f die Summe $[1] + [1]$ auf das Produkt $f([1]) \cdot f([1])$ übertragen wird.

(a) Zeigen Sie, dass $\mathbf{Z}_2$ auch strukturgleich zu der Gruppe $S = (\{\text{id.}, \sigma\}, \circ)$ ist, wobei σ eine Spiegelung ist.

(b) Geben Sie für die folgenden Paare von Gruppen jeweils eine bijektive Abbildungen der einen Gruppe in die andere an, die „mit den Operationen verträglich ist":

- $\mathbf{Z}_3 = \{[0], [1], [2]\}$ und $G = \{\text{id}, \delta, \delta^2\}$, wobei δ eine Drehung um $120°$ ist,

- $(\mathbf{Z}, +)$ und $(2\mathbf{Z}, +)$,
- G = Symmetriegruppe eines regulären Dreiecks und $\mathbf{S}_3$.

▶ **Definition: Isomorphismus** Seien G und H Gruppen. Eine Abbildung f: G → H wird ein *Isomorphismus* genannt, wenn

(1) die Abbildung f bijektiv ist und
(2) für alle g, g′ ∈ G gilt: $f(gg') = f(g)f(g')$.

Wenn es einen Isomorphismus von G in H gibt, so nennt man die Gruppen G und H auch *isomorph* und schreibt dafür G ≅ H.

Zur Festigung des Gelernten 8.4.5

Sei f: G → H ein Isomorphismus. Zeigen Sie folgende Eigenschaften von f:

(a) f(e) ist das neutrale Element in H. (Denn es gilt $f(e) = f(ee) = \dots$)
(b) Für jedes Element g ∈ G gilt $f(g^{-1}) = (f(g))^{-1}$.

Drücken Sie diesen Sachverhalt sprachlich aus: „Das Bild des Inversen von g ist gleich ..."

Satz 8.4.6 (Klassifikation zyklischer Gruppen)

Sei G eine zyklische Gruppe. Dann ist G entweder isomorph zu $\mathbf{Z}$ oder isomorph zu $\mathbf{Z}_n$ für eine positive ganze Zahl n.

Beweis. Sei g ein erzeugendes Element von G.

1. Möglichkeit: Alle Elemente der Form g^z mit $z \in \mathbf{Z}$ sind verschieden. Dann ist die Abbildung f: G nach $\mathbf{Z}$, die durch $f(g^z) := z$ definiert ist, ein Isomorphismus von G nach $\mathbf{Z}$.

2. Möglichkeit: Es gibt ganze Zahlen y und z mit $y < z$ und $g^y = g^z$. Nach 8.4.3 gibt es dann eine positive ganze Zahl n mit $G = \{e, g, g^2, \dots, g^{n-1}\}$. Sei n die kleinste Zahl mit dieser Eigenschaft. Dann ist die Abbildung f von G nach $\mathbf{Z}_n$, die durch $f(g^a) := a$ definiert ist, ein Isomorphismus von G nach $\mathbf{Z}_n$. □

In endlichen zyklischen Gruppen kann man die Frage nach den Ordnungen von Untergruppen und Elementen außerordentlich befriedigend beantworten.

Zur Vorbereitung des Folgenden 8.4.7

$\mathbf{Z}_{14}{}^* = \{1, 3, 5, 9, 11, 13\}$ ist eine zyklische Gruppe der Ordnung 6, die von der Zahl 5 erzeugt wird. Damit ist ord$(5) = 6$.

Behauptung: Das Element $5^2 = 11$ hat die Ordnung 3. (Es ist: $11^2 = 121 = 9$, $11^3 = 9 \cdot 11 = 99 = 1$.) Außerdem hat das Element $5^3 = 13$ hat die Ordnung 2. (Denn $13^2 = 169 = 1$.)

Bestimmen Sie die Ordnungen der Elemente 9, 9^2 und 9^3 in $\mathbf{Z}_{14}{}^*$.

Satz 8.4.8 (Untergruppen zyklischer Gruppen)

Sei n eine positive ganze Zahl, und sei k eine natürliche Zahl, die n teilt. Dann gilt für jede zyklische Gruppe G der Ordnung n:

(a) G enthält ein Element der Ordnung k.

(b) Jede Untergruppe von G ist zyklisch.

(c) G enthält genau eine Untergruppe der Ordnung k.

Beweis. Sei g ein erzeugendes Element von G.

(a) Da k ein Teiler von n ist, ist n/k eine natürliche Zahl und wir können das Element $h := g^{n/k}$ bilden. Dieses hat die Ordnung k. (Klar: Wegen $h^k = (g^{n/k})^k = g^n = e$ hat h höchstens die Ordnung k. Angenommen, ord$(h) = k' < k$. Dann wäre $g^{nk'/k} = (g^{n/k})^{k'} = h^{k'} = e$ mit $nk^*/k < n$, im Widerspruch zu ord$(g) = n$.)

(b) Sei U eine Untergruppe von G. Wir können $U \neq \{e\}$ voraussetzen. Jedes Element von U ist eine Potenz von g. Bei der Suche nach einem erzeugenden Element von U ist es zweckmäßig, nach einer möglichst kleinen Potenz von g zu schauen. Sei dazu a die kleinste Zahl > 1, so dass $h = g^a$ ein Element von U ist.

Behauptung: h erzeugt U. Sei dazu g^b ein beliebiges Element von U. Wir dividieren b durch a mit Rest: Sei $b = qa + r$ mit $0 \leq r < a$. Dann ist

$$g^b = g^{qa+r} = (g^a)^q \cdot g^r = h^q \cdot g^r,$$

und somit ist $g^r = h^{-q} \cdot g^b$ ein Element von U. Da $r < a$ ist, muss $r = 0$ sein. Daher liegt $g^b = g^{qa} = (g^a)^q = h^q$ im Erzeugnis von h.

Somit ist $U = <g>$.

(c) Die von dem Element $h = g^{n/k}$ erzeugte Untergruppe U hat die Ordnung k.

Es bleibt zu zeigen, dass es keine weitere Untergruppe der Ordnung k gibt. Sei U* eine beliebige Untergruppe der Ordnung k.

Wie in (b) betrachten wir das Element $h^* = g^a$ in U mit dem kleinsten Exponenten $a \geq 1$. Nach (b) gilt $U^* = <h^*>$ und h* hat die Ordnung k.

Wir zeigen $a = n/k$. Dann ist $h^* = g^a = g^{n/k} = h$, und also $U^* = U$.

Zunächst zeigen wir: a ist ein Teiler von n. (Sei $n = qa + r$ mit $0 \leq r < a$. Dann ist $e = g^n = g^{qa+r} = (g^a)^q \cdot g^r = h^{*q} \cdot g^r$. Da h^{*q} in U^* liegt, liegt auch g^r in U^*. Wegen der Minimalität von a muss $r = 0$ sein. Also ist $n = qa$.)

Wenn a ein Teiler von n ist, hat das Element g^a die Ordnung n/a. Da $h^* = ga$ die Ordnung k hat, folgt $k = n/a$, also $a = n/k$. $\qquad\qquad\square$

8.5 Faktorgruppen

Wir erinnern uns an die Definition von $\mathbf{Z}_n$ mit Restklassen: $\mathbf{Z}_n$ ist die Menge aller Restklassen modulo n. Auf $\mathbf{Z}_n$ gibt es eine Addition, so dass $\mathbf{Z}_n$ ebenfalls eine Gruppe ist.

In Abschn. 8.2 haben wir die Restklassen in $\mathbf{Z}$ auf die Nebenklassen in beliebigen Gruppen verallgemeinert. Die Frage ist, ob auch im Allgemeinen die Menge der Nebenklassen einer Gruppe wieder eine Gruppe bildet.

▶ **Definition: Faktorgruppe** Sei G eine Gruppe G, und sei U eine Untergruppe von G. Dann bezeichnen wir mit G/U (gesprochen „G nach U") die Menge der Nebenklassen von G nach U:

$$G/U := \{gU \mid g \in G\}.$$

Wir nennen diese Menge, etwas voreilig, die *Faktorgruppe* von G nach U.

Zum *Beispiel* ist $\mathbf{Z}/n\mathbf{Z} = \{a + n\mathbf{Z} \mid a \in \mathbf{Z}\} = \{[a] \mid a \in \mathbf{Z}\} = \mathbf{Z}_n$.

Man möchte gerne mit den Restklassen rechnen, das heißt auf G/U eine Operation erklären, und es ist verführerisch, die Multiplikation von Restklassen zu definieren als $gU \cdot hU := ghU$.

Das ist eine gute Idee, allerdings funktioniert diese Idee nur, wenn die Operation wohldefiniert ist. Das ist zum einen nicht selbstverständlich, weil eine Nebenklasse in der Regel viele Repräsentanten hat. Und es ist zum andern auch nicht immer richtig.

> **Satz 8.5.1 (Satz von der Faktorgruppe)**
> Sei G eine Gruppe, und sei U eine Untergruppe von G. Dann gilt: genau dann ist die Operation $gU \cdot hU := ghU$ wohldefiniert, wenn für alle $g \in G$ und alle $u \in U$ gilt $g^{-1}ug \in U$.

Beweis. Zunächst sei die Operation wohldefiniert.

Seien $g \in G$ und $u \in U$ beliebig. Wähle $h, h' \in G$ so, dass $h' = hu$ ist. Dann ist auch $h^{-1}h' = u$, also $hU = h'U$.

Da die Multiplikation von Nebenklassen wohldefiniert ist, ist $hgU = hU \cdot gU = h'U \cdot gU = h'gU$. Somit liegt $(hg)^{-1}h'g$ in U. Dieses Element schreiben wir wie folgt um:

$$(hg)^{-1}h'g = g^{-1}h^{-1}h'g = g^{-1}ug.$$

Also liegt $g^{-1}ug$ für jede Wahl von g und u in der Untergruppe U.

Umgekehrt gelte $g^{-1}ug \in U$ für alle $g \in G$ und alle $u \in U$. Seien $gU = g'U$ und $hU = h'U$, also $g^{-1}g' = u \in U$ und $h^{-1}h' = v \in U$. Wir müssen zeigen, dass $ghU = g'h'U$ ist, also dass das Element $(gh)^{-1}g'h'$ in U liegt. Nun ist:

$$(gh)^{-1}g'h' = h^{-1}g^{-1}g'h' = h^{-1}uh' = h^{-1}u \cdot vh = h^{-1}(u \cdot v)h \in U.$$

Die letzte Elementbeziehung folgt, weil $u \cdot v$ in U liegt. $\square$

▶ **Definition: Normalteiler** Sei G eine Gruppe G, und sei U eine Untergruppe von G. Man nennt U einen *Normalteiler* oder auch eine *normale Untergruppe* von G, falls für alle $g \in G$ und alle $u \in U$ gilt $gug^{-1} \in U$. (Man hätte ebensogut fordern können, dass für alle $g \in G$ und alle $u \in U$ gilt $g^{-1}ug \in U$.)

Beispiel. Wenn G eine abelsche Gruppe ist, dann ist jede Untergruppe ein Normalteiler. (Denn dann ist $gug^{-1} = ugg^{-1} = u \cdot e = u \in U$.)

Zur Festigung des Gelernten 8.5.2

Sei $G = \{id., \sigma_A, \sigma_B, \sigma_C, \delta, \delta^2\}$ die Symmetriegruppe des gleichseitigen Dreiecks $\triangle ABC$, wobei σ_A die Spiegelung an der Achse durch A und δ die Drehung um 120° ist.

    Wir betrachten die Untergruppen $\Delta = \{id., \delta, \delta^2\}$ und $\Sigma = \{id., \sigma_A\}$.

    Zeigen Sie: Δ ist ein Normalteiler, Σ ist kein Normalteiler von G.

Satz 8.5.3 (Satz von der Faktorgruppe)

Sei G eine Gruppe, und sei U ein Normalteiler von G. Dann ist G/U eine Gruppe, die so genannte Faktorgruppe von G nach U.

Beweis. Da die Operation $gU \cdot hU := ghU$ wohldefiniert ist, impliziert jede Eigenschaft von G die entsprechende Eigenschaft von G/U. Insbesondre folgt: Die Operation ist auf G/U assoziativ, das neutrale Element ist die Nebenklasse U, und das zu gU inverse Element ist $g^{-1}U$. $\square$

Zur Festigung des Gelernten 8.5.4

Sei $G = \{id., \sigma_A, \sigma_B, \sigma_C, \delta, \delta^2\}$ die Symmetriegruppe des gleichseitigen Dreiecks $\triangle ABC$ und sei $\Delta = \{id., \delta, \delta^2\}$ der Normalteiler der Drehungen. Bilden Sie die Gruppe G/Δ. Wie viele Elemente hat diese Gruppe?

Satz 8.5.5 (Struktur der Diedergruppe)

Die Diedergruppe $D = D_{2n}$ enthält die Menge Δ der Drehungen als Normalteiler. Die Untergruppe der Drehungen ist zyklisch.

Beweis.

(a) Δ ist eine Untergruppe von D: Wir wenden das Untergruppenkriterium an.

(b) Δ ist eine zyklische Untergruppe von D. Dazu betrachten wir die Drehung $\delta \neq$ id. mit kleinstem Drehwinkel φ.

Wir zeigen, dass jede andere Drehung δ' aus Δ eine Potenz von δ ist. Sei φ' der Drehwinkel von δ'. Sei q die größte natürliche Zahl mit $\varphi' = q\varphi + \psi$, wobei ψ ein Winkelmaß bei ≥ 0 haben soll. Dann ist das Maß von ψ kleiner als das von φ, denn sonst wäre q nicht maximal.

Nun ist auch die Drehung um den Winkel ψ in Δ enthalten. Dazu drehen wir zunächst um den Winkel φ' (Drehung δ') und dann q-mal um den Winkel $-\varphi$ (Drehung $(\delta^{-1})^q$). Das Ergebnis dieser Hintereinanderausführung liegt in Δ. Es ist gleich einer Drehung um den Winkel ψ. Da φ der kleinste Winkel einer Drehung $\neq$id. aus Δ ist, muss $\psi = 0$ sein.

Daher ist $\varphi' = q\varphi$, Das heißt dass δ' durch q-malige Anwendung von δ entsteht. Mit anderen Worten: $\delta' = \delta^q$. Somit ist jedes Element aus Δ eine Potenz von δ. Also ist Δ eine zyklische Gruppe.

(c) Δ ist ein Normalteiler von G. Sei dazu $\delta \in \Delta$ beliebig. Es ist klar, dass für jedes Element $\delta' \in \Delta$ gilt $\delta'\delta\delta'^{-1} \in \Delta$. Sei nun σ eine Spiegelung aus G. Dann zeigt sich, dass $\sigma\delta\sigma^{-1}$ gleich der Drehung δ^{-1} ist. $\qquad\square$

Der folgende Satz ist überraschend und nützlich.

Satz 8.5.6

Sei G eine endliche Gruppe der Ordnung n, und sei $U \neq G$ eine Untergruppe von G. Dann hat U höchstens n/2 Elemente. Wenn U die Ordnung n/2 hat, dann ist U ein Normalteiler.

Beweis. Die Ordnung der Untergruppe U ist nach dem Satz von Lagrange ein Teiler von n. Da der größte mögliche Teiler $\neq$ n von n gleich n/2 ist, hat U höchstens die Ordnung n/2.

Sei nun $|U| = n/2$. Für jedes Element aus G, das nicht in U liegt, ist die Nebenklasse gU verschieden von U. Da verschiedene Nebenklassen disjunkt sind, und da gU ebenfalls n/2 Elemente hat, ist gU das mengentheoretische Komplement von U in G.

Auch Ug ist eine Nebenklasse (eine „Rechtsnebenklasse"), und auch diese ist disjunkt zu U. Somit ist Ug = gU. Daraus folgt $g^{-1}Ug = U$. $\qquad\square$

Zur Festigung des Gelernten 8.5.7

Zeigen Sie, dass A_n ein Normalteiler in S_n ist.

8.6 Fehlererkennende Codes

Nachrichtensprecher sprechen perfekt. Sie reden langsam und deutlich, sie sprechen jeden Laut richtig aus und daher verstehen wir jedes Wort. Aber auch bei anderen Sprechern und unter anderen Umständen verstehen wir fast alles: wenn die Verbindung nicht perfekt ist, wenn jemand Dialekt spricht, wenn jemand Deutsch nicht als Muttersprache spricht, wenn ein Betrunkener lallt, wenn ein kleines Kind die Wörter, die es kann, zusammenstoppelt usw. usw.

Dass wir in fast allen solchen Situationen fast alles verstehen, liegt an einer Eigenschaft unserer Sprache, nämlich ihrer Redundanz. Etwa 70 % der Informationen, die die geschriebene Sprache enthält, sind eigentlich unnötig.

- Man kann inn Satz gut vrsthn, auch wnn all s fhln.
- Auch wenn die Buchstaben, die eine Unterläne haben, fehlen, eht fast nichts verloren.
- Naürlich ann man auch die haren onsonanen weglassen, und mer, dass auch dann der Sinn des exes erhalen bleib.

Es gibt allerdings auch Situationen, in denen es auf die kleinste Kleinigkeit ankommt und jedes Detail wichtig ist. Etwa wenn wir eine Telefonnummer weitergeben oder wenn es um einen Kaufpreis geht oder wenn wir die Flugnummer für den Flug in den Urlaub brauchen. In diesen Fällen wiederholen wir die Telefonnummer oder wir buchstabieren ein Wort oder wir übermitteln die Zahlen mündlich und schriftlich. Mit anderen Worten: Wir fügen von uns aus Redundanz hinzu, um sicher zu gehen, dass der Empfänger wirklich die unverfälschte Nachricht bekommt.

Stellen wir uns vor, dass wir eine Folge von Ziffern übermitteln wollen, und zwar so, dass der Empfänger einen eventuellen Schreib- Übertragungs- oder Lesefehler bemerkt. In diesem Satz stecken schon mindestens drei Modellannahmen: Zum einen sprechen wir von einer Folge von *Ziffern*. Das ist keine echte Einschränkung, denn wir können auch Buchstaben oder Video- oder Audiodateien in Zahlen und damit in Ziffern übersetzen. Zum zweiten sprechen wir von *einem* Fehler. Wir kümmern uns zunächst nicht darum, was passiert, wenn zwei oder mehr Fehler auftreten. Grundsätzlich muss man aber immer als erstes herausfinden, wie groß die Wahrscheinlichkeit ist, dass bei einer gewissen Anzahl von Ziffern ein Fehler oder mehr als ein Fehler auftritt. Gegebenenfalls muss man die Länge der Ziffernfolge, die man schützen möchte, verkleinern. Schließlich sprechen wir davon, dass ein Fehler *bemerkt* wird. Wir sprechen nicht von Fehlerkorrektur. Der Empfänger der Nachricht muss also nur in der Lage sein, zu erkennen, ob die empfangenen Ziffernfolge nicht korrekt ist. Wenn dies so ist, muss er um eine zweite Übertragung nachsuchen.

Wenn wir wollen, dass der Empfänger das Auftreten eines Fehlers erkennen kann, müssen wir eine Zusatzinformation hinzufügen. Es ist klar, dass „das Hinzugefügte" alle Ziffern berücksichtigen muss, denn wenn eine Ziffer die Zusatzinformation nicht beeinflussen würde, dann könnte diese Ziffer unbemerkt verändert werden. Die Idee ist, so sparsam wie möglich zu sein, und nur eine Ziffer hinzuzufügen.

Beispiel. Angenommen, wir wollen vierstellige Zahlen so übertragen, dass der Empfänger erkennen kann, ob ein Fehler passiert ist. Dann fügen wir eine fünfte Ziffer hinzu, und zwar so, dass die Quersumme der gesamten Zahl eine Zehnerzahl ist. Zum Beispiel ergänzen wir 1357 zu 13574; denn jetzt ist die Quersumme gleich 20. Der Empfänger überprüft, ob die Quersumme eine Zehnerzahl ist. Wenn nein, verwirft er die Zahl, wenn ja, akzeptiert er sie.

Wenn während der Übertragung ein Fehler passiert, also eine Ziffer verändert wird, dann ist die Quersumme keine Zehnerzahl mehr. Wenn zum Beispiel die 3 als 8 gelesen wird und der Empfänger die Ziffernfolge 18574 erhält, dann würde er diese nicht akzeptieren, weil die Quersumme 25 ist.

Zur Vorbereitung des Folgenden 8.6.1

Angenommen, wir wollen fünfstellige Folgen von Bits so absichern, dass jeder Einzelfehler bemerkt wird. Dazu fügen wir zu jeder Folge ein Bit hinzu und erhalten damit 6-Tupel aus Nullen und Einsen.

(a) Wie könnte Ihrer Meinung nach das sechste Bit (das so genannte Paritätsbit) bestimmt werden?

(b) Weisen Sie nach, dass der Empfänger mit dieser Codierung Einzelfehler erkennen kann.

► **Definition: Paritätscode**

(a) Sei $n \geq 1$ eine natürliche Zahl.

(a) Sei M irgendeine Menge. Dann nennen wir jede Menge von n-Tupeln, deren Komponenten aus M stammen, einen *Code* der *Länge* n *über* der Menge M. Die Elemente des Codes nennt man auch *Codewörter*.

(b) Sei nun $b > 1$ eine natürliche Zahl und sei $M = \mathbf{Z}_b$. Wir nennen einen Code der Länge n über $\mathbf{Z}_b$ einen *Paritätscode*, wenn für jedes Codewort $(a_1, a_2, \ldots, a_n)$ die folgende *Kontrollbedingung* erfüllt ist:

$$a_1 + a_2 + \ldots + a_n \text{ ist ein Vielfaches von } b.$$

Man berechnet das *Kontrollsymbol* a_n aus den Informationssymbolen $a_1, \ldots, a_{n-1}$ so, dass man die Summe $a_1 + \ldots, + a_{n-1}$ zum nächsten Vielfachen von b ergänzt.

(c) Allgemein betrachten wir eine Gruppe $(G, \cdot)$. Dann heißt ein Code der Länge n über G ein *Paritätscode*, wenn für jedes Codewort gilt: Das Produkt seiner Komponenten ist gleich dem neutralen Element e von G („Kontrollgleichung").

Zur Festigung des Gelernten 8.6.2

(a) Beschreiben Sie den Paritätscode der Länge 4 über $\mathbf{Z}_2$, indem Sie alle Codewörter angeben.

(b) Zeigen Sie, dass dieser Code Einzelfehler erkennt.

Wir haben an einigen Beispielen gesehen, dass man mit Hilfe eines Paritätscodes Einzelfehler erkennen kann. Die Idee hinter der Fehlererkennung ist folgende. Wir stellen uns vor, dass ein Sender Information an einen Empfänger übermitteln will. Diese sichert er mit Hilfe eines Codes ab. Der Empfänger akzeptiert ein n-Tupel nur dann, wenn es ein Codewort ist.

Man kann einen Code auch anders beschreiben. Anstatt eine Kontrollziffer hinzuzufügen, also den Code sozusagen „von unten" aufzubauen, kann man einen Code auch „von oben" betrachten: Wir gehen von allen Folgen der Länge n aus und sondern aus diesen die Codewörter aus. Hier ist die Vorstellung die, dass der Sender seine Information irgendwie mit einem Codewort darstellt, und der Empfänger einfach überprüft, ob die empfangene Ziffernfolge ein Codewort ist.

Die Frage ist nun: Wie muss der Code beschaffen sein, bei dem der Empfänger kein Tupel akzeptiert, bei dem genau ein Fehler passiert ist? Offenbar dürfen sich dann keine zwei verschiedenen Codewörter an nur einer Stelle unterscheiden. Denn sonst könnte ja durch einen Einzelfehler ein Codewort in ein anderes verwandelt werden und der Empfänger hätte keine Chance, den Fehler zu erkennen.

▶ **Definition: Fehlererkennender Code** Sei C ein Code der Länge n über einer Menge M. Wir nennen C einen *fehlererkennenden Code*, wenn sich je zwei Elemente von C an mindestens zwei Stellen unterscheiden.

Satz 8.6.4 (Fehlererkennung)
Jeder Paritätscode ist ein fehlererkennender Code.

Beweis. Sei C ein Paritätscode der Länge n über G. Wir zeigen die Aussage für $G = \mathbf{Z}_b$.

Seien $(a_1, a_2, \ldots, a_n)$ und $(b_1, b_2, \ldots, b_n)$ zwei Codewörter. Dann teilt b sowohl die Summe $a_1 + a_2 + \ldots + a_n$ als auch die Summe $b_1 + b_2 + \ldots + b_n$.

Angenommen, die beiden Codewörter würden sich nur an einer Stelle unterscheiden. Sei dies die erste Stelle. Dann wäre $(b_1, b_2, \ldots, b_n) = (b_1, a_2, \ldots, a_n)$ mit $b_1 \neq a_1$. Somit wäre die Summe $b_1 + a_2 + \ldots + a_n$ ein Vielfaches von b. Dann teilt b nach 1.4.5 die Differenz $(a_1 + a_2 + \ldots + a_n) - (b_1 + a_2 + \ldots + a_n) = a_1 - b_1$.

Da $a_1 - b_1$ zwischen $-(b-1)$ und $+(b-1)$ liegt, folgt $a_1 - b_1 = 0$, und somit $a_1 = b_1$, ein Widerspruch. $\qquad\square$

Zur Festigung des Gelernten 8.6.5
Zeigen Sie, dass auch im Allgemeinen jeder Paritätscode über einer Gruppe G fehlererkennend ist.

Die frühe Geschichte der fehlererkennenden Codes kann man gut in dem Kapitel „Prüfbare und korrigierbare Codes" in Bauer (2009) nachlesen.

Seit dem Jahr 2016 ist europaweit die IBAN (International Bank Account Number) eingeführt, die man bei jeder Geldüberweisung zwingend verwenden muss. Eine IBAN ist wie folgt aufgebaut: Diese beginnt mit einem zweibuchstabigen Länderkennzeichen, dann folgt eine zweistellige Kontrollzahl und danach die eigentliche Bank- und Kontoinformation. In Deutschland besteht diese aus 18 Stellen und zwar den acht Stellen der Bankleitzahl und einer zehnstelligen Kontonummer.

▶ **Definition: IBAN** Die Kontrollzahl der IBAN wird auf folgende Weise berechnet. Zunächst bildet man eine Zahl; diese beginnt mit der Bank- und Kontoinformation (in Deutschland 18 Ziffern), danach kommen das Länderkennzeichen, das gemäß der Regel $A = 10$, $B = 11$, ... in Zahlen übersetzt wird. Abschließend werden zwei Nullen hinzugefügt. In Deutschland wird also immer die Zahl 131400 hinzugefügt ($DE = 1314$).

Diese lange Zahl (in Deutschland 24 Stellen) wird jetzt durch 97 geteilt und der Rest bestimmt. Dieser Rest wird von 98 subtrahiert. Die Zahl, die sich so ergibt, ist die Kontrollzahl. Wenn diese einstellig sein sollte, wird eine führende Null hinzugefügt. Die Kontrollzahl ist also eine der Zahlen $02, 03, \ldots, 98$.

Beispiel. Um die Kontrollzahlen zu dem Kontodaten 51350025 (Bankleitzahl) und 0046075364 (eigentliche Kontonummer) zu bestimmen, fügt man diese beiden Zahlen aneinander und setzt am Ende noch 131400 hinzu. Nun bestimmt man den Rest den diese Zahl bei Division durch 97 ergibt: $513500250046075364131400 = 5293817010784282104447 \cdot 97 + 41$. Daher ist $98 - 41 = 57$ die Kontrollzahl.

Die vollständige IBAN lautet also DE57 513500250046075364.

Zur Festigung des Gelernten 8.6.6
Verifizieren Sie die Kontrollzahl Ihrer IBAN.

Satz 8.6.7 (IBAN)
Der IBAN-Code ist fehlererkennend.

Beweis. Wir müssen zeigen, dass sich zwei verschiedene IBAN an mindestens zwei Stellen unterscheiden. Da die beiden Nummern unterschiedliche Konten bezeichnen, müssen sie sich auf jeden Fall in den eigentlichen Kontendaten unterscheiden. Wenn es nur eine Stelle gäbe, an denen sich die beiden IBAN unterscheiden, wären also insbesondere die Kontrollzahlen gleich, das heißt, beide Zahlen hätten den gleichen Rest bei Division durch 97. Daher wäre die Differenz der beiden Zahlen durch 97 teilbar.

Da sich die Zahlen nur an einer Stelle unterscheiden, ist die Differenz von der Form $a \cdot 10^h$. (Wenn sich die Zahlen zum Beispiel nur an der Tausenderstelle unterscheiden würden und eine Zahl an dieser Stelle eine 8 und die andere eine 3 hätte, wäre die Differenz der Zahlen gleich $(8 - 3) \cdot 1000 = 5 \cdot 10^3$.)

Da 97 eine Primzahl ist, muss sie nach dem Lemma von Euklid (1.6.3) einen der beiden Faktoren a oder 10^h teilen. Da 97 und 10^h teilerfremd sind, müsste 97 ein Teiler von a sein. Da a aber die Differenz zweier Ziffern ist, liegt a zwischen -9 und $+9$. Daher kann a nur dann ein Vielfaches von 97 sein, wenn $a = 0$ ist, wenn also die beiden IBAN gleich sind. $\qquad\square$

Auch die Nummern der Geldscheine sind gegen fehlerhaftes Lesen gesichert. Während die Prüfziffer der letzten Generation der deutschen DM-Scheine mit Hilfe eines ausgeklügelten mathematischen Verfahrens gesichert war (siehe Abschn. 8.7), erfolgt die Sicherung der Nummern der Euro-Scheine vergleichsweise einfach. Jede Nummer eines Euro-Scheins besteht aus einem oder zwei Buchstaben und 10 oder 9 Ziffern, sowie einer Prüfziffer.

▶ **Definition: Prüfziffer der Euro-Banknoten** Die Prüfziffer eines Euro-Scheines wird wie folgt berechnet. Zunächst wandelt man die Buchstaben in Zahlen um, und zwar nach der Vorschrift $A = 1, \ldots, Z = 26$. Dann bildet man aus der gesamten Zahl die ultimative Quersumme Q^*.

(a) Bei den „alten" Euroscheinen mit nur einem Buchstaben bildet man die Prüfziffer so, dass man Q^* zur kleinsten Zahl $> Q^*$ ergänzt, die kongruent 8 modulo 9 ist.
(b) Bei „neuen" Geldscheinen mit zwei Buchstaben am Beginn bestimmt man die Prüfziffer P so, dass $Q^* + P$ die kleinste Zahl $> Q^*$ ist, die kongruent 7 modulo 9 ist.

Zur Festigung des Gelernten 8.6.8
Überzeugen Sie sich, dass die Prüfziffer bei der Banknote aus Abb. 8.5 richtig berechnet wurde.

Zur Festigung des Gelernten 8.6.9
Stellen Sie fest, welche Fehler der Code der Euro-Scheine nicht erkennt.

Abb. 8.5 Eine 10 Euro-Banknote

8.7 Fehler an zwei Stellen

Die im vorigen Abschnitt vorgestellten Verfahren zur Fehlererkennung wären völlig ausreichend – wenn es den Menschen und seine Unzulänglichkeiten nicht gäbe. Denn wenn Menschen Zahlen schreiben oder lesen, passiert es häufig, dass zwei aufeinander folgende Ziffern vertauscht werden. Dieser Fehler tritt in der deutschen Sprache besonders häufig auf, weil wir „vierunddreißig" sagen und – in gewisser Weise konsequent – dann 43 schreiben.

Es ist klar, dass man mit den bisher besprochenen Codes solche Fehler grundsätzlich nicht bemerken kann, denn bei der Summenbildung kommt es nicht auf die Reihenfolge an. Bei Codes über einer Gruppe könnte es zwar nützlich sein, wenn die Gruppe nicht kommutativ ist, aber auch in nichtkommutativen Gruppen gibt es viele Paare von Elementen, die kommutieren. So gilt zum Beispiel stets $gg^{-1} = g^{-1}g$.

Für die Berechnung des Kontrollelements braucht man Methoden, bei denen benachbarte Stellen prinzipiell unterschiedlich behandelt werden. Eine offensichtliche Methode besteht darin, jede zweite Stelle nach gewissen Regeln zu verändern, bevor mit ihr weitergerechnet wird.

Beispiel. Angenommen, wir wollen vierstellige Zahlen so übertragen, dass der Empfänger erkennen kann, ob zwei aufeinander folgende Stellen vertauscht wurden. Dazu verändern wir die zweite und vierte Ziffer gemäß folgender Vorschrift

$$1 \to 3,\ 2 \to 6,\ 3 \to 9,\ 4 \to 2,\ 5 \to 0,\ 6 \to 8,\ 7 \to 1,\ 8 \to 4,\ 9 \to 7,\ 0 \to 5.$$

Wenn wir zum Beispiel die Zahl 1357 gegen Vertauschungsfehler sichern wollen, verändern wir die Ziffern Nr. 2 und 4 gemäß obiger Vorschrift, berechnen dann die Quersumme und ergänzen diese zur nächsten Zehnerzahl:

Ziffern	1	3	5	7
Veränderte Ziffern	1	9	5	1

Die Quersumme ist $1 + 9 + 5 + 1 = 16$, also ist die Kontrollziffer 4 und die zu übermittelnde Nachricht lautet 13.574.

Wenn nun statt 13.574 die Folge 13.754 übermittelt wird, dann müsste $1 + 9 + 7 + 0 + 4$ eine Zehnerzahl sein. Da diese Summe aber 21 ist, wird die Nachricht nicht akzeptiert.

Zur Festigung des Gelernten 8.7.1

Bestimmen Sie die Kontrollziffer, die zu der Zahl 2468 gehört, und zeigen Sie, dass jede Vertauschung benachbarter Ziffern erkannt wird.

▶ **Definition: Paritätscode mit Permutationen** Sei $n \geq 1$ eine natürliche Zahl, und sei G eine Gruppe mit neutralem Element e. Seien $\pi_1, \pi_2, \ldots, \pi_n$ Permutationen von G. Wir nennen eine Teilmenge C von G^n einen *Paritätscode mit den Permutationen* $\pi_1, \pi_2, \ldots,$ π_n, falls für jedes Codewort $(a_1, a_2, \ldots, a_n)$ gilt: $\pi_1(a_1)\pi_2(a_2) \ldots \pi_n(a_n) = e$.

Beispiel. Im Fall $G = \mathbf{Z}_b$ lautet die Kontrollbedingung

$$\pi_1(a_1) + \pi_2(a_2) + \ldots + \pi_n(a_n) \text{ ist ein Vielfaches von b.}$$

Satz 8.7.2 (Fehlererkennung)

Jeder Paritätscode mit Permutationen ist ein fehlererkennender Code.

Beweis. Wir zeigen die Aussage für $G = \mathbf{Z}_b$.

Wenn sich zwei Codewörter $(a_1, a_2, \ldots, a_n)$ und $(b_1, b_2, \ldots, b_n)$ nur an der ersten Stelle unterscheiden würden, dann wäre $\pi_1(a_1) - \pi_1(b_1)$ durch b teilbar. Da π_1 eine Permutation von $\mathbf{Z}_b$ ist, sind auch $\pi_1(a_1)$ und $\pi_1(b_1)$ Elemente von $\mathbf{Z}_b$. Da ihre Differenz größer als $-b$ und kleiner als $+b$ ist, folgt $\pi_1(a_1) = \pi_1(b_1)$. Da jede Permutation umkehrbar ist, ergibt sich schließlich $a_1 = b_1$. $\square$

Der Umgang mit Permutationen ist manchmal unumgänglich, aber oft auch mühsam. Daher ist es gut, dass man im Fall $G = \mathbf{Z}_b$ (manche) Permutation auch einfach dadurch erzeugen kann, dass man die Ziffern mit einer festen Zahl multipliziert.

Zur Vorbereitung des Folgenden 8.7.3

Wir betrachten in $\mathbf{Z}_{10}$ die Abbildung $f = f_w$, die durch $f_w(z) := w \cdot z \bmod 10$ definiert ist, wobei w eine feste Zahl ist.

(a) Bestimmen Sie für $w = 3$ die Bilder der Elemente von $\mathbf{Z}_{10}$.

(b) Für welche w ist die Abbildung f_w eine Permutation?

(c) Lösen Sie die Aufgabe (b) auch für beliebiges $\mathbf{Z}_b$.

▶ **Definition: Paritätscode mit Gewichten** Sei C ein Code der Länge n über $\mathbf{Z}_b$. Seien $w_1, w_2, \ldots, w_n$ Elemente aus $\mathbf{Z}_b$. Wir nennen C einen *Paritätscode mit den Gewichten* w_1, $w_2, \ldots, w_n$, falls für jedes Codewort $(a_1, a_2, \ldots, a_n)$ gilt: b teilt $w_1 \cdot a_1 + w_2 \cdot a_2 + \ldots + w_n \cdot a_n$.

Satz 8.7.4 (Erkennung von Vertauschungsfehlern)

Sei C ein Code der Länge n mit Gewichten $w_1, \ldots, w_n$ über $\mathbf{Z}_b$. Dann gelten folgende Aussagen

(a) Genau dann werden alle Fehler an der i-ten Stelle erkannt, wenn w und b teilerfremd sind.

(b) Genau dann werden alle Vertauschungen der i-ten und j-ten Stelle erkannt, wenn die Zahl $w_i - w_j$ teilerfremd zu b ist.

Beweis.

(a) Sei zum Beispiel w_1 teilerfremd zu b. Wenn ein Fehler $a_1 \to b_1$ nicht erkannt werden würde, dann wäre $w_1 \cdot a_1 \bmod b = w_1 \cdot b_1 \bmod b$. Daraus folgte $w_1 \cdot (a_1 - b_1) \bmod b = 0$. Also wäre b ein Teiler von $w_1 \cdot (a_1 - b_1)$. Da w_1 und b teilerfremd sind, wäre b ein Teiler von $a_1 - b_1$. Daraus folgte $a_1 = b_1$.

Nun nehmen wir an, dass w_1 und b einen gemeinsamen Teiler $t > 1$ haben. Sei $b = ts$. Ferner seien a_1, b_1 aus $\mathbf{Z}_b$ so gewählt, dass $a_1 - b_1 = s$ ist. Dann folgt, dass b ein Teiler von $w_1 \cdot (a_1 - b_1)$, also auch von $w_1 a_1 - w_1 b_1$ ist. Somit gilt $w_1 \cdot a_1 \bmod b = w_1 \cdot b_1 \bmod b$. Das bedeutet, dass der Fehler $a_1 \to b_1$ nicht erkannt wird.

(b) Wir behandeln Vertauschungsfehler an der ersten und zweiten Stelle.

Zunächst setzen wir voraus, dass die Zahl $w_1 - w_2$ teilerfremd zu b ist. Wenn ein Vertauschungsfehler $a_1 \leftrightarrow a_2$ nicht erkannt würde, dann wäre $(w_1 \cdot a_1 + w_2 \cdot a_2) \bmod b = (w_1 \cdot a_2 + w_2 \cdot a_1) \bmod b$. Daraus folgt, dass die Zahl $(w_1 \cdot a_1 + w_2 \cdot a_2) - (w_1 \cdot a_2 + w_2 \cdot a_1) = (w_1 - w_2)(a_1 - a_2)$ durch b teilbar ist. Da b und $w_1 - w_2$ teilerfremd sind, teilt b die Zahl $a_1 - a_2$. Daraus folgt wie vorher $a_1 = a_2$.

Umgekehrt mögen b und $w_1 - w_2$ einen gemeinsamen Teiler $t > 1$ haben. Sei $b = ts$. Seien a_1, a_2 aus $\mathbf{Z}_b$ so gewählt, dass $a_1 - a_2 = s$ ist. Dann ist $(w_1 - w_2)(a_1 - a_2)$ durch ts, also durch b teilbar. Wie unter (a) folgt daraus $a_1 = a_2$. $\square$

Zur Festigung des Gelernten 8.7.5

(a) Wir betrachten einen Paritätscode über $\mathbf{Z}_{10}$ mit den Gewichten $1, 2, 1, 2, \ldots$ Welche Fehler werden $100\,\%$-ig erkannt?

(b) Wie lautet die Antwort bei der Gewichtung $1, 3, 1, 3, \ldots$?

Der folgende Satz ist eine schlechte Nachricht für Codes über $\mathbf{Z}_{10}$.

Folgerung 8.7.6

(a) Sei C ein Code der Länge n mit Gewichten $w_1, \ldots, w_n$ über $\mathbf{Z}_b$. Wenn b gerade ist, dann kann der Code nicht zugleich alle Einzelfehler und alle Vertauschungsfehler an benachbarten Stellen erkennen. Dies gilt insbesondere für $b = 10$.

(b) Wenn b ungerade ist, dann gibt es für jedes n einen Code der Länge n mit Gewichten über $\mathbf{Z}_b$, der sowohl Einzelfehler als auch Vertauschungsfehler an benachbarten Stellen $100\,\%$-ig erkennt.

Beweis.

(a) Für Fehlererkennung müssen die Gewichte ungerade sein, für die Vertauschungserkennung müssen die Differenzen der Gewichte ungerade sein. Beides geht nicht gleichzeitig.

(b) Als Gewichte wählen wir abwechselnd 1 und $b - 1$. Da die diese Gewichte teilfremd zu b sind, werden Einzelfehler erkannt. Ferner ist Differenz $b - 2$ der Gewichte teilerfremd zu b. (Denn jeder Teiler von $b - 2$ und b teilt auch 2, aber b ist ungerade.) Daher werden nach 8.7.4 auch Vertauschungsfehler erkannt. $\square$

▶ **Definition: EAN-Code** Die Europäische Artikelnummer (EAN) oder auch die Global Trade Item Number (GTIN) besteht aus 13 dezimalen Ziffern. Die ersten zwei oder drei Ziffern sind eine Art „Ländercode", die darauf folgenden zehn oder neun Ziffern beschreiben das Unternehmen und das Produkt. Die 13-te Stelle ist eine Prüfziffer, die so wie in folgendem Beispiel berechnet wird:

EAN ohne Prüfziffer	4	1	0	4	6	4	0	0	1	5	1	1
Gewichte	1	3	1	3	1	3	1	3	1	3	1	3
Produkte (Ziffer × Gewicht)	4	3	0	12	6	12	0	0	1	15	1	3

Diese Produkte werden addiert und die Summe durch die Prüfziffer zur nächsten Zehnerzahl ergänzt. In unserem Beispiel ergibt sich $4 + 3 + 0 + 12 + 6 + 12 + 0 + 0 + 1 + 15 + 1 + 3 = 57$. Somit ist die Prüfziffer gleich 3.

In mathematischer Sprache: Der EAN-Code ist also der Paritätscode der Länge 13 mit den Gewichten $1, 3, 1, 3, \ldots, 1$ über $\mathbf{Z}_{10}$.

Da die Gewichte teilerfremd zu 10 sind, ist der EAN-Code nach 8.7.4 fehlererkennend. Es werden aber nicht alle Vertauschungsfehler erkannt.

Zur Festigung des Gelernten 8.7.7
Welche Vertauschungsfehler werden vom EAN-Code nicht erkannt?

Der eigentliche Strichcode ist eine maschinenlesbar Form der EAN. Dabei wird jede Ziffer durch ein Muster aus sieben Bit (weiß und schwarz) dargestellt, und zwar so, dass sich insgesamt zwei weiße und zwei schwarze Balken ergeben. Alle Ziffern – außer der ersten – werden durch einen von drei Verfahren codiert. Die Abfolge dieser Verfahren ist so geregelt, dass dadurch (a) die erste Ziffer codiert ist und man (b) erkennt, in welche Richtung der Strichcode gelesen wird. Details erhält man leicht aus den entsprechenden Seiten im Netz.

Jedes Buch trägt eine Internationale Standard Buch Nummer (ISBN). Bis 2006 war dies eine 10-stellige Zahl, eine so genannte ISBN-10. Die letzte Ziffer einer ISBN-10 ist ein Kontrollsymbol; dieses wurde so berechnet, dass aus mathematischer Sicht keine Wünsche offen blieben.

▶ **Definition: ISBN-10** Sei $z_{10}, z_9, \ldots, z_2$ eine Folge von neun dezimalen Ziffern. Das Kontrollsymbol z_1 wird so berechnet, dass folgende Kontrollbedingung gilt: $10 \cdot z_{10} + 9 \cdot z_9 + \ldots + 2 \cdot z_2 + z_1$ ist ein Vielfaches von 11. Mit anderen Worten man ergänzt die Summe $10 \cdot z_{10} + 9 \cdot z_9 + \ldots + 2 \cdot z_2$ zur nächsten Elferzahl. Das Kontrollsymbol kann einer der Zahlen $0, 1, 2, \ldots, 10$ sein; falls das Kontrollsymbol 10 ist schreibt man X.

Der ISBN-10-Code ist eine Teilmenge des Paritätscodes der Länge 10 über $\mathbf{Z}_{11}$ mit den Gewichten $10, 9, 8, \ldots, 2, 1$. (Bei ersten neun Stellen lässt man nur die Symbole $0, \ldots 9$ (und nicht 10) zu.)

Zur Festigung des Gelernten 8.7.8
Berechnen Sie das Kontrollsymbol zu folgender Buchnummer: 3-528-26783-

Satz 8.7.9 (Qualität des ISBN-Codes)
Der ISBN-10-Code erkennt alle Einzelfehler und alle Vertauschungsfehler.

Beweis. Da 11 eine Primzahl ist, sind alle Gewichte teilerfremd zu 11. Also ist der Code nach 8.7.4(a) fehlererkennend. Da auch die Differenzen der Gewichte teilerfremd zu 11 sind, erkennt der Code nach 8.7.4(b) auch alle Vertauschungsfehler, sogar an beliebigen Stellen. $\square$

▶ **Definition: ISBN-13** Seit 2007 trägt jedes Buch eine 13-stellige Nummer, die ISBN-13. Diese besteht aus fünf Teilen. Sie beginnt mit einem „Präfix", das 978 oder 979 ist. Darauf folgt ein Länderkennzeichen (für Deutschland zum Beispiel 3). Die nächsten beiden Teile bezeichnen den Verlag und die die verlagsinterne Buchnummer. Die letzte Ziffer ist eine Kontrollziffer, die wie bei der EAN mit der Gewichtung 1, 3, 1, 3, ... berechnet wird.

Zur Festigung des Gelernten 8.7.10
Berechnen Sie die Kontrollziffer zu folgender Buchnummer: 978-3-406-64871-

Die Nummern der letzten Generation der deutschen Geldscheine waren durch einen mathematisch interessanten Code abgesichert. Die Anforderungen waren hoch: Der Code sollte alle Einzelfehler und alle Vertauschungsfehler an aufeinander folgenden Stellen erkennen, aber mit 10 Ziffern auskommen. Damit waren sowohl Paritätscodes über $\mathbf{Z}_{10}$ (Satz 8.7.6) als auch der ISBN-10 Code ausgeschlossen.

Der Code der DM-Scheine ist ein Paritätscode mit Permutationen über der Diedergruppe der Ordnung 10, das heißt der Gruppe aller Symmetrien eines regulären Fünfecks. Die Diedergruppe hat eine Eigenschaft, die für unsere Anwendung ein Vorteil ist; sie ist nämlich nichtkommutativ. Das heißt, dass für manche Elemente g, h der Gruppe gilt: gh ≠ hg. Aus Sicht der zugehörigen Codes heißt dies, dass manche Vertauschungsfehler automatisch erkannt werden.

Dieser Code basiert auf den Erkenntnissen von Gumm (1985), er ist ausführlich beschrieben in Beutelspacher (1995).

Als erstes stellt man die Elemente der Diedergruppe D_{10} der Ordnung 10 durch die Zahlen 0, ..., 9 dar (0: Identität, 1, 2, 3, 4: Drehungen, 5, 6, 7, 8, 9: Spiegelungen). Damit erhält man folgende Verknüpfungstabelle:

∘	0	1	2	3	4	5	6	7	8	9
0	0	1	2	3	4	5	6	7	8	9
1	1	2	3	4	0	6	7	8	9	5
2	2	3	4	0	1	7	8	9	5	6
3	3	4	0	1	2	8	9	5	6	7
4	4	0	1	2	3	9	5	6	7	8
5	5	9	8	7	6	0	4	3	2	1
6	6	5	9	8	7	1	0	4	3	2
7	7	6	5	9	8	2	1	0	4	3
8	8	7	6	5	9	3	2	1	0	4
9	9	8	7	6	5	4	3	2	1	0

In jeder Nummer eines DM-Scheines kommen auch Buchstaben vor. Insgesamt sind dies die zehn Buchstaben A, D, G, K, L, N, S, U, Y, Z. Diese werden der Reihe nach durch die Zahlen $0, 1, \ldots, 9$ dargestellt.

Schließlich brauchen wir noch die Permutationen für die einzelnen Stellen. Wir gehen von einer Permutation π aus, die in Zyklenschreibweise wir folgt aussieht:

$$\pi = (0\ 1\ 5\ 8\ 9\ 4\ 2\ 7)(3\ 6).$$

Nun wird festgelegt: Die Permutation für die i-te Stelle ist die die Permutation $\pi_i :=$ π^i; diese entsteht, indem man π genau i-mal hintereinander ausführt. Zum Beispiel ist π_2 gleich

$$
\begin{aligned}
\pi_2 = \pi^2 &= \pi\,\pi \\
&= (0\ 1\ 5\ 8\ 9\ 4\ 2\ 7)(3\ 6)(0\ 1\ 5\ 8\ 9\ 4\ 2\ 7)(3\ 6) \\
&= (0\ 1\ 5\ 8\ 9\ 4\ 2\ 7)(0\ 1\ 5\ 8\ 9\ 4\ 2\ 7)(3\ 6)(3\ 6) \\
&= (0\ 5\ 9\ 2)(1\ 8\ 4\ 7).
\end{aligned}
$$

Schließlich wird aus den zehn Symbolen a_1, a_2, $\ldots$, a_{10} der eigentlichen Banknotennummer auf folgende Weise die Prüfziffer a_{11} bestimmt: Man berechnet zunächst

$$b := \pi_1(a_1)\pi_2(a_2)\ldots\pi_{10}(a_{10})$$

und bestimmt daraus a_{11} durch $a_{11} = b^{-1}$.

Man beachte, dass alle Operationen in der Gruppe D_{10} gemäß obiger Tabelle stattfinden. Insbesondere ist b^{-1} das Inverse von b in der Gruppe D_{10}.

Zur Festigung des Gelernten 8.7.11

(a) Bestimmen Sie die Permutationen $\pi_1, \pi_2, \ldots, \pi_{10}$.

(b) Verifizieren Sie die Prüfziffer des 10 DM-Scheines aus Abb. 8.6. Benutzen Sie dazu folgende Tabelle:

	a_1	a_2	a_3	a_4	a_5	a_6	a_7	a_8	a_9	a_{10}
Nummer ohne Prüfziffer	G	N	4	4	8	0	1	0	0	S
Umsetzung in Ziffern										
$\pi_i(a_i)$										

Man kann nachweisen, dass dieser Code tatsächlich alle Einzelfehler und alle Vertauschungsfehler an benachbarten Stellen erkennt (siehe zum Beispiel Gumm 1985 und Schulz 2003).

Zur Festigung des Gelernten 8.7.12

Der 10 DM-Schein zeigt den Mathematiker Carl Friedrich Gauß. Können Sie auf dem Geldschein Hinweise zu mathematische Leistungen von Gauß erkennen?

Abb. 8.6 Ein 10 DM-Schein

Ausblick: Fehlerkorrigierende Codes

In vielen Fällen genügt eine Fehlererkennung, da man die Nachricht ein zweites Mal anfordern kann. Manchmal ist das aber nicht möglich. Das klassische Beispiel sind die Fotos, die wir von Satelliten erhalten: Wenn die Fotos auf der Erde ankommen, ist der Satellit schon viel weiter und kann das gleiche Bild nicht noch einmal aufnehmen. Aber auch bei alltäglichen Beispielen haben wir eine ähnliche Situation: Wenn eine CD einen Kratzer hat, sind die entsprechenden Daten ein für alle Mal verschwunden und können bestenfalls aus den anderen rekonstruiert werden. Das Stichwort hierzu lautet fehlerkorrigierende Codes.

Stellen wir uns vor, dass bei der Übertragung eines Codewortes ein Fehler passiert, also eine Stelle verändert wird. Der Empfänger kann nur dann daraus wieder das ursprüngliche Codewort rekonstruieren, wenn es nur ein Codewort gibt, das sich von dem empfangenen n-Tupel an genau einer Stelle unterscheidet. Das bedeutet, dass sich keine zwei Codewörter an nur zwei Stellen unterscheiden dürfen.

▶ **Definition: fehlerkorrigierender Code** Ein Code $C \subseteq M^n$ wird *fehlerkorrigierend* genannt, falls sich je zwei verschiedene Codewörter an mindestens drei Stellen unterscheiden.

Wenn ein fehlerkorrigierender Code benutzt wird, kann der Empfänger ein empfangenes n-Tupel leicht korrigieren: Er muss das Codewort suchen, das sich vom empfangenen n-Tupel an nur einer Stelle unterscheidet. Voraussetzung für eine korrekte Decodierung ist allerdings, dass an nur einer Stelle ein Fehler passiert ist. Man spricht daher genauer von „1-fehlerkorrigierenden Codes".

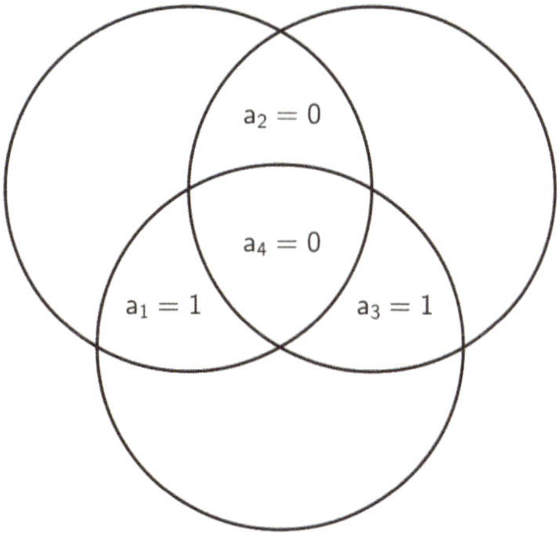

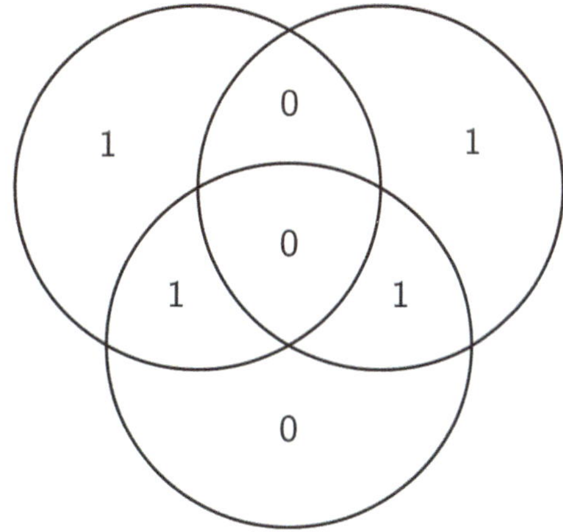

Abb. 8.7 Die Informationsbits des Hamming-Codes der Länge 7

Abb. 8.8 Der Hamming-Code der Länge 7

Beispiel. Einen fehlerkorrigierenden Code der Länge 7 über $\mathbf{Z}_2$ kann man sich wie folgt veranschaulichen.

Wir zeichnen drei Kreise wie in Abb. 8.7. Diese definieren sieben Gebiete. In die „mittleren" vier schreiben wir jeweils ein beliebiges Bit; diese vier Bits bilden den Anfang eines Codeworts (1 0 1 0 _ _ _). Dieser Anfang wird durch jeweils ein Bit in den Kreisen ergänzt und zwar so, dass in jedem Kreis eine gerade Anzahl von Einsen stehen. Damit ist (1 0 1 0 1 1 0) ein Codewort. (Siehe Abb. 8.8.)

Ein Codewort $(a_1, a_2\ a_3\ a_4\ a_5\ a_6\ a_7)$ besteht aus vier Informationsbits a_1, a_2, a_3, a_4 und drei Kontrollbits a_5, a_6, a_7, die mit Hilfe der folgenden Kontrollgleichungen berechnet werden können:

$$a_5 = a_1 + a_2 + a_4, \quad a_6 = a_2 + a_3 + a_4, \quad a_7 = a_1 + a_3 + a_4,$$

wobei alle Berechnungen in $\mathbf{Z}_2$ erfolgen.

Zur Festigung des Gelernten 8.7.12

(a) Bestimmen Sie alle Codewörter dieses Codes. (Es gibt genau 16.)

(b) Verifizieren Sie, dass sich je zwei verschiedene Codewörter an mindestens drei Stellen unterscheiden.

Der gerade konstruierte Code ist das kleinste Beispiel der so genannten *Hamming-Codes*, die der amerikanische Mathematiker Richard Hamming (1915–1998) im Jahre 1950 publiziert hat. Hamming-Codes sind fehlerkorrigierende Codes über $\mathbf{Z}_2$ der Länge $2^k - 1$.

Fehlerkorrigierende Codes sind praktisch außerordentlich wichtig und mathematisch hochinteressant. Die Konstruktion und Analyse von fehlerkorrigierenden Codes basiert ganz entscheidend auf algebraischen Strukturen, insbesondere auf endlichen Körpern. Es gibt zahlreiche Lehrbücher über Codierungstheorie; als Einführungen eignen sich zum Beispiel Manz (2017) und Schulz (2003).

Literatur

Bauer, F.J.: Historische Notizen zur Informatik. Springer, Heidelberg (2009)

Beutelspacher, A.: Vertrauen ist gut, Kontrolle ist besser! Vom Nutzen elementarer Mathematik zum Erkennen von Fehlern. In: Jahrbuch Überblicke Mathematik, S. 27–38. Vieweg, Braunschweig (1995)

Beutelspacher, A.: Lineare Algebra. Eine Einführung in die Wissenschaft der Vektoren, Abbildungen und Matrizen, 7. Aufl. Springer Spektrum, Heidelberg (2014)

Gumm, H.P.: A new class of check-digit methods for arbitrary number systems. IEEE Trans Inf Theory **31**, 102–105 (1985)

Karpfinger, C., Meyberg, K.: Algebra: Gruppen – Ringe – Körper, 3. Aufl. Springer Spektrum, Heidelberg (2012)

Manz, O.: Fehlerkorrigierende Codes. Springer Vieweg, Berlin (2017)

Martin, G.E.: The foundations of geometry and the Non-Euclidean plane. Springer, New York (1975)

Schulz, R.-H.: Codierungstheorie. Eine Einführung, 2. Aufl. Vieweg, Braunschweig (2003)

Weigand, H.-G., et al.: Didaktik der Geometrie für die Sekundarstufe I, 2. Aufl. Springer Spektrum, Heidelberg (2014)

Gleichungen 9

Wenn man danach fragt, ob eine Gleichung eine Lösung hat, muss man zwei Fragen unterscheiden. Zum einen kann man fragen, ob eine Gleichung überhaupt eine reelle oder komplexe Zahl als Lösung hat. Der Fundamentalsatz der Algebra sagt, dass die Antwort auf diese Frage ja ist. Das bedeutet aber noch lange nicht, dass man eine Lösung konkret kennt. In der Regel muss man diese Lösungen aufwändig mit Hilfe von Näherungsverfahren, zum Beispiel mit dem Newtonverfahren, konstruieren.

Zum andern kann man nach solchen Lösungen fragen, die man direkt aus den Koeffizienten der Gleichung durch eine Formel ausrechnen kann. Das Vorbild dafür ist die p,q-Formel. Der Satz von Abel-Ruffini sagt, dass dies im Grunde nur für besonders einfache Gleichungen möglich ist. Schon ab Grad 5 gibt es Gleichungen, die in diesem Sinne nicht durch Wurzelausdrücke „auflösbar" sind.

Bei beiden Fragestellungen merkt man schnell, dass die komplexen Zahlen außerordentlich nützlich sind. Deshalb behandeln wir zunächst die komplexen Zahlen.

9.1 Komplexe Zahlen

Der erste, der einigermaßen systematisch mit komplexen Zahlen rechnete, war der italienische Mathematiker Gerolamo Cardano.

Aufgaben, bei denen nach zwei Zahlen gefragt wird, deren Summe und Produkt vorgegeben sind, waren zu Cardanos Zeiten gang und gäbe. Zum Beispiel: Gesucht sind zwei Zahlen deren Summe 9 und deren Produkt 20 ist. Man kann eine Lösung durch Probieren finden (die Zahlen 4 und 5). Wenn man nicht raten möchte, stellt man ganz natürlich Gleichungen für die Unbekannten x und y auf, nämlich $x + y = 9$ und $xy = 20$. Wenn man die erste Gleichung nach y auflöst und in die zweite einsetzt, erhält man die quadratische Gleichung $x(9 - x) = 20$, also die Gleichung $x^2 - 9x + 20 = 0$, die die Lösungen 4 und 5 hat.

© Springer Fachmedien Wiesbaden GmbH 2018
A. Beutelspacher, *Zahlen, Formeln, Gleichungen*,
https://doi.org/10.1007/978-3-658-16106-4_9

Cardano stellte sich in seinem Hauptwerk *Ars Magna* (1545) die Aufgabe: Gesucht sind zwei Zahlen, deren Summe 10 und deren Produkt 40 ist. Indem man wie vorher vorgeht, erhält man die Gleichung $x(10-x) = 40$, also $x^2 - 10x + 40 = 0$. Wenn man diese Gleichung – rein formal – mit der p,q-Formel löst, erhält man als Lösungen $5 \pm \sqrt{5^2 - 40} = 5 \pm \sqrt{-15}$.

Um zu dieser „Lösung" zu kommen, muss man mit den komplexen Zahlen nicht rechnen: Man fasst den Ausdruck unter der Wurzel zusammen und – hört dann auf zu rechnen. Wenn man allerdings die Probe machen, also überprüfen möchte, ob diese „Zahlen" wirklich Lösungen der Gleichungen sind, muss man wohl oder übel mit diesen „Zahlen" rechnen. Der erste, der dies wagte, war Cardano (siehe Abschn. 9.3):

$$5 + \sqrt{-15} + (5 - \sqrt{-15}) = 10$$

und

$$(5 + \sqrt{-15}) \cdot (5 - \sqrt{-15})$$
$$= 5^2 - (\sqrt{-15})^2$$
$$= 25 - (-15)$$
$$= 40.$$

Der Ingenieur Rafael Bombelli (1526–1572) rechnete einigermaßen skrupellos mit Symbolen wie $\sqrt{-1}$, indem er diese als eine Art „Vorzeichen" auffasste. René Descartes bezeichnete 1637 Wurzeln aus negativen Zahlen als „imaginäre Zahlen". Leonhard Euler benutzte ab 1777 konsequent das Symbol i $(= \sqrt{-1})$ als imaginäre Einheit. Berühmt ist die Eulersche Gleichung $e^{i\varphi} = \cos(\varphi) + i \cdot \sin(\varphi)$. Diese Gleichung wird übrigens von vielen Mathematikern als die schönste Gleichung der Mathematik angesehen.

Der norwegische Geodät Caspar Wessel (1745–1818) führte mit Hilfe der Geometrie die erste in sich stimmige Definition imaginärer Größen ein. Im Grunde definiert er im $\mathbf{R}^2$ (der damals noch nicht so bezeichnet wurde) eine Addition und eine Multiplikation von Strecken. Ferner bezeichnet er die Einheit auf der x-Achse mit 1 und die auf der y-Achse mit „ε", was wir heute i nennen würden. So „sind" die komplexen Zahlen für Wessel die Punkte der Ebene. Die Rechenoperationen können damit auf geometrische Operationen zurückgeführt werden. Ein komplexe Zahl $a + bi$ $(= a \cdot 1 + b \cdot i)$ ist als Punkt der Ebene eine Linearkombination aus den Einheiten 1 und i.

Diese Überlegungen blieben allerdings weitgehend unbeachtet. Erst Carl Friedrich Gauß gelang es, eine allgemeine Anerkennung für komplexe Zahlen – in ihrem geometrischen Gewand – zu erreichen.

Der irische Mathematiker William Rowan Hamilton (1805–1865) versuchte, die gesamte Algebra auf eine solide axiomatische Grundlage zu stellen. In diesem Zusammenhang führte er erstmals komplexe Zahlen als Paare (a, b) reeller Zahlen ein. Diese algebraische Grundlegung der komplexen Zahlen ist heute üblich, vor allen deswegen, weil sich alle Eigenschaften der komplexen Zahlen – aus algebraischer Sicht – fast automatisch ergeben, wenn der Anfang einmal gemacht ist. Diesen Ansatz verwenden wir auch hier.

Zur Geschichte der komplexen Zahlen siehe auch Alten (2014).

▶ **Definition: komplexe Zahl** Die Menge der *komplexen Zahlen* ist gleich der Menge alle Paare reeller Zahlen:

$$\mathbf{C} := \{(a, b) \mid a, b \in \mathbf{R}\}.$$

Wir definieren auf $\mathbf{C}$ eine Addition, indem wir in beiden Komponenten die Addition von $\mathbf{R}$ benutzen:

$$(a, b) + (c, d) := (a + c, b + d).$$

Ferner definieren wir ein Produkt einer reellen Zahl c mit einer komplexen Zahl (a, b) durch:

$$c \cdot (a, b) := (ca, cb).$$

Zur Festigung des Gelernten 9.1.1

(a) Zeigen Sie, dass $\mathbf{C}$ zusammen mit der oben definierten Addition eine abelsche Gruppe ist.
(b) Zeigen Sie, dass $\mathbf{C}$ mit der oben definierten Addition und Multiplikation ein Vektorraum über $\mathbf{R}$ ist.

Wenn wir die komplexen Zahlen in der Form (a, b) mit ihrer geometrischen Vorstellung in der Form $a + bi$ vergleichen, dann sehen wir, dass das Paar (a, 0) der reellen Zahl $a + 0 \cdot i = a$ entspricht, und dass die Zahl $i = 0 + 1 \cdot i$ zu dem Paar (0, 1) gehört.

▶ **Definition: imaginäre Einheit, Realteil, Imaginärteil** Wir definieren $i := (0, 1)$ und nennen i die *imaginäre Einheit*. Wir identifizieren die komplexe Zahl (a, 0) mit der reellen Zahl a. Damit können wir jede komplexe Zahl (a, b) schreiben als

$$(a, b) = a \cdot (1, 0) + b \cdot (0, 1) = a \cdot 1 + b \cdot i = a + bi.$$

Man nennt a den *Realteil* und b den *Imaginärteil* der komplexen Zahl (a, b).

Um zu einer Definition der Multiplikation komplexer Zahlen zu kommen, gehen wir einen Augenblick lang von der Vorstellung aus, dass auch i eine „Zahl" ist, mit der man ganz normal rechnen kann. Insbesondere lassen wir uns von der Idee „$i^2 = -1$" leiten. Dann können wir folgendes berechnen:

$$
\begin{aligned}
(a, b) \cdot (c, d) \\
= (a + bi) \cdot (c + di) \\
= ac + adi + bic + bidi \\
= ac + bdi^2 + adi + bci \\
= ac - bd + (ad + bc)i \\
= (ac - bd, ad + bc).
\end{aligned}
$$

Zur Festigung des Gelernten 9.1.2

Prüfen Sie bei jedem Gleichheitszeichen der obigen Gleichungskette, welche Eigenschaften der Zahl i benutzt wurden.

▶ **Definition: Multiplikation komplexer Zahlen** Für zwei komplexe Zahlen (a, b) und (c, d) definieren wir ihr *Produkt* durch

$$(a, b) \cdot (c, d) := (ac - bd, ad + bc).$$

Zur Festigung des Gelernten 9.1.3

Berechnen Sie die folgenden Produkte komplexer Zahlen gemäß der Definition. Fragen Sie sich jeweils, ob Sie diese Aufgaben auch „inhaltlich" verstehen:

$$(a, b) \cdot (1, 0)$$
$$(1, 0) \cdot (c, d)$$
$$(a, 0) \cdot (c, d)$$
$$(0, 1) \cdot (0, 1)$$
$$(0, 1) \cdot (c, d).$$

Satz 9.1.4 (Der Körper der komplexen Zahlen)
Die Menge $\mathbf{C}$ ist zusammen mit der auf $\mathbf{C}$ definierten Addition und Multiplikation ein Körper. Der Körper $\mathbf{C}$ ist eine Körpererweiterung von $\mathbf{R}$ vom Grad 2.

Beweis.

(a) Die Menge der von Null verschiedenen komplexen Zahlen bildet bezüglich der Multiplikation eine Gruppe.
Wie meist ist der Nachweis des Assoziativgesetzes das Schwierigste: Seien (a, b), (c, d), (e, f) komplexe Zahlen. Dann gilt:

$$
\begin{aligned}
&[(a, b) \cdot (c, d)] \cdot (e, f) \\
&= (ac - bd, ad + bc) \cdot (e, f) \\
&= ((ac - bd)e - (ad + bc)f, (ac - bd)f + (ad + bc)e) \\
&= (ace - bde - adf - bcf, acf - bdf + ade + bce) \\
&= (a(ce - df) - b(cf + de), a(cf + de) + b(ce - df)) \\
&= (a, b) \cdot (ce - df, cf + de) \\
&= (a, b) \cdot [(c, d) \cdot (e, f)].
\end{aligned}
$$

Es ist leicht nachzuweisen, dass $(1, 0)$ ein neutrales Element bezüglich der Multiplikation ist.

Um das zu $(a, b) \neq (0, 0)$ inverse Element (a', b') zu berechnen, macht man folgenden Ansatz: $(a, b) \cdot (a', b') = (1, 0)$. Das formt man um zu $(aa' - bb', ab' + ba') = (1, 0)$ und berechnet daraus die Lösung $a' = a/(a^2 + b^2)$ und $b' = -b/(a^2 + b^2)$.

(b) Das Distributivgesetz weist man ähnlich wie das Assoziativgesetz durch geduldiges Ausrechnen nach. $\qquad\square$

Zur Festigung des Gelernten 9.1.5

(a) Können Sie die Multiplikation eines Vektors aus $\mathbf{R}^2$ mit i geometrisch interpretieren? Probieren Sie das an Vektoren wie zum Beispiel $1 = (1, 0)$ oder $i = (0, 1)$ aus. Modell: $(0, 1) \cdot i = i \cdot i = -1 = (-1, 0)$?

(b) Können Sie entsprechend die Multiplikation mit $(1 + i)/\sqrt{2}$ geometrisch deuten?

Man kann relativ einfach nachweisen, dass der Körper der reellen Zahlen keinen Automorphismus $\neq$ id hat. Man sagt dazu, dass der Körper $\mathbf{R}$ „starr" ist. Demgegenüber besitzt C einen interessanten und wichtigen Automorphismus.

▶ **Definition: konjugiert komplexe Zahl** Jeder komplexen Zahl $z = (a, b) = a + bi$ ordnen wir eine komplexe Zahl $\bar{z}$ gemäß folgender Definition zu: $\bar{z} = \overline{a + bi} := a - bi$. Man nennt $\bar{z}$ die zu z *konjugiert* komplexe Zahl.

Zur Festigung des Gelernten 9.1.6

(a) Welches sind die konjugiert komplexe Zahlen von $(a, 0)$ und $(0, b)$?

(b) Zeigen Sie: Genau dann gilt $\bar{z} = z$, wenn z eine reelle Zahl ist.

(c) Was ist $(a + bi) + \overline{a + bi}$?

(d) Was ist $(a + bi) \cdot \overline{(a + bi)}$?

Satz 9.1.7 (Automorphismus von C)

Die Abbildung f: $\mathbf{C} \to \mathbf{C}$, die definiert ist durch $f(a + bi) := \overline{a + bi}$ ist ein Automorphismus des Körpers $\mathbf{C}$.

Beweis. Zur Erinnerung: Ein Automorphismus eines Körpers K ist eine bijektive Abbildung f von K in sich, die die Addition und die Multiplikation „respektiert", das heißt, für die gilt $f(a + b) = f(a) + f(b)$ und $f(ab) = f(a)f(b)$ für alle a, b aus K.

(a) f ist bijektiv. Das ist einfach nachzuweisen: Zum einen ist f surjektiv, denn die komplexe Zahl $z = a + bi$ hat $\bar{z} = a - bi$ als Urbild. Zum andern ist f auch injektiv. Denn seien $a + bi$ und $c + di$ zwei verschiedene komplexe Zahlen. Das heißt $(a, b) \neq (c, d)$. Dann sind auch die Bilder $a - bi$ und $c - di$ verschieden, denn aus $(a, b) \neq (c, d)$ folgt auch $(a, -b) \neq (c, -d)$.

(b) f respektiert die Addition. Seien $z = a + bi$ und $z' = c + di$ komplexe Zahlen. Dann gilt

$$
\begin{aligned}
\overline{z + z'} &= f(z + z') \\
&= f((a + bi) + (c + di)) \\
&= f((a + c) + (b + d)i) \\
&= (a + c) - (b + d)i \\
&= (a - bi) + (c - di) \\
&= f(a + bi) + f(c + di) \\
&= f(z) + f(z') = \overline{z} + \overline{z'}.
\end{aligned}
$$

(c) f respektiert die Multiplikation. Seien wieder $z = a + bi$, $z' = c + di \in \mathbf{C}$. Dann gilt

$$
\begin{aligned}
\overline{z \cdot z'} &= f(z \cdot z') \\
&= f[(a + bi)(c + di)] \\
&= f[(ac - bd) + (ad + bc)i] \\
&= (ac - bd) - (ad + bc)i \\
&= (a - bi)(c - di) \\
&= f(a + bi) \cdot f(c + di) \\
&= f(z) \cdot f(z') = \overline{z} \cdot \overline{z'}.
\end{aligned}
$$
$\square$

9.2 Nullstellen

Schon in der Antike war klar, dass eine lineare Gleichung genau eine Lösung hat. Heute sagen wir vorsichtiger: eine lineare Gleichung über einem Körper K hat genau eine Lösung, und diese liegt in K. Bekannt war auch, dass eine quadratische Gleichung manchmal zwei, manchmal eine, oft aber auch gar keine Lösung hat. Beim Arbeiten mit Gleichungen dritten Grades wurde sicher auch beobachtet, dass eine solche Gleichung höchstens drei Lösungen hat.

Auf Basis dieser Erfahrungen vermutete der Nürnberger Rechenmeister Peter Roth schon im Jahre 1608, dass eine Gleichung n-ten Grades *höchstens* n Lösungen hat. Aber erst René Descartes konnte 1637 dieses Ergebnis beweisen. Das haben wir in Satz 6.3.7 dargestellt.

Descartes' Satz ist sehr nützlich für die Praxis des Gleichungslösens: Wenn man n Lösungen gefunden hat, weiß man, dass man fertig ist. Aber auch aus theoretischer Sicht ist dies eine enorme wichtige Erkenntnis: Denn, wenn man eine Lösung hat, kann man alles von der Gleichung f vom Grad n auf eine Gleichung g vom Grad $n - 1$ zurückführen.

Einen wesentlichen Schritt weiter ging der französische Mathematiker Albert Girard bereits im Jahre 1629. Er wagte die These, dass eine Gleichung n-ten Grades *genau* n Lösungen hat. Insbesondere sagt diese These, dass jede Gleichung *mindestens* eine Lösung hat. Girard hatte keinen Beweis für seine These. Aber er wusste, dass diese These überhaupt nur dann eine Chance auf Richtigkeit hat, wenn man als Lösungen auch „imaginäre Größen", das heißt komplexe Zahlen zulässt.

Das sieht man bereits an quadratischen Gleichungen. Betrachten wir die unschuldig aussehende Gleichung $x^2 + 2x + 5 = 0$. Früher hat man gesagt: Diese Gleichung hat keine Lösung. Heute sagt man: Diese Gleichung hat zwar keine reelle Lösung, aber zwei Lösungen, die komplexe Zahlen sind, nämlich $-1 \pm 2i$.

Beim Versuch, möglichst viele Nullstellen eines Polynoms zu finden, hat Descartes eine geniale Methode entwickelt. Diese deckt zwar längst nicht alle Fälle ab, garantiert aber in vielen Fällen die Existenz von Nullstellen. Genial ist diese Methode deswegen, weil man anhand scheinbar äußerlicher Daten, nämlich der Anzahl der Vorzeichenwechsel der Koeffizienten des Polynoms, Aussagen über Existenz von Nullstellen treffen kann.

▶ **Definition: Vorzeichenwechsel eines Polynoms** Sei $f = a_n x^n + a_{n-1} x^{n-1} + \ldots + a_1 x + a_0$ ein Polynom aus $\mathbf{R}[x]$. Mit $vw(f)$ bezeichnen wir die Anzahl der Vorzeichenwechsel der Folge $(a_n, a_{n-1}, \ldots, a_1, a_0)$, wobei wir Koeffizienten, die gleich Null sind, ignorieren.

Zur Festigung des Gelernten 9.2.1

Füllen Sie die leeren Felder folgender Tabelle aus.

f	x^3	$x^3 - 1$	$x^3 + 1$	$x^3 - x + 1$	$-x^3 - x + 1$	$x^3 - x^2 + x - 1$
$vw(f)$			0	2		

Die Idee von Descartes war es, die Anzahl der Vorzeichenwechsel eines Polynoms f mit der Anzahl seiner Nullstellen, genauer gesagt: seiner positiven reellen Nullstellen in Verbindung zu bringen.

▶ **Definition: positive Nullstellen** Wir bezeichnen die Anzahl der positiven reellen Nullstellen eines reellen Polynoms mit $pos(f)$. Dabei rechnen wir Vielfachheiten mit. Zum Beispiel gilt $pos(x^2 - 6x + 9) = 2$.

Wir betrachten zum Beispiel ein lineares Polynom $g = x - a$. Wenn $a > 0$ ist, ist $vw(f) = 1$ und $pos(f) = 1$. Im Fall $a < 0$ ist $vw(f) = 0$ und $pos(f) = 0$. Dass die Situation nicht immer einfach ist, sieht man schon bei Polynomen vom Grad 2.

Zur Vorbereitung des Folgenden 9.2.2

Sei $f = x^2 + px + q$ ein reelles Polynom vom Grad 2. Wenn p und q positive Zahlen sind, gibt es zwei Fälle: Wenn die Diskriminante $(p/2)^2 - q$ kleiner als Null ist, dann gibt es überhaupt keine reelle Lösung. Wenn die Diskriminante größer als Null ist, dann ist $\sqrt{(p/2)^2 - q}$ kleiner als p/2 (wegen q > 0). Also ist die Zahl $-p/2 \pm \sqrt{(p/2)^2 - q}$ kleiner als Null; somit gibt es keine positive Lösung. In jedem Fall ist pos(f) = 0.

Füllen Sie die leeren Felder folgender Tabelle aus.

	p, q > 0	p > 0, q < 0	p < 0, q > 0	p, q < 0
vw(f)	0			
pos(f)	0			

Der Zusammenhang zwischen vw(f) und pos(f) drückt sich in folgendem Satz von Descartes 1637 aus:

Satz 9.2.3 (Vorzeichenregel von Descartes)
Sei f ein Polynom mit reellen Koeffizienten. Dann gelten die folgenden Aussagen:

(a) $pos(f) \leq vw(f)$.

(b) vw(f) und pos(f) haben die gleiche Parität. Das heißt, die Zahlen sind entweder beide gerade oder beide ungerade.

(c) Wenn vw(f) ungerade ist, hat f mindestens eine positive reelle Nullstelle. Im Fall vw(f) = 1 hat f genau eine positive reelle Nullstelle.

Beispiel. Wir betrachten das Polynom $f = x^4 - 5x^3 + 6x^2 + 4x - 8$. Da vw(f) = 3 ist, hat f eine oder drei positive reelle Nullstellen.

Um auch die negativen Nullstellen zu finden, betrachten wir statt f(x) das Polynom $f(-x) = (-x)^4 - 5(-x)^3 + 6(-x)^2 + 4(-x) - 8 = x^4 + 5x^3 + 6x^2 - 4x - 8$. Da dieses Polynom genau einen Vorzeichenwechsel hat, hat f(−x) genau eine positive Nullstelle, also f(x) genau eine negative Nullstelle.

In der Tat ist $f = (x - 2)^3 (x + 1)$.

Wir halten das letzte Argument fest.

Satz 9.2.4 (Vorzeichenregel von Descartes II)
Sei f ein Polynom mit reellen Koeffizienten. Dann gelten die folgenden Aussagen:

(a) Die Anzahl der negativen reellen Nullstellen von f ist höchsten so groß wie die Anzahl der Vorzeichenwechsel des Polynoms f(−x).

(b) Die Anzahl der Vorzeichenwechsel von f(−x) und die Anzahl der negativen reellen Nullstellen von f haben die gleiche Parität.

Zur Festigung des Gelernten 9.2.5

Betrachten Sie das Polynom $f = x^3 + x^2 - 10x + 8$. Zeigen Sie:

(a) f hat mindestens eine Nullstelle. (Überlegen Sie sich dazu, welche Werte die Funktion für sehr kleine x (zum Beispiel $x < -10$) und für große x (zum Beispiel $x > 10$) annimmt.)

(b) Wie viele positive reelle und wie viele negative Nullstellen hat das Polynom nach der Vorzeichenregel?

Zur Festigung des Gelernten 9.2.6

Sei f ein reelles Polynom. Zeigen Sie:

(a) Wenn alle Koeffizienten von f positiv sind, dann ist jede reelle Nullstelle von f negativ.

(b) Wenn die Koeffizienten von f abwechselnd positiv und negativ sind, dann sind alle reellen Nullstellen von f positiv.

Für den Beweis der Vorzeichenregel brauchen wir zunächst einen Hilfssatz.

Hilfssatz 9.2.7

Sei $f = a_n x^n + \ldots + a_1 x + a_0$ ein Polynom vom Grad n mit reellen Koeffizienten. Sei $a_0 \neq 0$. (Sonst betrachten wir den kleinsten Index i mit $a_i \neq 0$.) Dann gilt:

Wenn die Zahlen a_n und a_0 beide positiv oder beide negativ sind, dann ist pos(f) gerade. Wenn eine der Zahlen a_n und a_0 positiv und die andere negativ ist, dann ist pos(f) ungerade.

Beweis. Seien a_n und a_0 beide positiv. Dann ist $f(0) = a_0 > 0$. Wegen $a_n > 0$ ist $f(x)$ ab einer gewissen Zahl stets positiv.

Daher ist die Anzahl der Schnittpunkte des Graphen von f mit der positiven x-Achse eine gerade Zahl. (Wobei wir hier unter einem Schnittpunkt eine Nullstelle x_0 von f verstehen, die die Eigenschaft hat, dass in einer Umgebung von x_0 die Werte links von x_0 positiv sind und die Werte rechts von x_0 negativ sind – oder umgekehrt.) Die Behauptung ist klar, denn jeder Übergang des Graphen von der oberen Halbebene zur unteren muss durch einen Übergang von der unteren Halbebene zur oberen kompensiert werden.

Das gilt auch, wenn der Graph von f mit der x-Achse einen Schnittpunkt x_0 mit Vielfachheit > 1 hat, denn dann ist die Vielfachheit von x_0 ungerade.

Wenn der Graph von f die x-Achse in einem Punkt x_0 berührt, (das heißt, wenn in einer Umgebung alle Werte ≥ 0 oder alle Werte ≤ 0 sind), dann ist die Vielfachheit der Nullstelle x_0 gerade.

Zusammen folgt, dass die Anzahl der positiven Nullstellen – mit ihren Vielfachheiten gerechnet – gerade ist. $\square$

Zur Festigung des Gelernten 9.2.8
Beweisen Sie den Hilfssatz 9.2.7 im Fall $a_0 < 0$ und $a_n > 0$.

Beweis der Vorzeichenregel. Das Schöne an diesem Beweis ist, dass wir ein klein bisschen Analysis anwenden dürfen.

Wir beweisen den Satz im Fall $a_n > 0$ und $a_0 > 0$. Dann ist nach dem Hilfssatz pos(f) gerade.

Der Beweis erfolgt mit Induktion nach n.

Induktionsbasis. Wir haben schon zu Beginn dieses Abschnitts gesehen, dass im Fall $n = 1$ sogar pos(f) = vw(f) gilt.

Induktionsschritt. Sei $n > 1$, und sei die Aussage richtig für $n - 1$.

Wir betrachten die Ableitung f' von f. Diese ist bekanntlich $f' = na_n x^{n-1} + \ldots + 2a_2 x + a_1$. An dieser Stelle kommt der Satz von Rolle ins Spiel. Dieser sagt, dass zwischen je zwei Nullstellen von f mindestens eine Stelle mit waagerechter Tangente existiert. (Beachten Sie, dass jede Polynomfunktion differenzierbar ist.) Da Punkte mit waagerechter Tangente Nullstellen von f' sind, ergibt sich $pos(f') \geq pos(f) - 1$.

1. Fall: $a_1 > 0$.

Da die Koeffizientenfolge von f die gleiche Abfolge von Plus und Minus hat wie f', und da in diesem Fall zwischen a_1 und a_0 kein Vorzeichenwechsel stattfindet (da a_1 und a_0 beide positiv sind), folgt $vw(f) = vw(f')$.

Da $n \cdot a_n$ und a_1 positiv sind, ist nach dem Hilfssatz pos(f') gerade.

Nach Induktion haben vw(f') und pos(f') die gleiche Parität. Sie sind also beide gerade. Wegen vw(f) = vw(f') ist also auch vw(f) gerade. Ganz zu Beginn des Beweises hatten wir schon festgestellt, dass pos(f) gerade ist. Also haben pos(f) und vw(f) die gleiche Parität.

Mit Induktion folgt weiter: $pos(f') \leq vw(f')$. Damit können wir schließen:

$$vw(f) = vw(f') \geq pos(f') \geq pos(f) - 1,$$

also $vw(f) \geq pos(f) - 1$. Wir wollen zeigen, dass $vw(f) \geq pos(f)$ ist. Angenommen, $vw(f) < pos(f)$. Dann müsste, da vw(f) und pos(f) natürliche Zahlen sind, $vw(f) \leq pos(f) - 1$ sein. Also wäre $vw(f) = pos(f) - 1$. Dann wäre aufgrund der obigen Ungleichungskette $pos(f') = pos(f) - 1$, ein Widerspruch, da pos(f') und pos(f) beide gerade sind.

Somit ist $vw(f) \geq pos(f)$.

2. Fall: $a_1 < 0$.

In diesem Fall ist $vw(f) = vw(f') + 1$. Mit dem Hilfssatz ergibt sich, dass $pos(f')$ ungerade ist.

Nach Induktion wissen wir zunächst, dass $pos(f')$ und $vw(f')$ die gleiche Parität haben. Da $pos(f')$ ungerade ist, ist $vw(f')$ ungerade; also ist $vw(f)$ gerade. Da $pos(f)$ gerade ist, haben auch in diesem Fall $vw(f)$ und $pos(f)$ die gleiche Parität.

Nach Induktion gilt auch $pos(f') \leq vw(f')$. Damit folgt

$$vw(f) = vw(f') + 1 \geq pos(f') + 1 \geq pos(f) - 1 + 1 = pos(f),$$

also $pos(f) \leq vw(f)$. $\qquad\qquad\square$

Zur Festigung des Gelernten 9.2.9

Beweisen Sie die Vorzeichenregel im Fall $a_n > 0$ und $a_0 < 0$.

So mächtig die Vorzeichenregel zum Finden reeller Nullstellen ist, so wenig trägt sie zur grundsätzlichen Klärung bei, denn die Vorzeichenregel nimmt komplexe Nullstellen prinzipiell nicht in den Blick. Die Frage ist, ob jedes Polynom mit reellen Koeffizienten zumindest eine komplexe Nullstelle hat. Diese Aussage reicht, um das Problem der Nullstellen von Polynomen vollständig zu lösen. Denn wenn a eine Nullstelle des Polynoms f ist, gilt $f = g(x - a)$, und man kann dann das Polynom g betrachten, das auch eine Nullstelle hat und so weiter. Bei der Untersuchung dieses Problems hat man festgestellt, dass es fast keine zusätzliche Schwierigkeit ist, wenn man auch für die Koeffizienten der Polynome komplexe Zahlen zulässt.

Ausblick: Fundamentalsatz der Algebra

Der so genannte Fundamentalsatz der Algebra lautet:

Fundamentalsatz der Algebra 9.2.10

Sei $f \in \mathbf{C}[x]$ ein Polynom mit komplexen Koeffizienten. (Insbesondere gilt der Satz für Polynome mit reellen oder ganzzahligen Koeffizienten.) Wenn f kein konstantes Polynom ist, dann hat f mindestens eine komplexe Nullstelle. Daraus ergibt sich, dass die Anzahl der Nullstellen von f – mit Vielfachheiten gerechnet – gleich dem Grad von f ist. $\qquad\square$

Zur Festigung des Gelernten 9.2.11

(a) Nach dem Fundamentalsatz hat die Gleichung $x^2 - i = 0$ eine Lösung in $\mathbf{C}$. Die Lösung ist Wurzel aus i. Was ist $\sqrt{i}$?

Zur Lösung setzen wir an $\sqrt{i} = a + bi$. Durch Quadrieren ergibt sich $i = (a + bi)^2 = a^2 + 2abi + (bi)^2 = a^2 - b^2 + 2abi$. Das ist eine Zahl mit Realteil $a^2 - b^2$ und Imaginärteil $2ab$. Da die Zahl i den Realteil 0 und den Imaginärteil 1 hat, ergeben sich folgende Gleichungen: $0 = a^2 - b^2 = (a - b)(a + b)$ und $1 = 2ab$.
Führen Sie die Bestimmung von $\sqrt{i}$ zu Ende.

(b) Was ist $\sqrt[3]{i}$?

Der Fundamentalsatz gilt natürlich auch für Polynome mit reellen Koeffizienten. Für diese Polynome kann man den Fundamentalsatz aber noch viel konkreter formulieren. Das ist Teil (b) des folgenden Satzes.

Satz 9.2.12 (Fundamentalsatz für reelle Polynome)
Sei $f \in \mathbf{R}[x]$ ein Polynom mit reellen Koeffizienten.

(a) Wenn z eine komplexe Nullstelle von f ist, dann ist auch die konjugiert komplexe Zahl $\bar{z}$ eine Nullstelle von f. Ferner haben z und $\bar{z}$ die gleiche Vielfachheit.
(b) Wenn f nicht ein konstantes Polynom ist, dann ist f ein Produkt aus reellen Polynomen vom Grad 1 und 2. Insbesondere hat jedes irreduzible reelle Polynom den Grad 1 oder 2.

Beweis.

(a) Sei $f = a_n x^n + \ldots + a_1 x + a_0$ ein Polynom vom Grad n mit reellen Koeffizienten. Sei $z = a + bi$ eine Nullstelle von f. Das heißt $0 = f(z) = a_n z^n + \ldots + a_1 z + a_0$.
Nun nutzen wir aus, dass der Übergang $f: z \to \bar{z}$ ein Automorphismus von $\mathbf{C}$ ist (siehe 9.1.7) und dass f jede reelle Zahl festlässt. Es gilt

$$f(\bar{z}) = a_n \bar{z}^n + \ldots + a_1 \bar{z} + a_0.$$

Für jede reelle Zahl, insbesondere also für die Koeffizienten a_i gilt $a_i = \overline{a_i}$. Wir können damit weiterschließen:

$$f(\bar{z}) = a_n \bar{z}^n + \ldots + a_1 \bar{z} + a_0 = \overline{a_n}\,\bar{z}^n + \ldots + \overline{a_1}\,\bar{z} + \overline{a_0}.$$

Nach Satz 9.1.7 können wir das umformen zu

$$= \overline{a_n \cdot z^n} + \ldots + \overline{a_1 \cdot z} + \overline{a_0}$$
$$= \overline{a_n \cdot z^n + \ldots + a_1 \cdot z + a_0}$$
$$= \overline{f(z)} = \overline{0} = 0.$$

Somit ist $\bar{z}$ eine Nullstelle von f.

Die Tatsache, dass die Vielfachheit v der Nullstelle z auch die Vielfachheit von $\bar{z}$ ist, zeigt man mit Induktion nach v.

(b) Nach (a) treten die nicht-reellen Nullstellen von f immer in Paaren $z = a + bi$, $\bar{z} = a - bi$ auf. Das bedeutet, dass f sowohl den Faktor $(x - z)$ als auch den Faktor $(x - \bar{z})$ enthält. Nun ist

$$(x - z)(x - \bar{z})$$
$$= (x - a - bi)(x - a + bi)$$
$$= ((x - a) - bi)((x - a) + bi)$$
$$= (x - a)^2 - (bi)^2$$
$$= (x - a)^2 + b^2$$
$$= x^2 - 2ax + a^2 + b^2.$$

Dies ist ein Polynom vom Grad 2, das nur reelle Koeffizienten hat. Das bedeutet: man kann die linearen Faktoren von f, die komplexe Nullstellen haben, so multiplizieren, dass lauter reelle Polynome vom Grad 2 entstehen. Das ist die Aussage des Satzes. $\square$

Es klingt merkwürdig, dass man den Fundamentalsatz der Algebra nicht mit algebraischen Mitteln beweisen kann. Aber im Grunde ist das klar, denn im Wesentlichen hängt die Gültigkeit dieses Satzes an Eigenschaften der reellen und komplexen Zahlen. Über $\mathbf{Q}$ gilt der Fundamentalsatz nicht mal ansatzweise.

Der französische Mathematiker und Physiker d'Alembert (Jean-Baptist le Rond d'Alembert, 1717–1783) hatte 1746 einen Beweis für den Fundamentalsatz vorgelegt, der aber den rigorosen mathematischen Ansprüchen etwa von Carl-Friedrich Gauß nicht genügte. Gauß selbst legte den ersten lückenlosen Beweis des Fundamentalsatzes in seiner Dissertation 1799 vor. Bewiesen hatte er den Satz schon 1797 im Alter von zwanzig Jahren. Er formulierte den Satz damals in der Form von Satz 9.2.12, also unter Vermeidung komplexer Zahlen. Er schrieb dazu: „Meinen Beweis werde ich ohne Benutzung imaginärer Größen durchführen, obschon auch ich mir dieselbe Freiheit gestatten könnte, deren sich alle neueren Analytiker bedient haben."

Der Fundamentalsatz begleitete Gauß sein ganzes Leben lang. Insgesamt fand er vier Beweise; im zweiten verwendet er übrigens sehr explizit komplexe Zahlen. Der letzte Beweis war gleichzeitig die letzte mathematische Originalveröffentlichung von Gauß; er schrieb diese anlässlich seines goldenen (= 50-jährigen) Dissertationsjubiläums. (Vgl. zum Beispiel Wußing 2011.)

Der Weg zu den komplexen Zahlen ist auch dadurch gekennzeichnet, dass man durch den Wunsch nach Lösbarkeit von Gleichungen immer wieder neue Zahlenarten erzeugt hat: Man braucht rationale Zahlen, um lineare Gleichungen zu lösen; irrationale Zahlen treten in natürlicher Weise als Lösungen von Gleichungen höheren Grades auf. Und wenn man möchte, dass jedes Polynom eine Nullstelle hat, landet man zwangsläufig bei den komplexen Zahlen. Die Frage ist: Wie geht es weiter? Die Antwort lautet: Es geht nicht weiter. Der Fundamentalsatz sagt, dass die Nullstellen von Polynomen mit komplexen Koeffizienten wieder komplexe Zahlen sind. In gewisser Weise haben wir damit einen

Abschluss erreicht. Man drückt die eben beschriebene Eigenschaft auch so aus: Der Körper **C** ist „algebraisch abgeschlossen".

9.3 Die Gleichung dritten Grades

Der Fundamentalsatz gibt eine sehr befriedigende, aber auch sehr allgemeine Antwort auf die Frage nach den Nullstellen eines Polynoms. Er sagt schlicht: Solche Nullstellen gibt es immer. Eine andere Frage ist die Bestimmung der Nullstellen eines konkret gegebenen Polynoms. Dafür haben die Mathematiker Jahrtausende lang nach Formeln gesucht. Die Lösungsformel für quadratische Gleichungen war schon in der Antike bekannt – aber an einer möglichen Formel für Gleichungen 3. Grades, die so genannten „kubischen Gleichungen", bissen sich die Mathematiker die Zähne aus. Erst im 16. Jahrhundert wurden Formeln für die Lösung kubischer Gleichungen gefunden, und die Geschichte dazu ist außerordentlich spannend.

Bei dem Drama um die Lösung der Gleichung dritten Grades sind die Hauptrollen klar verteilt: Der unglückliche Held ist der venezianische Rechenmeister Niccoló Tartaglia (ca. 1500–1557). Ihm gegenüber steht der strahlende Sieger Gerolamo Cardano, der aber zum Teil mit unfairen Mitteln arbeitete. Dazu kommen Scipione del Ferro (1465–1526) aus Bologna, dem eigentlich die Krone gebührt, der aber in dem Geschehen keinerlei Rolle spielt, und Antonio Maria del Fior, der verzweifelt versucht, eben diesen Scipione del Ferro ins Spiel zu bringen.

In der Tat hatte Scipione del Ferro eine Lösungsformel für Gleichungen dritten Grades gefunden, und zwar des Typs $x^3 + px = q$ mit positivem p und q. Er hielt dieses Wissen aber geheim und verriet seine Methode erst auf dem Sterbebett einem einzigen Menschen, nämlich seinem Schüler Antonio Maria del Fior.

Diese Erkenntnis lag schon Jahrzehnte zurück, als der venezianische Rechenmeister Niccoló Tartaglia vermutlich im Jahr 1534 behauptete, dass er kubische Gleichungen lösen könne.

Tartaglia hatte ein schreckliches Schicksal hinter sich. Im Alter von zwölf Jahren war er von marodierenden Soldaten zusammengeschlagen worden; sein Gesicht wurde dadurch so entstellt, dass er dieses zeitlebens unter einem Vollbart verbarg und er große Probleme hatte, sich sprachlich zu artikulieren. Als Jugendlicher erhielt er daher den Spitznamen „Tartaglia" („Stotterer"), der ihm zeitlebens blieb. Schon als ganz junger Mann begann Tartaglia, sich mit großem Fleiß und vollkommen autodidaktisch zu bilden. Er brachte sich Schreiben und Rechnen bei und entwickelte sich zu einem sehr guten Mathematiker, der zum Beispiel Vorträge über die Elemente Euklids halten konnte. Er brachte es aber nie zu einer auskömmlichen Anstellung und verbrachte sein gesamtes Leben in bitterer Armut.

Und ausgerechnet dieser Tartaglia wollte die Lösung für das Jahrhundertproblem der kubischen Gleichungen haben! Das rief natürlich del Fior auf den Plan, der die Prioritätsansprüche seines Lehrer Scipione del Ferro zu verteidigen trachtete.

Nun war es zum einen so, dass keiner der beiden bereit war, seine Lösungsmethode preiszugeben – sofern er überhaupt eine Methode besaß. Zum anderen war die Formel – falls es überhaupt eine solche gab – so schwer zu ermitteln, dass Außenstehende keine Chance hatten.

Damals gab es ein bewährtes Mittel, solche Behauptungen zu überprüfen, nämlich einen öffentlichen Wettkampf. Jeder stellte dem andere konkrete kubische Gleichungen – dann würde man ja sehen, wer welche Gleichungen lösen konnte. Und so geschah es. Vermutlich im Januar 1535 stellten sich del Fior und Tartaglia gegenseitig 30 Aufgaben, die innerhalb einer gewissen Frist gelöst werden mussten. Die erste Aufgabe auf der Liste, die Tartaglia zu bearbeiten hatte, lautete zum Beispiel: „Finde eine Zahl derart, dass wenn ihr Kubus addiert wird, sich sechs ergibt". Gesucht ist also eine Zahl x, so dass x plus die dritte Potenz von x, also x^3, die Zahl 6 ergibt. In moderner Sprache geht es also um die Lösung der Gleichung $x + x^3 = 6$ oder $x^3 + x - 6 = 0$.

In den ersten Tagen hatte Tartaglia große Schwierigkeiten. Er fand keinen Ansatzpunkt zur Lösung der Gleichungen. Aber der Ehrgeiz hatte ihn gepackt. Er grübelte, dachte nach, probierte aus – und am 12. Februar 1535 fand er die Formel zur Lösung der Gleichungen des Typs $x^3 + px = q$ und am darauf folgenden Tag auch die Formel für Gleichungen des Typs $x^3 = px + q$. Damit konnte er alle Aufgaben Fiors innerhalb von zwei Stunden lösen, während Fior bei keiner einzigen der Aufgaben Tartaglias eine Lösung gelang!

Das Drama ist aber noch nicht zu Ende. Wenige Jahre später, im Jahr 1539, bedrängte Gerolamo Cardano den armen Tartaglia, er möge ihm die Lösungsmethode für kubische Gleichungen verraten.

Cardano war ein ganz anderer Typ als Tartaglia. Cardano war Universalgelehrter aus Überzeugung: Architekt und Astrologe, Philosoph und Physiker und nicht zuletzt Mediziner und Mathematiker. Kurz: Er konnte alles. Er hatte eine großartige Auffassungsgabe, er war mutig und kühn. Cardano wurde europaweit (und das hieß damals: weltweit) als Wissenschaftsstar gefeiert. Päpste, Kaiser und Könige suchten seinen Rat, er war Ehrenbürger von Bologna, er schrieb Horoskope für Petrarca, Albrecht Dürer – und Jesus. Grenzen kannte er nicht. Immer wieder erlebte er aber auch schmerzliche Einschnitte. So wurde er 1570 völlig unerwartet von der Inquisition inhaftiert und erst nach drei Monaten unter strengen Auflagen wieder freigelassen.

Cardano war damals gerade dabei, sein Hauptwerk, das er durchaus selbstbewusst *Ars Magna de Regulis Algebaicis* (ars magna = „große Kunst", vermutlich im Sinne von umfassender und logisch stringenter Darlegung) nannte, zu verfassen. In diesem Werk sollte die gesamte Mathematik beschrieben sein. Da durfte natürlich die Lösungsformel für die kubische Gleichung nicht fehlen. Cardano ließ bei Tartaglia vorsprechen und versprach, die Formel unter Tartaglias Namen zu veröffentlichen, was Tartaglia ablehnte, denn, wenn die Erfindung veröffentlicht werden sollte, dann „in meinen eigenen Werken und nicht in denen anderer". Aber Cardano wäre nicht Cardano gewesen, wenn er so schnell aufgegeben hätte. Die Versuchung, die von der geheimnisvollen Lösungsformel ausging, war so stark, dass Cardano diese Formel unter allen Umständen haben musste. Um dieses Ziel zu erreichen, versprach er etwas, was er unmöglich halten konnte: Er versprach nämlich, die Formel geheim zu halten und sie nicht zu veröffentlichen. Daraufhin übergab ihm Tartaglia gutgläubig die Lösungsmethode, und zwar in Form eines Gedichtes.

Natürlich nahm Cardano diese Formel in seine *Ars Magna* auf. Zwar unter dem Namen Tartaglia – aber sie wurde bald unter dem Namen Cardanosche Formel (manchmal auch Cardanische Formel) bekannt, und so heißt sie bis heute.

Manchmal ist die Geschichte sehr ungerecht.

Wir steuern nun mathematisch auf die Lösungsformel für Gleichungen dritten Grades zu. Da wir die kubische binomische Formel mehrfach brauchen werden, rufen wir uns zunächst diese wieder ins Gedächtnis.

Zur Festigung des Gelernten 9.3.1

Berechnen Sie $(a + b)^3$.

Haben Sie eine geometrische Vorstellung des Ergebnisses? Genauer gefragt: (Wie) kann man einen Würfel der Kantenlänge $a + b$ in einen Würfel der Kantenlänge a und einen der Kantenlänge b und Quader mit den Kantenlängen $? \times ? \times ?$ zerlegen (beziehungsweise aus diesen Teilen wieder zusammensetzen)?

Satz 9.3.2 (Reduktion kubischer Gleichungen)

Jede kubische Gleichung mit reellen Koeffizienten kann auf eine Gleichung der Form $x^3 + px + q = 0$ reduziert werden.

Beweis. Jede kubische Gleichung kann normiert werden, so dass der Koeffizient von x^3 gleich 1 ist. Das bedeutet, dass wir eine Gleichung der Form $x^3 + bx^2 + cx + d = 0$ zu behandeln haben.

Nun definiert man die Variable z durch $z := x + b/3$. Dann ist $x = z - b/3$. Wir substituieren dies in die Gleichung:

$$
\begin{aligned}
&x^3 + bx^2 + cx + d \\
&= (z - b/3)^3 + b(z - b/3)^2 + c(z - b/3) + d \\
&= z^3 - 3 \cdot z^2 \cdot b/3 + 3 \cdot z \cdot (b/3)^2 + (b/3)^3 + b(z^2 - 2zb/3 + b^2/9) + c(z - b/3) + d \\
&= z^3 - z^2 \cdot b + zb^2/3 + (b/3)^3 + bz^2 - 2zb^2/3 + b^3/9 + cz - bc/3 + d \\
&= z^3 + [b^2/3 - 2b^2/3 + c]z + [(b/3)^3 + b^3/9 - bc/3 + d] \\
&= z^3 + pz + q. \qquad \qquad \qquad \square
\end{aligned}
$$

Satz 9.3.3 („Cardanosche" Formel)

Die kubische Gleichung $x^3 + px + q = 0$ hat als eine Lösung die Zahl

$$
x = \sqrt[3]{-\frac{q}{2} + \sqrt{\left(\frac{q}{2}\right)^2 + \left(\frac{p}{3}\right)^3}} + \sqrt[3]{-\frac{q}{2} - \sqrt{\left(\frac{q}{2}\right)^2 + \left(\frac{p}{3}\right)^3}}.
$$

Bevor wir uns an den Beweis machen, versuchen wir, dieses Formelungetüm einfach mal zu lesen:

- Die rechte Seite ist eine vielleicht komplizierte, aber im Grunde klare Vorschrift, wie man die unbekannte Lösung x ausrechnen kann.
- An Rechenzeichen sehen wir Plus, Minus, Mal und Geteilt (also die Grundrechenarten), sowie Wurzeln, und zwar sowohl dritte Wurzeln als auch „normale" Quadratwurzeln. Unter den beiden dritten Wurzeln steht fast der gleiche Ausdruck; die beiden Ausdrücke unterscheiden sich nur dadurch, dass ein Pluszeichen durch ein Minuszeichen ersetzt wird.
- An Parametern kommen nur p und q, also die Koeffizienten der Gleichung, und ein paar Konstanten (1/2 und 1/3) vor.
- Bei den Quadratwurzeln kann auch der Fall eintreten, dass man die Wurzel aus einer negativen Zahl ziehen muss (oder „müsste"): Zwar ist $(q/2)^2$ stets positiv, aber wenn p negativ ist, ist auch $(p/3)^3$ eine negative Zahl.

Zur Festigung des Gelernten 9.3.4

(a) Berechnen Sie eine Lösung der Gleichung $x^3 + 6x - 20 = 0$. (Für eine „schöne" Lösung ist es vielleicht nützlich zu wissen, dass $\sqrt[3]{10 + \sqrt{108}} = 1 + \sqrt{3}$ ist.)

(b) Berechnen Sie eine Lösung für die erste Gleichung, die Tartaglia zu lösen hatte.

Beweis der Cardanoschen Formel.

Die Grundidee ist, die kubische binomische Formel zu betrachten:

$$(u + v)^3 = u^3 + 3u^2v + 3uv^2 + v^3.$$

Wir können die rechte Seite dieser Gleichung auch umformen zu $3uv(u + v) + u^3 + v^3$ und erhalten damit folgende Gleichung:

$$(u + v)^3 = 3uv(u + v) + u^3 + v^3.$$

Diese Gleichung ist der Schlüssel für das gesamte Verfahren. Wenn wir uns auf den Term $u + v$ fokussieren, können wir diese Gleichung nämlich wie folgt interpretieren: $u + v$ ist eine Lösung der kubischen Gleichung $x^3 = 3uv \cdot x + u^3 + v^3$.

Wenn wir diese Interpretation aus Sicht unserer Ausgangsgleichung anschauen, können wir auch sagen: $u + v$ ist eine Lösung der Gleichung $x^3 + px + q = 0$ mit $3uv = -p$ und $u^3 + v^3 = -q$.

Das mag anmuten, als ob wir nur triviale Umformungen, tautologische Umstellungen und nichtssagende Betrachtungsweisen angestellt hätten, aber durch diesen Perspektivwechsel haben wir etwas Entscheidendes gewonnen.

Wir können die Bedingungen $3uv = -p$ und $u^3 + v^3 = -q$ so ausdrücken: Die Summe der Zahlen u^3 und v^3 ist $-q$ und ihr Produkt ist $u^3 v^3 = (uv)^3 = (-p/3)^3$. Wenn wir jetzt u^3 und v^3 als Unbekannte einer quadratischen Gleichung auffassen, können wir mit dem Satz von Vieta sagen: Wir suchen zwei Zahlen, von denen wir Summe und Produkt kennen. Aha! Das heißt: u^3 und v^3 sind Lösungen der quadratischen Gleichung $w^2 + qw - (p/3)^3 = 0$. (Vieta hat seinen Satz erst später publiziert, aber so etwas Ähnliches muss unter den damaligen Algebraikern schon bekannt gewesen sein.)

Von dieser Stelle an läuft der Beweis fast automatisch ab. Denn

- Die Lösungen der quadratischen Gleichung berechnen wir mit der p,q-Formel: $-\frac{q}{2} \pm \sqrt{(\frac{q}{2})^2 + (\frac{p}{3})^3}$.

- Daher ist $u^3 = -\frac{q}{2} + \sqrt{(\frac{q}{2})^2 + (\frac{p}{3})^3}$, also $u = \sqrt[3]{-\frac{q}{2} + \sqrt{(\frac{q}{2})^2 + (\frac{p}{3})^3}}$. Ebenso ist $v^3 = -\frac{q}{2} - \sqrt{(\frac{q}{2})^2 + (\frac{p}{3})^3}$, also $v = \sqrt[3]{-\frac{q}{2} - \sqrt{(\frac{q}{2})^2 + (\frac{p}{3})^3}}$.

- Und damit ergibt sich die Lösung der kubischen Gleichung als

$$x = u + v = \sqrt[3]{-\frac{q}{2} + \sqrt{\left(\frac{q}{2}\right)^2 + \left(\frac{p}{3}\right)^3}} + \sqrt[3]{-\frac{q}{2} - \sqrt{\left(\frac{q}{2}\right)^2 + \left(\frac{p}{3}\right)^3}}. \qquad \square$$

In der ersten Hälfte des 16. Jahrhunderts waren negative Zahlen noch nicht allgemein als Zahlen anerkannt. Man kann das unter anderem daran erkennen, dass eine Vielzahl von kubischen Gleichungen unterschieden wurde, denn alle Koeffizienten mussten positiv sein. So waren zum Beispiel $x^3 + px = q$ und $x^3 = px + q$ zwei verschiedenen Gleichungstypen.

Darüber gehen wir heute leicht hinweg. Aber negative Zahlen bereiteten auch ernsthafte Probleme, nämlich immer dann, wenn man aus ihnen eine Wurzel ziehen musste. Solche Situationen sind bei der Lösung kubischer Gleichungen unvermeidlich. Man sprach in solchen Situationen dann von einem *casus irreduzibilis* (einer „ausweglosen Situation"). Die damaligen Mathematiker fragten sich: Kann man mit den Wurzeln aus negativen Zahlen rechnen wie wenn das Zahlen wären, und damit richtige Ergebnisse erhalten? Das Verrückte war nämlich, dass manchmal solche Komplikationen im Laufe des Lösungswegs auftraten, aber, wenn man zu Ende gerechnet hatte, nicht mehr sichtbar waren.

Zum Beispiel löste Bombelli in seinem Buch *L'Algebra* im Jahre 1572 die Gleichung $x^3 = 15x + 4$, also $x^3 - 15x - 4 = 0$. Er verwendete die Cardanosche Formel und rechnete mit den Wurzeln aus negativen Zahlen wie wenn diese Zahlen wären:

$$x = \sqrt[3]{2 + \sqrt{-121}} + \sqrt[3]{2 - \sqrt{-121}} = \sqrt[3]{2 + 11\sqrt{-1}} + \sqrt[3]{2 - 11\sqrt{-1}}.$$

Die dritten Wurzeln kann man auch ausdrücken als $2 + \sqrt{-1}$ und $2 - \sqrt{-1}$, denn es gilt

$$
\begin{aligned}
(2 + \sqrt{-1})^3 \\
&= 2^3 + 3 \cdot 2^2 \cdot \sqrt{-1} + 3 \cdot 2 \cdot (-1) + (\sqrt{-1})^3 \\
&= 2 + (12 - 1) \cdot \sqrt{-1} \\
&= 2 + 11 \cdot \sqrt{-1}.
\end{aligned}
$$

Entsprechend folgt $(2 - \sqrt{-1})^3 = 2 - 11 \cdot \sqrt{-1}$.

Damit ergibt sich als Lösung der Gleichung $x = (2 + \sqrt{-1}) + (2 - \sqrt{-1}) = 4$, was man durch Einsetzen in die Gleichung auch leicht bestätigen kann.

Das ist ein phantastisches Phänomen: Man startet mit einer harmlos aussehenden Gleichung mit ganzzahligen Koeffizienten, rechnet dann, um die Lösung zu erhalten, virtuos mit komplexen Zahlen, um dann zu erkennen, dass die Lösung wieder eine harmlose natürliche Zahl ist.

Nun wissen wir, dass eine Gleichung dritten Grades im Allgemeinen drei Lösungen hat. Die Cardanosche Formel bietet aber nur eine. An dieser Stelle helfen uns die Einheitswurzeln (vergleichen Sie dazu Abschn. 7.5).

▶ **Definition: n-te Einheitswurzel** Eine komplexe Zahl z wird eine n-te *Einheitswurzel* genannt, wenn $z^n = 1$ ist, das heißt, wenn z eine Lösung der Gleichung $x^n - 1 = 0$ ist.

Zur Festigung des Gelernten 9.3.5

Im Fall $n = 3$ sind die komplexen Zahlen $z_0 := 1$, $z_1 := e^{2\pi i/3}$ und $z_2 := e^{4\pi i/3}$ die dritten Einheitswurzeln.

Weisen Sie das nach, indem Sie diese Zahlen mit 3 potenzieren.

Man kann die Einheitswurzeln auch geometrisch interpretieren: Im Fall $n = 3$ gilt

$$
z_1 = e^{2\pi i/3} = \cos(2\pi/3) + i \cdot \sin(2\pi/3) = \cos(120°) + i \cdot \sin(120°) = -\frac{1}{2} + \frac{i}{2}\sqrt{3}
$$

und entsprechend

$$
z_2 - e^{4\pi i/3} - -\frac{1}{2} - \frac{i}{2}\sqrt{3}.
$$

Im Allgemeinen bilden die n-ten Einheitswurzeln die Ecken eines regulären n-Ecks. Die Ecken liegen auf dem Einheitskreis, eine Ecke ist die Zahl 1. Für den Fall $n = 3$ siehe Abb. 9.1

Abb. 9.1 Die dritten Einheitswurzeln

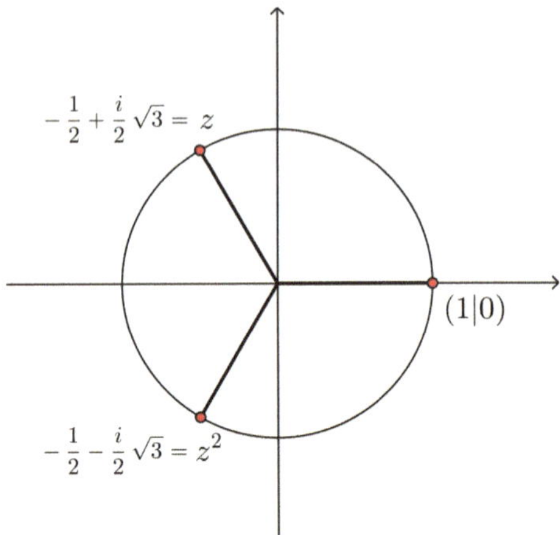

Satz 9.3.6 (Lösungen der kubischen Gleichung)
Sei $z \neq 1$ eine dritte Einheitswurzel, und sei $u + v$ die Lösung der kubischen Gleichung $x^3 + px + q = 0$, die mit Hilfe der Cardonschen Formel erhalten wurde. Dann
sind die weiteren Lösungen $zu + z^2 v$ und $z^2 u + zv$.

Beweis. Es ist offensichtlich, dass auch die Zahlenpaare $(zu, z^2 v)$ und $(z^2 u, zv)$ Lösungen
der Gleichungen $3uv = -p$ und $u^3 + v^3 = -q$ sind:

$$3 \cdot zu \cdot z^2 v = 3 \cdot z^3 \cdot uv = 3uv = -p \quad \text{und}$$
$$(zu)^3 + (z^2 v)^3 = z^3 \cdot u^3 + z^6 \cdot v^3 = u^3 + v^3 = -q. \qquad \square$$

Ausblick: Die Gleichung 4. Grades

Nach der Lösung der kubischen Gleichung war die nächste Herausforderung klar: Die
Gleichung 4. Grades. Diese ist mit dem Namen Ludovico Ferrari (1522–1565) verbunden. Die Eltern Ferraris starben früh, so dass er als Waisenkind aufwuchs. Im Alter von
14 Jahren wurde Ferrari von Cardano in seinen Haushalt aufgenommen und wie ein eige-
ner Sohn behandelt. Das sollte sein weiteres Leben bestimmen. Er wurde Mathematiker
und führte stellvertretend für Cardano die Fehde mit Tartaglia weiter. Sein Ende war dramatisch: Er wurde von seiner Schwester vergiftet. In Erinnerung bleiben wird er aufgrund
seiner mathematische Hauptleistung, nämlich der Lösungsformel für Gleichungen 4. Grades.

Die entsprechende Formel ist noch komplizierter als die für die kubischen Gleichungen. Wir schildern hier nur die Strategie, die zu einer Lösung führt.

Zunächst behandelt man den Spezialfall der „biquadratischen Gleichungen"; das sind
Gleichungen des Typs $x^4 + ax^2 + b = 0$. Indem man $z := x^2$ setzt, erhält man eine quadratische Gleichung, die man lösen kann.

Eine allgemeine Gleichung 4. Grades kann man auf die Form auf $x^4 + ax^2 + bx + c = 0$ reduzieren.

Nun ergänzt man die linke Seite von $x^4 + ax^2 = -bx - c$ so, dass sowohl links als auch rechts ein Quadrat steht. Dazu setzt man eine Hilfsvariable z ein. Damit z auf beiden Seiten zu Quadraten führt, muss z Lösung einer Gleichung 3. Grades sein.

Dieses Vorgehen führt letztlich zu einer Lösung.

9.4 Elementarsymmetrische Polynome

Wir betrachten ein beliebiges Polynom $f = x^n + a_{n-1}x^{n-1} + \ldots + a_1 x + a_0 \in \mathbf{R}[x]$ und seine n Nullstellen $x_1, x_2, \ldots, x_n$. Dann gilt nach Descartes (6.3.6)

$$x^n + a_{n-1}x^{n-1} + \ldots + a_1 x + a_0 = (x - x_1)(x - x_2)\ldots(x - x_n).$$

Zur Vorbereitung des Folgenden 9.4.1

Multiplizieren Sie die folgenden Terme aus und fassen Sie die Summanden mit der gleichen Potenz von x zusammen.

$$(x - x_1)(x - x_2), \quad (x - x_1)(x - x_2)(x - x_3).$$

Wenn wir $(x - x_1)(x - x_2)\ldots(x - x_n)$ ausmultiplizieren, erhalten wir

$$x^n - (x_1 + x_2 + \ldots + x_n)x^{n-1} + (x_1 x_2 + x_1 x_3 + \ldots + x_2 x_3 + \ldots + x_{n-1}x_n)x^{n-2}$$
$$+ \ldots (-1)^n x_1 x_2 \ldots x_n.$$

Wir erhalten den Koeffizienten von x^{n-1}, indem wir aus $n - 1$ Klammern die Unbekannte x wählen und aus einer Klammer die Zahl $-x_i$; das ergibt $(-x_1 - x_2 - \ldots - x_n)$ $x^{n-1} = -(x_1 + x_2 + \ldots + x_n)\,x^{n-1}$. Den Koeffizienten von x^{n-2} erhalten wir auf ähnliche Weise: In diesem Fall müssen wir aus $n - 2$ Klammern die Unbekannte x wählen und aus den beiden restlichen beiden Klammern $-x_i$ und $-x_j$. Zum Beispiel könnte man die Unbekannte x aus den letzten $n - 2$ Klammern wählen; dann erhält man den Summanden $(x_1 + x_2)^{n-2}$. Insgesamt ist der Koeffizient von x^{n-2} also die Summe aus allen Produkten aus zwei verschiedenen x_is. Man kann ihn suggestiv so schreiben: $x_1 x_2 + x_1 x_3 + \ldots + x_1 x_n + x_2 x_3 + \ldots$ In der hier präziseren Summenschreibweise lautet dieser Koeffizient so: $\sum_{1 \le i < j \le n} x_i x_j$. Allgemein ergibt sich der Koeffizient von x^{n-k} so, dass wir aus $n - k$ Klammern die Variable x wählen und aus den restlichen k Klammern jeweils die Zahl x_i; dieser Koeffizient ist daher die Summe aus allen Produkten aus genau k Zahlen x_i; in Summenschreibweise: $\sum_{1 \le i_1 < i_2 < \ldots < i_k \le n} x_{i_1} x_{i_2} \ldots x_{i_k}$.

Der folgende Satz ist einerseits der Satz von Vieta für Gleichungen n-ten Grades, andererseits wird er uns einen neuen Blick auf das Lösen einer Gleichung ermöglichen.

Satz 9.4.2 (Satz von Vieta)

Sei $f = x^n + a_{n-1}x^{n-1} + \ldots + a_1 x + a_0$ ein Polynom aus $\mathbf{R}[x]$ und seien $x_1, x_2, \ldots,$ x_n seine Nullstellen.

(a) Dann gelten die folgenden Gleichungen:

$$x_1 + x_2 + \ldots + x_n = -a_{n-1},$$

$$x_1 x_2 + x_1 x_3 + \ldots + x_2 x_3 + \ldots + x_{n-1} x_n = a_{n-2},$$

$$\ldots$$

$$\sum_{1 \le i_1 < i_2 < \ldots < i_k \le n} x_{i_1} x_{i_2} \ldots x_{i_k} = (-1)^k a_{n-k},$$

$$\ldots$$

$$x_1 x_2 \ldots x_n = (-1)^n a_0.$$

(b) Man kann also aus den Nullstellen die Koeffizienten der Gleichung berechnen. Umgekehrt kann man das Lösen der Gleichung auch so interpretieren, das es darum geht, das (nichtlineare!) Gleichungssystem (a) zu lösen. $\square$

▶ **Definition: elementarsymmetrische Polynome, allgemeine Gleichung** Nun wechseln wir noch einmal die Perspektive. Wir fassen die Nullstellen $x_1, \ldots, x_n$ als Variablen auf. Dann sind die linken Seiten des Gleichungssystems 9.4.2(a) Polynome in den Variablen $x_1, \ldots, x_n$. Man nennt sie die *elementarsymmetrischen Polynome*. Man nennt f dann auch die *allgemeine Gleichung* n-ten Grades.

Zur Festigung des Gelernten 9.4.3

Stellen Sie die elementarsymmetrischen Polynome für $n = 2$, $n = 3$, und $n = 4$ auf.

Die elementarsymmetrischen Polynome heißen so, weil sie zum einen symmetrische Polynome sind und zum anderen unter diesen die „elementarsten" sind. Sie sind die Bausteine für die symmetrischen Polynome. Dies kommt in der folgenden Definition und dem sich anschließenden Satz zum Ausdruck.

Beispiel. Sei $f = x^2 yz + yz^3 + 3x^2 z^5$. Wenn wir die Variablen x, y, z vertauschen, zum Beispiel nach dem Modell $x \to y \to z \to x$, erhalten wir das Polynom $y^2 zx + zx^3 + 3y^2 x^5$, das verschieden von f ist. Manchmal ergibt sich beim Vertauschen der Variablen aber das gleiche Polynom, und manchmal ist es sogar so, dass bei jeder beliebigen Permutation der Variablen das ursprüngliche Polynom erhalten bleibt. Zum Beispiel ist das bei dem Polynom $x^2 yz + xy^2 z + xyz^2$ der Fall. Solche Polynome nennt man *symmetrisch*.

▶ **Definition: symmetrisches Polynom** Ein Polynom f in den Variablen x_1, x_2, ..., x_n heißt symmetrisch, wenn jede Permutation der Variablen x_1, x_2, ..., x_n das Polynom f in sich selbst überführt.

Zur Festigung des Gelernten 9.4.4

Welche der folgenden Polynome in den Variablen x, y, z sind symmetrisch?

$$x^5 + y^5 + z^5$$

$$xyz$$

$$x + y + z$$

$$xy + z$$

$$xy + yz$$

Zur Vorbereitung des Folgenden 9.4.5

(a) Wir wollen symmetrische Polynome in den Variablen x und y mit Hilfe der elementarsymmetrischen Polynome vom Grad 2, also mit Hilfe der Polynome $x + y$ und xy darstellen. Zum Beispiel ist $x^2 + y^2 = (x + y)^2 - 2xy$.
Stellen Sie die symmetrischen Polynome $x^2y + xy^2$, $x^3 + y^3$, $x^4 + y^4$ mit Hilfe der elementarsymmetrischen Polynome dar.

(b) Machen Sie sich klar: Die Summe und das Produkt symmetrischer Polynome in n Variablen ist ein symmetrisches Polynom.

Satz 9.4.6 (Hauptsatz über elementarsymmetrische Funktionen)

Jedes symmetrische Polynom aus $\mathbf{R}[x]$ in den Variablen x_1, x_2, ..., x_n kann durch elementarsymmetrische Polynome n-ten Grades dargestellt werden, indem man diese Polynome addiert, mit einem Körperelement multipliziert und miteinander multipliziert. Anders ausgedrückt: Jedes symmetrische Polynom ist ein Polynom, dessen Variablen die elementarsymmetrische Polynome sind.

Der formale Beweis dieses Satzes ist technisch ein bisschen aufwandig; siehe zum Beispiel Bewersdorff (2007, S. 50–52). □

9.5 Auflösbarkeit von Gleichungen

Wenn man die Lösungsformeln für Gleichungen zweiten, dritten und vierten Grades betrachtet, erkennt man ein Muster: Wir starten mit Koeffizienten p, q, ... $\in \mathbf{Q}$ und formen aus ihnen mit Hilfe der vier Grundrechenarten einen neuen Ausdruck. Dabei bleiben wir noch innerhalb der rationalen Zahlen. An irgendeiner Stelle müssen wir eine Wurzel bilden. Bei der Cardanoschen Formel ist dies der Ausdruck $\sqrt{(\frac{q}{2})^2 + (\frac{p}{3})^3}$. Diese Wurzel kann eine Quadratwurzel, aber auch eine dritte Wurzel oder ganz allgemein eine n-te Wurzel sein. Dann rechnen wir mit dieser Wurzel weiter. Algebraisch gesprochen heißt dies, dass wir die Zahl $\sqrt[n]{a}$ zu $\mathbf{Q}$ adjungieren und in dem Körper $\mathbf{Q}(\sqrt[n]{a})$ rechnen.

Bei der Lösung der Gleichung dritten Grades muss man an einer späteren Stelle nochmals eine Wurzel bilden, nämlich den Ausdruck $\sqrt[3]{-\frac{q}{2} + \sqrt{(\frac{q}{2})^2 + (\frac{p}{3})^3}}$. Das entspricht der Adjunktion einer weiteren Wurzel. Allgemein adjungieren wir die n_1-te Wurzel einer Zahl a_1 aus $\mathbf{Q}(\sqrt[n]{a})$. Das heißt, wir erweitern den Körper $K_1 := \mathbf{Q}(\sqrt[n]{a})$ zu $K_2 = K_1(\sqrt[n_1]{a_1}) = \mathbf{Q}(\sqrt[n]{a})(\sqrt[n_1]{a_1})$.

Wenn man dieses Verfahren fortsetzt, gelangt man zum Begriff der Radikalerweiterung. Der Name kommt vom lateinischen radix = Wurzel. Ein besser verständlicher Ausdruck wäre „Erweiterung durch Wurzeln".

▶ **Definition: Radikalerweiterung** Ein Körper $K \subseteq \mathbf{R}$ wird eine *Radikalerweiterung* von $\mathbf{Q}$ genannt, wenn es eine Folge von Körpern $\mathbf{Q} = K_0 \subseteq K_1 \subseteq K_2 \subseteq \ldots \subseteq K_s = K$ gibt, wobei jeder Körper K_{i+1} aus dem Körper K_i durch Adjunktion einer n_i-ten Wurzel eines Elements a_i aus K_i hervorgeht: $K_{i+1} = K_i(\sqrt[n_i]{a_i})$.

Die Lösung der Gleichung dritten Grades ist ein geschachtelter Wurzelausdruck, liegt also in einer Radikalerweiterung von $\mathbf{Q}$.

▶ **Definition: Auflösbarkeit einer Gleichung** Eine Gleichung f mit rationalen Koeffizienten wird *auflösbar* (genauer: „auflösbar durch Wurzelausdrücke" oder „auflösbar durch Radikale") genannt, wenn die Lösungen von f in einer Radikalerweiterung von $\mathbf{Q}$ liegen.

Beispiele. Alle Gleichungen des Typs $x^n - a \in \mathbf{Q}[x]$ sind auflösbar, denn eine Lösung liegt in der einfachen Radikalerweiterung $\mathbf{Q}(\sqrt[n]{a})$. Leonhard Euler hat herausgefunden, dass die Gleichung $x^5 - 40x^3 - 72x^2 + 50x + 98 = 0$ auflösbar ist; eine Lösung ist zum Beispiel

$$\sqrt[5]{-31 + 3\sqrt{-7}} + \sqrt[5]{-31 - 3\sqrt{-7}} + \sqrt[5]{-18 + 10\sqrt{-7}} + \sqrt[5]{-18 - 10\sqrt{-7}}.$$

Die Leistung der großen Mathematiker Paolo Ruffini (1765–1822), Niels Henrik Abel (1802–1822) und Évariste Galois (1811–1832) liegt darin, dass sie die Frage der Auflösbarkeit von Gleichungen mit einem scheinbar ganz andersartigen Konzept in Verbindung gebracht haben, nämlich dem Konzept einer Gruppe, genauer gesagt, der so genannten Galoisgruppe (sprich: „Galoá-Gruppe").

▶ **Definition: Galoisgruppe einer Körpererweiterung** Sei L eine Erweiterung eines Körpers K. Dann versteht man unter der *Galoisgruppe* von L über K die Menge aller Automorphismen von L, die jedes Element von K festlassen. In Formelsprache:

$\mathrm{Gal}(L : K) := \{\alpha \mid \alpha \text{ Automorphismus von L und } \alpha(k) = k \text{ für alle } k \in K\}$.

Zur Festigung des Gelernten 9.5.1

Zeigen Sie, dass $\mathrm{Gal}(L:K)$ eine Gruppe ist.

Beispiele.

(a) Die Körpererweiterung $\mathbf{Q}(\sqrt{2})$ über $\mathbf{Q}$ hat eine Galoisgruppe, die isomorph zu $\mathbf{Z}_2$ ist. Sie besteht aus der Identität und der Abbildung α, die durch die Vorschrift $\alpha(a + b\sqrt{2}) := a - b\sqrt{2}$ definiert ist.

Zur Festigung des Gelernten 9.5.2

Zeigen Sie, dass diese Abbildung α ein Automorphismus von $\mathbf{Q}(\sqrt{2})$ ist.

(b) Wenn man zu $\mathbf{Q}$ eine dritte Einheitswurzel $z \neq 1$ adjungiert, erhält man einen Körper K, dessen Galoisgruppe drei Elemente hat. Sie wird durch die Permutation $z \to z^2 \to 1 \,(= z^3) \to z$ erzeugt.

Man kann an der Galoisgruppe erkennen, ob eine Erweiterung eine Radikalerweiterung ist. Dies wird in den folgenden Sätzen ausgeführt.

Satz 9.5.3 (Galoisgruppe einer einfachen Radikalerweiterung)

Sei $L = K(\sqrt[n]{a}) \subseteq \mathbf{R}$ eine einfache Radikalerweiterung. Wir setzen voraus, dass L die n-ten Einheitswurzeln enthält. Dann ist die Galoisgruppe $\mathrm{Gal}(L:K)$ eine zyklische Gruppe.

Beweis. Wir betrachten das Polynom $f = x^n - a$. Wir wählen eine n-te Einheitswurzel, deren Potenzen die anderen Einheitswurzeln sind. Damit kann man f schreiben als

$$f = x^n - a = (x - a)(x - za)(x - z^2 a) \cdot \ldots \cdot (x - z^{n-1} a).$$

Dann ist die Galoisgruppe zyklisch, genauer gesagt wird sie von der Permutation

$$\begin{pmatrix} a & za & z^2 a & \ldots & z^{n-1} a \\ za & z^2 a & z^3 a & \ldots & a \end{pmatrix}$$

erzeugt. $\qquad\square$

Nun betrachten wir den Körperturm $\mathbf{Q} = K_0 \subseteq K_1 \subseteq K_2 \subseteq \ldots \subseteq K_s = K$, der zu einer Radikalerweiterung gehört. Genauer gesagt betrachten wir die Galoisgruppen $G_i := \mathrm{Gal}(K, K_i)$. Es ist also $G_0 = \mathrm{Gal}(K:\mathbf{Q})$ und $G_s = \mathrm{Gal}(K:K_s) = \{\mathrm{id}\}$.

Satz 9.5.4 (Normalreihe einer Radikalerweiterung)

(a) G_{i+1} ist eine Untergruppe von G_i ($i = 0, 1, \ldots, n-1$). Es gilt $G_n \subseteq G_{n-1} \subseteq \ldots G_1 \subseteq G_0$.

(b) G_{i+1} ist ein Normalteiler von G_i ($i = 0, 1, \ldots, n-1$).

(c) Die Faktorgruppe G_i / G_{i+1} ist zyklisch.

Beweis.

(a) Zunächst ist klar, dass G_{i+1} eine Teilmenge von G_i ist; denn G_i lässt nur die Elemente von K_i fest, während G_{i+1} die Elemente der größeren Menge K_{i+1} festlassen muss. Da G_{i+1} abgeschlossen bezüglich Multiplikation und Inversenbildung ist und die Identität enthält, folgt die Behauptung.

(b) Seien $\alpha \in G_i$ und $\beta \in G_{i+1}$. Wir zeigen, dass $\alpha\beta\alpha^{-1}$ in G_{i+1} liegt. Sei dazu k ein beliebiges Element aus K_{i+1}. Dann gilt

$\alpha\beta\alpha^{-1}(k) = \alpha\beta(\alpha^{-1}(k)) = \alpha(\alpha^{-1}(k)) = k$.

Dabei gilt das zweite Gleichheitszeichen, weil β aus G_{i+1} ist, also jedes Element aus K_{i+1}, insbesondere also das Element $\alpha^{-1}(k)$, festlässt.

Somit liegt $\alpha\beta\alpha^{-1}$ in G_{i+1}.

(c) Die Faktorgruppe G_i / G_{i+1} ist isomorph zur Galoisgruppe von K_{i+1} über K_i, also nach 9.5.3 zyklisch. $\qquad\qquad\square$

Bemerkung. Man nennt eine Untergruppenreihe, wie sie in 9.5.4(a) und (b) beschrieben ist, eine Normalreihe.

▶ **Definition: auflösbare Gruppe** Sei G eine Gruppe mit neutralem Element e. Die Gruppe G wird *auflösbar* genannt, wenn es eine Folge von Untergruppen $U_0 = \{e\} \subseteq U_1 \subseteq U_2 \subseteq \ldots \subseteq U_n = G$ gibt mit folgenden Eigenschaften:

- U_i ist ein Normalteiler von U_{i+1},
- Die Faktorgruppe U_{i+1} / U_i ist zyklisch.

Beispiele.

(a) Natürlich ist jede zyklische Gruppe G auflösbar. Denn mit $n = 1$ folgt die Aussage, da $U_1 / U_0 = G / \{e\} \cong G$ ist.

(b) Sei D_n eine Diedergruppe. Diese enthält als Untergruppe die zyklische Gruppe C_n der Ordnung n. Dann ist $\{e\} \subseteq C_n \subseteq D_n$ eine Normalreihe mit zyklischen Faktorgruppen. Also ist D_n auflösbar.

(c) Die symmetrische Gruppe $\mathbf{S}_n$ ist für $n \geq 5$ nicht auflösbar. Denn die $\mathbf{S}_n$ hat zwar die alternierende Gruppe $\mathbf{A}_n$ als Normalteiler, aber für $n \geq 5$ hat $\mathbf{A}_n$ keinen Normalteiler außer $\{e\}$ (man sagt dazu, $\mathbf{A}_n$ ist „einfach"). Da $\mathbf{A}_n$ nicht zyklisch ist, kann $\mathbf{S}_n$ nicht auflösbar sein.

Die Ergebnisse können wir in dem folgenden Satz von Galois zusammenfassen. Dazu sei f eine auflösbare Gleichung und K eine Radikalerweiterung, die von den Lösungen von f erzeugt wird. Man nennt die Galoisgruppe dieser Erweiterung die Galoisgruppe von f.

Satz 9.5.5 (Gleichungen und auflösbare Gruppen)
Wenn eine Gleichung durch Radikale auflösbar ist, dann ist ihre Galoisgruppe eine auflösbare Gruppe.

Insbesondere gilt: Wenn die Galoisgruppe einer Gleichung vom Grad $n \geq 5$ die symmetrische Gruppe $\mathbf{S}_n$ ist, dann ist die Gleichung nicht durch Radikale auflösbar. $\qquad\square$

Das ist schon ein sehr befriedigendes Ergebnis. Wir besprechen jetzt noch eine Methode, mit der man die Galoisgruppe effizient bestimmen kann. Diese kann man nämlich auch als Gruppe von Permutationen der Nullstellen der Gleichung auffassen.

Satz 9.5.6 (Galoisgruppe und Nullstellen)
Seien K und L Körper mit $\mathbf{Q} \subseteq K \subseteq L \subseteq \mathbf{R}$. Sei f ein Polynom mit Koeffizienten aus K.

(a) Sei α ein Element der Galoisgruppe von L über K. Dann gilt für jede Nullstelle a von f, dass auch $\alpha(a)$ eine Nullstelle von f ist.

(b) Sei $L = K(a)$, und sei f das Minimalpolynom von a. Dann wirkt jedes Element der Galoisgruppe als Permutation auf den Nullstellen von f. Man kann die Galoisgruppe als Untergruppe der Gruppe aller Permutationen der Nullstellen von f auffassen.

Beweis.

(a) Sei $f = a_n x^n + \ldots + a_1 x + a_0$. Wir zeigen, dass $\alpha(a)$ eine Nullstelle von f ist. Das folgt aus der Tatsache, dass α ein Automorphismus ist:

$$f(\alpha(a))$$
$$= a_n(\alpha(a))^n + \ldots + a_1(\alpha(a)) + a_0$$
$$= a_n(\alpha(a^n)) + \ldots + a_1(\alpha(a)) + a_0$$
$$= \alpha(a_n a^n) + \ldots + \alpha(a_1 a) + a_0$$
$$= \alpha[a_n a^n + \ldots + a_1 a + a_0]$$
$$= \alpha[0]$$
$$= 0.$$

(b) Wir zeigen, dass verschiedene Elemente α, β der Galoisgruppe auch verschiedene Permutationen bewirken: Angenommen, $\alpha(a_i) = \beta(a_i)$ für jede Nullstelle a_i von f. Dann wäre $\beta^{-1}\alpha(a_i) = a_i$ für jede Nullstelle a_i von f.
Wegen $L = K(a_1, a_2, \ldots, a_n)$ ist jedes Element von L von der Form $k_1 a_1 + k_2 a_2 + \ldots + k_n a_n$. Damit folgt

$$\beta^{-1}\alpha(k_1 a_1 + k_2 a_2 + \ldots + k_n a_n)$$
$$= k_1 \beta^{-1}\alpha(a_1) + k_2 \beta^{-1}\alpha(a_2) + \ldots + k_n \beta^{-1}\alpha(a_n)$$
$$= k_1 a_1 + k_2 a_2 + \ldots + k_n a_n.$$

Also lässt $\beta^{-1}\alpha$ jedes Element von L fest, ist also die Identität. Es folgt $\alpha = \beta$. $\qquad\square$

Satz von Abel-Ruffini 9.5.7 (Nichtauflösbarkeit der allgemeinen Gleichung n-ten Grades)
Die allgemeine Gleichung n-ten Grades ist für $n \geq 5$ nicht durch Wurzelausdrücke auflösbar. Das bedeutet, dass es im Allgemeinen keine Lösungsformel für Gleichungen gibt.

Beweis. Bei der allgemeinen Gleichung verhält es sich so, dass jede Permutation der Nullstellen die Gleichung in sich selbst überführt, Daher ist die Galoisgruppe der allgemeinen Gleichung n-ten Grades gleich $\mathbf{S_n}$. Daher ist die allgemeine Gleichung n-ten Grades für $n \geq 5$ nicht auflösbar. $\qquad\square$

Durch die Untersuchungen von Galois kann man im Prinzip für jede konkrete Gleichung sagen, ob sie auflösbar ist, ob also ihre Lösungen in einer Radikalerweiterung liegen. Zum Beispiel kann man nachweisen, dass so einfach aussehende Gleichungen wie $x^5 - x + 1 = 0$ oder $x^5 - 2x^4 + 2 = 0$ nicht durch Wurzelausdrücke lösbar sind.

Für weitere Untersuchungen über auflösbare Gleichungen kann jedes Algebra-Buch herangezogen werden, zum Beispiel Karpfinger und Meyberg (2013).

Die Geschichte des jungen Mathematikers Évariste Galois ist an Dramatik und Tragik kaum zu übertreffen: In der Nacht zum 30. Mai 1832 saß Galois in seinem Zimmer in Paris und schrieb fieberhaft und ohne abzusetzen einen Brief an seinen Freund Auguste Chevalier. Er versuchte, alles, was er wusste, in diesen Brief aufzuschreiben. Manches war rudimentär, manches noch unausgegoren, aber er wusste, er hatte der Welt etwas Wichtiges zu sagen. Und er wusste: er musste es jetzt sagen.

Er hatte keine Zeit mehr. Denn im Morgengrauen des 30. Mai musste er sich einem Duell stellen, und er ahnte, dass er dieses Duell nicht überleben würde. Galois war zwanzigeinhalb Jahr alt. Seine Ideen würden die Mathematik revolutionieren. Und er würde an den Folgen des Duells sterben.

Galois' Thema waren Gleichungen genauer die Frage der Lösung von Gleichungen. Noch genauer: die Frage, welche Gleichungen überhaupt lösbar sind. Galois betrachtete die Nullstellen der Gleichung und die Permutationen, die diese Nullstellen ineinander überführen. Diese bilden eine „Gruppe", und an den Eigenschaften dieser Gruppe kann man erkennen, ob die Gleichung auflösbar ist.

Dies waren die neuen, revolutionären Gedanken, die Galois in der Nacht zum 30. Mai 1832 in Worte zu fassen versuchte. Nie hat ein Mathematiker verzweifelter gegen die unbarmherzig verrinnende Zeit gearbeitet. Er wusste: Was er jetzt nicht zu Papier bringt, ist für die Nachwelt verloren. Denn für morgen früh war unausweichlich das Duell angesetzt. Wir können heute nicht mehr rekonstruieren, ob es ein echtes Eifersuchtsdrama war oder ob dies nur vorgeschoben war, um einen politisch Unliebsamen loszuwerden.

Vielleicht war das auch Galois nicht klar. Vermutlich verschwendete er keinen Gedanken daran. Die Ergebnisse von Galois sind revolutionär, sie heben die vorherigen Denkmuster auf eine neue Ebene. Seine Methode, nämlich die Gruppentheorie und ihre Anwendung auf Gleichungen, ist bahnbrechend; sie bildet die Grundlage für die moderne Algebra. Diese Methode sollte für Mathematiker auf Jahrzehnte hinaus eine Herausforderung sein.

Évariste Galois starb am 31. Mai 1832 an den Folgen eines Bauchdurchschusses, den er sich bei dem Duell zugezogen hatte.

Literatur

Alten, H.-W., et al.: 4000 Jahre Algebra, 2. Aufl. Springer Spektrum, Heidelberg (2014)
Bewersdorff, J.: Algebra für Einsteiger, 3. Aufl. Vieweg, Braunschweig (2007)
Henn, H.W.: Elementare Geometrie und Algebra. Vieweg, Braunschweig (2003)
Karpfinger, C., Meyberg, K.: Algebra, 3. Aufl. Springer Spektrum, Heidelberg (2013)
Wußing, H.: Carl Friedrich Gauß: Biographie und Dokumente, 6. Aufl. EAGLE, Leipzig (2011)

10.1 Kapitel 1

1.2.1

Ja, 0 ist eine gerade Zahl. Wenn man 0 als figurierte Zahl legt, gibt es keinen Extrastein. Wenn man 0 Bonbons auf 2 Kinder verteilt, beibt kein Bonbon übrig.

1.2.3

Die Summe einer geraden und einer ungeraden Zahl ist stets eine ungerade Zahl.

$$2m + (2n + 1) = 2m + 2n + 1 = 2(m + n) + 1.$$

1.2.5

(a) $m + (m + 1) + (m + 2) = m + m + 1 + m + 2 = 3m + 3 = 3(m + 1)$.

(b) Nein. Das kann man auf viele Weisen begründen, zum Beispiel so: Seien die vier aufeinander folgenden Zahlen n, $n + 1$, $n + 2$, $n + 3$. Die Summe dieser Zahlen ist 4 mal die Zahl n (und diese Teilsumme ist durch 4 teilbar), sowie dem „Rest" der Zahlen, also $0 + 1 + 2 + 3 = 6$. Da 6 nicht durch 4 teilbar ist, kann auch die ganze Summe nicht durch 4 teilbar sein.

(c) Die Summe von fünf aufeinander folgenden natürlichen Zahlen ist stets durch 5 teilbar. Man kann sich das wie unter (b) klar machen: Der „Rest" ist in diesem Fall gleich $0 + 1 + 2 + 3 + 4 = 10$. Da 10 durch 5 teilbar ist, ist auch die gesamte Summe ein Vielfaches von 5.

1.2.8

„gerade mal ungerade gleich gerade": Wir betrachten ein Rechteck, bei dem jede Spalte aus einer geraden Anzahl von Steinchen besteht. Dann kann man jede Spalte in Zweierpäckchen aufteilen. Also ist auch die gesamte Anzahl von Steinchen in Zweierpäckchen

© Springer Fachmedien Wiesbaden GmbH 2018

A. Beutelspacher, *Zahlen, Formeln, Gleichungen*,

https://doi.org/10.1007/978-3-658-16106-4_10

aufgeteilt. Also ist die Gesamtanzahl der Steinchen gerade.

$$2m \cdot (2n + 1) = 2 \cdot m(2n + 1). \text{ Allgemein: } 2m \cdot x = 2 \cdot mx.$$

„ungerade mal ungerade gleich ungerade": Wir betrachten ein Rechteck, bei dem die Spalten und die Zeilen jeweils eine ungerade Anzahl von Steinchen enthalten. Dann kann man die Steinchen in allen Spalten – außer der letzten – in Zweierpäckchen aufteilen, und in der letzten Spalte kann man alle Steinchen – außer dem letzten – in Zweierpäckchen aufteilen. Insgesamt bleibt ein Steinchen übrig. Also ist die Gesamtanzahl der Steinchen ungerade

$$(2m + 1)(2n + 1) = 4mn + 2m + 2n + 1 = 2 \cdot (2mn + m + n) + 1.$$

1.3.2
$15 = 15, 16 = 15 + 1, 17 = 15 + 1 + 1, 18 = 6 + 6 + 6, 19 = 10 + \ldots, 20 = 10 + 10, \ldots$

1.3.3
(a) 1, 2, 4, 5, 8, 9, 10, 13, 16, 17, 18, 20, 25, 26, 29, 32, 34, 36, 37, 40, 41, 45, 49, 50.
(b) $7 = 4 + 1 + 1 + 1, 15 = 9 + 4 + 1 + 1, 23 = 9 + 9 + 4 + 1,$
     $28 = 16 + 4 + 4 + 4, 31 = 9 + 9 + 9 + 4, 39 = 25 + 9 + 4 + 1,$
     $47 = 25 + 9 + 9 + 4.$

1.4.1
Jede Zahl teilt Null, jede Zahl wird von Eins geteilt.

$$2 \mid 2, 2 \mid 4, 2 \mid 6, 2 \mid 8, 2 \mid 10, 2 \mid 12$$
$$3 \mid 3, 3 \mid 6, 3 \mid 9, 3 \mid 12$$

und so weiter.

1.4.2
f, r, r, f

1.4.4
Sei $aq = 1$ mit einer negativen Zahl a. Dann ist auch q negativ. Dann ist $(-a)(-q) = 1$ mit positiven Zahlen $-a$ und $-q$. Nach dem schon Bewiesenen folgt daraus $-a = 1$, also $a = -1$.

1.4.6
Eine natürliche Zahl m, die sowohl 1111 als auch 4567 teilt, teilt nach 1.4.5(b) auch $4567 - 1111 = 3456$, also auch $3456 - 1111 = 2345$ und daher $2345 - 1111 = 1234$ und schließlich $1234 - 1111 = 123$. Wegen 1.4.3(b) teilt m auch $123 \cdot 10 = 1230$. Indem wir wieder 1.4.5(b) anwenden, erhalten wir, dass m die Differenz $1234 - 1230 = 4$ teilt. Also ist $m = 1, 2$ oder 4. Da m aber die ungerade Zahl 1111 teilt, muss $m = 1$ sein.

1.4.7

Aus $b = aq$ und $b' = aq'$ ergibt sich $b - b' = aq - aq' = a(q - q')$. Da $q - q' \in \mathbf{Z}$ ist, folgt $a | b - b'$.

Beweis des Zusatzes: Sei die Summe $s = b + b'$ durch a teilbar. Angenommen, a teilt auch b. Dann teilt a nach 1.4.5(b) auch $b' = a - b$.

1.5.1.

	3	4	5	6
8	1	4	1	2
9		1		
10			5	
12				6

1.5.2

(a) $(2, 3), (2, 9), (3, 8), (8, 9)$

(b) Wir zeigen, dass $n + 1$ und $n^2 + n + 1$ teilerfremd sind: Eine natürliche Zahl m, die $n + 1$ teilt, teilt auch $(n + 1)n = n^2 + n$. Daher teilt m auch die Differenz $(n^2 + n + 1) - (n^2 + n) = 1$.

1.5.3

(a) $28 = 5 \cdot 5 + 3$.

(b) $28 = 4 \cdot 6 + 4$, $28 = 4 \cdot 7 + 0$.

1.5.5

a	b	q	r
100	9		
100	11	9	1
100	12		
100	13		
100	16	6	4
100		7	
100	19		5
100	17		15
100			9

1.5.7

Wegen $56.789 = 4 \cdot 12.345 + 7409$ ist $\mathrm{ggT}(12.345,\ 56.789) = \mathrm{ggT}(12.345,\ 7409)$. Wegen $12.345 = 1 \cdot 7409 + 4936$ ist $\mathrm{ggT}(12.345,\ 7409) = \mathrm{ggT}(7409,\ 4963)$. Wegen $7409 = 1 \cdot 4963 + 2446$ ist $\mathrm{ggT}(7409,\ 4963) = \mathrm{ggT}(4963,\ 2446)$. Wegen $4963 = 2 \cdot 2446 + 71$ ist ggT(4963, 2446) = ggT(2446, 71). Da 71 eine Primzahl ist, die 2446 nicht teilt, ist der ggT von 56.789 und 12.345 gleich 1.

1.5.9

$$5313 = 2 \cdot 2471 + 371 \qquad \text{ggT}(5313, 2471) = \text{ggT}(2471, 371)$$
$$2471 = 6 \cdot 371 + 245 \qquad \text{ggT}(2471, 371) = \text{ggT}(371, 245)$$
$$371 = 1 \cdot 245 + 126 \qquad \text{ggT}(371, 245) = \text{ggT}(245, 126)$$
$$245 = 1 \cdot 126 + 119 \qquad \text{ggT}(245, 126) = \text{ggT}(126, 119)$$
$$\dots$$

1.5.11

Bei kleinen Zahlen kann man die Vielfachen der einen Zahl durchgehen, bis man zu einer Zahl kommt, die sich um 1 von einem Vielfache der anderen Zahl unterscheidet. In unserem Fall ist erst das Vielfache $11 \cdot 11 = 121$ von der Form $15b' + 1$, genauer $15 \cdot 8 + 1$. Daher ist $1 = 11 \cdot 11 + (-8) \cdot 15$. Es ist $a' = 11$, $b' = -8$.

1.5.13

Der ggT ist 7.

1.6.1

Tipp: Die Anzahl der Primzahlen bis 100 ist 25.

1.6.4

$$9991 = 10.000 - 9 = 100^2 - 3^2 = (100 + 3) \cdot (100 - 3) = 103 \cdot 97.$$

1.6.6

$$\dots, 150 = 2 \cdot 3 \cdot 5 \cdot 5, \ 450 = 2 \cdot 3 \cdot 3 \cdot 5 \cdot 5.$$

1.6.8

In der Primfaktozerlegung von 100! kommt die Zahl 5 genau 24 mal vor: je einmal in den Faktoren 5, 10, 15, 20, 30, 35, 40, 45, 55, 60, 65, 70, 80, 85, 90, 95 und je zweimal in den Faktoren 25, 50, 75, 100. Die Zahl 2 kommt in 100! viel häufiger vor. Also geht 10^{24} in 100! auf, das heißt, 100! hat 24 Nullen am Ende.

1.6.9

$$899 = 900 - 1, \ 1599 = 40^2 - 1^2, \ 1591 = 40^2 - 3^2 = (40 + 3)(40 - 3) = 43 \cdot 37, \dots$$

1.6.11

Das kleinste gemeinsame Vielfache zweier natürlicher Zahlen a und b ist die kleinste natürliche Zahl, die sowohl ein Vielfaches von a als auch ein Vielfaches von b ist. Man kann das kgV mit Hilfe der Primfaktorzerlegungen von a und b berechnen. Dazu muss man in der Terminologie von Satz 1.6.10 das Maximum von e_i und f_i betrachten.

1.6.13 a.

Ja. Ja.

1.7.1

$$1 + 3 = 1 + 2' = (1 + 2)' = (1 + 1')' = (1 + 1)'' = (1 + 0')'' = (1 + 0)''' = 1'''$$
$$= (0')''' = 0''''.$$

1.7.3

Wir zeigen durch Induktion nach c, dass $(a + b) + c = a + (b + c)$ gilt.

Induktionsschritt: $(a + b) + c' = [(a + b) + c]' = [a + (b + c)]' = a + (b + c)' = a + (b + c')$.

1.7.4

Induktionsschritt: $a'b' = ab' + b' = ab + a + b' = ab + a' + b = ab + b + a' = a'b + a'$.

1.8.1

Wir unterscheiden verschieden Fälle.

Wenn $b > c$ ist, dann gilt $a + (b + (-c)) = a + (b - c) = (a + b) - c$.

Sei nun $b \leq c$. Dann ist $b + (-c) = -(c - b)$, also $a + (b + (-c)) = a + -(c - b)$. Nun muss man noch unterscheiden, ob $c - b < a$ ist oder $c - b \geq a$.

1.8.2

$$(-a) \cdot b := -ab.$$

1.8.3

	Gerade Zahlen	Ungerade Zahlen	Durch 3 teilbare ganze Zahlen	Quadrat-zahlen	Negative ganze Zahlen
Addition	Ja	Nein	Ja		
Subtraktion	Ja	Nein		Nein	
Multiplikation	Ja	Ja			Nein

1.8.6

Zahl	4	8	0	„−5"
Differenzen	$7-3, 10-6, \ldots,$ $4-0$	$9-1, 20-12, \ldots,$ $8-0$	$3-3,$ $5-5, \ldots,$ $0-0$	
Paare	$(7,3), (10,6), \ldots,$ $(4,0)$		$(3,3),$ $(5,5), \ldots,$ $(0,0)$	$(4,9), (5,10), \ldots,$ $(0,5)$
Ganze Zahl	$[7,3] = [10,6] =$ $\ldots = [4,0]$	$[9,1] = [20,12] =$ $\ldots = [8,0]$		$[4,9] = [5,10] =$ $\ldots = [0,5]$

1.8.8

$$(a - c) + (b' - d') = (a + b') - (c + d') = (a' + b) - (c' + d) = (a' - c') + (b - d).$$

Zur Festigung des Gelernten 1.8.9

$$([a, b] + [c, d]) + [e, f] = [a + c, b + d] + [e, f] = [(a + c) + e, (b + d) + f)]$$
$$= [a + (c + e), b + (d + f)] = \ldots$$

Das negative Element von $[a, b]$ ist $[b, a]$.

1.8.10

(a) $[a, 0] \cdot [0, d] = [0, ad]$.

(b) $[0, b] \cdot [0, d] = [bd, 0]$.

(c) Berechnen Sie $[a, b] \cdot [1, 0]$ und $[1, 0] \cdot [c, d]$.

10.2 Kapitel 2

2.1.1

1	**23**
2	46
4	92
8	184
16	**368**

Also $17 \cdot 23 = \mathbf{23} + \mathbf{368} = 391$.

2.1.2

19	23
9	**46**
4	92
2	184
1	**368**

Also ist $19 \cdot 23 = \mathbf{23} + \mathbf{46} + \mathbf{368} = 437$.

2.2.1

(b) Eine Methode für eine Subtraktion besteht darin, so lange bei beiden Zahlen das Gleiche wegzunehmen, bis die abzuziehende Zahl verschwindet (Null wird). Dabei wird man in der Regel „entbündeln" müssen, das heißt zum Beispiel bei der ersten Zahl eine Zehn in zwei Fünfer oder einen Fünfer in fünf Einer umwandeln.

2.2.2

Berechnen Sie zunächst $3 \cdot 23$, und schieben Sie das Ergebnis dann eine ganze Linie nach oben. Anschließend schieben Sie 23 um eine halbe Linie nach oben und erhalten so $5 \cdot 23$. Schließlich addieren Sie die Zwischenergebnisse.

2.3.1

Anzahl der Sekunden in einer Minute: 1 0

Anzahl der Sekunden in einer Stunde: 1 0 0

Anzahl der Sekunden an einem Tag: 24 0 0

2.3.5

(a) Da man jede natürliche Zahl ≤ 63 als Summe aus den Zahlen 1, 2, 4, 8, 16 und 32 schreiben kann, kann man mit diesen Gewichtssteinen alle Gewichte bis 63 g wiegen.

(b) Wenn man die Gewichtssteine auf beide Waagschalen legt, kann man alle Gewichte bis 40 g legen. Zum Beispiel wiegt man 21 g mit $27 + 3$ g auf der einen und 9 g auf der anderen Waagschale.

2.3.6

$$(31)_{10} = (1\,1\,1\,1\,1)_2 = (1\,1\,1)_5.$$
$$(111)_2 = (7)_{10} = (2\,1)_3. \quad (1111)_2 = (15)_{10} = (1\,2\,0)_3.$$

2.3.7

(c) Um das Produkt $a \cdot b$ von zwei dreistelligen Zahlen a und b zu berechnen, muss man im ersten Schritt die Ergänzungszahl des ersten Faktors (diese ist $1000 - a$) von dem zweiten Faktor abziehen. Dies ergibt $b - (1000 - a)$. Nun wird diese Zahl „vorne hingeschrieben"; das sind also Tausender. Daher ist der erste Term $[b - (1000 - a)] \cdot 1000$.

Zu diesem wird jetzt das Produkt der Ergänzungszahlen, also $(1000 - a)(1000 - b)$ addiert. Die indische Multiplikationsmethode kann also in folgendem Term ausgedrückt werden:

$$[b - (1000 - a)] \cdot 1000 + (1000 - a)(1000 - b).$$

(d) Wenn man diesen Term auflöst, ergibt sich ab, also das Produkt der Zahlen.

2.4.1

(a) Man braucht 4 Additionen für die Ziffern der beiden Summanden und 3 Additionen für die Überträge.

(b) Wenn man die Additionen $0 + 0$ nicht mitzählt, braucht man 4 Additionen; wenn man auch $1 + 0$ nicht zählt, braucht man nur 2 Additionen.

2.4.3

Um die beiden ersten Zahlen zu addieren, braucht man maximal 2k Additionen und erhält eine $(k + 1)$-stellige Zahl. Zu dieser addiert man noch den dritten Summanden. Dafür braucht man k Additionen von Ziffern und maximal $k + 1$ Additionen für die Überträge. Also braucht man insgesamt höchstens $4k + 1$ Additionen von Ziffern.

2.4.5

(a) $k \cdot h$

(b) Für die Multiplikation der ersten beiden Faktoren braucht man k^2 Ziffernmultiplikationen und erhält eine Zahl mit maximal 2k Stellen. Um diese Zahl mit dem dritten Faktor zu multiplizieren, braucht man $2k \cdot k$ Ziffernmultiplikationen. Insgesamt braucht man also $3k^2$ Ziffernmultiplikationen.

2.4.6

(a) Links werden die Zehnerziffern der beiden Zahlen multipliziert; das ergibt Hunderter. Entsprechend entstehen rechts Einer, und in der Mitte (Zehner mal Einer) ergeben sich Zehner. Wenn sich ein Bild ergibt, das links a Schnittpunkte, in der Mitte n Schnittpunkte und rechts c Schnittpunkte zeigt, ist das Ergebnis die Zahl aus a Hundertern, b Zehnern und c Einern.

2.5.4

Eine Dezimalzahl ist genau dann durch 8 teilbar, wenn die Zahl aus den letzten drei Ziffern durch 8 teilbar ist.

2.5.5

Da die Primfaktorzerlegung von n! mehr Zweien als Fünfen enthält, ist auch n! „ohne die Nullen am Ende" eine gerade Zahl. Daher ist die Ziffer vor den Nullen 2, 4, 6 oder 8.

2.5.7

Die letzten beiden Stellen beziehungsweise die letzten drei Stellen sind Null.

2.5.8

b	Teilbarkeit durch 2	Teilbarkeit durch 3	Teilbarkeit durch 4	Teilbarkeit durch 5
6	Ja	Ja		
8	Ja		Ja	
9		Ja		
12	Ja		Ja	
15		Ja		Ja

2.6.2
(a) Die Quersumme ist 30+?.

(b) Streichen Sie die 9.

2.6.4
Die Zahl aus den letzten beiden Ziffern muss durch 25 teilbar sein.

2.6.6
(a) Die Zahl $b - 1$ muss durch 3 und durch 7 teilbar sein.

(b) In diesem Fall muss b durch 3 teilbar und $b - 1$ durch 7 teilbar sein.

2.6.7

b	Teilbarkeit durch 3	Teilbarkeit durch 4	Teilbarkeit durch 5	Teilbarkeit durch 7
6			Ja	
8				Ja
9		Ja		
13	Ja	Ja		
15				Ja

2.6.8
(a) Die Zahlen sind $9 \cdot 11, 9 \cdot 1111 = 9 \cdot 101 \cdot 11, 9 \cdot 111.111 = 9 \cdot 10.101 \cdot 11$.

(b) $11 - 1 \cdot 11, 1001 = 91 \cdot 11, 100.001 = 9091 \cdot 11$.

2.6.11
(a) Wenn man die Zahl von der Mitte nach außen liest, erkennt man, dass die alternierende Quersumme Null ist.

2.6.12

Beachten Sie, dass die Differenzen der Zahlen oben und der Zahlen unten gleich sind. Ebenso sind die Differenzen der Zahlen an der linken und der Zahlen an der rechten Seite des Rechtecks gleich. Daraus ergibt sich, dass die alternierende Quersumme der Zahl gleich hmhm ist.

2.6.14

(a) $Q(20!) = 50 + ?$, $A(20!) = ? - 4$.

(b) 22! ist durch 9 und durch 11 teilbar.

(c) Beachten Sie, dass 25! „ohne die Nullen am Ende" durch 8 teilbar ist.

2.6.16

Berechnen Sie $n - 91c$.

10.3 Kapitel 3

3.1.3

a	n	a mod n
26	8	2
26	9	8
49	6	1
49	43	6
55	8	
55	17	4

3.1.5

$(1) \Leftrightarrow (2)$ ist die Definition von a mod n.

$(2) \Rightarrow (3)$:   Nach (2) ist r die kleinste nichtnegative Zahl mit $a = qn + r$. Also ist r auch die kleinste nichtnegative Zahl mit $r = a - qn$.

$(3) \Rightarrow (2)$:   Wenn r die kleinste nichtnegative Zahl mit $r = a - qn$ ist, dann ist r auch die kleinste nichtnegative Zahl mit $a = qn + r$.

3.1.7

Die Zeile, die mit 4 beginnt, lautet 4, 5, 6, 0, 1, 2.

3.1.9

Die Zeile, die mit 3 beginnt, lautet: 0, 3, 6, 2, 5, 1, 4

3.1.12

Bei der Gleichung $237 \cdot 49 = 11.163$ stimmt die Neunerprobe, denn die beiden Faktoren links haben die Neunerreste 3 und 4, und das Produkt rechts hat den Neunerrest 12 (was gleich dem Neunerrest 3 ist). Allerdings stimmt die 11-er Probe nicht, und tatsächlich ist auch das Ergebnis falsch.

3.1.15

Die zunächst gewählte Zahl und die permutierte Zahl bestehen aus den gleichen Ziffern, haben also die gleiche Quersumme und somit den gleichen Neunerrest. Die beiden Zahlen haben also die Form $9a + r$ und $9b + r$. Beim Subtrahieren fallen die Neunerreste weg, daher ist die Differenz durch 9 teilbar, hat somit als Quersumme eine durch 9 teilbare Zahl. Wenn der Zauberer die Summe der vom Zuschauer genannten Ziffern zur nächsten Neunerzahl ergänzt, hat er die fehlende Ziffer rekonstruiert.

Wenn die von Zuschauer markierte Ziffer eine Null oder eine Neun ist, ist schon die Summe der restlichen Ziffern eine Neunerzahl. Daher gibt es in diesem Fall zwei Möglichkeiten, auf eine Neunerzahl zu ergänzen. Eine dieser Möglichkeiten muss man ausschließen.

3.1.16

Nimm die Probe von der oberen Zahl, also von 7869; diese ist 3.

Nimm nun die Probe von der anderen Zahl, das heißt von 8796; auch diese ist 3.

Addiere nun 3 und 3, das ergibt 6.

Nimm jetzt die Probe der Zahl, die aus der Addition als Ergebnis entstanden ist, das heißt von 16.665. Ziehe davon 9 ab so oft du kannst; es bleiben 6 übrig.

3.1.17

(a) r, r, f, f, r

(b) hmhm $=$ gerade, hmhm $=$ ungerade

3.2.1

(b) $[17] = [6]$, $[5 + 13] = [18] = [7]$, $[3 \cdot 8] = [24] = [2]$, $[2^5] = [32] = [10]$.

(b) $[n + 2] = [2]$, $[2n] = [0]$, $[2n + 1] = [1]$.

3.2.4

Unter je $n + 1$ beliebig ausgewählten ganzen Zahlen gibt es stets zwei, deren Differenz durch n teilbar ist.

3.3.2

$$[a] \cdot ([b] + [c]) = [a] \cdot [b + c] = [a(b + c)] = [ab + ac] = [ab] + [ac].$$

3.3.4

$\mathbf{Z}_{18}{}^* = \{[1], [5], [7], [11], [13], [17]\}$.

(b) Die Zeile mit $[11]$ lautet: $[11] \cdot [1] = [11]$, $[11] \cdot [5] = [55] = [1]$, $[11] \cdot [7] = [77] = [5]$, $[11] \cdot [11] = [121] = [13]$, $[11] \cdot [13] = [143] = [17]$, $[11] \cdot [17] = [187] = [7]$.

3.4.2

$-3 \cdot 13 + 2 \cdot 20 = 1$; also $m' = -3$, $n' = 2$.

Damit ist $ann' + bmm' = 3 \cdot 20 \cdot 2 + 2 \cdot 13 - 3 = 42$.

In der Tat ist $42 \bmod 13 = 3$ und $42 \bmod 20 = 2$.

3.4.4

Diese Zahl kann man auch (systematisch) raten: Man bestimmt zunächst die Vielfachen von 7, zu denen man 1 addiert. Dies sind die Zahlen 1, 8, 15, 22, 29, 36, 43, 50, 57, 64, ... Dann überprüft man, welche dieser Zahlen bei Divsion durch 8 den Rest 3 ergibt.

3.4.5

$(2, 4) + (2, 4) = (0, 2)$, $(1, 3) \cdot (2, 5) = (2, 3)$.

3.4.8

$$\varphi(55) = \varphi(5) \cdot \varphi(11) = 4 \cdot 10 = 40$$
$$\varphi(91) = \varphi(7) \cdot \varphi(13) = 6 \cdot 12 = 72$$
$$\varphi(143) = \varphi(11) \cdot \varphi(13) = 10 \cdot 12 = 120.$$

3.5.2

n	15	16	17	18	19	20
$\varphi(n)$	8	8	16	6	18	8

3.5.6

Aus $ab = ac$ folgt $a(b - c) = 0$. Also muss einer der Faktoren Null sein. Da $a \in \mathbf{Z}_n{}^*$ ist, folgt also $b - c = 0$, also $b = c$. Mit anderen Worten: Unterschiedliche b, c liefern unterschiedliche Produkte ab, ac.

3.5.9

Die 9. Wurzel aus 1.801.152.661.463 ist eine Zahl, die mit 3 endet. Da die Zahl etwa $1{,}8 \cdot 10^{12} > 10^9$ ist, muss die gesuchte 9. Wurzel größer als 10 sein. Da die Zahl aber kleiner als $20^{10} = 2^{10} \cdot 10^{10} = 1024 \cdot 10^{10} \approx 10^{13}$ ist, ist die 9. Wurzel kleiner als 20. Somit ist sie 13.

3.6.1

Entschlüsselt wird durch Lesen von unten nach oben.

Der Schlüssel des Cäsar-Codes ist die Anzahl der Stellen, um die verschoben wird. Oft bezeichnet man den Schlüssel durch den Geheimtextbuchstaben, in den der Buchstabe A verschlüsselt wird.

Der Cäsar-Code ist bei der Verschlüsselung längerer Texte definitiv unsicher. Man kann eine verschlüsselte Nachricht knacken, indem man sie mit jedem der 26 Schlüssel probeweise entschlüsselt und dann erkennt, welches der richtige Schlüssel ist. Bei langen Texten kann man auch die unterschiedliche Häufigkeit der Buchstaben nutzen.

3.6.3

(a) 4, 5, 6, 10

(b) 5, 5, 6, 8

(c) 9 Quadrierungen plus maximal 8 Multiplikationen

(c) Man braucht 1000 Quadrierungen und maximal 1000 zusätzliche Multiplikationen.

10.4 Kapitel 4

4.0.1

(a) $2/7 = 1/4 + 1/28$, $2/9 = 1/5 + 1/45$.

(b) $1/n - 1/(n + 1) = 1/n(n + 1)$, also ...

4.1.1

Zum Beispiel: 6 € Schulden werden unter 2 Personen gerecht aufgeteilt.

4.1.2

$$2/5 \sim 8/20,\ 2/5 \sim 12/30,\ 1/5 \sim 6/30.$$

4.1.4

Seien $a' \cdot q = a$ und $b' \cdot q = b$. Dann gilt $a'b = a' \cdot b'q = a'q \cdot b' = ab'$, also $a'/b' \sim a/b$.

4.1.6

Symmetrie: $a/b \sim a'/b' \Rightarrow ab' = a'b \Rightarrow a'b = ab' \Rightarrow a'/b' \sim a/b$.

4.1.7

- Sei $a \sim b$. Wir zeigen $K(a) \subseteq K(b)$. Sei a^* ein beliebiges Element aus $K(a)$. Das heißt $a^* \sim a$. Aus $a^* \sim a$ und $a \sim b$ folgt aufgrund der Transitivität $a^* \sim b$, also $a^* \in K(b)$. Zeigen Sie $K(b) \subseteq K(a)$.

- Wenn es ein Element c in $K(a) \cap K(b)$ gibt, gelten $c \sim a$ und $c \sim b$. Nach der vorigen Aussage ist also $K(c) = K(a)$ und $K(c) = K(b)$. Somit folgt $K(a) = K(b)$.

- Jedes Element a liegt in mindestens einer Äquivalenzklasse, nämlich in K(a). Da nach der vorigen Aussage je zwei verschiedene Äquivalenzklassen disjunkt sind, kann a nur in einer Äquivalenzklasse enthalten sein.

4.1.8

Zum Beispiel gilt

$$\frac{1}{1} = \{a'/b' \mid a'/b' \sim 1/1\} = \{a'/b' \mid a' \cdot 1 = 1 \cdot b'\} = \{a'/b' \mid a' = b'\} = \{a'/a' \mid a' \in \mathbf{Z}\}.$$

$$(b) \; \frac{1}{2} = \{a'/b' \mid a'/b' \sim 1/2\} = \{a'/b' \mid a' \cdot 2 = 1 \cdot b'\}$$

$$= \{a'/b' \mid a' \cdot 4 = 2 \cdot b'\} = \{a'/b' \mid a'/b' \sim 2/4\} = \frac{2}{4}.$$

4.1.9

Zunächst nehmen wir an, dass wir zwei äquivalente Brüche haben. Seien a/b und a'/b' die zugehörigen vollständig gekürzten Brüche mit b, b' > 0. Da Kürzen die Äquivalenz nicht ändert, sind auch a/b und a'/b' äquivalent, das heißt ab' = ba'.

Zu zeigen ist a = a' und b = b'. Aus ab' = ba' folgt dass b' das Produkt ba' teilt. Da a'/b' vollständig gekürzt ist, ist ggT(a', b') = 1. Also muss b' die Zahl b teilen. Genau so zeigt man, dass b die Zahl b' teilt. Da sowohl b als auch b' positiv sind, ergibt sich b = b'. Daraus folgt dann auch a = a'.

Die Umkehrung ist einfach: Da die vollständig gekürzten Brüche gleich sind, sind sie insbesondere äquivalent. Da die ursprünglichen Brüche durch Erweitern aus den vollständig gekürzten hervorgehen, müssen auch diese äquivalent sein.

4.2.4

$$\frac{-a}{b} + \frac{a}{b} = \frac{-a + a}{b} = \frac{0}{b} = 0.$$

4.2.5

Da jeweils der Zähler einer Bruchzahl gleich dem Nenner der vorhergehenden ist, kann man 99 Mal kürzen.

4.2.8

$$\frac{a}{b} \cdot \frac{c}{d} = \frac{ac}{bd} = \frac{ca}{db} = \frac{c}{d} \cdot \frac{a}{b}.$$

4.2.9

M_g: Nein. ($\frac{1}{6} + \frac{1}{6} = \frac{1}{3}$.)

M_u: Ja. (Wenn man Brüche mit ungeradem Nenner addiert, ergibt sich ein Bruch, dessen Nenner das Produkt der Nenner der einzelnen Brüche ist. Dieser ist ungerade und bleibt auch bei eventuellem Kürzen ungerade.)

M_4: Nein.

$M*$: Ja.

4.3.1

(a) Es gilt $\frac{3}{8} \leq \frac{3}{7}$, da $3 \cdot 7 \leq 8 \cdot 3$. Das ist auch klar, da $\frac{1}{8} \leq \frac{1}{7}$ ist. (Bei Achteln wird ein Ganzes in mehr Teile geteilt als bei Siebteln.)

(b) $\frac{a}{b} \leq \frac{a}{d} \Leftrightarrow b \geq d$.

4.3.2

(a) $1 \leq a/b \Leftrightarrow 1/1 \leq a/b \Leftrightarrow 1 \cdot b \leq 1 \cdot a \Leftrightarrow b \leq a \Leftrightarrow$ Zähler $\geq$ Nenner.

4.3.5

(b) Aus $\frac{a}{b} < \frac{c}{d}$ folgt $\frac{1}{2} \cdot (\frac{a}{b} + \frac{c}{d}) < \frac{1}{2} \cdot (\frac{c}{d} + \frac{c}{d}) = \frac{1}{2} \cdot 2\frac{c}{d} = \frac{c}{d}$.
Ebenso zeigt man $\frac{1}{2} \cdot (\frac{a}{b} + \frac{c}{d}) > \frac{a}{b}$.

4.3.6

Sei $\frac{a}{b}$ eine positive rationale Zahl, das heißt $a, b > 0$. Dann gilt:

$$\frac{a}{b} \cdot \frac{1}{3} \leq \frac{a}{b} \cdot \frac{1}{2}$$
$$\Leftrightarrow \frac{a}{3b} \leq \frac{a}{2b}$$
$$\Leftrightarrow a \cdot 2b \leq 3b \cdot a.$$

Da dies richtig ist, gilt die Behauptung.

4.3.9

$0{,}9^7 = 0{,}478\ldots$

4.3.10

$(2/6)^4 = (1/3)^4 = 1/81 \approx 0{,}012 = 1{,}2\,\%$.
$(4/6)^4 = \ldots$

4.4.1

(a) Angenommen, das Hau wäre 6. Dann wäre ein Sechstel davon 1: Also wäre das Hau und ein Sechstel davon gleich 7. Nun sollte aber 28 herauskommen, also das Vierfache. Daher $\ldots$

4.5.1

ja, ja, ja nein, nein, nein.

4.5.2

ja, ja, nein, nein, nein.

4.5.3

ja, ja, ja, nein, nein, nein.

4.5.5
Wenn beide Seiten der Gleichung mit einer Zahl $c \neq 0$ multipliziert werden, ergibt sich beim Einsetzen von a auf beiden Seiten der neuen Gleichung das Ergebnis $c \cdot b$. Also ist a auch eine Lösung der neuen Gleichung. Umgekehrt: Wenn a' eine Lösung der neuen Gleichung ist und der Wert beider Seiten nach Einsetzen von a' gleich b' ist, dann ist a' auch eine Lösung der Gleichung, die man erhält, indem man auf beiden Seiten mit der Zahl $1/c$ multipliziert.

4.5.6

$$ax + b = cx + d \Leftrightarrow ax + b - d = cx \Leftrightarrow ax - cx + b - d = 0$$
$$\Leftrightarrow (a - c)x + (b - d) = 0.$$

4.6.1
Für jede Teilaufgabe gibt es unendlich viele Lösungen. Zum Beispiel:

$$3x - 2y = 7,\, 3x + y = 8,\, 6x - 4y = 10.$$

10.5   Kapitel 5

5.1.2
Aus $d^2 - da = a^2$ folgt, indem man durch a^2 dividiert, $(d/a)^2 - d/a = 1$. Das bedeutet: d/a ist eine positive Lösung der Gleichung $x^2 - x = 1$ (oder, äquivalent, von $x^2 - x - 1 = 0$). Als Lösung ergibt sich $(\sqrt{5} + 1)/2 \approx 1{,}618$.

5.2.2
Angenommen, es wäre $\sqrt{3} = a/b$ mit teilerfremden natürlichen Zahlen a und b. Daraus folgt $3b^2 = a^2$. Daher muss 3 die Zahl a^2, also auch a teilen. Somit teilt 3^2 die rechte Seite, also auch die linke Seite. Dann muss 3 auch b^2 und damit b teilen: ein Widerspruch.

5.2.4
Angenommen, $\sqrt{8} = a/b$ mit teilerfremden natürlichen Zahlen a und b. Dann ist $8b^2 = a^2$. Überlegen Sie sich, wie oft der Faktor 2 auf der linken beziehungsweise auf der rechten Seite dieser Gleichung vorkommt.

5.2.6
Angenommen, $\sqrt[3]{2} = a/b$ mit teilerfremden natürlichen Zahlen a und b. Dann ist $2b^3 = a^3$. Man kann weiter argumentieren wie im Beweis für die Irrationalität von $\sqrt{2}$.

5.2.9

$$\sqrt{2} + \sqrt{8} = \sqrt{2} + \sqrt{2^2 \cdot 2} = \sqrt{2} + 2 \cdot \sqrt{2} = 3 \cdot \sqrt{2} = \sqrt{3^2 \cdot 2} = \sqrt{18}.$$

Seien a, b, c natürliche Zahlen mit $\sqrt{a} + \sqrt{b} = \sqrt{c}$. Durch Quadrieren und Umstellen sieht man, dass $\sqrt{a}\sqrt{b} = \sqrt{ab}$ eine rationale Zahl ist. Daraus folgt, dass $\sqrt{ab}$ ganzzahlig ist, also dass ab eine Quadratzahl ist.

5.2.10

(a) Für n = 0 und n = 1 gilt die Formel.

Sei nun n > 1, und sei die Gleichung richtig für n − 1. Das bedeutet

$$1 + q + q^2 + q^3 + \ldots + q^{n-1} = (1 - q^n)/(1 - q).$$

Damit folgt

$$1 + q + q^2 + q^3 + \ldots + q^{n-1} + q^n$$
$$= [1 + q + q^2 + q^3 + \ldots + q^{n-1}] + q^n$$
$$= \frac{1 - q^n}{1 - q} + q^n$$
$$= \frac{1 - q^n}{1 - q} + \frac{q^n - q^{n+1}}{1 - q}$$
$$= \frac{1 - q^{n+1}}{1 - q}.$$

(b) Da −1 < q < 1 ist, geht q^n für $n \to \infty$ gegen Null. Also konvergiert die Folge der endlichen geometrische Reihen gegen $1/(1-q)$.

5.2.13

(a) i, i, m, i, i, m

(b)

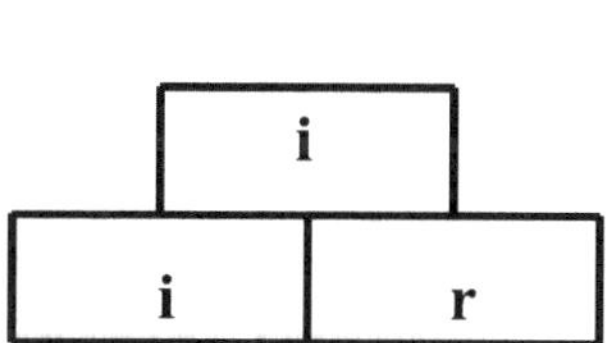

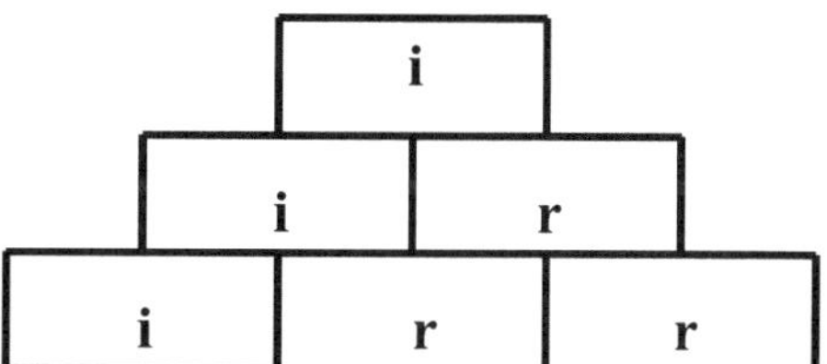

5.3.2

$$0{,}23232323\ldots = 23/100 + 23/10.000 + 23/1.000.000 + \ldots = 23/99.$$

n	1	2	3
n-ter Partialbruch	0,23	0,2323	0,232323
23/99 − n-ter Partialbruch	23/9900	23/990.000	23/990.000.000

5.3.3

Schauen Sie in einigen Internet-Mathe-Foren nach. Dort finden sich Befürworter für beide Antwortmöglichkeiten. Bewerten Sie selbst die entsprechenden Argumentationen!

5.4.1

Ergänzen Sie die folgende Tabelle.

Gewöhnlicher Bruch	3/10			7/8	3/16	7/80		128/1000 = 16/125	
Dezimalbruch	0,3	0,7	0,375	0,875			0,125	0,128	0,130

5.4.3

$1/3 = 0{,}333\ldots = 0{,}\overline{3}$, $1/6 = 0{,}1666\ldots = 0{,}1\overline{6}$

$1/7 = 0{,}142857142857\ldots = 0{,}\overline{142857}$, $1/28 = 0{,}03571428571428\ldots = 0{,}03\overline{571428}$.

5.4.4

Vervollständigen Sie folgende Tabelle:

Bruchzahl	1/11		1/6	1/28	7/9		0,1·7/9	
Dezimal-bruch	$0{,}\overline{09}$				$0{,}\overline{7}$	$0{,}0\overline{7}$		$0{,}2\overline{7}$
Perioden-länge	2			6	1	1		
Länge der Vorperiode	0			0	1		1	

5.4.5

Periodenlänge 2: 1/22,

Periodenlänge 3: Man findet eine Lösung zum Beispiel auf folgende Weise:

$$0{,}1\overline{259} = 0{,}1 + 0{,}1 \cdot 259/999 = 0{,}1 + 0{,}1 \cdot 7/27 = 34/270 = 17/135.$$

5.4.7

$$0{,}\overline{ab} = ab/99, \quad 0{,}\overline{abc} = abc/999, \quad 0{,}a\overline{bc} = a/10 + bc/990 = 99a + bc/990.$$

5.5.1

Ergänzen Sie das Quadrat der Seitenlänge x durch zwei Rechtecke mit den Seitenlängen x und 4, sowie durch ein Quadrat der Seitenlänge 4 zu einem Quadrat. Dieses hat einerseits die Seitenlänge x + 4, andererseits den Flächeninhalt 20 + 16 = 36. Daher muss seine Seitenlänge 6 sein, und es folgt x = 2.

5.5.2

Man kann Descartes' Multiplikationskonstruktion so uminterpretieren, dass man damit die Divisionsaufgabe lösen kann: Wenn man die Strecke BE durch BD teilen möchte, trägt man die Punkte E und D wie in Abb. 5.11 auf zwei verschiedenen Strahlen durch B ein. Außerdem wählt man den Punkt A auf BD so dass BA die Länge 1 hat. Dann schneidet die Parallele durch A zu DE die Strecke BE im Punkt C, und es ist $BC = BE : BD$.

5.5.4

$x^2 + 2x - 99 = 0$: Da das Produkt der Lösungen -99 und ihre Summe gleich -2 ist, folgt $x_1 = -11$ und $x_2 = 9$.

(b) Das Produkt der Lösungen der Gleichung $x^2 + px + 7 = 0$ ist 7. Also sind die ganzzahligen Lösungen entweder 1 und 7 oder -1 und -7. Daher ist p entweder gleich $-(1 + 7) = -8$ oder gleich $-(-1 + -7) = 8$.

5.5.6

Die Gleichung $x^2 + x - 1 = 0$ hat die Lösungen $\frac{-1 \pm \sqrt{5}}{2}$.

Die Gleichung $x^2 - x - 1 = 0$ hat die Lösungen $\frac{1 \pm \sqrt{5}}{2}$.

10.6 Kapitel 6

6.1.1

Ja, ja, nein, ja, ja, nein, nein

6.1.2

Folge	Unendliche Folge	Polynom mit x
$(1, 2, 3)$	$(1, 2, 3, 0, 0, 0\ldots)$	$1 + 2x + 3x^2$
$(3, 2, 0, 1)$		$3 + 2x + x^3$
$(0, 1, 0, -1, 0, 1)$		$x - x^3 + x^5$
	$(0, 1, 0, 0, 0, \ldots)$	x
$(0, 0, 1)$	$(0, 0, 1, 0, \ldots)$	x^2
$(a_0, a_1, a_2, \ldots, a_n)$		$a_0 + a_1 x + a_2 x^2 + \ldots + a_n x^n = a_n x^n + a_{n-1} x^{n-1} + \ldots + a_1 x + a_0$

6.1.4

$$f + g = (1, 2, 3, 4, 5, 6, 7, 0, 0, 0, \ldots)$$

$$g - f = (-1, -2, -3, -4, 5, 6, 7, 0, 0, 0, \ldots)$$

6.1.6

(1) Die Summe zweier Polynome ist ein Polynom. Da die Addition komponentenweise definiert ist, kann man alle Eigenschaften der Addition auf die einzelnen Komponenten zurückführen, das heißt auf die Addition in K. Die die Addition auf K eine Gruppe ist, ist sie auch auf K[x] eine Gruppe.

(3) Auch alle Eigenschaften der Skalarmultiplikation sind komponentenweise definiert, also folgen die Eigenschaften der Skalaprmultiplikation aus den entsprechenden Eigenschaften der Multiplikation in K.

6.1.7

f	Grad(f)	g	Grad(g)	f + g	Grad(f + g)
$x^2 + x + 1$	2	$x^3 - 1$	3		
$x^3 - x^2 + x - 1$		$2x^2 + 2$		$x^3 + x^2 + x + 1$	
$x^2 + x + 1$		$x^2 - x - 1$		$2x^2$	2
$x^2 + x + 1$	2	$-x^2 - 2$	2	$x - 1$	1

6.2.1

(b)
$$c_3 = a_0 b_3 + a_1 b_2 + a_2 b_1 + a_3 b_0.$$

6.2.3

$$h = x^2 - 1 = (-1, 0, 1, 0, 0, \ldots).$$

6.2.4

nein, ja, nein, ja, ja, nein

6.2.6

$$a_0 b_0 d_3 + a_0 b_1 d_2 + a_1 b_0 d_2 + a_0 b_2 d_1 + a_1 b_1 d_1 + a_2 b_0 d_1 + a_0 b_3 d_0 + a_1 b_2 d_0 + a_2 b_1 d_0$$
$$+ a_3 b_0 d_0.$$

6.2.7

$$h[f + g]$$
$$= h[(a_0 + b_0) + (a_1 + b_1)x + (a_2 + b_2)x^2 + \ldots + (a_n + b_n)x^n]$$
$$= (c_0 + c_1 x + c_2 x^2 + \ldots + c_m x^m)[(a_0 + b_0) + (a_1 + b_1)x + (a_2 + b_2)x^2 + \ldots$$
$$+ (a_n + b_n)x^n]$$
$$= \ldots$$

6.2.8

f	Grad(f)	g	Grad(g)	fg	Grad(fg)
x^2+1	2	$x-1$	1	x^3-x^2+x-1	3
x^2+x+1	2	x^2-x+1	2	x^4+x^2+1	4
$x^4+x^3+x^2+x+1$	4	$x-1$	1	x^5-1	5

6.2.11

f	g	q	r
x^4-1	$x-1$	x^3+x^2+x+1	0
x^4-1	$x+1$	x^3-x^2+x-1	0
x^4-x^3+1	x^3+x+1	$x-1$	$-x^2+2$
$2x^2+5x-7$	$x-5$	$2x+15$	68

6.2.13

Die Reste sind 0, $x-1$, $-x-1$, 0.

6.3.1

(a) $-1, 0, 21$

(b) 0

6.3.3

$$x^5 - 2x^4 + 3x^3 - 4x^2 - 6x + 4$$
$$= (x+1)(x^4 - 3x^3 + 6x^2 - 10x + 4)$$
$$- (x+1)(x-2)(x^3 - x^2 + 4x - 2).$$

6.3.5

$$x^6 - x^5 - x^4 + x^2 + x - 1 = (x-1)(x^5 - x^3 - x^2 + 1) = (x-1)(x^2-1)(x^3-1)$$
$$= (x-1)(x-1)(x+1)(x-1)(x^2+x+1).$$

6.4.1

$$x^2 = x \cdot x, \; x^2 - x - 1 = \left(x - \frac{1+\sqrt{5}}{2}\right)\left(x - \frac{1-\sqrt{5}}{2}\right), \; x^2 - 2x + 1 = (x-1)^2.$$

6.4.2

Wenn der Koeffizient von x^3 positiv ist, dann ist die Funktion für kleine Werte von x negativ und für große Werte positiv. Also muss die Funktion nach dem Zwischenwertsatz eine Null st elle haben.

6.4.3

(a) Der Koeffizient von x^2 des Polynoms fg ist $a_2b_0 + a_1b_1 + a_0b_2$. Da diese Zahl gerade ist und da a_0 und a_1 gerade sind, muss auch a_2b_0 gerade sein. Da b_0 ungerade ist, ist also a_2 gerade.

(b) Da $a_0b_3 + a_1b_2 + a_2b_1 + a_3b_0$ gerade ist, folgt mit dem, was wir schon wissen, dass auch a_1 gerade sein muss.

6.4.5

Da p ein Teiler von c_{s+2} und der Zahlen $b_0, b_1, \ldots, b_{s-1}$, sowie der Zahlen a_0 und a_1 ist, teilt p auch den Summanden a_2b_s. Daraus folgt, dass p auch a_2 teilt.

6.4.6

$x^3 - 2x + 1$ hat Nullstelle 1.

$x^3 - 3x + 1$ ist positiv für $x \geq 2$, negativ für $x \leq -2$ und hat weder -1, noch 0, noch 1 als Nullstelle.

6.4.9

$a = 3$, $a = 1$ (allgemein jedes a, das nicht von 7 geteilt wird), $a = 5$.

6.5.1

	$x + 1$	$x - 1$	$2x - 3$
$x + 1$	$2x + 3$	3	$-x + 1$
$x - 1$	3	$-2x + 3$	$-5x + 7$
$2x - 3$	$-x + 1$	$-5x + 7$	$-12x + 17$

6.5.2

Das multiplikative Inverse von $x - 1$ kann man raten: es ist $x + 1$. Denn es gilt $(x - 1)(x + 1) = x^2 - 1 = (x^2 - 2) + 1$.

Um das multiplikative Inverse von $2x - 1$ zu bestimmen, gehen wir so vor:

$$(2x - 1)(a'x + b') = 2a'x^2 - a'x + 2b'x - b' = 2a'x^2 - (a' - 2b')x - b'$$
$$= 2a'(x^2 - 2) - (a' - 2b')x - b' + 4a'.$$

Also ist $a' - 2b' = 0$ und $-b' + 4a' = 1$. Daraus ergibt sich $a' = 2/7$ und $b' = 1/7$.

6.5.4

Der Nachweis ist ganz ähnlich wie die obige Argumentation; man muss „nur" statt des Polynoms $x^2 - 2$ das Polynom $f = x^3 + x + 1$ betrachten.

6.5.5

ja, nein, nein, ja

6.5.7

Angenommen, g und r sind teilerfremd. Zu zeigen, dass auch f und g teilerfremd sind. Dazu betrachten wir ein Polynom h, das sowohl f als auch g teilt. Dann teilt h auch das Polynom qg, und damit auch $f - qg = r$. Damit teilt h die teilerfremden Polynome g und r und muss also Grad 0 haben.

6.5.9

$$f' = (x - 1)/2, \ g' = (-x^2 + x + 1)/2.$$

6.6.1

2, 3, 5 und allgemein p.

6.6.2

2

6.6.5

0, 1, 6, 10, 12, 14, 15, 18, 20, 21, 22, 24, 26, 28, 30, 33, 34, 35, 36, 38, 39, 40, 42, 44, 45, 46, 48.

6.6.6

(a) $x^3 + x^2 + 1$, $x^3 + x + 1$.
(b) $x^4 + x^3 + 1$, $x^4 + x + 1$, $x^4 + x^3 + x^2 + x + 1$.

Beachte, dass über $\mathbf{Z}_2$ die Gleichung $(x^2 + x + 1)(x^2 + x + 1) = x^4 + x^2 + 1$ gilt.

6.6.7

$\cdot$	1	x	$x+1$	x^2	x^2+1	x^2+x	x^2+x+1
1	1	x	$x+1$	x^2	x^2+1	x^2+x	x^2+x+1
x	x	x^2	x^2+x	$x+1$	1	x^2+x+1	x^2+1
$x+1$	$x+1$	x^2+x	x^2+1	x^2+x+1		1	
x^2	x^2	$x+1$	x^2+x+1	x^2+x	x	x^2+1	1
x^2+1	x^2+1	1		x	x^2+x+1	$x+1$	x^2+x
x^2+x	x^2+x	x^2+x+1	1	x^2+1	$x+1$	x	x^2
x^2+x+1	x^2+x+1	x^2+1		1	x^2+x	x^2	

6.6.8

(a) Wir können annehmen, dass der Koeffizient von x^2 gleich 1 ist. Da wir nur Polynome über $\mathbf{Z}_3$ betrachten, gibt es nur drei Koeffizienten 0, 1, 2 von x, und auch als Absolutglied kommen nur 0, 1, 2 in Frage. Daher können wir alle Polynome systematisch betrachten:

Polynom	Nullstelle	Irreduzibel?
x^2	0	Nein
$x^2 + 1$		Ja
$x^2 + 2$	1	Nein
$x^2 + x$	0	Nein
$x^2 + x + 1$	1	Nein
$x^2 + x + 2$		Ja
$x^2 + 2x$	0	Nein
$x^2 + 2x + 1$	2	Nein
$x^2 + 2x + 2$		Ja

(b) Wählen Sie ein irreduzibles Polynom vom Grad 2 über $\mathbf{Z}_3$ und gehen Sie dann wie bei der Konstruktion eines Körpers mit 4 Elementen vor.

10.7 Kapitel 7

7.1.1

Um ein Polynom zu finden, das $a := \sqrt[3]{5} - \sqrt[3]{2}$ als Nullstelle hat, gehen wir so vor:

$$\begin{aligned}
a^3 &= \left(\sqrt[3]{5} - \sqrt[3]{2}\right)^3 \\
&= \left(\sqrt[3]{5}\right)^3 - 3 \cdot \left(\sqrt[3]{5}\right)^2 \cdot \sqrt[3]{2} + 3 \cdot \sqrt[3]{5} \cdot \left(\sqrt[3]{2}\right)^2 + \left(-\sqrt[3]{2}\right)^3 \\
&= 5 - 3 \cdot \sqrt[3]{5} \cdot \sqrt[3]{2} \cdot \left(\sqrt[3]{5} - \sqrt[3]{2}\right) - 2 \\
&= 3 - 3 \cdot \sqrt[3]{10} \cdot a.
\end{aligned}$$

Also ist $a^3 - 3 = -3 \cdot \sqrt[3]{10} \cdot a$. Wenn man diese Gleichung mit 3 potenziert, ergibt sich ein ganzzahliges Polynom, das a als Nullstelle hat.

7.1.3

Das Polynom $x^2 - 7$ hat $\sqrt{7}$ als Nullstelle. Da $\sqrt{7}$ irrational ist, kann das Minimalpolynom nicht Grad 1 haben. Also ist $x^2 - 7$ das Minimalpolynom von $\sqrt{7}$.

7.1.4

(b) $f - g = 3x^2 - 9$, und tatsächlich ist $\sqrt{3}$ eine Nullstelle dieses Polynoms.

7.1.7

Das Polynom $f := x^4 - 5$ hat $\sqrt[4]{5}$ als Nullstelle. Es ist normiert und ist nach dem Eisensteinkriterium irreduzibel. Also ist f das Minimalpolynom von $\sqrt[4]{5}$.

7.2.2

Wegen $1 + 0 \cdot \sqrt{2} = (r + s\sqrt{2}) \cdot (r' + s'\sqrt{2}) = rr' + 2ss' + (sr' + rs')\sqrt{2}$ ist $1 = rr' + 2ss'$ und $0 = sr' + rs'$. Daraus folgt $s' = -sr'/r$ und damit $1 = rr' + 2ss' = rr' - 2ssr'/r$. Es ergibt sich $r' = r/(r^2 - 2s^2)$ und damit $s' = -s/(r^2 - 2s^2)$.

7.2.3

$$\mathbf{Q}(\sqrt{3}) = \{a + b\sqrt{3} \mid a, b \in \mathbf{Q}\}.$$

7.2.5

Zwei Elemente a, b aus K sind nach Definition des Durchschnitts in jedem K_i enthalten. Da K_i ein Körper ist, ist das Produkt ab in jedem K_i enthalten, also auch in K.

Das Inverse a^{-1} eines von Null verschiedenen Elements a aus K liegt in jedem K_i, also auch in K.

7.2.7

Die Elemente von $K = \mathbf{Q}(\sqrt[3]{2})$ sind Zahlen der Form $a + b\sqrt[3]{2} + c(\sqrt[3]{2})^2$ mit a, b, c $\in \mathbf{Q}$. Es ist klar, dass K bezüglich der Addition eine Gruppe ist.

K ist bezüglich der Multiplikation abgeschlossen:

$$(a + b\sqrt[3]{2} + c(\sqrt[3]{2})^2) \cdot (a' + b'\sqrt[3]{2} + c'(\sqrt[3]{2})^2)$$
$$= aa' + bc' + cb' + (ab' + ba' + 2cc')\sqrt[3]{2} + (ac' + bb' + ca')(\sqrt[3]{2})^2.$$

Inverses Element von $a + b\sqrt[3]{2} + c(\sqrt[3]{2})^2$: Man setzt das oben ausgerechnete Produkt gleich 1. Damit erhält man das folgende Gleichungssystem ist in den Unbekannten a', b', c':

$$aa' + bc' + cb' = 1$$
$$ab' + ba' + 2cc' = 0$$
$$ac' + bb' + ca' = 0.$$

7.3.1

Der Grad von $\mathbf{Q}(\sqrt{3})$ ist 2. Denn zum einen ist der Grad von $\mathbf{Q}(\sqrt{3})$ höchstens 2 (da $\mathbf{Q}(\sqrt{3})$ von 1 und $\sqrt{3}$ erzeugt wird). Zum andern ist der Grad von $\mathbf{Q}(\sqrt{3})$ größer als 1, denn $\mathbf{Q}(\sqrt{3})$ wird nicht nur von einem Element erzeugt.

7.3.2

Die Vektoren dieses Vektorraums sind die Elemente von L.

Die Menge der Vektoren ist bezüglich der Addition eine Gruppe, weil der Körper L bezüglich der Addition eine Gruppe ist.

Die Gesetze wie „$k(v + w) = \dots$", „$(k + h)v = \dots$" und so weiter folgen aus der Tatsache, dass in dem Körper L die entsprechenden Gesetze gelten.

7.3.5

Da der Grad von $\mathbf{Q}(\sqrt[3]{2})$ über $\mathbf{Q}$ gleich 3 ist, muss der Grad jedes Zwischenkörpers die Zahl 3 teilen. Da 3 eine Primzahl ist, gibt es keinen „echten" Zwischenkörper.

7.3.6

(a) Eine Basis von $\mathbf{Q}(\sqrt{2})$ über $\mathbf{Q}$ ist zum Beispiel A $= \{1, \sqrt{2}\}$; eine Basis von $\mathbf{Q}(\sqrt{2}, \sqrt{3})$ über $\mathbf{Q}(\sqrt{2})$ ist B $= \{\sqrt{2}, \sqrt{3}\}$.

(b) Daraus ergibt sich folgende Basis C von $\mathbf{Q}(\sqrt{2}, \sqrt{3})$ über $\mathbf{Q}$:

$$C = \{1 \cdot \sqrt{2}, 1 \cdot \sqrt{3}, \sqrt{2} \cdot \sqrt{2}, \sqrt{2} \cdot \sqrt{3}\} = \{\sqrt{2}, \sqrt{3}, 2, \sqrt{6}\}.$$

7.4.1

Sei $a := r + s\sqrt{3}$ eine beliebige Zahl aus $\mathbf{Q}(\sqrt{3})$. Mit $a - r = s\sqrt{3}$ ergibt sich $(a - r)^2 = 3s^2$, also $a^2 - 2ra + r^2 - 3s^2 = 0$. Also ist a eine Nullstelle eines rationalen Polynoms.

7.5.1

$$5 \to \sqrt{5} \to 3 + \sqrt{5} \to \sqrt{3 + \sqrt{5}} \to \sqrt{3 + \sqrt{5}} + 1 \to \sqrt{\sqrt{3 + \sqrt{5}} + 1}.$$

7.5.3

Schnittpunkte der Geraden mit der Gleichung $y = x + 1$ mit dem Kreis mit der Gleichung $x^2 + y^2 = 4$:

$$\begin{aligned}
4 &= x^2 + y^2 \\
&= x^2 + (x + 1)^2 \\
&= x^2 + x^2 + 2x + 1 \quad \text{(Multiplikationen).}
\end{aligned}$$

Also

$$2x^2 + 2x - 3 = 0 \qquad \text{(Additionen)}$$
$$x^2 + x - 3/2 = 0 \qquad \text{(Divisionen)}$$
$$x_{1,2} = -\frac{1}{2} \pm \sqrt{\frac{1}{4} + \frac{3}{2}} = \frac{-1 \pm \sqrt{7}}{2} \qquad \text{(Addition, Multiplikation, Wurzelziehen).}$$

7.5.4

Wenn der Punkt $(x_1|y_1)$ konstruierbar ist, dann sind auch die Senkrechten durch diesen Punkt auf die x-Achse und die y-Achse konstruierbar, und damit auch deren Fußpunkte $(x_1|0)$ und $(0|y_1)$. Daher sind auch die Zahlen x_1 und y_1 konstruierbar.

Seien umgekehrt x_1 und y_1 konstruierbar. Dann sind die Punkte $(x_1|0)$ und $(0|y_1)$ konstruierbar. Die Senkrechten zur x-Achse durch $(x_1|0)$ und zur y-Achse durch $(0|y_1)$ schneiden sich in dem Punkt $(x_1|y_1)$. Also ist dieser konstruierbar.

7.5.10

$90°$ rechter Winkel

$60°$ Winkel im gleichseitigen Dreieck

$30°$ die Hälfte des Winkels von $60°$

$45°$ die Hälfte eines rechten Winkels

$54°$ die Hälfte des Innenwinkels eines regulären Fünfecks

7.5.12

(a) ist die Addition und Subtraktion von Winkeln.

(b) Winkel der Größen $1°$ und $2°$ sind nicht konstruierbar, denn sonst wäre nach (a) auch ein Winkel der Größe $20°$ konstruierbar. Ein Winkel der Größe $3°$ ist konstruierbar: $60° \rightarrow 30°$, $108°$ (Fünfeck) $\rightarrow 54° \rightarrow 27°$. Also ist auch ein Winkel der Größe $30° - 27° = 3°$ konstruierbar.

(c) folgt aus (a) und (b).

7.5.13

Die Konstruktionen von n-Ecken mit $n = 3, 4, 6, 8$ sind einfach. Die Konstruktion eines 5-Ecks ist etwas schwieriger. (Wenn man den goldenen Schnitt konstruieren kann, erhält man mit den Methoden aus Abschn. 5.1 ein Fünfeck.) Dann kann man auch ein 10-Eck konstruieren.

7.5.15

$3, 6, 12, 24, \dots$; $4, 8, 16, \dots$; $5, 10, 20, 40, \dots$

Nach 7.5.14(b) ist auch ein 15-Eck konstruierbar, also auch n-Ecke mit $n = 30, 60, \dots$

7.5.18

$(0, 1, 2)$, 7, 9, 11, 13, 14, 18, 19, 21, 22, 23, 25, 26, 27, 28, 29, 31, 33, 35, 36, 37, 38, 39, 41, 42, 43, 44, 45, 46, 47, 49.

7.6.2

An den Stellen mit den Nummern 121, 122, 126, 144 hat L^2 jeweils eine Zwei und an der Stelle Nr. 240 eine Eins. Die nächste Stelle mit einem von Null verschiedenen Eintrag ist die Stelle Nr. 720.

7.6.3

(a) f: $\mathbf{Z} \to \mathbf{N}$, definiert durch $f(n) = 2n$ für $n > 0$ und $f(-n) = 2n + 1$ für $n \geq 0$.

(b) Wir schreiben die Menge der Paare natürlicher Zahlen in Dreiecksform auf, geordnet nach der Summe der beiden Komponenten:

$$
\begin{array}{ccccccc}
& & & (0,0) & & & \\
& & (0,1) & & (1,0) & & \\
& (0,2) & & (1,1) & & (2,0) & \\
(0,3) & & (1,2) & & (2,1) & & (3,0)
\end{array}
$$

Das zeigt schon die Abzählbarkeit.

Die Anzahl der Elemente in den ersten k Zeilen ist die k-te Dreieckszahl d_k. (Dreieckszahlen sind die Zahlen $1, 3, 6, 10, \ldots$ siehe Abschn. 1.3.) Genauer gesagt: das Element $(k, 0)$ ist das letzte Element der $(k + 1)$-ten Zeile, hat also die Nummer d_{k+1}.

Das Element (m, n) steht in der Zeile mit der Nummer $m + n + 1$. Es hat also die Nummer $d_{m+n+2} - n$. Wenn man diesen Term ausrechnet, ergibt sich $[(m + n)(m + n + 1)]/2 + m + 1$.

7.6.5

$$
\frac{1}{7} \quad \frac{3}{5} \quad \frac{5}{3} \quad \frac{7}{1}.
$$

7.6.7

Höhe	Grad 0	Grad 1	Grad 2	Grad 3
4	± 4	$\pm x \pm 2, \pm 2x \pm 1, \pm 3x$	$\pm x^2 \pm x, \pm 2x^2$	$\pm x^3$

10.8 Kapitel 8

8.1.1

nein, nein, nein, nein, ja, nein, nein

8.1.2

(a) ja, nein, ja, ja, nein

(b) nein, ja, ja, nein, nein

8.1.3

Die erste Person hat die freie Auswahl von 3 Stühlen, die zweite kann unter den beiden noch freien Stühlen wählen und die letzte muss sich auf den letzten freien Stuhl setzen. Somit sind $3 \cdot 2 \cdot 1 = 6$ Sitzordnungen möglich.

8.1.4

$$\begin{pmatrix} 1 & 2 & 3 \\ 2 & 3 & 1 \end{pmatrix} \circ \begin{pmatrix} 1 & 2 & 3 \\ 3 & 1 & 2 \end{pmatrix} = \begin{pmatrix} 1 & 2 & 3 \\ 1 & 2 & 3 \end{pmatrix},$$

$$\begin{pmatrix} 1 & 2 & 3 \\ 2 & 3 & 1 \end{pmatrix} \circ \begin{pmatrix} 1 & 2 & 3 \\ 3 & 2 & 1 \end{pmatrix} = \begin{pmatrix} 1 & 2 & 3 \\ 1 & 3 & 2 \end{pmatrix}, \dots$$

8.1.5

$$\begin{pmatrix} 1 & 2 & 3 & 4 & 5 \\ 2 & 3 & 1 & 4 & 5 \end{pmatrix}, \begin{pmatrix} 1 & 2 & 3 & 4 & 5 \\ 3 & 2 & 5 & 4 & 1 \end{pmatrix},$$

$$\begin{pmatrix} 1 & 2 & 3 & 4 & 5 \\ 2 & 3 & 4 & 5 & 1 \end{pmatrix}, \begin{pmatrix} 1 & 2 & 3 & 4 & 5 \\ 2 & 1 & 3 & 4 & 5 \end{pmatrix}.$$

8.1.6

Bei einem Spiel mit zwölf Karten könnte folgende Permutation entstehen:

$$\begin{pmatrix} 1 & 2 & 3 & 4 & 5 & 6 & 7 & 8 & 9 & 10 & 11 & 12 \\ 4 & 7 & 9 & 2 & 10 & 11 & 1 & 6 & 5 & 12 & 8 & 3 \end{pmatrix} = (1\,4\,2\,7)(3\,9\,5\,10\,12)(6\,11\,8).$$

8.1.7

Die Produkte berechnet man nach folgendem Muster:

$$(1\,2)(1\,3) = \begin{pmatrix} 1 & 2 & 3 \\ 2 & 1 & 3 \end{pmatrix} \circ \begin{pmatrix} 1 & 2 & 3 \\ 3 & 2 & 1 \end{pmatrix} = \begin{pmatrix} 1 & 2 & 3 \\ 3 & 1 & 2 \end{pmatrix} = (1\,3\,2),$$

$$(1\,3)(1\,2) = \begin{pmatrix} 1 & 2 & 3 \\ 3 & 2 & 1 \end{pmatrix} \circ \begin{pmatrix} 1 & 2 & 3 \\ 2 & 1 & 3 \end{pmatrix} = \begin{pmatrix} 1 & 2 & 3 \\ 2 & 3 & 1 \end{pmatrix} = (1\,2\,3).$$

Eine Gruppe ist genau dann kommutativ, wenn ihre Verknüpfungstafel eine symmetrische Matrix ist.

8.1.8

Wenn wir uns die Permutationen aus S_4 als Produkte von disjunkten Zyklen vorstellen, dann gibt es:

Die Identität, Transpositionen, Produkte aus zwei disjunkten Transpositionen, Zyklen der Länge 3 und Zyklen der Länge 4. Davon sind gerade Permutationen: die Identität, die Produkte aus zwei disjunkten Zyklen und die Zyklen der Länge 3, also: id., $(1\,2)(3\,4)$, $(1\,3)(2\,4)$, $(1\,4)(2\,3)$, $(1\,2\,3)$, $(1\,3\,2)$, $(1\,2\,4)$, $(1\,4\,2)$, $(1\,3\,4)$, $(1\,4\,3)$, $(2\,3\,4)$, $(2\,4\,3)$.

8.1.9

Bei einer Spiegelung bleibt die Achse fest und alle Geraden, die senkrecht zur Achse stehen. Bei einer Drehung kann eine Gerade nur auf sich selbst abgebildet werden, wenn der Drehwinkel 180° ist; in diesem Fall bleiben alle Geraden durch das Zentrum fest.

8.1.10

Die Spiegelachse ist die Mittelsenkrechte von P und P$'$. Da eine Spiegelung durch ihre Achse eindeutig bestimmt ist, legt auch das Paar (P, P$'$) die Spiegelung eindeutig fest.

8.1.11

Ein Quadrat hat vier Spiegelsymmetrien, deren Achsen die Diagonalen und die Verbindungsgeraden gegenüberliegender Seitenmittelpunkte sind. Die Drehsymmetrien des Quadrats sind die Drehungen um 0°, 90°, 180°, 270° um den Mittelpunkt des Quadrats.

Ein Rechteck, das kein Quadrat ist, hat nur zwei Spiegelsymmetrien und als Drehsymmetrieen nur die Drehungen um 0° und 180°.

8.1.12

(b) Was ist $\delta_2\sigma_1$? Das sieht man so: $\delta_2\sigma_1 = (\delta_1\delta_1)\sigma_1 = \delta_1(\delta_1\sigma_1) = \delta_1(\sigma_2) = \sigma_3$.

$\circ$	ε	δ_1	δ_2	σ_1	σ_2	σ_3
ε	ε	δ_1	δ_2	σ_1	σ_2	σ_3
δ_1	δ_1	δ_2	ε	σ_2	σ_3	σ_1
δ_2	δ_2	ε	δ_1	σ_3	σ_1	σ_2
σ_1	σ_1	σ_3	σ_2	ε	δ_2	δ_1
σ_2	σ_2	σ_1	σ_3	δ_1	ε	δ_2
σ_3	σ_3	σ_2	σ_1	δ_2	δ_1	ε

8.1.14

Nur das erste Viereck ist konvex.

8.1.15

Eine Symmetrieachse. Drehungen um 0°, 120°, 240°. Zwei Symmetrieachsen und Drehungen um 0° und 180°.

8.1.17

Fünf Spiegelungen; die Spiegelachsen verbinden eine Ecke mit dem Mittelpunkt der gegenüberliegenden Seite. Fünf Drehungen um 0°, 72°, 144°, 216°, 288°.

8.2.2

(a) ja, nein, ja, nein

(b) ja, nein, nein, nein

8.2.3

(a) 2**Z**, 4**Z**, 6**Z** sind Untergruppen von 2**Z**, 3**Z** und 6**Z** sind Untergruppen von 3**Z**, 4**Z**, 5**Z**, 6**Z** haben (von der angegebenen Liste) nur sich selbst als Untergruppen.

(b) Es gibt eine Untergruppe der Ordnung 1, fünf Untergruppen der Ordnung 2, drei Untergruppen der Ordnung 4, eine Untergruppe der Ordnung 8

8.2.5

ja, nein, nein, ja, nein

8.2.6

nein, ja, nein, nein

8.3.2

Ordnung 1: $\{[0]\}$
Ordnung 3: $\{[0], [5], [10]\}$
Ordnung 5: $\{[0], [3], [6], [9], [12]\}$
Ordnung 15: $\{[0], [1], [2], [3], [4], [5], [6], [7], [8], [9], [10]\,[11], [12], [13]\,[14]\}$

8.3.3

Wir beschreiben die Permutation, die beim Austeilen realisiert wird („auf dem Platz Nr. 2 liegt jetzt die Karte Nr. 5") und stellen diese als Produkt disjunkter Zyklen dar:

$$\begin{pmatrix} 1 & 2 & 3 & 4 & 5 & 6 & 7 & 8 & 9 & 10 & 11 & 12 \\ 1 & 5 & 9 & 2 & 6 & 10 & 3 & 7 & 11 & 4 & 8 & 12 \end{pmatrix} = (1)(2\ 5\ 6\ 10\ 4)(3\ 9\ 11\ 8\ 7)(12).$$

Da die Zyklen der Länge 5 die Ordnung 5 haben, liegen die Karten nach fünfmaligem Austeilen wieder in der Originalreihenfolge,

8.3.4

a	1	2	3	4	5	6	7	8	9
Anzahl der Schritte bis zur 0	10	5	10	5	2	5	10	5	10

8.3.5

(a) Die Elemente von $\mathbf{Z}_{10} = \{0, 1, 2, \ldots, 9\}$ haben der Reihe nach die Ordnungen 1, 10, 5, 10, 5, 2, 5, 10, 5, 10.

(b) Die Elemente von $\mathbf{Z}_{10}{}^* = \{1, 3, 7, 9\}$ haben die Ordnungen 1, 4, 4, 2.

(c) Achsenspiegelungen haben, ebenso wie Punktspiegelungen, die Ordnung 2. Die Drehungen um $\pm 90^\circ$ haben die Ordnung 4.

(d) In $\mathbf{Q}^*$ haben nur die Zahlen 1 und -1 eine endliche Ordnung. (Die Zahlen zwischen -1 und 1 kommen durch Potenzieren der 0 immer näher; die Zahlen < -1 oder > 1 entfernen sich durch Potenzieren immer weiter von der 1.)

8.3.8

$$(g^{-1})^n = (g^{-1})^n \cdot e = (g^{-1})^n (g)^n = g^{-1} \ldots g^{-1} g^{-1} \cdot gg \ldots g = g^{-1} \ldots g^{-1} \cdot g \ldots g = \ldots$$
$$= g^{-1} \cdot g = e. \text{ Also ist } \operatorname{ord}(g^{-1}) \le n.$$

Ähnlich zeigt man, dass $\operatorname{ord}(g^{-1})$ nicht kleiner als n sein kann.

8.3.12

(b) Da $0 + 0 = 0$ und $1 + 1 = 0$ gilt, gilt für je zwei binäre n-Tupel $(b_1, b_2, \ldots b_n) + (c_1, c_2, \ldots c_n) = (0, 0, \ldots, 0)$.

(c) $(\mathbf{Z}_3)^n$.

8.4.1

(a) $\mathbf{Z}_7$ wird von jedem Element, das verschieden von 0 ist, erzeugt.

(b) $\mathbf{Z}_{10}{}^* = \{1, 3, 7, 9\}$ wird von 7 erzeugt: $7^1 = 7$, $7^2 = 9$, $7^3 = 3$, $7^4 = 1$.

(c) D wird zum Beispiel von der Drehung um $60°$ erzeugt.

8.4.4

(a) Die Abbildung f: $\mathbf{Z}_2 \to S$ mit $f(0) = \mathrm{id.}$, $f(1) = \sigma$ ist ein Isomorphismus.

(b) Geben Sie für die folgenden Paare von Gruppen jeweils eine bijektive Abbildungen der einen Gruppe in die andere an, die „mit den Operationen verträglich ist":

$[0] \to \mathrm{id.}$, $[1] \to \delta$, $[2] \to \delta^2$

$z \to 2z$

Spiegelungen $\to$ Transpositionen, Drehungen $\to$ Zyklen der Länge 3.

8.4.5

(a) $f(e) = f(ee) = f(e)f(e)$. Indem wir beide Seiten mit $f(e)^{-1}$ multiplizieren, erhalten wir das Ergebnis: $e = f(e)^{-1}f(e) = f(e)^{-1}f(e)f(e) = f(e)$.

(b) Wir zeigen, dass $f(g^{-1})$ das Inverse von $f(g)$ ist: $f(g^{-1})f(g) = f(g^{-1}g) = f(e) = e$.

„Das Bild des Inversen von g ist gleich dem Inversen des Bildes von g."

8.4.7

In $\mathbf{Z}_{14}{}^*$ ist $9^2 = 11$ und $9^3 = 1$. Also haben 9 und 9^2 die Ordnung 3; 9^3 ist das neutrale Element, hat also die Ordnung 1.

8.5.2

Für jede Spiegelung σ gilt: $\sigma\delta\sigma^{-1} = \delta^2$ und $\sigma\delta^2\sigma^{-1} = \delta$ (vgl. 8.1.12); also ist Δ ein Normalteiler.

Ferner ist $\delta\sigma_A\delta^{-1} = \delta^2$ eine Spiegelung $\neq \sigma_A$. Also ist Σ ist kein Normalteiler von G.

8.5.4

Die Gruppe G / Δ hat genau zwei Elemente: $\mathrm{id.} + \Delta$ und $\sigma_A + \Delta$.

8.5.7

Sei $\alpha \in \mathbf{A}_n$ und sei $\pi \in \mathbf{S}_n$. Dann ist α ein Produkt aus einer geraden Anzahl 2a von Transpostionen, während π und π^{-1} Produkte der gleichen Anzahl p von Transpositionen sind. Dann ist $\pi^{-1}\alpha\pi$ ein Produkt aus $p + 2a + p = 2(a + p)$ Transpositionen, also eine gerade Permutation.

8.6.1

(a) Die Summe der Bits soll gerade sein. (Man könnte auch sagen: Die Summe der Bits soll ungerade sein.)

(b) Wenn ein Bit „kippt", das heißt eine 0 in eine 1 verwandelt wird oder umgekehrt, dann ändert sich die Summe der Bits um 1. Wenn die Summe vorher gerade war, ist sie jetzt ungerade.

8.6.2

(a) 0000, 0011, 0101, 0110, 1001, 1010, 1100, 1111.

(b) Ein einzelner Fehler macht aus einem Codewort ein Tupel, das eine oder drei Einsen hat. Da dies kein Codewort ist, wird dieser Fehler erkannt.

8.6.5

Seien $(g_1, g_2, \ldots, g_n)$ und $(h_1, h_2, \ldots, h_n)$ Codewörter eines Gruppencodes der Länge n über einer Gruppe G. Das heißt: $g_1 g_2 \ldots g_n = e$ und $h_1 h_2 \ldots h_n = e$.

Angenommen, diese Codeörter würden sich nur an der ersten Stelle unterscheiden, das heißt $g_1 \neq h_1$, aber $g_2 = h_2, \ldots, g_n = h_n$. Dann wäre

$$g_1 g_2 \ldots g_n = e = h_1 h_2 \ldots h_n = h_1 g_2 \ldots g_n.$$

Daraus folgt $g_1 = h_1$, ein Widerspruch.

8.6.9

$0 \leftrightarrow 9$.

8.7.1

Ziffern	2	4	6	8
Veränderte Ziffern	2	2	6	4

Die Kontrollziffer ist 6 und die zu übermittelnde Nachricht lautet 24.686.

Wenn stattdessen 24.866 empfangen wird, müsste $2 + 2 + 8 + 8 + 6$ eine Zehnerzahl sein.

8.7.3

(a) 0, 3, 6, 9, 2, 5, 8, 1, 4, 7.

(b) $w = 1, 3, 7, 9$, also wenn $ggT(w, 10) = 1$ ist.

(c) $ggT(w, b) = 1$.

8.7.5

(a) Alle Einzelfehler an den ungeraden Stellen, alle Vertauschungsfehler.

(b) Alle Einzelfehler (nicht alle Vertauschungsfehler).

8.7.7

$0 \leftrightarrow 5,\ 1 \leftrightarrow 6,\ 2 \leftrightarrow 7,\ 3 \leftrightarrow 8,\ 4 \leftrightarrow 9$.

8.7.8

3-528-26783-6.

8.7.10

978-3-406-64871-7.

8.7.11

$$\pi_3 = \pi^3 = \pi^2 \pi$$
$$= (0\ 5\ 9\ 2)(1\ 8\ 4\ 7)\,(0\ 1\ 5\ 8\ 9\ 4\ 2\ 7)(3\ 6)$$
$$= (0\ 8\ 2\ 1\ 9\ 7\ 5\ 4)(3\ 6).$$

Übrigens: $\pi_8 = \text{id.},\ \pi_9 = \pi$.

8.7.12

Man erkennt die „Gaußsche Glockenkurve" (Normalverteilung). Auf der Rückseite des
10 DM-Scheins konnte man noch einen Sextant zur Landvermessung und die Triangulie-
rung des Königreichs Hannover sehen.

8.7.13

(a)

$$
\begin{array}{ll}
0000000 & 1111111 \\
0001111 & 1110000 \\
0010011 & 1101100 \\
0011100 & 1100011 \\
0100110 & 1011001 \\
0101001 & 1010110 \\
0110101 & 1001010 \\
0111010 & 1000101.
\end{array}
$$

10.9 Kapitel 9

9.1.1
(a) und (b): Identifizieren Sie $\mathbf{C}$ mit $\mathbf{R}^2$ und die Nachweise werden ganz einfach.

9.1.2

$(a, b) \cdot (c, d)$	
$= (a + bi) \cdot (c + di)$	Definition der komplexe Zahl $a + bi$
$= ac + adi + bic + bidi$	Distributivgesetz (auch für i)
$= ac + bdi^2 + adi + bci$	Kommutativgesetz (auch für i)
$= ac - bd + (ad + bc)i$	$i^2 = -1$, Distributivgesetz für i
$= (ac - bd, ad + bc)$	Definition einer komplexen Zahl

9.1.3
$(a, b) \cdot (1, 0)$ und $(1, 0) \cdot (c, d)$: Multiplikation mit dem neutralen Element.

   $(a, 0) \cdot (c, d)$: Multiplikation mit einem Vielfachen des neutralen Elements.

   $(0, 1) \cdot (0, 1)$: $i \cdot i$.

   $(0, 1) \cdot (c, d)$: Multiplikation mit der imaginären Einheit.

9.1.5
(a) Drehung um $90°$.

(b) Drehung um $45°$.

9.1.6
(a) $(a, 0)$ und $(0, -b)$.

(b) $\bar{z} = z \Leftrightarrow a + bi = a - bi \Leftrightarrow bi = -bi \Leftrightarrow b = -b \Leftrightarrow b = 0$.

(c) $(a + bi) + \overline{a + bi} = 2a$.

(d) $(a + bi) \cdot \overline{(a + bi)} = a^2 - (bi)^2 = \ldots$

9.2.1

f	x^3	$x^3 - 1$	$x^3 + 1$	$x^3 - x + 1$	$-x^3 - x + 1$	$x^3 - x^2 + x - 1$
vw(f)	0	1	0	2	1	3

9.2.2
Besimmen Sie zunächst die Anzahl aller reellen Lösungen und prüfen Sie dann, welche davon positiv sind.

	$p, q > 0$	$p > 0, q < 0$	$p < 0, q > 0$	$p, q < 0$
vw(f)	0	1	2	1
pos(f)	0	1	2	1

9.2.5

(b) Das Polynom hat zwei positive und eine negative reelle Nullstelle.

9.2.6

(a) Wenn alle Koeffizienten von f positiv sind, dann ist $vw(f) = 0$.

(b) Sei n der Grad von f. Wenn die Koeffizienten von f abwechselnd positiv und negativ sind, dann ist $vw(f) = n$. Daraus folgt $vw(f(-x)) = 0$.

9.2.8

Da $a_0 < 0$ ist $f(0) = a_0 < 0$. Wegen $a_n > 0$ ist $f(x)$ ab einer gewissen Zahl stets positiv.

Daher ist die Anzahl der Schnittpunkte des Graphen von f mit der positiven x-Achse eine ungerade Zahl.

9.2.11

(a) $\sqrt{i} = \frac{1}{\sqrt{2}} + \frac{i}{\sqrt{2}}$.

(b) $\sqrt[3]{i} = -i$.

9.3.1

$$(a + b)^3 = a^3 + 3a^2b + 3ab^2 + b^3.$$

Man kann einen Würfel der Kantenlänge $a + b$ aus einem Würfel der Kantenlänge a sowie einem der Kantenlänge b und drei $a \times a \times b$-Quadern, sowie drei $a \times a \times b$-Quadern zusammensetzen.

9.3.4

(a) Die Cardanosche Lösung lautet

$$\sqrt[3]{10 + \sqrt{108}} + \sqrt[3]{10 - \sqrt{108}}$$
$$= \sqrt[3]{10 + 6\sqrt{3}} + \sqrt[3]{10 - 6\sqrt{3}}$$
$$= (1 + \sqrt{3}) + (1 - \sqrt{3})$$
$$= 2.$$

Diese Lösung kann man auch durch Einsetzen bestätigen.

9.3.5

Nutzen Sie aus, dass $e^{2\pi i} = 1$ ist.

9.4.1

$(x - x_1)(x - x_2) = x^2 - (x_1 + x_2)x + x_1 x_2$.

$(x - x_1)(x - x_2)(x - x_3) = x^3 - (x_1 + x_2 + x_3)x^2 + (x_1 x_2 + x_1 x_3 + x_2 x_3)x - x_1 x_2 x_3$.

9.4.3

$x + y, xy.$

$x + y + z, xy + xz + yz, xyz.$

$x + y + z + w, xy + xz + xw + yz + yw + zw, xyz + xyw + xzw + yzw, xyzw.$

9.4.4

Die ersten drei Polynome sind symmetrisch, die beiden anderen nicht.

9.4.5

(a)

$$x^2y + xy^2 = xy(x + y).$$
$$x^3 + y^3 = (x + y)^3 - 3(x^2y + xy^2) = (x + y)^3 - 3xy(x + y).$$
$$x^4 + y^4 = (x + y)^4 - 4x^3y - 6x^2y^2 - 4xy^3 = (x + y)^4 - 4xy(x^2 + y^2) - 6x^2y^2$$
$$= (x + y)^4 - 4xy((x + y)^2 - 2xy) - 6(xy)^2.$$

9.5.1

Da jedes Element aus $\mathrm{Gal}(L:K)$ jedes Element von K festlässt, gilt dies auch für das Produkt von zwei Elementen aus $\mathrm{Gal}(L:K)$ und das Inverse jedes Elementes aus $\mathrm{Gal}(L:K)$. Da auch die Identität in $\mathrm{Gal}(L:K)$ enthalten ist, ist $\mathrm{Gal}(L:K)$ nach dem Untergruppenkriterium eine Gruppe.

9.5.2

Wir zeigen, dass die Abbildung α multiplikativ ist:

$$\alpha[(a + b\sqrt{2}) \cdot (c + d\sqrt{2})] = \alpha[ac + 2bd + (ad + bc)\sqrt{2}] = ac + 2bd - (ad + bc)\sqrt{2}$$
$$= (a - b\sqrt{2}) \cdot (c - d\sqrt{2}) = \alpha[(a + b\sqrt{2})] \cdot \alpha[(c + d\sqrt{2})].$$

Personen- und Sachverzeichnis

A

Abakus, 53
Abel, Niels Henrik, 272, 330
abelsche Gruppe, 271
abzählbare Menge, 254
Achse einer Spiegelung, 264
Addition modulo n, 86
Addition natürlicher Zahlen, 37
Addition von Restklassen, 97
Additionsverfahren, 151
Adjunktion einer Zahl, 227
Adleman, Leonard, 118
Ägyptische Zahlen, 51
Algebra, 178
algebraisch abgeschlossen, 320
algebraische Zahl, 222
algebraische Zahlen sind abzählbar, 256
algebraischer Körper, 233
Algorithmus, 178
allgemeine Endstellenregel, 72
allgemeine Gleichung, 328
allgemeine Quersummenregel, 75
allgemeiner Satz von Vieta, 328
alternierende Gruppe, 264
alternierende Quersumme, 76
al-Chwarizmi, Muhammad ibn Musa, 63, 178
al-Chwarizmis Methode, 178
al-K-ashi, 169
al-Uqlidisi, 169
Anaximander, 1
Anzahl der Nullstellen eines Polynoms, 202
äquivalente Brüche, 126
äquivalente Gleichungen, 146
Äquivalenz von Brüchen, 127
Äquivalenzklasse, 128
Äquivalenzumformung, 146

Aspekte des Polynombegriffs, 190
auflösbare Gruppe, 332
Auflösbarkeit durch Radikale, 330
Automorphismus von C, 311

B

Berechnung der phi-Funktion, 108
Berechnung des ggT, 32
Bézout, Étienne, 22
Binärsystem, 61
Binärzahl, 61
Boethius, 63
Bombelli, Rafael, 308, 324
Brahmagupta, 57
Briefkastenmodell, 117
Bruch, 124
Bruchzahl, 128
b-adische Darstellung, 61

C

Cantor, Georg, 254
Cardano, Gerolamo, 307, 320, 326
Cardanosche Formel, 322
casus irreduzibilis, 324
Cauchy, Augustin-Louis, 13, 283
Charakterisierung konstruierbarer Zahlen, 240
Charakteristik eines Körpers, 213
Charakteristik p, 216
chinesischer Restsatz, 103
Code, 293
Code der DM-Scheine, 302
Code der Euro-Banknoten, 296
Codewort, 293

D

de La Vallée Poussin, Charles-Jean, 34
Dedekind, Richard, 35

© Springer Fachmedien Wiesbaden GmbH 2018
A. Beutelspacher, *Zahlen, Formeln, Gleichungen*,
https://doi.org/10.1007/978-3-658-16106-4